[titre illisible]

MISE A LA PORTÉE

DES PERSONNES QUI N'ONT POINT ÉTUDIÉ LES MATHÉMATIQUES

SUPÉRIEURES

PAR

A. DEVILLEZ

Professeur de mécanique appliquée et de constructions civiles à l'École provinciale d'industrie
et des mines du Hainaut,
ancien élève à l'École centrale des arts et manufactures de Paris

LIÉGE
RENARD-GOFFERT

THÉORIE GÉNÉRALE

DES

MACHINES A VAPEUR.

Bruxelles. — Typographie de Vᵉ J. Van Buggenhoudt, rue de Schaerbeek, 12.

THÉORIE GÉNÉRALE

DES

MACHINES A VAPEUR

MISE A LA PORTÉE

DES PERSONNES QUI N'ONT POINT ÉTUDIÉ LES MATHÉMATIQUES

SUPÉRIEURES,

PAR

A. DEVILLEZ,

Professeur de mécanique appliquée et de constructions civiles à l'école provinciale d'industrie
et des mines du Hainaut,
ancien répétiteur à l'école centrale des arts et manufactures de Paris.

LIÉGE,
F. RENARD, ÉDITEUR,
rue des Augustins, 10.

PARIS,	LEIPZIG,
E. LACROIX, LIBRAIRE-ÉDITEUR,	F. A. BROCKHAUS, COMMISSIONNAIRE
quai Malaquais, 15.	pour l'Allemagne.

1861.

AVERTISSEMENT.

L'ouvrage que nous publions a principalement pour but de mettre à la portée des mécaniciens constructeurs ce que l'on possède, aujourd'hui, de connaissances théoriques sur la production du travail mécanique par la vapeur et, en général, sur l'emploi de la chaleur comme force motrice ; mais il peut aussi être utile aux jeunes gens qui étudient la science des machines avant d'embrasser la carrière d'ingénieur.

Nous nous sommes imposé l'obligation, dans tout le cours de ce travail, de démontrer les principes généraux d'une manière simple, claire et sans avoir recours aux mathématiques supérieures qui sont étrangères à la plupart des constructeurs, et que les autres ont oubliées à quarante ans après les avoir étudiées à vingt. Quant aux faits d'expérience qui servent de base aux démonstrations, ils ont été puisés dans les mémoires originaux des meilleurs physiciens de notre temps, et choisis parmi ceux que l'on considère comme le moins sujets à contestations.

Les machines des divers systèmes employés de nos jours ne sont représentées, dans ce livre, que par des figures théoriques qui ne peuvent donner qu'une idée très-imparfaite des principales dispositions adoptées, dans la pratique, pour atteindre le but que l'on se propose; mais les bons dessins de machines à vapeur sont répandus dans le commerce, avec une telle profusion, qu'il sera facile au lecteur de substituer à nos figures théoriques, s'il le juge convenable, des dessins de machines de même système, qui ont été construites; nos raisonnements s'y appliqueront sans modifications. Nous avons évité ainsi de faire un ouvrage considérable que peu de personnes auraient acheté.

Du reste, ces nombreux dessins de machines, qui occupent une si grande place dans les traités généraux des machines à vapeur, sont d'une utilité très-contestable; le choix n'en est pas toujours judicieux et l'on y trouve beaucoup de dispositions surannées que l'on abandonne aujourd'hui, pour se rapprocher de types plus simples et mieux appropriés à un bon service. De plus, pour avoir voulu aborder toutes les applications, les auteurs ont été obligés de n'en traiter aucune à fond; de sorte que les constructeurs embarrassés trouvent toujours, dans ces traités généraux, tout... excepté ce qu'ils cherchent.

Suivant nous, la science des machines à vapeur devrait comprendre une suite de traités dont le premier se composerait uniquement de théories générales, ou de l'ensemble des principes généraux applicables à toutes les machines, et dont les autres constitueraient une série de monographies des machines appliquées à chaque usage spécial. Chacune de ces monographies devrait être écrite par des hommes spéciaux et renfermer tout ce que l'on sait sur les meilleures conditions d'application de la vapeur au travail spécial en question, et les meilleures dispositions pratiques qui y aient été appliquées ; c'est ainsi que MM. Flachat, Pétiet, le Châtellier et Polonceau ont écrit la monographie des locomotives. Nous voudrions de semblables traités pour les machines d'épuisement des mines, pour les machines d'extraction de la houille, pour les machines appliquées aux opérations métallurgiques, pour les machines appliquées à la filature des matières textiles, pour les machines appliquées à la navigation, etc., etc. ; il est évident qu'un livre sérieux sur toutes ces applications de la vapeur ne peut être l'œuvre d'un seul homme.

C'est le premier de ces traités que nous offrons aux mécaniciens. Quoiqu'il soit encore, probablement, fort incomplet, nous croyons qu'il leur sera utile, et nous nous proposons de le tenir toujours au niveau de la science, par des additions périodiques et des corrections, à mesure que celle-ci fera des progrès.

Nous avons, dans cet ouvrage, exposé plusieurs théories nouvelles qui n'ont, jusqu'à présent, été examinées dans aucun autre, ou qui ne l'ont été que fort incomplétement; le lecteur en appréciera la valeur.

DE LA CHALEUR.

La chaleur est la force qui produit le mouvement dans les machines à vapeur.

Jusqu'en ces derniers temps les physiciens ont considéré la chaleur comme un fluide impondérable qui s'insinue dans les espaces moléculaires ou intervalles qui existent entre les éléments matériels de tous les corps que renferme la nature, écarte ces éléments et augmente le volume de ces corps en diminuant leur densité, lorsque leur dilatation n'est point empêchée par d'autres forces ou ne l'est qu'incomplétement.

Cette explication du phénomène caractéristique dû à l'action de la chaleur dérive évidemment du même ordre d'idées qui ont conduit à inventer l'éther pour expliquer les phénomènes de la lumière, et d'autres fluides impondérables de la même famille pour expliquer ceux de l'électricité et du magnétisme. Mais, depuis quelques années, plusieurs physiciens, doués d'un esprit moins disposé aux rêveries métaphysiques, ont protesté contre l'introduction, dans la science, de ces agents inintelligibles, et les ont attaqués avec une vigueur de raisonnement qui permet d'espérer qu'ils ne jouiront plus d'une longue existence.

1

A quoi bon, en effet, conserver dans la physique, dont le caractère positif est si nettement établi à d'autres égards, ce mélange intime de réalités et de chimères qui n'est propre qu'à fausser les notions les plus essentielles, à engendrer des débats sans issue et à inspirer à beaucoup de bons esprits une répugnance naturelle pour une étude qui offre un si vaste champ à l'arbitraire. La seule définition ordinaire de ces agents mystérieux devrait suffire pour les faire exclure de toute science réelle, car elle montre évidemment que la question n'est point soluble et que l'existence de ces prétendus fluides n'est pas plus susceptible d'affirmation que de négation, puisque, d'après la constitution qu'on leur a prudemment attribuée, ils échappent nécessairement à tout contrôle positif. Quel raisonnement, ou quelle expérience pourrait-on imaginer pour ou contre la réalité de substances ou de milieux dont le caractère fondamental est d'être entièrement dépouillés de ce qui peut former la base d'une expérience ou d'un raisonnement? On les suppose invisibles, intangibles, impondérables, inséparables des substances qu'ils animent et incapables d'exister sans elles; notre raison ne peut donc avoir sur eux aucune prise. Il faut la toute-puissance de l'habitude pour croire à leur existence, car ils n'ont pas plus de raison d'être que les fluides sonore et pesant par lesquels on a essayé d'expliquer les phénomènes de gravitation universelle et du son et qui auraient eu probablement la même fortune que les autres s'ils n'étaient venus trop tard. De plus, ces diverses hypothèses se renversent et se substituent les unes aux autres avec une grande facilité, et il n'est nullement difficile, avec un peu d'imagination, d'en inventer d'autres pour expliquer les mêmes phénomènes d'une manière plus ou moins satisfaisante.

Il est vrai que la plupart des physiciens qui admettent ces hypothèses se défendent d'y attacher aucune réalité et prétendent qu'elles sont uniquement destinées à servir de guide et de flambeau dans la recherche des véritables lois suivant lesquelles s'accomplissent certains phénomènes naturels; mais ce n'est qu'une illusion d'esprits positifs à demi, qui sentent instinctivement l'inanité de ces conceptions et qui néanmoins n'osent s'en passer, en font un usage continuel et les mêlent entièrement à toutes leurs idées au point d'être invinciblement entraînés à leur attribuer une existence réelle lorsqu'ils s'abandonnent à l'enchaînement logique de ces idées. De plus, le langage scientifique s'est tout naturellement empreint de ces bizarres conceptions qui en sont devenues presque inséparables, et il serait grandement utile de procéder à une épuration rationnelle des termes employés aujourd'hui pour exprimer certains phénomènes, en les remplaçant par d'autres indépendants d'une hypothèse quelconque sur la nature intime des causes primitives de ces phénomènes, ou, tout au moins, en indiquant expressément que ces termes actuels ne doivent impliquer aucune notion préconçue sur le mode d'existence de ces causes primitives.

On doit, d'autant moins, regretter la perte ou l'abandon de ces prétendus moyens de direction, qu'en réalité ils ne satisfont en aucune manière à leur destination scientifique.

Est-ce que la dilatation des corps est expliquée ou éclaircie par cette seule idée qu'un fluide imaginaire, interposé dans les espaces moléculaires, tend sans cesse à les accroître, puisqu'il reste à concevoir comment ce fluide possède cette élasticité spontanée qui n'est pas plus intelligible que le fait primitif de la dilatation de ces corps? Comprend-on mieux la propriété lumineuse de certaines substances, après l'avoir attribuée à la faculté incompréhensible de lancer un fluide fictif ou de faire vibrer un éther imaginaire? Il en est encore de même pour les fluides électriques et magnétiques. Ces explications, loin d'aplanir les difficultés, en font naître artificiellement et inutilement de nouvelles.

La réforme que l'on propose aujourd'hui est accomplie depuis longtemps dans l'étude du son et de la pesanteur; les astronomes, satisfaits de connaître que la tendance des corps les uns vers les autres varie en raison directe des masses et en raison inverse des carrés des distances, ne s'informent plus si cette tendance provient d'une attraction ou d'une impulsion, et ils ont su porter l'astronomie à un degré de perfection dont les autres sciences sont encore fort éloignées.

Il faut aujourd'hui, dans toutes les branches des connaissances humaines, imiter cette circonspection, et toute hypothèse scientifique doit exclusivement porter sur les lois des phénomènes et jamais sur leur mode de production.

Ainsi, lorsqu'il y a production de chaleur dans les cas d'action solaire, de frottement, de compression brusque de certains corps, de combinaison chimique et notamment dans celle de l'oxygène de l'air avec le carbone, qui constitue ce que l'on nomme combustion, cela ne signifie pas que, dans les différentes circonstances que nous venons d'indiquer, il y ait production d'un fluide qui détermine dans les corps les effets connus de la chaleur, mais indique que ces effets calorifiques naissent dans ces conditions, sans qu'il soit utile de rechercher leur nature intime; ce qui n'empêche nullement d'analyser toutes les circonstances de leur production, les effets appréciables qui en résultent et, finalement, de découvrir les véritables lois suivant lesquelles les phénomènes de la chaleur naissent et accomplissent leur période d'action sur les corps.

Ainsi encore, quand la chaleur, par contact entre deux corps, passe de l'un de ces corps dans l'autre en vertu de leur différence de température, on ne doit pas comprendre que le plus chaud envoie du fluide au second, mais tout simplement que, lorsque deux corps à des températures différentes sont mis en présence, le moins chaud a une tendance naturelle à s'échauffer et l'autre à se refroidir jusqu'à ce qu'ils se soient mis en équilibre de température, sans s'informer s'il y a réellement échange d'un fluide chaud entre ces corps ou s'ils possèdent en eux-mêmes le principe de cette modification de température ; principe qui agit lorsqu'ils sont mis en présence et qui demeure à l'état latent ou de repos, lorsque ces corps sont à la même température; et *quand on parle de la quantité de chaleur qui passe de l'un de ces corps dans l'autre, il ne faut pas comprendre autre chose que la grandeur des effets thermiques que la présence du plus chaud a fait naître dans celui dont la température était moins élevée.* Des réflexions analogues sont applicables à la conductibilité, au rayonnement en ligne droite, enfin à tous les phénomènes qui dépendent de l'action de la chaleur ; il faut les concevoir et les étudier en mettant de côté toute préoccupation concernant leurs causes premières.

La chaleur ne doit donc être pour nous qu'une force abstraite, une force répulsive, agissant en sens inverse de la gravitation universelle ou, tout au moins, de ce que l'on nomme l'attraction moléculaire et tendant à faire mouvoir les éléments matériels des corps en les séparant les uns des autres, dans la presque totalité des circonstances. Si dans quelques cas très-rares, comme ceux d'échauffement de l'argile, des fibres végétales, de l'eau entre les températures zéro et quatre degrés, il y a diminution de volume, cela tient, suivant toute apparence, à la disparition de certaines matières volatiles expulsées par la chaleur ou à des modifications de structure qui l'emportent sur les effets de dilatation et les dissimulent. Du reste, ces exceptions ne font que mieux ressortir la nécessité d'abandonner les systèmes préconçus sur la nature des causes premières et de se borner à la recherche des lois des phénomènes physiques.

Il ne peut être question ici des sensations que la chaleur produit sur les êtres animés et qui très-probablement sont elles-mêmes dues à des effets de dilatation, de contraction ou de décomposition chimique, semblables à ceux qu'elle provoque dans les corps inanimés et dont l'intensité peut s'élever jusqu'à une limite incompatible avec l'accomplissement de certaines fonctions vitales et causer de la souffrance.

L'analyse de cette catégorie de phénomènes rentre dans une spécialité différente de la nôtre.

Après ces considérations préliminaires sur la façon, qui nous semble la plus convenable, d'envisager les effets de la chaleur, nous restreindrons notre sujet aux seules connaissances qui sont nécessaires pour comprendre aussi nettement que l'état actuel de la science le comporte, et prévoir *a priori*, les phénomènes qui s'accomplissent dans une machine à vapeur en mouvement; c'est-à-dire pour en former la théorie.

Ces connaissances sont :

1° La loi de transmission du travail et des forces vives, qui constitue à peu près la mécanique rationnelle toute entière ;

2° La détermination de l'unité de mesure de la chaleur ;

3° Quelques considérations sur la mesure des tensions et des températures ;

4° La loi qui lie les températures et les forces élastiques de la vapeur d'eau saturée ;

5° La loi de dilatation de l'air par la chaleur et celle qui lie son volume à sa force élastique ;

6° Les quantités de chaleur qu'absorbe 1 kil. d'eau liquide à zéro°, pour se réduire en vapeur saturée sous les diverses pressions ;

7° Les quantités de chaleur qu'absorbe 1 kil. d'eau liquide à zéro °, pour élever sa température jusqu'à celle à laquelle il prend l'état de vapeur sous les différentes pressions ;

8° La chaleur spécifique de la vapeur d'eau à différents états de densité et aux diverses températures ;

9° La loi suivant laquelle varie la densité de la vapeur d'eau saturée sous les diverses pressions ;

10° Les coefficients de dilatation de la vapeur d'eau prise dans ses différents états de densité ;

11° La quantité moyenne d'air mise en liberté dans une capacité primitivement vide, dans laquelle on condense un poids donné de vapeur à l'aide d'un poids donné d'eau froide à une température déterminée ;

12° Quelques autres lois physiques moins importantes que celles qui précèdent.

Les lois mécaniques sont incontestables et nous les supposerons connues du lecteur.

Quant aux lois physiques, elles ne présentent pas le même caractère d'absolue certitude et, jusqu'en ces derniers temps, celles qui concernent les vapeurs avaient été formulées en étendant à ces fluides des résultats qui concernent les gaz permanents et qui ne sont pas même rigoureusement exacts pour ces derniers. Aussi nous croyons indispensable de rappeler ici les principales conséquences des travaux récents de **M. V.** Regnault sur ces différentes questions ; d'autant plus que tous les traités, faits jusqu'aujourd'hui sur les machines à vapeur, portent encore, à un trop haut degré, l'empreinte de ces anciennes hypothèses.

Quant aux lois qui n'ont point été le sujet des expériences de **M.** Regnault, nous les adopterons telles qu'elles ont été formulées par d'autres physiciens, ou nous y suppléerons par quelques observations personnelles dans la mesure de nos forces.

UNITÉ DE CHALEUR.

Quelle que soit la nature de la chaleur, elle produit, comme les autres forces, des effets plus ou moins considérables suivant qu'elle se développe avec plus ou moins d'intensité et, comme les autres forces aussi, on la mesure d'après la grandeur de ces effets, l'évaluation directe de la grandeur de la cause étant hors de la portée de notre intelligence. Pour cela on a choisi un effet simple, facile à reproduire en toutes circonstances et qui se prête merveilleusement aux comparaisons des phénomènes calorifiques, l'élévation de 1 kilogramme d'eau pure de la température 0° à 1° du thermomètre centigrade, et l'on a donné à la quantité de chaleur qui produit cet effet le nom de *calorie* ou tout simplement celui d'*unité de chaleur*.

Ainsi, quand la chaleur produit sur un corps certains effets déterminés, on dit qu'il a fallu pour produire ces effets autant de calories que la quantité totale de chaleur à laquelle ils sont dus pourrait élever de kilogrammes d'eau de la température 0° à la température 1° centigrade ; ce que l'on vérifie communément par la quantité de kilogrammes d'eau que ces corps, en reprenant leur état primitif, peuvent élever de 0° à 1°.

Pendant longtemps on a admis que la quantité de chaleur nécessaire pour élever la température d'un kilogramme d'eau de 1° était la même quelle que fût la température initiale et, dans cette hypothèse, l'unité de chaleur était la quantité nécessaire pour élever la température de 1 kilogramme d'eau de 1° dans toute l'étendue de l'échelle thermométrique avant la transformation de l'eau en vapeur, mais les expériences récentes de M. Regnault, que nous rappellerons plus loin, ayant démontré qu'il fallait plus de chaleur pour faire passer 1 kilogramme d'eau de 99° à 100°, par exemple, que de 0° à 1°, il faut renoncer à cette expression générale de l'unité de chaleur et adopter l'unité plus restreinte que nous avons formulée ci-dessus.

Cependant, comme l'emploi de l'ancienne unité présentait un grand nombre d'avantages spéciaux et que l'accroissement de la quantité de chaleur nécessaire pour élever 1 kilogramme d'eau de 1° est peu rapide à mesure que l'on s'élève sur l'échelle thermométrique, on peut encore, dans certaines circonstances, et lorsque cela ne peut conduire à de trop graves erreurs, employer cette ancienne unité. Les considérations que nous venons de présenter sont suffisantes pour montrer dans quelles circonstances il faudrait adopter la nouvelle unité sous peine d'erreurs trop graves pour être négligées.

MESURE DES TEMPÉRATURES.

Nous ne possédons jusqu'à présent aucun moyen direct pour mesurer les quantités de chaleur qu'un corps absorbe dans des circonstances données ou, en d'autres termes, le degré d'énergie avec lequel les phénomènes calorifiques se développent dans un corps en ces circonstances, et nous ne reconnaissons ce degré d'énergie que par les changements qui surviennent dans l'état de ce corps ou par sa dilatation. On donne le nom de *thermomètres* aux instruments qui ont pour but de constater les variations de chaleur dans un milieu. Ces instruments sont fondés, en général, sur la dilatation que les corps éprouvent par l'action de la chaleur ou sur les changements de force élastique qu'un même volume de gaz éprouve dans les circonstances auxquelles le milieu qui les contient se trouve soumis ; en un mot, on les place dans les mêmes conditions thermiques que le milieu sur lequel on veut connaître l'intensité d'action de la chaleur et les effets qu'elle produit, et d'après les variations de la dilatation ou de la force élastique sur la substance thermométrique, on préjuge l'intensité de l'action calorifique sur le milieu.

Un thermomètre parfait serait celui dont les indications seraient toujours proportionnelles aux quantités de chaleur qu'il a absorbées, ou, en d'autres termes, celui dans lequel l'addition de quantités égales de chaleur produirait toujours des dilatations égales. Pour que cette condition soit remplie, il faut, ou bien que la capacité calorifique et la dilatation de la substance thermométrique restent invariables dans les diverses phases de l'expérience, ou bien que ces deux éléments varient rigoureusement en raison inverse l'un de l'autre.

Dans tous les cas, ce thermomètre parfait n'indiquerait les quantités de chaleur absorbées par un milieu dans des circonstances données, que si ce milieu présentait les mêmes avantages que la substance thermométrique, c'est-à-dire s'il absorbait des quantités égales de chaleur pour des variations égales de température données par le thermomètre.

Or, si l'on étudie comparativement les dilatations que les différents corps subissent dans des circonstances identiques, on s'aperçoit que ces dilatations sont loin de suivre la même loi, et si l'on compare entre elles les quantités de chaleur absorbées par ces différents corps, lorsqu'ils sont portés successivement aux différentes températures mesurées par les dilatations de l'un quelconque d'entre eux, on reconnaît que ces quantités sont variables et inégalement variables dans chacun d'eux, sans qu'on ait réussi jusqu'ici à assigner les relations qui existent entre ces variations de capacité et les variations de volume. La construction d'un appareil capable de mesurer directement les quantités de chaleur absorbées par un corps quelconque dans des circonstances déterminées est donc impossible dans l'état actuel de la science, et l'on se contente de mesurer les variations de température à l'aide du thermomètre connu, indépendamment des quantités de chaleur qui les ont produites, sauf à mesurer par d'autres moyens indirects ces quantités de chaleur.

La grande précision que l'on peut apporter dans la construction du thermomètre à mercure, la grande facilité avec laquelle le liquide thermométrique peut être toujours obtenu identique, enfin la grande étendue des températures pendant laquelle ce liquide conserve le même état, ont fait donner au thermomètre à mercure la préférence sur tous les instruments de la même espèce et l'ont fait adopter exclusivement pour toutes les expériences précises.

Mais il existe une condition essentielle à laquelle tout appareil de mesure doit satisfaire; il faut non-seulement qu'il reste toujours comparable à lui-même, c'est-à-dire qu'il marque toujours le même degré dans des conditions identiques, mais il faut encore que l'on puisse le reproduire à volonté et obtenir toujours des instruments rigoureusement comparables entre eux.

Les physiciens se sont contentés jusqu'à présent d'assujétir les échelles des thermomètres à mercure à s'accorder pour certaines températures normales faciles à reproduire et parfaitement identiques; ils ont adopté pour cela la température constante que présente la glace qui se fond et la température, non moins constante, que présente la vapeur d'eau saturée lorsqu'elle développe une force élastique de 0^m76 de mercure ou l'eau pure en ébullition sous cette pression de 0^m76.

Or, d'après les expériences de M. Regnault à qui nous empruntons ces considérations sur la mesure des quantités de chaleur, deux thermomètres à mercure réglés pour ces mêmes points fixes de la glace fondante et de l'ébullition de l'eau et gradués au delà de ces limites en continuant par des divisions d'égale longueur, peuvent présenter dans leur marche des différences très-considérables en dehors de ces limites, si les enveloppes de ces thermomètres ne sont pas formées avec des verres de même nature, même quand les tubes gradués ont une section intérieure constante. Dans le cas où les verres des réservoirs présentent la même composition chimique, il peut y avoir encore des différences de marche très-sensibles dans les instruments, suivant la manière dont les réservoirs ont été travaillés à la lampe d'émailleur, l'état moléculaire du verre subissant, pendant ce travail, des altérations très-notables.

Le thermomètre à mercure, tel qu'il a été construit jusqu'ici, manque donc d'une des conditions les plus essentielles que l'on doive exiger d'un appareil de mesure; il ne peut pas être reproduit toujours dans un état identique, et les divers instruments de même espèce sont rarement comparables entre eux au delà des points fixes de leurs échelles.

C'est pour cela que dans les expériences qui exigent beaucoup de précision les physiciens ont remplacé le mercure par de l'air sec ou par un autre gaz et ont construit des thermomètres à gaz qui, sans être, plus que les autres, susceptibles de donner directement la mesure des quantités de chaleur absorbées par un milieu, présentent néanmoins certains avantages considérables. D'abord ils procurent la faculté de mesurer des températures bien supérieures à celles qui peuvent l'être par le thermomètre à mercure, puis ils présentent un degré supérieur de précision qui tient à la grandeur de la dilatation de la substance thermométrique. Dans un thermomètre quelconque formé par une substance liquide ou gazeuse, les indications de l'instrument dépendent de la dilatation de cette substance et de celle de l'enveloppe. Or, la dilatation du mercure n'est guère que sept fois plus grande que celle du verre qui le renferme; les variations que l'on remarque dans la loi de dilatation des différentes espèces de verre forment donc des fractions très-sensibles des dilatations apparentes du mercure et influent, par suite, d'une manière notable sur les indications de l'instrument. Dans le thermomètre à gaz, au contraire, la dilatation du gaz étant cent soixante fois plus grande que celle du verre, les variations dans

la loi de dilatation des diverses espèces de verre n'influent plus sensiblement sur les indications de l'appareil et n'empêchent pas les instruments d'être comparables entre eux.

Thermomètre à gaz. — Lorsqu'un gaz renfermé dans une enveloppe
mathématiquement élastique est soumis à une élévation de température, son volume augmente et le gaz conserve la même force élastique.
Mais on peut empêcher cette dilatation en exerçant sur toute la surface de l'enveloppe une pression convenable, plus grande que celle
qu'elle supportait primitivement; le gaz conserve dans ce cas le même
volume, mais sa force élastique est devenue plus considérable.

On conçoit, d'après cela, qu'il y a deux manières d'employer un
gaz comme substance thermométrique. On peut mettre le gaz dans des
conditions telles, que la pression qui le maintient reste constante, et
observer son augmentation de volume; ou forcer le gaz à conserver le
même volume et observer l'augmentation de sa force élastique. Ces deux
circonstances constituent pour ainsi dire deux instruments distincts.

Pour qu'un thermomètre à gaz réalisât les conditions prescrites par la
première méthode, et qui sont à peu près celles qui se trouvent dans le
thermomètre à mercure, il faudrait que le gaz, restant toujours soumis à la même pression, pût se dilater librement dans un réservoir
calibré, maintenu partout à la même température. Or, ces conditions
sont impossibles à remplir dans la pratique, au moins lorsque l'appareil doit être exposé à de hautes températures; il faut, dans ce cas,
composer l'appareil de deux parties, dont l'une est exposée à la température du milieu sur lequel on veut constater les effets de la chaleur,
et dont l'autre, placée dehors, est destinée à recueillir le gaz qui sort
de la première ou réservoir, et à mesurer les accroissements de
volume. On peut évidemment maintenir la pression constante à l'aide
d'une colonne de mercure disposée convenablement. Cette disposition
présente un grave inconvénient dans les températures élevées, parce
qu'alors la plus grande partie du gaz a passé de la première partie
dans la seconde, et qu'il n'en reste plus qu'une portion très-petite
dans le réservoir proprement dit, de sorte que la quantité de gaz, qui
passe alors de ce réservoir dans le tube calibré qui sert à apprécier
l'accroissement de volume, est très-petite pour un faible accroissement
de température, et se mesure difficilement avec une précision suffisante.

A cause de cet inconvénient qui rend l'appareil de moins en moins sensible à mesure que la température s'élève, M. Regnault pense qu'il est convenable de rejeter les thermomètres basés sur ce principe.

Dans la deuxième méthode on maintient le gaz constamment sous le même volume, dont la très-majeure partie peut être exposée à la température du milieu soumis à l'expérience, en augmentant la hauteur de la colonne de mercure qui agit sur ce gaz ; et d'après les variations survenues dans les forces élastiques on peut calculer, en se fondant sur la loi de Mariotte, les dilatations qui se seraient produites si la pression avait été maintenue constante et par suite l'accroissement de température correspondant à ces dilatations, quand on connaît le coefficient relatif au gaz employé comme substance thermométrique. C'est ce principe que M. Regnault recommande d'appliquer à la construction des thermomètres à gaz, et l'on peut trouver dans ses mémoires originaux les précautions à prendre et les formules à employer pour tenir compte de la dilatation du verre, de la portion de gaz qui échappe à l'action du milieu que contient le réservoir et de quelques autres circonstances qui ont une influence sur le résultat final.

Dans tous les cas, ces instruments ne sont point d'une application facile ni d'un usage commode, et leur emploi doit être regardé comme réservé aux expériences de physique qui exigent une grande précision.

D'après les expériences de M. Regnault, l'air atmosphérique, qui est le gaz le plus communément employé dans ces thermomètres, suit la même loi de dilatation depuis 0° jusqu'à 350°, lors même que sa force élastique initiale à 0° varie de 0^m40 de mercure à 1^m30. Ainsi, dans la construction d'un thermomètre à air, on n'aura pas à se préoccuper de la densité de l'air introduit dans le réservoir, les instruments sont comparables, quelle que soit cette densité. De plus, il a reconnu que le gaz hydrogène et l'acide carbonique suivent, entre 0° et 350°, sensiblement la même loi de dilatation, bien que leurs coefficients de dilatation soient notablement différents. Ainsi, des thermomètres construits avec ces différents gaz marcheront d'accord, pourvu que l'on calcule les températures avec le coefficient propre à chacun d'eux. Il résulte de là que les coefficients de dilatation de ces gaz présentent sensiblement le même rapport à toutes les températures.

Pour donner une idée des erreurs que l'on peut commettre en se servant de thermomètres à mercure différents pour apprécier la même température, nous plaçons ci-dessous un tableau des expériences de M. Regnault sur un thermomètre à air servant d'étalon et quatre thermomètres à mercure construits avec des verres différents.

TEMPÉRATURES du THERMOMÈTRE A AIR.	TEMPÉRATURES DU THERMOMÈTRE A MERCURE.			
	CRISTAL de CHOISY-LE-ROI.	VERRE ORDINAIRE DES TUBES ET BALLONS DES LABORATOIRES DE PARIS.	VERRE VERT.	VERRE DE SUÈDE.
100°	100°00	100°00	100°00	100°00
110°	110°03	109°98	110°03	110°02
120°	120°12	119°95	120°08	120°04
130°	130°20	129°91	130°14	130°07
140°	140°29	139°85	140°21	140°11
150°	150°40	149°80	150°30	150°15
160°	160°52	159°74	160°40	160°20
170°	170°65	169°68	170°50	170°26
180°	180°80	179°63	180°60	180°33
190°	191°01	189°63	190°70	190°41
200°	201°25	199°70	200°80	200°50
210°	211°53	209°75	211°00	210°61
220°	221°82	219°80	221°20	220°75
230°	232°16	229°85	231°42	230°90
240°	242°55	239°90	241°60	241°16
250°	253°00	250°05	251°85	251°44
260°	263°44	260°20	262°15	
270°	273°90	270°58	272°50	
280°	284°48	280°52	282°85	
290°	295°10	290°80	293°30	
300°	305°72	301°08		
310°	316°45	311°45		
320°	327°25	321°80		
330°	338°22	332°40		
340°	349°30	343°00		
350°	360°50	354°00		

On voit que dans les hautes températures les écarts deviennent considérables, de sorte qu'il serait bon que tout fabricant de thermomètres à mercure les graduât par comparaison avec un thermomètre à air en dehors des points fixes de l'échelle où tous les thermomètres s'accordent nécessairement. De cette façon les expériences faites avec les thermomètres à mercure deviendraient comparables, ce qui n'existe point aujourd'hui, principalement dans les températures élevées.

Pour les très-hautes températures, auxquelles le verre ne peut résister comme enveloppe, on peut le remplacer par le platine, et il est possible d'obtenir ainsi des *pyromètres* qui offrent une continuation de l'échelle ordinaire des températures et un degré de précision bien supérieurs à ceux que présentent les pyromètres de Wedgwood fondés sur la contraction de l'argile par l'accroissement de température.

MESURE DES PRESSIONS.

La pression, ou tension, que développent les fluides élastiques, se mesure généralement à l'aide d'une colonne liquide, et les instruments qui servent à cette mesure portent le nom de baromètres et de manomètres. Les premiers sont tout spécialement affectés à l'appréciation de la force élastique de l'air libre dans l'atmosphère et les seconds à celle de la tension des fluides contenus dans une capacité fermée. Nous ne dirons rien des baromètres dont l'usage et les conditions d'établissement sont exposés dans tous les traités de physique, mais nous présenterons quelques considérations sur les applications usuelles et les conditions d'exactitude des manomètres.

Il y a un assez grand nombre de variétés de manomètres mais les deux principaux, ceux qui sont le plus communément employés, sont le manomètre à air libre et les manomètres à colonne liquide et à gaz comprimé.

Dans les derniers, la tension du fluide soumis à l'expérience est mesurée par la différence de niveau du liquide manométrique dans les deux branches de l'appareil, et par les variations de volume que subit le gaz contenu dans la colonne fermée du manomètre, dans l'hypothèse où ces variations de volume et les tensions correspondantes suivent la loi de Mariotte. Mais cet instrument présente plusieurs inconvénients, dont voici les principaux :

1° Difficulté de se procurer des tubes parfaitement calibrés dans la partie fermée qui contient le gaz, afin que les variations de volume soient exactement représentées par les variations de hauteur de la colonne gazeuse ;

2° Inexactitude de la loi de Mariotte, comme nous le montrerons plus loin en rappelant les expériences de M. Regnault ; surtout lorsque le gaz contient un peu de vapeur d'eau ;

3° Influence de la température à laquelle le manomètre est exposé ; température qui fait varier la tension du gaz, même quand son volume ne varie pas, de sorte que les graduations de l'appareil, faites à une certaine température, ne peuvent plus convenir à une autre ;

4° Dans les hautes pressions les divisions de l'échelle des pressions se rapprochent de plus en plus, de sorte que les indications deviennent d'autant plus incertaines et moins exactes que les pressions sont plus élevées.

Ces inconvénients et quelques autres moins importants, qui ne permettent d'évaluer la tension du fluide élastique soumis à l'expérience, qu'à l'aide d'une série de corrections et de calculs impossibles à la plupart des personnes qui se servent de ces instruments, ont généralement fait renoncer à leur usage toutes les fois que les tensions doivent être évaluées avec un certain degré d'exactitude ; ils ne peuvent être employés commodément et sans corrections que dans les cas où l'on n'a besoin que d'une approximation assez grossière.

Le manomètre à air libre ne présente aucun de ces inconvénients, aussi il est, par excellence, l'instrument propre à mesurer les tensions, et les physiciens l'emploient toutes les fois que la tension d'un gaz ou d'une vapeur doit être déterminée avec la plus grande précision. Le liquide manométrique que l'on y emploie est ordinairement le mercure, au moins quand les tensions doivent varier entre des limites assez écartées, parce qu'il est peu dilatable par les variations de température, peu compressible, facile à obtenir dans un état identique, parce qu'il n'émet que peu de vapeur sous la tension ordinaire, ce qui en rend la quantité contenue dans l'appareil, invariable pendant longtemps, et parce que, ayant une grande densité, les différences de niveau des deux colonnes sont moindres qu'avec tout autre liquide, ce qui diminue la hauteur de l'appareil, le rend portatif et en fait un véritable instrument d'application industrielle.

Les variations de température et la pression croissante à laquelle une colonne de mercure se trouve exposée depuis le haut jusqu'en bas ne peuvent produire dans la densité de ce liquide des modifications assez grandes pour qu'il en faille tenir compte dans les circonstances ordinaires.

En effet, le coefficient de dilatation du mercure qui croît avec la température est toujours très-faible ; d'après M. Regnault,

$$
\begin{array}{llr}
\text{à} & 0° \text{ il est} \ldots\ldots\ldots & 0,00017905 \\
\text{à} & 100° \quad— \ldots\ldots\ldots & 0,00018305 \\
\text{à} & 200° \quad— \ldots\ldots\ldots & 0,00018909 \\
\text{à} & 300° \quad— \ldots\ldots\ldots & 0,00019413 \\
\text{à} & 350° \quad— \ldots\ldots\ldots & 0,00019666
\end{array}
$$

Ainsi une colonne de mercure à 0° de 1^m de hauteur, s'allongerait de 0^m,017905 à 0^m,018305, en passant à la température de 100° et sans changer de poids ; et comme les tensions sont évaluées en fonction du mercure à 0°, il en résulte qu'à 100°, on commettrait une erreur proportionnelle à cet allongement en ne tenant point compte de la température. Néanmoins, comme, dans la plupart des applications industrielles, la température à laquelle on expose les manomètres ne s'écarte pas autant de 0° et qu'une précision mathématique n'est pas indispensable, on néglige généralement les effets de la dilatation et les tensions se mesurent comme si le mercure avait, à toutes les températures, la même densité qu'à 0°. Du reste les considérations que nous venons de présenter suffiront pour faire reconnaître dans quelles circonstances l'erreur, commise en ne tenant pas compte des effets de la température, deviendrait trop considérable pour être négligée et, dans ce cas, on calculerait, à l'aide des coefficients cités ci-dessus, les corrections à apporter aux indications directes de l'instrument.

Quant à l'accroissement de densité depuis le haut jusqu'en bas d'une colonne, par suite du poids même du mercure, il est excessivement faible; d'après M. Regnault, le coefficient de compression sous la charge de 1^m de mercure serait de 0,000004628; en d'autres termes, une tranche très-mince de mercure, sous la charge de 1^m, diminuerait d'épaisseur dans le rapport de 1 à 1 — 0,000004628; diminuerait d'une quantité double sous une pression double et ainsi de suite. Cette compression agit en sens inverse de l'accroissement de température et produit une augmentation de densité, mais excessivement faible, car, suivant M. Regnault, la diminution qu'elle produirait sur la hauteur d'une colonne de 10^m ne serait que de $0,^m0001956$, et de $0,^m001356$ sur la hauteur d'une colonne de 25^m. L'effet de la compression est donc tout à fait négligeable dans toutes les applications industrielles.

Le poids du mètre cube de mercure à la température 0° et sous la pression de 0^m76 étant de 13596 kil., il sera facile d'évaluer la pression qu'un fluide élastique qui fait équilibre à une différence de niveau connue entre les deux colonnes de mercure d'un manomètre, exerce contre les parois du vase qui le renferme.

Dans beaucoup de circonstances, on compare la tension des fluides enfermés dans une capacité à la tension de l'air atmosphérique libre et, comme cette dernière est très-variable, on a pris pour point de comparaison sa valeur approximativement moyenne au niveau de la mer sous nos latitudes. Or, cette tension moyenne fait équilibre à une différence de niveau de 0^m76 entre les deux colonnes d'un baromètre; on a donc nommé *pression d'une atmosphère*, celle qui maintient cette différence de niveau; pression de deux atmosphères, celle qui maintient une différence double, et ainsi de suite.

Dans d'autres circonstances, les tensions s'évaluent en kilogrammes par mètre carré; ainsi une tension d'une atmosphère ou de 0^m76 de mercure, équivaut à 13596 kil. 0,76=10333 kil. par mètre carré.

Il y a une observation importante à faire sur l'emploi des manomètres à air libre; c'est que la tension du fluide soumis à l'expérience faisant simultanément équilibre à la colonne du manomètre et à la pression atmosphérique extérieure, et celle-ci étant dans un état de variation perpétuelle, on ne peut connaître la tension effective du fluide, sans déterminer la hauteur du baromètre en même temps que celle du manomètre; ces deux instruments devraient donc être inséparables dans la plupart des applications.

Pour faire comprendre nettement l'importance de l'erreur que l'on peut commettre en négligeant l'observation barométrique, dans l'évaluation de la tension de la vapeur d'eau, par exemple, supposons que deux observations, faites à intervalle assez long, aient fourni 0^{m}76 au manomètre à air libre, et qu'à l'instant de la première, la pression barométrique ait été de 0^{m}736, et de 0^{m}770 à l'instant de la seconde.

En négligeant l'observation directe du baromètre, on suppose toujours la pression atmosphérique de 0^{m}76, et on évaluerait la pression à deux atmosphères ou 20666 kil. par mètre carré; cependant la tension réelle était dans le premier cas de 0^{m}76+0,735=1^{m}495 de mercure, ou 13596. 1,495=20326 kil. par mètre carré; et dans le deuxième de 0,76+0,77=1^{m}53 de mercure, ou 13596. 1,53 = 20802 kil. par mètre carré. Ces erreurs sont évidemment trop considérables pour être négligées dans le calcul des machines.

Les Anglais emploient, dans certains cas, une autre unité de mesure des tensions; ils les évaluent en livres anglaises, avoir du poids, par pouce carré anglais.

Or, le pouce carré anglais équivaut à 0,000645 mètre carré;
la livre anglaise, à 0 kil. 4534;
la pression d'une atmosphère de 0^{m}76, par pouce carré, serait donc de :

10333 kil. 0,000645=6 kil. 665,

et la pression d'une atmosphère, exprimée en livres par pouce carré, de :

$$\frac{6,665}{0,4534} = 14,70 \text{ livres.}$$

Il est aisé de reconnaître, à l'aide de ces chiffres, que chaque accroissement de hauteur de 0^{m}0517 dans la différence de niveau des colonnes d'un manomètre, équivaut à une augmentation de tension de une livre par pouce carré.

Dans ces derniers temps, on a cherché à remplacer les manomètres à colonnes liquides par d'autres instruments moins volumineux, plus portatifs et mieux appropriés à la mesure des tensions qui varient rapidement.

En effet, les manomètres à air libre, les plus exacts de tous, sont très-hauts quand ils doivent servir à mesurer de fortes tensions, et quand ces tensions sont très-variables, il se produit des effets de force vive qui font osciller le mercure dans les colonnes comme un pendule d'une espèce particulière, et il devient impossible d'apprécier aucune tension ; par exemple, quand il s'agit de mesurer le décroissement de tension de la vapeur qui se détend dans le cylindre d'une machine motrice. Ces manomètres ne peuvent donc servir qu'à la mesure des tensions qui varient lentement et par degrés insensibles, comme celle de la vapeur dans une chaudière. Leur hauteur les rend également impropres à mesurer la tension dans les chaudières de machines locomotives, à cause du genre de service de ces machines.

Les instruments construits jusqu'à présent pour les remplacer sont très-variés et il serait difficile d'en donner ici la nomenclature ; mais le jeu de la plupart d'entre eux est basé sur l'élasticité des ressorts d'acier ou sur la résistance croissante que présente un flotteur qui sort d'un bain de mercure, sur lequel il est en équilibre lorsque la tension de la vapeur est seulement égale à la tension atmosphérique extérieure.

Dans les uns, l'agent manométrique est un tuyau courbe formé d'un métal élastique ; ce tuyau est mis, d'un côté, en communication avec la capacité qui renferme le fluide dont on veut apprécier la tension, et il est solidement fixé de ce côté ; l'autre extrémité est fermée et porte une cremaillère ou agit sur un levier qui peut communiquer le mouvement à une aiguille indicatrice des degrés de tension sur un cadran.

Lorsque le fluide pénètre dans un semblable tube, celui-ci dont la capacité intérieure s'agrandit quand il se redresse, en vertu d'un principe de mécanique que nous démontrerons plus tard, se rapproche d'autant plus de la position rectiligne que la tension intérieure est plus grande et, dans ce redressement, l'extrémité fermée se meut seule en emportant dans son mouvement l'aiguille indicatrice des tensions sur le cadran qui est divisé en conséquence.

Dans les autres, un petit piston, glissant à frottement doux dans un cylindre, agit sur un ressort dont le degré de flexion indique le degré de tension du fluide qui agit contre le piston qui se meut sous son influence, et dans ce mouvement de la tige du piston comprimant le ressort, une aiguille transversale, fixée à cette tige, indique les tensions sur une échelle rectiligne placée à côté. Cette disposition a été appliquée aux indicateurs qui servent à apprécier les tensions de la vapeur dans un cylindre pendant la détente; on remplace l'aiguille par un crayon qui trace une courbe en se mouvant suivant la génératrice d'un petit cylindre qui porte une feuille de papier enroulée et qui reçoit un mouvement de rotation dont la vitesse est exactement correspondante à celle du piston, ce que l'on obtient en liant le mouvement de rotation de l'un au mouvement rectiligne de l'autre par un moyen quelconque. Ces courbes de tensions portent le nom de *diagrammes*.

Dans d'autres encore, pour éviter les erreurs dues au frottement de ce piston dans le cylindre, frottement qui varie suivant l'état d'entretien ou d'usure de l'instrument, on fait agir le fluide élastique contre une espèce de membrane en caoutchouc qui s'appuie directement contre le piston lequel n'a plus besoin de fermer aussi hermétiquement le cylindre, et empêche les fuites; mais cette membrane qui est fixe, et qui ne se prête que par extension aux mouvements du piston, présente évidemment une résistance qui croît à mesure que le piston cède à la pression et qu'elle est déjà plus tendue; puis il est évident que la course possible d'un piston, dans ces conditions, est très-faible et qu'il est nécessaire de l'amplifier considérablement par une combinaison de leviers, jusqu'au point où le mouvement de ce piston est communiqué au ressort ou au flotteur plongé dans un bain de mercure, pour constater l'énergie de l'action du fluide et évaluer sa tension.

Tous ces instruments qui présentent des avantages spéciaux dans certaines applications industrielles, ou autres, offrent aussi de graves inconvénients; l'élasticité des ressorts, des lames de caoutchouc s'altère assez rapidement par l'action de l'air, de l'eau ou de la vapeur; les pistons à longue course éprouvent, de la part du frottement, une résistance variable et, dans plusieurs de ces appareils, la communication de mouvement du point où agit le fluide à l'aiguille indicatrice, est loin de présenter ce degré de précision quasi mathématique qui serait absolument nécessaire pour que, en l'absence de toute autre cause d'erreur, les tensions pussent être évaluées rigoureusement. Aussi nous n'avons presque jamais vu deux de ces appareils montés, par exemple, sur la même chaudière à vapeur, marcher complétement d'accord. Il ne faut donc les considérer que comme des moyens seulement approximatifs de mesurer les tensions, et vérifier le plus souvent possible leur degré d'exactitude par comparaison avec un manomètre à air libre.

Il serait cependant très-désirable que l'on imaginât un bon appareil de cette espèce, principalement pour la mesure des tensions très-rapidement variées. Dans un tel instrument, la résistance opposée à l'action du fluide élastique soumis à l'expérience devrait, autant que possible, être inaltérable comme l'action de la pesanteur ou la force élastique d'un gaz; l'élasticité des ressorts est trop aisément altérée. L'organe contre lequel agit directement la pression du fluide devrait pouvoir parcourir un chemin d'une notable longueur pour simplifier la communication de mouvement à l'aiguille indicatrice, et diminuer les erreurs inhérentes à toute amplification considérable du chemin parcouru par cet organe, à moins que, par sa nature même, la communication dut échapper aux plus petites variations dans le rapport des vitesses à ses extrémités. Il faudrait atténuer les effets du frottement ou, tout au moins, rechercher le moyen de les rendre constants et faciles à déterminer à chaque instant. Il faudrait, et cette considération est capitale pour certaines expériences, que la masse de la partie mobile de l'appareil fût très-faible, afin d'atténuer les effets de force vive ou de vitesse acquise dans les variations rapides de tension, et d'éviter ces continuelles oscillations qui se produisent alors dans la plupart des appareils actuels, surtout dans ceux qui contiennent des colonnes de mercure. Enfin, il conviendrait qu'il fût susceptible de tracer des courbes de tensions comme les indicateurs d'aujourd'hui.

FORCES ÉLASTIQUES DE LA VAPEUR D'EAU

AUX DIFFÉRENTES TEMPÉRATURES.

Lorsque l'on chauffe de l'eau dans un vase ouvert et que la pression atmosphérique sur la surface du liquide est de 0^m76 de mercure, il entre en ébullition et se transforme en vapeur à une température qui correspond au centième degré du thermomètre centigrade, et si l'on essaye de comprimer cette vapeur en maintenant, par un moyen quelconque, sa température à 100°, sa tension n'augmente pas ; il s'en condense une portion équivalente à la diminution de son volume, et l'état de la partie qui reste est identiquement le même que celui dans lequel elle se trouvait avant la compression.

Si l'opération se fait dans un vase fermé, les parois intérieures du vase éprouvent, lorsque l'eau est arrivée à la température de 100°, une pression équivalente à une colonne de mercure de 0^m76 de hauteur, et si l'on fait varier entre des limites quelconques la capacité de ce vase en maintenant à la température de 100° l'eau qu'il contient, la pression par unité de surface contre ses parois sera invariable ; il se formera plus ou moins de vapeur à la tension de 0^m76 pour occuper toute l'étendue qui lui sera offerte au-dessus de la surface liquide, ou il s'en condensera de celle qui était formée si l'on procède par voie de diminution de volume. Il est bien entendu que, lorsqu'on augmente la capacité, la température de l'eau doit être maintenue à 100° par réchauffement, parce que, si cette eau ne recevait pas de chaleur nouvelle, elle se refroidirait en abandonnant celle qui est nécessaire à la formation de la vapeur qui doit occuper l'accroissement de volume du vase, et la tension générale dans ce vase serait diminuée par cet abaissement de température, même abstraction faite de toute cause de déperdition de chaleur à travers les parois ; et que lorsqu'on diminue cette capacité, la vapeur qui se condense abandonnant la chaleur qui a servi à la former, il faut attendre que l'élévation générale de température qui doit en résulter dans la vapeur restante ait disparu par suite du refroidissement naturel qu'éprouve tout corps entouré d'autres corps moins chauds que lui, lorsqu'il ne reçoit plus de chaleur nouvelle, et que la température soit revenue à 100° centigrades.

En un mot, tant que l'eau et la vapeur en contact dans le vase sont à la température de 100°, il n'y a aucune modification possible dans la tension de la vapeur qui reste de 0^m76 de mercure ou d'une atmosphère, quelles que soient les variations de volume que l'on produise dans ce vase.

Si le vase fermé, dans lequel nous supposons que l'on ait fait préalablement le vide, contient de l'eau à une température inférieure ou supérieure à 100°, ses parois éprouveront, de la part de la vapeur qui s'y forme, une pression moins ou plus considérable que 0^m76 de mercure, et tant que la température commune de l'eau et de la vapeur sera maintenue invariable, la tension de cette vapeur sera également invariable, nonobstant toutes les variations de volume que pourra subir la capacité dans laquelle on aura enfermé l'eau génératrice ; mais celle-ci ne doit jamais s'épuiser complétement parce que si le volume du vase augmentait jusqu'à ce que toute l'eau fût transformée en vapeur, un nouvel accroissement de capacité ne pourrait plus provoquer la formation d'une nouvelle quantité de vapeur, et celle qui est formée se dilaterait en diminuant de tension comme un gaz, même quand on maintiendrait sa température constante.

Les vapeurs qui sont dans cet état d'invariabilité de tension correspondante à une certaine température et dont la densité est arrivée à son maximum puisqu'elle cesse de croître par compression, se nomment *vapeurs saturées* ou *vapeurs à l'état de saturation*, ou encore, *vapeurs au maximum de densité;* et il est évident que lorsqu'une chaudière fermée contient de l'eau, que l'on a porté cette eau à une certaine température, puis, qu'en continuant le feu on ne laisse s'échapper de cette chaudière que la quantité de vapeur qui emporte avec elle autant de chaleur que la chaudière continue à en recevoir, la température de l'eau demeurant constante, il est évident, disons-nous, que la vapeur ainsi fournie est de la vapeur saturée. C'est le cas ordinaire de la pratique industrielle.

La recherche de ces tensions de vapeur, correspondantes à certaines températures déterminées, est donc très-importante, surtout en ce qui

concerne l'eau, et elle a occupé un grand nombre de physiciens ;
mais nous ne citerons que les travaux les plus importants.

En 1823, une commission fut chargée par l'Académie des sciences,
sur la demande du ministre de l'intérieur, de procéder à de nouvelles
expériences sur les forces élastiques de la vapeur à de hautes températures, les résultats recueillis jusqu'alors étant considérés comme
insuffisants pour résoudre les questions relatives aux machines à vapeur dont l'usage se répandait rapidement. Ces expériences furent
exécutées par MM. Dulong et Arago, à l'aide d'appareils de dimensions considérables et avec tous les moyens de précision que
possède la science moderne. Le travail de ces physiciens fut présenté
à l'Académie le 30 novembre 1829 ; il comprend l'étude des forces
élastiques de la vapeur d'eau depuis une jusqu'à vingt-quatre atmosphères, et s'étend beaucoup au delà des limites que les physiciens avaient
atteintes jusqu'alors. Ce sont les tables contenant les résultats de ces
expériences qui ont servi aux mécaniciens jusqu'en ces derniers temps.

A peu près vers la même époque, une commission de savants
américains se livraient à des expériences de même nature, et par des
procédés à peu près semblables ; mais les résultats ne présentant pas une
concordance satisfaisante avec ceux des savants français, cela laissait
planer quelques incertitudes sur l'exactitude des uns et des autres.
Enfin, à l'époque où ces travaux s'exécutaient, les physiciens admet-
taient que deux thermomètres à mercure gradués pour leurs points
fixes dans la glace fondante, dans la vapeur de l'eau bouillante et
sous la pression de 0^m76, marchaient ensuite parfaitement d'accord
dans toute l'étendue de l'échelle. Or, il résulte des expériences récentes
de M. Regnault que deux thermomètres qui s'accordent à leurs points
fixes, peuvent présenter, dans les températures élevées, des différences
de plusieurs degrés ; les incertitudes s'en trouvaient donc accrues, et
il devenait nécessaire de procéder à de nouvelles expériences.

Ces expériences furent simultanément entreprises, dans ces derniers
temps, par M. Magnus et par M. Regnault, et dirigées avec cette rare
sagacité qui les distingue. Les résultats auxquels ils sont arrivés
s'accordant assez bien entre eux, et les expériences de M. Regnault
ayant été exécutées sur une grande échelle à l'aide d'un subside fourni
par le gouvernement français, nous nous contenterons de citer l'en-

semble des résultats obtenus par ce dernier, en laissant de côté les moyens qu'il a employés et qui sont scrupuleusement décrits dans ses mémoires originaux.

D'après l'ensemble de ce travail capital, dans lequel M. Regnault n'a rien négligé pour se mettre à l'abri des causes d'erreur qui peuvent avoir affecté les résultats obtenus par ses prédécesseurs, il paraît que la loi théorique qui lie les forces élastiques des vapeurs aux températures, reste tout à fait inconnue, ce qui résultait déjà des travaux précédents, et qu'à défaut de cette loi il faut jusqu'à présent se contenter des résultats directs de l'expérience, sauf à construire, par certains artifices mathématiques, des expressions dont le mérite est de fournir des résultats qui s'accordent avec ceux de l'expérience directe, entre des limites de température définies, dans lesquelles on a pris les données expérimentales qui ont servi au calcul des constantes et en dehors desquelles on ne les applique jamais, parce que, ne représentant pas la loi véritable du phénomène, elles deviendraient fautives au delà de ces limites.

M. Regnault propose deux formules qui établissent les relations qui existent entre les températures et les tensions de 0° à 230° limite supérieure de ses expériences, avec un degré de précision très-satisfaisant et dont les indications ne s'écartent en aucune circonstance de celles qui sont dues à l'expérience directe, que de quantités tout à fait insignifiantes et qui ne dépassent pas la limite des erreurs possibles dans les observations directes. La première est applicable de 0° à 100° et la seconde de 100° à 230°.

Formule applicable de 0° à 100°.

Logarithme $F = a + bm^t - cn^t$.

F est la tension en millimètres de mercure, t la température en degrés centigrades, a, b, c, m, n sont des constantes dont voici les valeurs, ou les logarithmes, pour faciliter la solution :

$$a = 4{,}7384380,$$
$$\text{Log. } b = -1{,}8659661,$$
$$\text{Log. } c = 0{,}6116485,$$
$$\text{Log. } m = 0{,}0068653056,$$
$$\text{Log. } n = -0{,}0038751.$$

Formule applicable de 100° à 230°.

$$\text{Logarithme } F = a - bm^{\,t+20} - cn^{\,t+20}.$$

Valeurs des constantes.

$$a = 6{,}2640348,$$
$$\text{Log. } b = 0{,}1397743,$$
$$\text{Log. } c = 0{,}6924351,$$
$$\text{Log. } m = -\,0{,}0059590708,$$
$$\text{Log. } n = -\,0{,}0016561538.$$

Voici comment on fait usage de ces formules :

Supposons que l'on veuille trouver la tension de la vapeur saturée à la température de 140°5 : on emploiera la 2ᵉ formule dans laquelle on fera :

$$x = bm^{\,t+20} \quad \text{et } y = cn^{\,t+20};$$

d'où Log. $x = (140{,}5 + 20) \log. m + \log. b = -\,0{,}815314334$

$$\text{d'où } x = 0{,}1530.$$

et Log. $y = (140{,}5 + 20) \log. n + \log. c = 0{,}4262250$

$$\text{d'où } y = 2{,}6709.$$

La formule générale devient alors :

$$\text{Log. } F = 6{,}2640348 - 0{,}1530 - 2{,}6709 = 3{,}4401348$$

$$\text{d'où } F = 2755{,}17 \text{ millimètres.}$$

La tension de cette vapeur à 140°5 est donc de 2755,17 millimètres,

ou de $\dfrac{2755{,}17}{760} = 3{,}625$ atmosphères.

Nous donnons ci-après une table générale des forces élastiques de la vapeur d'eau pour chaque degré du thermomètre à air, depuis 0° jusqu'à 230°. Elles ont été calculées à l'aide des deux formules indiquées ci-dessus, et les températures y sont indiquées en degrés du thermomètre à air à cause de l'incertitude des indications des thermomètres à mercure. Cependant comme, dans les applications ordinaires de la vapeur, les tensions s'élèvent rarement au-dessus de six atmosphères et les températures au-dessus de 160°, et que les différences entre les indications des thermomètres à mercure ne deviennent très-sensibles qu'au delà de cette limite, on pourra, dans ces applications qui n'exigent jamais une précision mathématique, employer les indications d'un bon thermomètre à mercure.

La première colonne de la table indique les températures ; la deuxième les tensions en millimètres de mercure ; et la troisième les tensions en atmosphères de 760 millimètres de mercure. Il ne faut provisoirement prêter aucune attention aux autres colonnes de la même table ; leur but et leur usage seront exposés plus loin, et nous ne les avons introduites ici que pour n'insérer dans cet ouvrage qu'une seule table générale, contenant les éléments principaux du calcul des machines à vapeur, et éviter les répétitions.

TEMPÉRATURES en degrés du THERMOMÈTRE A AIR.	FORCES ÉLASTIQUES en millimètres DE MERCURE.	FORCES ÉLASTIQUES en atmosphères DE 0m76 DE MERCURE.	UNITÉS DE CHALEUR abandonnées par 1 kil. d'eau dont on abaisse la température à 0°.	UNITÉS DE CHALEUR pour vaporiser 1 kil. d'eau pris à la température indiquée par la 1re colonne.	UNITÉS DE CHALEUR pour former 1 kil. de vapeur avec de l'eau prise à 0°.	VOLUME de 1 kil. DE VAPEUR. Mètres cubes.
0°	4,600	0,0061	0,000	606,5	606,5	205,2355
1°	4,940	0,0065			606,8	191,8114
2°	5,302	0,0069			607,1	179,3687
3°	5,687	0,0075			607,4	167,8500
4°	6,097	0,0080			607,7	157,1171
5°	6,534	0,0086			608,0	147,1392
6°	6,998	0,0092			608,3	137,8785
7°	7,492	0,0098			608,6	129,2494
8°	8,017	0,0105			608,9	121,2176
9°	8,574	0,0113			609,2	113,7470
10°	9,165	0,0120	10,002	599,5	609,5	106,7901
11°	9,792	0,013			609,8	100,3059
12°	10,457	0,014			610,1	94,2585
13°	11,162	0,015			610,4	88,6745
14°	11,908	0,016			610,7	83,3566
15°	12,699	0,017			611,0	78,4357
16°	13,536	0,018			611,3	73,8542
17°	14,421	0,019			611,6	69,5503
18°	15,357	0,020			611,9	65,5568
19°	16,346	0,021			612,2	61,7835
20°	17,391	0,023	20,010	592,6	612,6	58,2703
21°	18,493	0,024			612,9	54,9794

TEMPÉRATURES en degrés du THERMOMÈTRE A AIR.	FORCES ÉLASTIQUES en millimètres DE MERCURE.	FORCES ÉLASTIQUES en atmosphères DE 0m76 DE MERCURE.	UTITÉS DE CHALEUR abandonnées par 1 kil. d'eau dont on abaisse la température à 0°.	UNITÉS DE CHALEUR pour vaporiser 1 kil. d'eau pris à la température indiquée par la 1re colonne.	UNITÉS DE CHALEUR pour former 1 kil. de vapeur avec de l'eau prise à 0°.	VOLUME de 1 kil. DE VAPEUR. — Mètres cubes.
22°	19,659	0,026			613.2	51,9003
23°	20,888	0,027			613,5	49,0125
24°	22,184	0,029			613,8	46,5053
25°	23,550	0,031			614,1	43,7665
26°	24,988	0,033			614,4	41,3865
27°	25,505	0,034			614,7	40,6835
28°	28,101	0,037			615,0	37,0483
29°	29,782	0,039			615,3	35,0735
30°	31,548	0,042	50,026	585,7	615,7	33,2201
31°	33,406	0,044			616,0	31,4761
32°	35,359	0,047			616,3	29,8355
33°	37,411	0,049			616,6	28,1917
34°	39,565	0,052			616,9	26,8389
35°	41,827	0,055			617,2	25,4703
36°	44,201	0,058			617,5	24,2063
37°	46,691	0,061			617,8	22,9654
38°	49,302	0,065			618,1	21,8194
39°	52,039	0,068			618,4	20,5994
40°	54,906	0,072	43,051	578,7	618,7	19,7186
41°	57,910	0,076			619,0	18,7555
42°	61,055	0,080			619,3	17,8462
43°	64,346	0,085			619,6	16,9875
44°	67,790	0,089			619,9	16,1724
45°	71,391	0,094			620,2	15,4079
46°	75,158	0,099			620,5	14,6815
47°	79,093	0,104			620,8	13,9939
48°	83,204	0,108			621,1	13,3454
49°	87,499	0,113			621,4	12,7372
50°	91,982	0,121	50,087	571,6	621,7	12,1472
51°	96,661	0,127			622,0	11,8717

TEMPÉRATURES en degrés du THERMOMÈTRE A AIR.	FORCES ÉLASTIQUES en millimètres DE MERCURE.	FORCES ÉLASTIQUES en atmosphères DE 0m76 DE MERCURE.	UNITÉS DE CHALEUR abandonnées par 1 kil. d'eau dont on abaisse la température à 0°.	UNITÉS DE CHALEUR pour vaporiser 1 kil. d'eau pris à la température indiquée par la 1re colonne.	UNITÉS DE CHALEUR pour former 1 kil. de vapeur avec de l'eau prise à 0°.	VOLUME de 1 kil. DE VAPEUR. — Mètres cubes.
52°	101,543	0,134			622,3	11,0717
53°	106,636	0,140			622,6	10,6699
54°	111,945	0,147			622,9	10,1043
55°	117,478	0,155			623,2	9,6581
56°	123,244	0,161			623,5	9,2346
57°	129,251	0,170			623,8	8,8322
58°	135,505	0,178			624,1	8,4502
59°	142,015	0,187			624,4	8,0872
60°	148,791	0,196	60,157	564,7	624,8	7,7422
61°	155,839	0,205			625,1	7,4143
62°	163,170	0,213			625,4	7,1024
63°	170,791	0,223			625,7	6,8058
64°	178,714	0,235			626,0	6,5234
65°	186,945	0,246			626,3	6,2548
66°	195,496	0,257			626,6	5,9989
67°	204,376	0,268			626,9	5,7506
68°	213,596	0,281			627,2	5,5171
69°	223,165	0,294			627,5	5,3017
70°	233,093	0,306	70,210	557,6	627,8	5,0908
71°	243,393	0,320			628,1	4,8896
72°	254,073	0,334			628,4	4,6976
73°	265,147	0,349			628.7	4,4125
74°	276,624	0,364			629,0	4,3395
75°	288,517	0,380			629,3	4,1728
76°	300,838	0,396			629,6	4,0155
77°	313,600	0,413			629,9	3,8612
78°	326,811	0,430			630,2	3,7157
79°	340,488	0,448			630,5	3,5766
80°	354,643	0,466	80,282	550,6	630,9	3,4456
81°	369,287	0,485			631,2	3,3165

TEMPÉRATURES en degrés du THERMOMÈTRE A AIR.	FORCES ÉLASTIQUES en millimètres DE MERCURE.	FORCES ÉLASTIQUES en atmosphères DE 0m76 DE MERCURE.	UNITÉS DE CHALEUR abandonnées par 1 kil. d'eau dont on abaisse la température à 0°.	UNITÉS DE CHALEUR pour vaporiser 1 kil. d'eau pris à la température indiquée par la 1re colonne.	UNITÉS DE CHALEUR pour former 1 kil. de vapeur avec de l'eau prise à 0°.	VOLUME de 1 kil. DE VAPEUR. Mètres cubes.
82°	584,435	0,505			651,5	3,1948
83°	400,101	0,526			651,8	5,0784
84°	416,298	0,547			652,1	2,9669
85°	433,041	0,569			652,4	2,8602
86°	450,344	0,592			652,7	2,7580
87°	468,221	0,616			653,0	2,6601
88°	486,687	0,640			653,3	2,5662
89°	505,759	0,664			653,6	2,4764
90°	525,450	0,691	90,381	543,5	653,9	2,3902
91°	545,778	0,718			654,2	2,3075
92°	566,757	0,746			654,5	2,2282
93°	588,406	0,774			654,8	2,1521
94°	610,740	0,804			655,1	2,0790
95°	633,778	0,834			655,4	2,0089
96°	657,535	0,865			655,7	1,9417
97°	682,029	0,897			656,0	1,8769
98°	707,280	0,931			656,3	1,8149
99°	733,305	0,965			656,6	1,7552
100°	760,000	1,000	100,500	536,5	657,0	1,6981
101°	787,590	1,036			657,3	1,6450
102°	816,010	1,073			657,6	1,5900
103°	845,280	1,112			657,9	1,5391
104°	875,410	1,152			658,2	1,4900
105°	906,410	1,192			658,5	1,4430
106°	938,510	1,234			658,8	1,3976
107°	971,140	1,278			659,1	1,3539
108°	1004,910	1,322			659,4	1,3118
109°	1039,650	1,368			659,7	1,2713
110°	1075,370	1,415	110,641	529,4	640,0	1,2323
111°	1112,090	1,463			640,3	1,1947

TEMPÉRATURES en degrés du THERMOMÈTRE A AIR.	FORCES ÉLASTIQUES en millimètres DE MERCURE.	FORCES ÉLASTIQUES en atmosphères DE 0m76 DE MERCURE.	UNITÉS DE CHALEUR abandonnées par 1 kil. d'eau dont on abaisse la température à 0°.	UNITÉS DE CHALEUR pour vaporiser 1 kil. d'eau pris à la température indiquée par la 1re colonne.	UNITÉS DE CHALEUR pour former 1 kil. de vapeur avec de l'eau prise à 0°.	VOLUME de 1 kil. DE VAPEUR. Mètres cubes.
112°	1149,830	1,513			640,7	1,1586
113°	1188,610	1,564			641,0	1,1257
114°	1228,470	1,616			641,3	1,0900
115°	1269,410	1,670			641,6	1,0576
116°	1311,470	1,725			641,9	1,0265
117°	1354,660	1,782			642,2	0,9962
118°	1399,020	1,840			642,5	0,9670
119°	1444,550	1,900			642,8	0,9390
120°	1491,280	1,962	120,806	522,3	643,1	0,9119
120,59		2,000			643,3	0,8960
121°	1539,250	2,025			643,4	0,8857
122°	1588,470	2,090			643,7	0,8603
123°	1638,960	2,156			644,0	0,8360
124°	1690,76	2,224			644,3	0,8125
125°	1743,88	2,294			644,6	0,7897
126°	1798,35	2,366			644,9	0,7677
127°	1854,20	2,439			645,2	0,7464
128°	1911,47	2,515			645,5	0,7209
129°	1970,15	2,592			645,8	0,7068
130°	2030,28	2,671	130,997	515,1	646,1	0,6869
131°	2091,94	2,753			646,4	0,6685
132°	2155,03	2,836			646,7	0,6503
133°	2219,69	2,921			647,0	0,6324
133,91		3,000			647,2	0,6175
134°	2285,92	3,008			647,3	0,6146
135°	2353,73	3,097			647,6	0,5987
136°	2423,16	3,188			647,9	0,5852
137°	2494,25	3,282			648,2	0,5681
138°	2567,00	3,378			648,5	0,5529
139°	2641,44	3,475			648,8	0,5391

TEMPÉRATURES en degrés du THERMOMÈTRE A AIR.	FORCES ÉLASTIQUES en millimètres DE MERCURE.	FORCES ÉLASTIQUES en atmosphères DE 0m76 DE MERCURE.	UNITÉS DE CHALEUR abandonnées par 1 kil. d'eau dont on abaisse la température à 0°.	UNITÉS DE CHALEUR pour vaporiser 1 kil. d'eau pris à la température indiquée par la 1re colonne.	UNITÉS DE CHALEUR pour former 1 kil. de vapeur avec de l'eau prise à 0°.	VOLUME de 1 kil. DE VAPEUR. — Mètres cubes.
140°	2717,63	3,576	141,215	508,0	649,2	0,5253
141°	2795,57	3,632			649,5	0,5114
142°	2875,50	3,783			649,8	0,4990
143°	2956,86	3,890			650,1	0,4864
144°	3040,26	4,000			650,4	0,4746
145°	3125,55	4,112			650,7	0,4627
146°	3212,74	4,227			651,0	0,4513
147°	3301,87	4,344			651,4	0,4401
148°	3392,98	4,464			651,7	0,4293
149°	3486,09	4,588			652,0	0,4189
150°	3581,23	4,712	151,462	500,7	652,2	0,4087
151°	3678,43	4,840			652,5	0,3988
152°	3777,74	4,977			652,8	0,3896
152,22		5,000			652,9	0,3872
153°	3879,18	5,104			653,1	0,3799
154°	3982,77	5,240			653,4	0,3749
155°	4088,56	5,379			653,7	0,3623
156°	4196,59	5,493			654,0	0,3558
157°	4306,88	5,664			654,3	0,3457
158°	4419,45	5,816			654,7	0,3375
159°	4534,36	5,966			655,0	0,3297
159,22		6,000			655,1	0,3280
160°	4651,62	6,120	161,741	493,6	655,3	0,3221
161°	4771,28	6,277			655,6	0,3148
162°	4893,36	6,438			655,9	0,3076
163°	5017,91	6,602			656,2	0,3007
164°	5144,97	6,769			656,5	0,2939
165°	5274,54	6,940			656,8	0,2876
165,65		7,000			656,3	0,2853
166°	5406,69	7,114			657,1	0,2809

TEMPÉRATURES en degrés du THERMOMÈTRE A AIR.	FORCES ÉLASTIQUES en millimètres DE MERCURE.	FORCES ÉLASTIQUES en atmosphères DE 0m76 DE MERCURE.	UNITÉS DE CHALEUR abandonnées par 1 kil. d'eau dont on abaisse la température à 0°.	UNITÉS DE CHALEUR pour vaporiser 1 kil. d'eau pris à la température indiquée par la 1re colonne.	UNITÉS DE CHALEUR pour former 1 kil. de vapeur avec de l'eau prise à 0°.	VOLUME de 1 kil. DE VAPEUR. — Mètres cubes.
167°	5541,43	7,294			657,4	0,2748
168°	5678,82	7,472			657,7	0,2687
169°	5818,90	7,656			658,0	0,2629
170°	5961,66	7,844	172,052	486,2	658,3	0,2572
170,19		8,000			658,4	0,2523
171°	6107,19	8,035			658,6	0,2516
172°	6255,48	8,230			658,9	0,2462
173°	6406,60	8,416			659,2	0,2409
174°	6560,55	8,605			659,5	0,2358
175°	6717,43	8,838			659,8	0,2308
175,77		9,000			659,0	0,2270
176°	6877,22	9,048			660,1	0,2259
177°	7039,97	9,260			660,4	0,2210
178°	7205,72	9,466			660,7	0,2166
179°	7374,52	9,705			661,0	0,2120
180°	7546,39	9,929	182,598	479,0	661,4	0,2079
180,30		10,000			661,5	0,2064
181°	7721,37	10,159			661,7	0,2030
182°	7899,52	10,394			662,0	0,1985
183°	8080,84	10,632			662,3	0,1938
184°	8265,40	10,875			662,6	0,1910
185°	8453,23	11,122			662,9	0,1864
186°	8644,35	11,374			663,2	0,1834
187°	8838,82	11,629			663,5	0,1787
188°	9036,68	11,890			663,8	0,1765
189°	9237,95	12,155			664,1	0,1730
190°	9442,70	12,425	192,779	474,6	664,4	0,1697
191°	9650,93	12,698			664,7	0,1664
192°	9862,71	12,977			665,0	0,1631
193°	10078,04	13,262			665,3	0,1599

TEMPÉRATURES en degrés du THERMOMÈTRE A AIR.	FORCES ÉLASTIQUES en millimètres DE MERCURE.	FORCES ÉLASTIQUES en atmosphères DE 0m76 DE MERCURE.	UNITÉS DE CHALEUR abandonnées par 1 kil. d'eau dont on abaisse la température à 0°.	UNITÉS DE CHALEUR pour vaporiser 1 kil. d'eau pris à la température indiquée par la 1re colonne.	UNITÉS DE CHALEUR pour former 1 kil. de vapeur avec de l'eau prise à 0°.	VOLUME de 1 kil. DE VAPEUR. — Mètres cubes.
194°	10297,01	13,548			665,6	0,1558
195°	10519,63	13,842			665,9	0,1539
196°	10745,95	14,139			666,2	0,1503
197°	10975,00	14,441			666,5	0,1471
198°	11209,82	14,749			666,8	0,1454
199°	11447,46	15,062			667,1	0,1427
200°	11688,96	15,380	203,200	464,3	667,5	0,1400
201°	11934,37	15,703			667,8	0,1374
202°	12183,69	16,031			668,1	0,1350
203°	12437,00	16,364			668,4	0,1322
204°	12694,30	16,703			668,7	0,1290
205°	12955,66	17,044			669,0	0,1276
206°	13221,12	17,396			669,3	0,1253
207°	13490,75	17,750			669,6	0,1231
208°	13764,53	18,111			669,9	0,1209
209°	14042,52	18,477			670,2	0,1188
210°	14324,80	18,848	213,660	456,8	670,5	0,1167
211°	14611,32	19,225			670,8	0,1147
212°	14902,22	19,608			671,1	0,1122
213°	15197,48	19,995			671,4	0,1108
214°	15497,17	20,391			671,7	0,1088
215°	15801,53	20,791			672,0	0,1068
216°	16109,94	21,197			672,3	0,1051
217°	16425,15	21,609			672,6	0,1033
218°	16740,90	22,027			672,9	0,1015
219°	17063,29	22,452			673,2	0,0998
220°	17390,36	22,882	224,162	449,4	673,6	0,0990
221°	17722,13	23,318			673,9	0,0965
222°	18058,64	23,761			674,2	0,0959
223°	18399,94	24,210			674,5	0,0933

TEMPÉRATURES en degrés du THERMOMÈTRE A AIR.	FORCES ÉLASTIQUES en millimètres DE MERCURE.	FORCES ÉLASTIQUES en atmosphères DE 0m76 DE MERCURE.	UNITÉS DE CHALEUR abandonnées par 1 kil. d'eau dont on abaisse la température à 0°.	UNITÉS DE CHALEUR pour vaporiser 1 kil. d'eau pris à la température indiquée par la 1re colonne.	UNITÉS DE CHALEUR pour former 1 kil. de vapeur avec de l'eau prise à 0°.	VOLUME de 1 kil. DE VAPEUR. — Mètres cubes
224°	18746,07	24,666			674,8	0,0918
225°	19097,04	25,127			675,1	0,0903
226°	19452,92	25,596			675,4	0,0888
227°	19813,76	26,070			675,7	0,0873
228°	20179,61	26,552			676,0	0,0859
229°	20550,48	27,046			676,3	0,0845
250°	20926,40	27,535	234,708	441,9	676,6	0,0832

FORCES ÉLASTIQUES DES VAPEURS D'EAU

DANS L'AIR.

Lorsque, dans une capacité, on met de l'air sec et de l'eau à une certaine température, il se forme des vapeurs qui saturent l'air au bout d'un certain temps, et la force élastique du mélange est égale à la somme des forces élastiques de l'air et de la vapeur, celle-ci se développant dans l'air comme dans le vide et y prenant la tension correspondante à la température de l'eau qui l'a produite. Seulement, la tension maxima de la vapeur s'établit instantanément dans le vide, tandis que, dans l'air, elle n'est atteinte qu'après un temps assez long. Cette loi, généralement admise par les physiciens, n'est vraie qu'approximativement, car il résulte des expériences de M. Regnault que la tension de la vapeur est constamment un peu plus faible dans l'air que dans le vide, à la même température, mais la différence est très-petite et peut être négligée; ce que nous ferons dans la théorie de la pompe à air, à laquelle ce renseignement doit servir de base, conjointement avec quelques autres lois physiques.

Il résulte encore des expériences du même physicien, que les densités de la vapeur d'eau saturant un volume d'air à différentes températures ordinaires sont, d'une très-petite quantité, plus faibles que les densités dans le vide aux mêmes températures, mais que la différence est aussi négligeable.

De ces deux lois, on peut conclure que, dans l'air, la tension et la densité de la vapeur d'eau sont les mêmes que dans le vide, sauf qu'à la tension de la vapeur, il faut ajouter celle de l'air pour avoir la tension totale ou, en d'autres termes, que, dans une capacité contenant de l'air, il se formera autant de vapeur que si la capacité était vide. Quant à la valeur absolue de la densité de la vapeur dans l'air, depuis le plus bas degré de saturation jusque dans le voisinage du plus élevé, on peut admettre qu'elle est égale à 0,622 de la densité de l'air dans les mêmes conditions de tension et de température, de sorte que les vapeurs non saturées se comportent exactement comme les gaz permanents, quand on fait varier leur tension et leur température.

La vapeur d'eau se comporte dans les autres gaz permanents comme dans l'air, sa tension y est un peu plus faible que dans le vide, contrairement à la loi du physicien anglais Dalton. Cependant M. Regnault pense que la loi de Dalton peut être regardée comme une loi théorique qui se vérifierait probablement si l'on pouvait enfermer le gaz dans un vase dont les parois fussent formées du liquide volatil lui-même, sous une certaine épaisseur, et que, si elle ne se réalise qu'imparfaitement dans nos appareils, cela tient à ce que l'affinité hydroscopique de leurs parois produit la condensation continue d'une certaine quantité de vapeur et ramène le surplus à une tension inférieure à celle qui correspond à la saturation.

FORCES ÉLASTIQUES DE DIVERSES VAPEURS

DANS LE VIDE.

On a proposé et même essayé, dans ces derniers temps, d'employer à la production du travail mécanique, les vapeurs d'autres liquides que de l'eau ; il ne sera donc pas inutile de citer ici les résultats que M. Regnault a obtenus sur les tensions de quelques-unes de ces vapeurs, afin d'aider à la détermination des conditions économiques de ces tentatives, et nous donnerons ci-après un tableau des tensions correspondantes aux températures pour ceux de ces liquides qui ont été spécialement proposés.

TEMPÉRATURES.	FORCE ÉLASTIQUE DES VAPEURS				
	D'ALCOOL EN MILLIMÈTRES DE MERCURE.	D'ETHER EN MILLIMÈTRES DE MERCURE.	DE SULFURE DE CARBONE EN MILLIMÈTRES DE MERCURE.	DE CHLOROFORME EN MILLIMÈTRES DE MERCURE.	D'ESSENCE DE TÉRÉBENTHINE EN MILLIMÈTRES DE MERCURE.
0°	12,73	182,3	127,3	»	2,1
10°	24,08	286,5	199,3	130,4	2,3
20°	44,00	334,8	298,2	190,2	4,3
30°	78,40	657,0	434,6	276,1	7,0
40°	134,10	913,6	617,5	364,0	11,2
50°	220,30	1268,0	852,7	524,3	17,2
60°	350,00	1730,3	1162,6	738,0	26,9
70°	539,20	2309,5	1549,0	976,2	41,9
80°	812,80	2947,2	2030,5	1367,8	61,2
90°	1190,40	3899,0	2623,1	1811,5	91,0
100°	1685,00	4920,4	3321,3	2354,6	134,9
110°	2351,80	6249,0	4136,3	3020,4	187,5
116°	»	7076,2	»	»	»
120°	3207,80	»	5121,6	3818.0	257,0
130°	4331,20	»	6260,6	4721,0	347,0
136°	»	»	7029,2	»	»
140°	5637,70	»	»	»	462,3
150°	7257,80	»	»	»	604,5
152°	7617,30	»	»	»	»
160°	»	»	»	»	777,2
170°	»	»	»	»	989,0
180°	»	»	»	»	1225,0
190°	»	»	»	»	1514,7
200°	»	»	»	»	1865,6
210°	»	»	»	»	2251,2
220°	»	»	»	»	2690,3
222°	»	»	»	»	2778,5

Ces résultats ont été obtenus, soit par la détermination des forces élastiques dans le vide, soit par la mesure de la température que. présente la vapeur du liquide en ébullition sous la pression d'une atmosphère artificielle. La première méthode a été suivie pour les basses températures; la seconde a été exclusivement employée dans les températures élevées. Les deux méthodes n'ont donné des résultats différents, à la même température, que quand les liquides n'étaient pas parfaitement purs, de sorte qu'elles offrent un moyen très-délicat pour juger de l'homogénéité d'une substance volatile.

FORCES ÉLASTIQUES DES VAPEURS

PROVENANT DES DISSOLUTIONS SALINES.

D'après des expériences spéciales de M. Regnault, il paraîtrait que la vapeur qui prend naissance dans les dissolutions salines soumises à l'ébullition, quoiqu'à la même température que la dissolution à l'instant où elle s'en dégage, ne possède pas une force élastique beaucoup supérieure à la pression hydrostatique à laquelle elle est soumise. Ainsi, par exemple, l'eau de mer qui sert à l'alimentation des chaudières de bateaux, ne bout, sous la pression atmosphérique, qu'à une température supérieure à 100°, et cependant n'émet, dans ces conditions, que de la vapeur à une pression qui ne dépasse que fort peu la pression atmosphérique et dont la température s'abaisse promptement jusqu'au degré qui correspond à la saturation sous cette pression. Cela tient à ce que les vapeurs, à cause de leur faible capacité calorifique relativement à leur volume, perdent rapidement l'excès de chaleur par l'influence des causes extérieures de refroidissement, et surtout par la vaporisation qui s'exerce sur cette infinité de petits globules qui sont continuellement projetés dans l'atmosphère de vapeur, au moment où les bulles viennent crever à la surface du liquide bouillant.

FORCES ÉLASTIQUES DES VAPEURS MÉLANGÉES.

On admet généralement qu'un mélange de plusieurs substances volatiles qui ne se combinent pas chimiquement, émet des vapeurs complexes dont la force élastique totale est égale, dans l'état de saturation, à la somme des tensions que chacun des liquides produirait isolément à la même température. Cette proposition n'est, d'ailleurs, qu'un cas particulier de la loi générale de Dalton qu'on applique à tous les mélanges de fluides élastiques, gaz ou vapeurs. Mais, des expériences peu connues de M. Magnus de Berlin, faites en 1806, et d'autres, beaucoup plus récentes, de M. Regnault, il résulte que cette loi n'est pas exacte, au moins dans certains cas.

D'après les expériences de M. Regnault, la loi de Dalton, appliquée aux substances volatiles qui ne se dissolvent pas, serait vraie en théorie, mais ne se vérifie probablement jamais d'une manière absolue dans la pratique, parce qu'il n'existe probablement pas deux substances absolument dépourvues d'action dissolvante l'une sur l'autre; de plus, elle ne serait applicable qu'au cas statique, c'est-à-dire de repos de deux liquides superposés, le plus volatil se trouvant à la partie inférieure, parce qu'alors la vapeur de ce dernier est obligée de traverser l'autre et peut plus facilement s'en séparer; mais dans l'état d'ébullition, surtout lorsqu'elle devient tumultueuse, on n'atteint plus que la tension du liquide le plus volatil seul.

Lorsque les substances volatiles soumises à l'expérience se dissolvent plus ou moins, la tension des vapeurs combinées se rapproche d'autant plus de la somme des tensions des vapeurs prises isolément à la température donnée, que l'action dissolvante de ces substances volatiles est moins énergique. Dans le cas où la puissance de dissolution réciproque est très-grande, comme celui de l'eau et de l'éther, la force élastique du mélange des vapeurs atteint à peine la force élastique des vapeurs d'éther seul, et même elle est parfois un peu moindre.

DILATATION DES FLUIDES ÉLASTIQUES.

On nomme *coefficient de dilatation* d'un fluide la fraction du volume primitif de ce fluide pris à la température 0°, dont il se dilate pour une augmentation de température de 1° centigrade, lorsque l'on maintient sa tension invariable.

Ainsi, soient : V le volume d'un fluide à 0° sous une certaine tension ;

V′ le volume qu'il occupera à la température t, sous la même tension.

a le coefficient de dilatation.

On aura : $V' = V + V\,at = V\,(1 + at)$.

Si on porte le vol. V à la température t' sans changer sa tension, il deviendra V″ que l'on déterminera de la même manière :

$$V'' = V + V\,at' = V\,(1 + at').$$

Enfin, si le fluide est pris à la température t et porté à la température t', sans modification de tension, il vient :

$$V' : V'' = V\,(1 + at) : V\,(1 + at'),$$

$$\text{d'où } V'' = V'\frac{1 + at'}{1 + at}. \qquad \text{(A)}$$

Telle est la formule qui sert à calculer ce que devient le volume d'un fluide élastique qui passe de la température t à la température t', lorsque sa tension demeure invariable.

Supposons maintenant que le volume V à 0° et sous la tension h soit porté à la température $t°$ sans que la capacité qui le renferme puisse s'agrandir, et admettons que la loi de Mariotte soit exacte, c'est-à-dire que les tensions d'un poids donné de fluide élastique soient inversement proportionnelles au volume qu'il occupe, sa température demeurant constante.

Nous pourrons considérer d'abord le fluide comme passant du volume V au volume $V' = V\,(1 + at)$, sous l'influence de la tempéture t qu'on lui communique, sans changer sa tension ; puis ramené du volume V′ au volume primitif V sans changer sa température t ; dans cette seconde opération, sa tension deviendra H, et l'on aura :

$$H : h = V\,(1 + at) : V; \text{ d'où } H = h\,(1 + at).$$

Si, au lieu de porter le volume V à la température t, on le portait à la température t', toujours sans accroissement de la capacité qui le renferme, sa tension deviendrait H′ qui, évalué par le même procédé, serait représentée par :

$$H' = h\,(1 + at')$$

Enfin, si le volume V pris à la température t, est porté à la température t', il vient :

$$H : H' = h\,(1 + at) : h\,(1 + at'),$$

$$\text{d'où } H' = H\frac{1 + at'}{1 + at}. \qquad (B)$$

C'est la formule qui sert à calculer ce que devient la tension d'un fluide élastique enfermé, à la tension H et à la température t, dans une capacité invariable, lorsqu'on porte sa température de t à t'.

Les deux expressions (A) et (B) montrent que, pour une même variation de température, les tensions des fluides varient, lorsque leur volume ne change pas, suivant la même loi que les volumes lorsque c'est la tension qui est invariable.

Lorsque le volume primitif V, pris à 0°, change en même temps que sa tension et sa température, il est possible de combiner les deux méthodes qui précèdent pour arriver à une expression plus générale du phénomène.

L'expression $V'' = V'\,\dfrac{1 + at'}{1 + at}$ indique ce que devient le volume V′ d'un fluide élastique, lorsqu'on le porte de la température t à la température t' sans changer sa tension; rien n'empêche maintenant de supposer que cette tension passe de h à H, sans changement de température t';

De sorte que si l'on désigne par v ce que devient alors le volume V″, on a :

$$v : V'' = h : H$$

$$\text{d'où } \quad v = V'\,\frac{1 + at'}{1 + at}\ \frac{h}{H} \qquad (C)$$

formule générale qui sert à trouver le volume v que prend un fluide élastique dont le volume primitif est V′, quand on fait varier sa température de t à t' et sa tension de h à H.

Il est évident que les deux expressions (A) et (B) ne sont que des cas particuliers de l'expression générale (C), qui peut servir à résoudre tous les problèmes qui peuvent se présenter sur ce sujet. En effet, (C) devient (A) quand on fait $H = h$ et devient (B) quand $v = V'$.

Mais, pour résoudre ces problèmes, il faut connaître le coefficient de dilatation a pour tous les fluides élastiques qui peuvent être employés, et il faut, de plus, que ce coefficient soit constant pour chaque fluide, quel que soit son état initial de température et de tension.

Les premières expériences sérieuses pour déterminer la valeur de ce coefficient sont celles de M. Gay-Lussac, et il crut pouvoir en tirer la conséquence que cette valeur, entre 0° et 100°, était de 0,00375 pour tous les gaz et pour toutes les vapeurs, quand celles-ci sont un peu éloignées de leur point de condensation ou, en d'autres termes, quand elles sont portées à une température supérieure à celle qui les constitue à l'état de saturation pour une certaine tension. Ce résultat si remarquable par sa simplicité, fut longtemps adopté par tous les physiciens, qui lui donnèrent le nom de *Loi de Gay-Lussac*, et employé dans les calculs comme à l'abri de toute discussion ; mais, dans ces dernières années, un physicien suédois, M. Rudberg, vint jeter des doutes sur son exactitude et, par une série d'expériences faites avec soin, chercha à démontrer que la véritable valeur de ce coefficient devait être comprise entre 0,00364 et 0,00365.

Quelques années après, la même question fut reprise par M. Magnus à Berlin, et par M. Regnault en France, et ils arrivèrent à des résultats très-approximativement identiques. Nous adopterons ceux de M. Regnault, qui ont été obtenus à l'aide de procédés variés, ce qui est la seule manière d'établir les éléments numériques avec exactitude.

Coefficient de dilatation de l'air sec. — L'air sec pris à la température 0°, sous la pression atmosphérique ordinaire, et porté à la température de 100°, se dilate de 0,3665, lorsque la dilatation se déduit du changement de force élastique que subit un même volume de gaz que l'on chauffe.

Lorsque l'air sec se dilate librement en conservant la même force élastique, sa dilatation, entre les mêmes limites de température, est de 0,3670. Il est évident que si la loi de Mariotte était rigoureusement exacte, le coefficient devrait être le même dans les deux cas.

Le coefficient moyen a, entre ces limites, est donc de 0,0036685 par degré, dans le premier cas, et de 0,00367 dans le second.

Dans les mêmes conditions, M. Regnault a obtenu les coefficients moyens qni suivent pour d'autres gaz :

	Sous volume constant.	Sous pression constante.
Hydrogène	0,003667	0,003661
Azote	0,003668	»
Oxyde de carbone. .	0,003667	0,003669
Acide carbonique . .	0,003688	0,003710
Protoxyde d'azote. .	0,003676	0,003719
Acide sulfureux. . .	0,0038485	0,003903
Cyanogène	0,003829	0,003877

D'autres expériences, faites entre 0° et 100° sur de l'air pris à des tensions initiales inférieures et supérieures à la tension atmosphérique, ont fourni des coefficients différents que voici :

	Tension à 0° en millimètres de mercure.	Coefficient a
	109,72	0,0036482
	174,36	0,0036513
	266,06	0,0036542
	374,67	0,0036587
Méthode des	375,23	0,0036572
volumes constants.	760,00	0,0036650
	1678,40	0,0036760
	1692,55	0,0036800
	2144,18	0,0036894
	3655,56	0,0037091

Par conséquent, l'air se dilate entre les mêmes limites de températures, de quantités qui sont d'autant plus considérables que la densité du gaz est plus grande ou, en d'autres termes, que ses molécules sont plus rapprochées.

Des expériences faites par M. Rudberg, sur de l'air non desséché, ont donné pour coefficient 0,003840 et 0,003902, ce qui donne une idée de l'influence de l'humidité sur la dilatation de l'air. Le même appareil rempli de gaz sec a donné 0,003652.

Enfin d'autres expériences de M. Regnault ont donné :

Tension à 0°.
Millimètres.   Coefficient.

Acide carbonique. $\begin{cases} 758,47 & 0,0036856 \\ 901,09 & 0,0036943 \\ 1742,73 & 0,0037523 \\ 3389,07 & 0,0038598 \end{cases}$ Méthode des volumes constants.

Hydrogène. — 0,0036616 pour toutes les tensions entre une et quatre atmosphères.

Acide sulfureux. — Coefficient croissant très-rapidement à mesure que la tension s'élève et que le gaz se rapproche de son point de liquéfaction.

De l'ensemble de ces expériences, il semble résulter, d'après M. Regnault, que la plupart des vapeurs ont des coefficients très-différents de celui de l'air, lorsqu'on s'approche de leur point de liquéfaction et, par conséquent, dans les circonstances où l'on se place généralement pour déterminer leurs densités et pour les employer comme forces motrices ; et que les coefficients des différents gaz s'approchent d'autant plus de l'égalité que les pressions sont plus faibles ; de sorte que la loi qui consiste à dire que tous les gaz ont le même coefficient de dilatation, peut être considérée comme une loi limite qui s'applique aux gaz dans un état de dilatation extrême, mais qui s'éloigne d'autant plus de la réalité que les gaz sont plus comprimés, et plus près de passer à l'état liquide ; comme si ces fluides cessaient d'être des *gaz parfaits,* bien avant d'atteindre la limite de tension à laquelle ils subissent la transformation radicale en liquide.

DILATATION DES VAPEURS.

D'après les expériences que nous venons de rapporter et qui enlèvent à la loi de Gay-Lussac son élégante simplicité, il est évident qu'il n'est plus permis d'appliquer aux vapeurs les coefficients trouvés pour

les gaz permanents, et qu'il est absolument indispensable de procéder
à des nouvelles expériences, pour déterminer directement les coefficients relatifs aux diverses vapeurs en des points plus ou moins rapprochés de l'état de saturation ou de condensation.

Nous n'avons trouvé, sur ce sujet, aucun renseignement positif dans
les divers recueils scientifiques modernes, et il faut attendre la publication des travaux de M. Regnault sur toutes les questions qui se rattachent à l'application des fluides élastiques à la production du travail
mécanique, pour établir d'une manière certaine la partie de la théorie
des appareils à vapeur qui exige la connaissance des coefficients de
dilatation de ces vapeurs.

Les expériences de M. Rudberg, sur de l'air non desséché, dont
nous avons rapporté les résultats ci-dessus, font pressentir que le
coefficient de la vapeur d'eau est plus considérable que celui de l'air
sec, mais ce renseignement est fort vague, car, dans ces expériences,
l'augmentation rapide de tension par accroissement de température
pourrait être dû à la présence dans l'air d'une certaine quantité d'eau
à l'état vésiculaire, qui se transformerait en vapeur par suite de
l'échauffement du mélange. Quoi qu'il en soit, dans l'impuissance où
nous nous trouvons de citer des résultats dignes de confiance, nous
adopterons provisoirement pour la vapeur d'eau le coefficient 0,00367
que M. Regnault a trouvé pour l'air sec et qui s'est trouvé assez bien
vérifié pour des températures inférieures à 100°.

DILATATION DE L'EAU.

L'eau, à partir de la température d'environ 4° centigrades qui correspond à son maximum de densité, se dilate par l'action de la chaleur,
de quantités croissantes avec la température et, jusqu'à présent, on
n'a point découvert la loi que suit cette dilatation; il faut donc, à ce
sujet, se contenter des résultats directs de l'expérience.

Les travaux les plus récents et qui méritent le plus de confiance sur
ce phénomène, sont ceux de M. Isidore Pierre, et voici les principaux
résultats auxquels il est arrivé pour l'eau bien pure et distillée.

TEMPÉRATURE X.	Volume de l'eau à la température X, le volume à 0° étant pris pour unité.	Accroissement de volume d'une température X à la suivante.	Coefficient moyen de dilatation, par degré, d'une température X à la suivante.
0°00	1,000000000	»	
			− 0,000029752
4°00	0,999880989	− 0,000119011	
			+ 0,000029333
7°42	0,999981307	+ 0,000100318	
			0,000051153
8°24	1,000023254	0,000041947	
			0,000066158
10°07	1,000144326	0,000121072	
			0,000160368
21°34	1,001887540	0,001743214	
			0,000231919
31°41	1,004204194	0,002316634	
			0,000382964
39°99	1,007489929	0,003283753	
			0,000434120
51°10	1,012313011	0,004823082	
			0,000541526
60°10	1,017186744	0,004873733	
			0,000586461
71°34	1,023905867	0,006719123	
			0,000644000
81°44	1,030281383	0,006375516	
			0,000703900
89°78	1,036151914	0,005870531	
			0,000740751
97°72	1,042033181	0,005881267	

Au-dessus et au-dessous de la température de 100°, point d'ébullition sous la tension de 0^m76, la température d'ébullition peut varier de 1° pour une variation de 0^m0267 dans la pression barométrique.

DE LA COMPRESSIBILITÉ DES FLUIDES

ÉLASTIQUES.

Lorsqu'un gaz renfermé dans une capacité à parois mobiles est soumis à une pression de plus en plus grande, son volume devient de plus en plus petit, et sa force élastique, ou tension, augmente.

Deux physiciens, Boyle et Mariotte, ont recherché les premiers la loi de cette contraction et sont arrivés, par des expériences sur l'air atmosphérique, à formuler, de la manière suivante, cette loi qui a conservé le nom du dernier :

Les volumes qu'une même masse d'air présente, à une température constante, sont inversement proportionnels aux pressions que le gaz supporte, ou en d'autres termes, les densités de l'air, à température égale, sont proportionnelles aux pressions.

Un grand nombre d'autres physiciens se sont, depuis, occupés de la même question et ont soumis à l'expérience d'autres gaz que l'air. Il semblait résulter de leurs travaux que l'air surtout et quelques autres gaz, comme l'oxygène, l'hydrogène, l'azote, l'oxyde de carbone et le bioxyde d'azote, se comportaient suivant la loi de Mariotte, au moins jusqu'à la pression de cent atmosphères; tandis que d'autres gaz, comme l'acide carbonique, l'hydrogène proto-carboné, etc., se comprimaient plus rapidement, c'est-à-dire que, lorsqu'on réduisait leur volume, leur tension croissait moins rapidement que ce volume ne diminuait, au moins au delà de certaines limites de tension.

Dans ces derniers temps, M. Regnault a fait de nouvelles expériences sur différents gaz, à l'aide de procédés plus susceptibles de conduire à des résultats exacts, et ce sont ces résultats que nous adopterons, quoiqu'ils diffèrent notablement, en certains points, de ceux qui avaient été généralement admis jusqu'aujourd'hui.

Air atmosphérique. —D'après les expériences faites sur de l'air à la température constante de 4° à 5°, la tension de ce gaz croît plus lentement que son volume ne diminue; ainsi :

Un volume 1 sous la pression de 1^m de mercure,

réduit à	$\frac{1}{2}$	n'est porté qu'à la pression de	$1^m997828$ au lieu de	2^m,
» à	$\frac{1}{5}$	»	» $\quad 4^m979440$	» $\quad 5^m$,
» à	$\frac{1}{10}$	»	» $\quad 9^m916220$	» $\quad 10^m$,
» à	$\frac{1}{15}$	»	» $\quad 14^m824845$	» $\quad 15^m$,
» à	$\frac{1}{20}$	»	» $\quad 19^m719880$	» $\quad 20^m$,

d'après cela, le rapport de la tension effective à la tension calculée d'après la loi de Mariotte, est:

$$\text{Sous la tension de : } 1^m = \dots\dots\dots 1{,}000000$$
$$\text{»} \qquad 2^m = \dots \frac{1{,}997828}{2} = \dots 0{,}998914$$

$$\text{Sous la tension de } 5^m = \ldots \frac{4,979440}{5} = \ldots \ 0,995888$$

$$\text{\guillemotright} \quad 10^m = \ldots \frac{9,916220}{10} = \ldots \ 0,991622$$

$$\text{\guillemotright} \quad 15^m = \ldots \frac{14,824845}{15} = \ldots \ 0,988323$$

$$\text{\guillemotright} \quad 20^m = \ldots \frac{19,719880}{20} = \ldots \ 0,985994$$

L'air se comprime donc plus rapidement que suivant la loi de Mariotte ou, en d'autres termes, sa force élastique croît moins rapidement que son volume ne diminue, et cet effet est d'autant plus prononcé que le gaz est déjà porté à une plus haute tension.

Azote.—Les expériences ont été faites à une température constante d'environ 5°.

Un volume 1 sous la pression de 1^m de mercure,

réduit à $\frac{1}{2}$ n'est porté qu'à la tension de $1^m998634$ au lieu de 2^m,

» à $\frac{1}{5}$ » » $4^m986760$ » 5^m,

» à $\frac{1}{10}$ » » $9^m943590$ » 10^m,

» à $\frac{1}{15}$ » » $14^m875770$ » 15^m,

» à $\frac{1}{20}$ » » $19,788580$ » 20^m.

Rapport de la tension effective à la tension d'après la loi de Mariotte :

$$\text{Sous la tension de } 1^m \text{ rapport} \ldots \ldots \ldots \ 1,000000$$

$$\text{\guillemotright} \quad 2^m \quad \text{\guillemotright} \quad \frac{1,998634}{2} = \ldots \ 0,999317$$

$$\text{\guillemotright} \quad 5^m \quad \text{\guillemotright} \quad \frac{4,986760}{5} = \ldots \ 0,997352$$

$$\text{\guillemotright} \quad 10^m \quad \text{\guillemotright} \quad \frac{9,943590}{10} = \ldots \ 0,994359$$

$$\text{\guillemotright} \quad 15^m \quad \text{\guillemotright} \quad \frac{14,875770}{15} = \ldots \ 0,991718$$

$$\text{\guillemotright} \quad 20^m \quad \text{\guillemotright} \quad \frac{19,788580}{20} = \ldots \ 0,989429$$

Même résultat que pour l'air atmosphérique, mais un peu moins prononcé.

Acide carbonique. — Les expériences ont été faites à une température constante de 2° à 4° environ.

Un volume 1 sous la pression de 1^m de mercure,

réduit à $\frac{1}{2}$ n'est porté qu'à la tension de $1^m 98292$ au lieu de 2^m,

» à $\frac{1}{5}$ » » $4^m 82880$ » 5^m,

» à $\frac{1}{10}$ » » $9^m 22620$ » 10^m,

» à $\frac{1}{15}$ » » $13^m 18695$ » 15^m,

» à $\frac{1}{20}$ » » $16^m 70540$ » 26^m.

Rapport de la tension effective à la tension d'après la loi de Mariotte:

Sous la tension de 1^m le rapport $=$ $\qquad$ $1,00000$

$$\text{»} \quad 2^m \quad \text{»} \quad \frac{1,98292}{2} = 0,99146$$

$$\text{»} \quad 5^m \quad \text{»} \quad \frac{4,82880}{5} = 0,96576$$

$$\text{»} \quad 10^m \quad \text{»} \quad \frac{9,22620}{10} = 0,92262$$

$$\text{»} \quad 15^m \quad \text{»} \quad \frac{13,18695}{15} = 0,87913$$

$$\text{»} \quad 20^m \quad \text{»} \quad \frac{16,70540}{20} = 0,83527$$

Même résultat que pour l'air atmosphérique, mais beaucoup plus prononcé.

Hydrogène. Les expériences ont été faites à une température constante de 3°50 à 4°50.

Un volume 1 sous la pression de 1^m de mercure,

réduit à $\frac{1}{2}$ est porté à la tension de $2^m 001110$ au lieu de 2^m,

» à $\frac{1}{5}$ » » $5^m 011615$ » 5^m,

» à $\frac{1}{10}$ » » $10^m 056070$ » 10^m,

» à $\frac{1}{15}$ » » $15^m 139650$ » 15^m,

» à $\frac{1}{20}$ » » $20^m 268720$ » 20^m.

Rapport de la tension effective à la tension d'après la loi de Mariotte:

Sous la tension de 1^m le rapport $=$ $\qquad$ $1,000000$

$$\text{»} \quad 2^m \quad \text{»} \quad \frac{2,001110}{2} = 1,000555$$

$$\text{»} \quad 5^m \quad \text{»} \quad \frac{5,011615}{5} = 1,002325$$

$$\text{Sous la tension de } 10^{\mathrm{m}} \text{ le rapport} = \frac{10,056070}{10} = 1,005607$$

$$\text{»} \qquad 15^{\mathrm{m}} \qquad \text{»} \qquad \frac{15,139650}{15} = 1,009310$$

$$\text{»} \qquad 20^{\mathrm{m}} \qquad \text{»} \qquad \frac{20,268720}{20} = 1,013436$$

L'hydrogène s'écarte donc de la loi de Mariotte en sens inverse des autres gaz.

On voit, d'après ces expériences, que pour les trois premiers gaz, la loi de Mariotte peut être considérée comme une *loi limite* qui n'est rigoureusement observée que lorsque les gaz sont infiniment dilatés, et dont ils s'écartent d'autant plus, qu'on les observe dans un plus grand état de condensation.

Il en serait probablement de même pour l'hydrogène, mais en s'écartant de l'état d'extrême dilatation, il opposerait une résistance élastique d'autant plus grande que son état de condensation serait devenu plus considérable. Pour les autres gaz, on présume que leur état moléculaire subit des altérations bien avant qu'ils arrivent à un état de condensation suffisant pour les réduire en liquides, en un mot qu'ils subissent, pour ainsi dire, un commencement de liquéfaction. Cette supposition est d'autant plus plausible que d'autres expériences montrent que plus les gaz sont pris à une haute température sous la même tension initiale, c'est-à-dire dans un état plus éloigné de leur point de liquéfaction, moins ils s'écartent de la loi de Mariotte. Quant à la cause de la singulière anomalie que présente l'hydrogène et peut-être encore d'autres gaz que l'on n'a pas encore soumis à l'expérience, M. Regnault pense qu'il existe pour chaque gaz pris dans un état de condensation déterminé, une température à laquelle il suit sensiblement la loi de Mariotte pour des variations restreintes de pressions ; qu'au-dessous de cette température, dans le même état de condensation, il s'écarterait de la loi de Mariotte en augmentant de tension moins rapidement qu'il ne diminuerait de volume ; et qu'au-dessus, toujours dans le même état de condensation, il s'écarterait de la loi en sens inverse. Comme conséquence de cette opinion générale, il pense que l'hydrogène se comporterait comme les autres gaz à une tension bien supérieure à celle qui a été atteinte dans ses expériences, et que cet effet inverse irait en croissant jusqu'au moment de sa liquéfaction.

De ces remarquables expériences sur les quatre gaz que nous avons indiqués, on peut encore tirer la conclusion que : si, dans une capacité cylindrique fermée d'un côté par un piston mobile, on introduit de l'air, de l'acide carbonique ou de l'azote, à la température ordinaire, puis qu'on laisse le piston se mouvoir sous l'influence de la pression intérieure ou qu'on le mette en mouvement à l'aide d'une force, cette pression décroîtra *moins rapidement* que suivant la loi de Mariotte, si on maintient la température constante, et *plus rapidement*, si le gaz est de l'hydrogène. Dans les deux cas, la question se complique du refroidissement que subit tout gaz qui se dilate quand on ne lui restitue pas sa température initiale qui est abaissée continuellement par la dilatation ; d'où résulte une diminution encore plus rapide de la tension.

Compressibilité des vapeurs. — Lorsque l'on fait varier le volume d'une vapeur, il peut se présenter deux cas différents ; cette vapeur peut être à une température supérieure à celle qui correspond à sa tension, ou présenter précisément la température correspondante à cette tension, de manière à constituer l'état de saturation.

Dans le premier cas, la vapeur est un véritable gaz permanent, au moins tant que sa tension n'atteindra pas la limite qui correspond à sa température, et on pourra diminuer, ou augmenter, son volume sans produire de condensation partielle. Aucune expérience n'a été faite, ou au moins publiée, jusqu'à présent, sur la loi que suit la tension pendant les variations du volume des vapeurs de substances qui subsistent à l'état liquide aux températures ordinaires, mais il est présumable que ces vapeurs se comportent alors comme les gaz permanents et suivent approximativemement la loi de Mariotte, lorsque les températures sont bien supérieures à celles qui correspondent aux tensions, et s'en écartent davantage quand les tensions se rapprochent de la limite qui constitue l'état de saturation ; en supposant, bien entendu, la température constante ; de sorte que l'on peut, vraisemblablement dans la pratique, les traiter comme les gaz permanents, au moins jusqu'a l'époque où l'on aura vérifié directement de quelle façon elles se comportent pendant les variations de volume.

Dans le second cas, c'est-à-dire lorsque la vapeur se trouve à l'état de saturation, les phénomènes sont bien différents, suivant que l'on procède par voie d'augmentation ou de diminution du volume.

Si le volume augmente, la vapeur saturée diminue de tension suivant une loi qui est encore inconnue, et sur laquelle on n'a fait jusqu'à présent qu'un petit nombre d'expériences peu concluantes que nous aurons l'occasion de citer plus tard.

Si, au contraire, le volume diminue, une partie de la vapeur saturée se condense, de manière que si les parois du vase qui la renferme laissaient, à chaque instant, passer de dedans en dehors une quantité de chaleur égale à celle qui constituait à l'état de vapeur la portion qui se condense, la diminution de volume de la capacité représenterait, aussi à chaque instant, le volume de vapeur condensée. Dans ce cas, la température et la tension du surplus resteraient invariables.

Dans l'hypothèse où les parois du vase qui contient la vapeur que l'on comprime ne laisseraient passer aucune parcelle de chaleur, la partie condensée abandonnerait la chaleur qui la constituait à l'état de vapeur, et cette chaleur servant à élever la température générale dans l'intérieur du vase, il en résulterait que la tension de la vapeur non condensée irait en croissant, sans que celle-ci cessât d'être à l'état de saturation et, à chaque instant, la tension de la vapeur serait correspondante à la température intérieure.

Il est évident que cette imperméabilité à la chaleur des parois de la capacité qui contient la vapeur, ne peut être réalisée dans la plupart des applications et que l'accroissement de tension d'une vapeur que l'on comprime se fait plus lentement par suite de la perte de chaleur à travers ces parois; mais on se rapproche d'autant plus du cas théorique que nous avons supposé, que la compression est produite plus rapidement parce qu'il se perd moins de chaleur pendant sa durée.

Si la perte était plus grande que la quantité de chaleur mise en liberté par la condensation intérieure, la tension, au lieu de croître pendant la compression, décroîtrait, mais moins rapidement que si cette compression n'avait pas lieu et qu'on laissât la condensation se produire par le simple effet du refroidissement.

Pour réaliser le cas théorique d'un vase dont les parois seraient imperméables à la chaleur, il faudrait placer le vase lui-même dans un milieu qui présentât, à chaque instant, la même température que celle qui existe dans son intérieur et qui varie suivant que l'on comprime ou que l'on dilate la vapeur qu'il contient. Les considérations qui précèdent suffiront pour analyser les phénomènes que présentent les vapeurs séparées du liquide générateur dans les différentes circonstances où l'on voudra les supposer placées.

Quant aux effets qui résultent de la compression ou de la dilatation des vapeurs qui sont en contact avec le liquide générateur, nous les avons exposés plus haut, lorsque nous nous sommes occupés de la *saturation*, et il est inutile d'y revenir ici.

DES CHALEURS SPÉCIFIQUES ET LATENTES.

C'est à Wilke, physicien suédois, que l'on doit l'importante découverte des diverses capacités des corps pour la chaleur. Il prouva, en 1792, par des expériences très-simples, que pour élever la température de 1 kil. de différents corps, de 1° du thermomètre à mercure, il fallait des quantités de chaleur très-variables.

Les quantités relatives de chaleur absorbées par un même poids des corps de nature quelconque, pour élever leurs températures de 1°, se nomment les *chaleurs spécifiques* ou les *capacités calorifiques* de ces corps ; et pour mesurer ces diverses capacités, on a pris pour terme de comparaison la quantité de chaleur qu'absorbe 1 kil. d'eau à 0° pour passer à la température de 1°. Cette unité de chaleur a reçu, comme nous l'avons déjà dit précédemment, le nom de *calorie*.

La chaleur spécifique d'un corps est donc d'autant plus grande qu'il exige plus de chaleur pour éprouver un changement de température de 1°. Mais il faut remarquer que cette capacité calorifique peut être variable pour un même corps, à diverses températures. Ainsi, il peut exiger plus de chaleur pour passer de la température 60° à 61° que pour passer de 2° à 3°; on dit alors que sa capacité calorique est croissante.

Lorsque, sous l'influence de la chaleur, les corps changent radicalement d'état, passent de l'état solide à l'état liquide ou de l'état liquide à l'état gazeux, il se présente un nouveau phénomène ; la chaleur qu'on leur communique ne produit plus d'augmentation de température, elle ne sert qu'à accomplir l'énorme modification qui se produit alors dans l'état moléculaire de ces corps, et la quantité qui est employée à produire cet effet ne peut en aucune façon être pressentie par les indications du thermomètre qui demeure immobile, tant que l'opération n'est pas complète. La quantité de chaleur qui passe ainsi dans un corps pour produire sa transformation de solide en liquide ou de liquide en vapeur, et qui n'agit point sur le thermomètre, se nomme *chaleur latente*. Ce terme n'exprime que fort incomplétement le phénomène dont il s'agit, car si cette chaleur est latente, ou cachée, relativement au thermomètre, elle ne l'est nullement par rapport à tous les autres effets physiques ou chimiques qu'elle produit sur le corps ; il vaudrait mieux employer l'expression déjà adoptée par quelques physiciens, de *chaleur de liquéfaction* ou de *chaleur de vaporisation*, suivant qu'elle sert à l'accomplissement de l'un ou de l'autre de ces deux phénomènes.

Black, vers le milieu du dernier siècle, et avant que Wilke produisît les résultats de ses recherches sur les différentes capacités calorifiques, avait déjà fait des expériences pour mesurer les quantités de chaleur que l'eau, sans changer de température, absorbe pour se transformer en vapeur, mais le peu de précision que comportait son procédé d'expérimentation ne lui permit pas d'arriver à un résultat exact.

Watt fit, à plusieurs reprises, des expériences à ce sujet, et crut pouvoir admettre comme conséquence de ces expériences, que *la quantité de chaleur qu'il faut fournir à 1 kil. d'eau liquide à 0° pour la transformer en vapeur sous une pression quelconque, est constante et égale à environ* 633,33 *calories.* En 1819, de nouvelles expériences de MM. Clément et Désormes semblèrent confirmer ce résultat, à la seule différence près que la quantité de chaleur nécessaire pour transformer en vapeur 1 kil. d'eau prise à 0°, fut présumée être d'environ 650 calories ; et la loi de Watt devint la *loi de MM. Clément et Désormes*.

En 1803, MM. Southern et Creighton, dans des expériences faites pour déterminer à la fois la densité de la vapeur d'eau saturée sous différentes pressions et sa chaleur latente dans les mêmes circonstances, avaient cru trouver les preuves d'une loi bien différente, qui prit le nom de *loi de Southern*, et que voici :

La chaleur absorbée dans le passage de l'état liquide à l'état gazeux, est constante pour toutes les pressions, et l'on obtient la chaleur totale nécessaire pour transformer en vapeur 1 kil. d'eau à 0°, en ajoutant à la chaleur latente, qui est de 550 calories, le nombre qui représente la température de la vapeur. Pendant longtemps la loi de Southern fut admise par les mécaniciens anglais et celle de Clément et Désormes par les mécaniciens francais, sans que l'on se préoccupât beaucoup de leur vérification, et quoiqu'il fût devenu probable, à la suite de quelques expériences de M. Despretz et de M. Dulong, que la chaleur totale nécessaire pour transformer 1 kil. d'eau à 0° en vapeur, fut croissante avec la température, mais non aussi rapidement que suivant la loi de Southern.

Dans ces derniers temps, M. de Pambour crut trouver une confirmation de la loi de Clément et Désormes dans quelques expériences qu'il fit sur une locomotive. Il observa que la vapeur se formant dans la chaudière sous une pression absolue de 2,7 à 4,4 atmosphères et s'échappant, après avoir produit son travail, sous une pression de 1,40 à 1,03 atmosphères, présentait exactement, à sa sortie, la même température que si elle était à l'état de saturation ; d'où il conclut que la vapeur saturée contenant la même quantité de chaleur à toutes les tensions et à toutes les températures, un poids donné de vapeur devait, pendant son accroissement de volume, conserver son état de saturation et prendre successivement toutes les températures correspondantes à sa tension dans cet état de saturation ; tandis que, suivant la loi de Southern, un poids donné de vapeur saturée contenant d'autant moins de chaleur qu'il est à une plus basse pression, la chaleur pendant l'accroissement de volume se serait trouvée en excès pour maintenir l'état de saturation, et cette vapeur aurait passé à l'état non saturé en conservant une température supérieure à la température correspondante à sa tension dans l'état de saturation.

Cependant il est clair que ces expériences, dont les conséquences ont été formulées dans l'hypothèse de vapeurs entièrement dépouillées de particules liquides, ne peuvent rien prouver pour ou contre l'une ou l'autre des lois rappelées ci-dessus, dans les circonstances où elles ont été faites.

La vapeur, en passant de la chaudière dans le cylindre d'une machine, emporte toujours avec elle une notable quantité de particules liquides à la même température, ce qui est prouvé par un grand nombre d'observations diverses et, entre autres, par celle-ci : que dans les machines les mieux construites et les plus exemptes de fuites, il y a toujours une grande différence entre la quantité d'eau nécessaire pour alimenter les chaudières et la quantité représentée par la dépense de vapeur supposée sèche. Or, cette eau, à l'état liquide et à la même température que la vapeur avant son accroissement de volume, joue un rôle très-important dans l'opération.

Lorsque la tension sur la surface de ces particules qui tapissent le cylindre à l'état de gouttelettes, vient à diminuer, elles se trouvent à une température supérieure à celle qui correspond à la pression qu'elles supportent, et elles se réduisent partiellement en vapeur en empruntant leur chaleur de vaporisation à la partie qui reste liquide et se refroidit, et aux parois du cylindre; de sorte que tout se passe, à peu près, comme dans une chaudière où la vapeur est en contact avec le liquide générateur, et il ne peut sortir du cylindre que de la vapeur saturée, quelle que soit la loi qui régisse la formation des vapeurs.

Ces expériences, où l'on a négligé le phénomène capital de la disparition d'une notable quantité de chaleur, sur lequel nous reviendrons à l'occasion du travail de la vapeur, n'ont donc point résolu la question. Elle a été reprise depuis par M. Regnault et étudiée par des procédés supérieurs à ceux qui avaient été employés précédemment. Ce sont les résultats obtenus par ce dernier physicien que nous adopterons.

Les recherches de M. Regnault ont porté sur deux points : 1° la quantité de chaleur qu'il faut fournir à 1 kil. d'eau liquide à 0° pour élever sa température jusqu'au point où elle commence à se transformer en vapeur; 2° la quantité de chaleur qu'il faut fournir à 1 kil. d'eau liquide à 0° pour la transformer entièrement en vapeur saturée sous différentes pressions. Il est évident que ces deux quantités de chaleur étant déterminées pour une certaine température, la chaleur de vaporisation proprement dite est égale à leur différence pour cette température.

Chaleur spécifique de l'eau aux diverses températures. — Les physiciens ont généralement admis, jusqu'aujourd'hui, que la capacité calorifique de l'eau liquide est constante, c'est-à-dire qu'il faut la même quantité de chaleur pour élever 1 kil. d'eau de 0° à 1° ou de 100° à 101° ou de 200° à 201°; mais les expériences, dont il est question ici, ont démontré que cette supposition n'était point exacte. La capacité calorifique des liquides augmente avec la température, d'autant plus rapidement que leur coefficient de dilatation est plus considérable, ce qui tient probablement à ce que, dans l'échauffement de ces liquides, la chaleur se partage en deux parties dont l'une produit les effets thermométriques ou l'augmentation de température, et dont l'autre produit l'accroissement de volume ou la dilatation; et comme ce dernier effet augmente avec la température, on peut croire, avec quelque apparence de raison, que la quantité de chaleur à laquelle il est dû doit augmenter en même temps. Cependant on peut voir par les nombres compris dans la colonne 4 du tableau général (page 27), qui n'est qu'un résumé des expériences de M. Regnault, que la loi d'accroissement est très-lente. Ainsi, par exemple : si pour élever 1 kil. d'eau de 0° à 100°, il faut 100,5 fois autant de chaleur que pour l'élever de 0° à 1°, ou 100,5 calories, il n'en faudra pas plus de 203,2 pour porter la température de cette eau de 0° à 200°. On pourra donc, dans la plupart des cas, considérer la chaleur spécifique de l'eau liquide comme constante, et il sera facile de reconnaître dans quelles circonstances l'erreur que l'on commettrait ainsi, deviendrait trop considérable pour être négligée.

Chaleur totale de la vapeur aux diverses pressions. — Nous avons inscrit, dans la colonne 6 du tableau général (page 27), les résultats des expériences de M. Regnault. Elles démontrent que la loi des chaleurs totales de la vapeur d'eau aux diverses pressions, n'est ni la loi de Southern ni la loi de Clément et Désormes; elle tient une sorte de milieu entre les deux. Les chiffres contenus dans cette colonne ont été déterminés par la formule :

$$Q = 606,5 + 0,305 . T.$$

Q est la chaleur totale de la vapeur à la température T; 606,5 le nombre de calories que contient 1 kil. de vapeur saturée à 0°. Cette formule, proposée par M. Regnault, s'accorde parfaitement avec les résultats de ses expériences, et les petites différences qui peuvent exister entre ses indications et celles qui ont été recueillies directement, ne dépassent pas la limite des erreurs possibles dans ces expériences.

D'après cette formule, la chaleur totale renfermée dans 1 kil. de vapeur saturée à la température T, est égale à la quantité de chaleur que contient 1 kil. de vapeur saturée à 0°, augmentée du produit 0,305 T. La fraction 0,305 est donc une capacité calorifique particulière de la vapeur d'eau, différente des capacités calorifiques des gaz à volume constant, ou à pression constante, mais en relation intime avec ces dernières. C'est la fraction de calorie qu'il faut fournir à 1 kil. de vapeur saturée, pour élever sa température de 1°, lorsque l'on comprime en même temps cette vapeur, de manière à la maintenir à l'état de saturation.

La colonne 5 du même tableau indique les quantités de chaleur nécessaires pour transformer en vapeur à une température quelconque 1 kil. d'eau pris à la même température. Les chiffres contenus dans cette colonne n'expriment, évidemment, que la différence entre la chaleur totale de la vapeur et la chaleur de l'eau liquide à cette température.

CHALEUR SPÉCIFIQUE DE LA VAPEUR NON SATURÉE

DE DIFFÉRENTS LIQUIDES, ET DE QUELQUES GAZ.

Cette chaleur spécifique doit être déterminée dans deux circonstances différentes :

1° Lorsqu'on élève la température d'un fluide en le laissant se dilater de manière à maintenir sa tension constante : *c'est la chaleur spécifique des gaz sous pression constante.*

2° Lorsqu'on élève sa température sans changer son volume, sa force élastique augmentant : *c'est la chaleur spécifique des gaz sous volume constant.*

Dans les deux cas, la chaleur spécifique est la quantité de chaleur nécessaire pour élever de 1° centigrade la température de 1 kil. du fluide.

La première de ces chaleurs spécifiques est la seule qui puisse être assimilée à la capacité calorifique des solides et des liquides, et c'est aussi la seule qui ait reçu une détermination expérimentale directe. On ne possède encore aucune donnée bien positive sur la seconde qui est la moins considérable des deux. Ainsi, pour citer un exemple : s'il faut, pour élever de 1° centigrade, la température d'une masse d'air dont on maintient la tension constante en augmentant son volume, une certaine quantité de chaleur, il ne faudrait, d'après quelques expériences très-indirectes de M. Dulong, que $\dfrac{1}{1,422} = 0,7037$ de cette chaleur pour élever de 1° la température de la même masse d'air enfermée dans une capacité invariable. De plus, d'après MM. Gay-Lussac et Walter, il paraîtrait que le rapport de ces deux chaleurs spécifiques serait sensiblement constant à toutes températures et à toutes tensions pour un même gaz; mais ce résultat a besoin d'une vérification directe.

En attendant la publication complète des expériences entreprises par M. Regnault sur ce sujet, nous citerons quelques-uns des résultats qu'il a communiqués à l'Académie des sciences sur la chaleur spécifique de quelques fluides élastiques, sous tension constante.

D'après ces expériences, la chaleur spécifique de l'air relativement à l'eau, est :

$$\text{entre} - 30° \text{ et} + 10°, \text{ égale à } 0,2379,$$
$$\text{entre} + 10° \text{ et} + 100°, \text{ égale à } 0,2370,$$
$$\text{entre} \quad 0° \text{ et} + 225°, \text{ égale à } 0,2366.$$

Ainsi, contrairement à certaines expériences de Gay-Lussac, *la chaleur spécifique de l'air ne varierait pas sensiblement avec la température.* Des expériences sur d'autres gaz ont conduit aux mêmes résultats.

Dans d'autres expériences sur l'air atmosphérique, à des tensions variant de 1 à 10 atmosphères, M. Regnault n'a pas trouvé de différence sensible entre les quantités de chaleur qu'une même masse de gaz abandonne en se refroidissant d'un même nombre de degrés; donc, contrairement aux idées reçues, *la chaleur spécifique d'une même masse de gaz serait indépendante de sa densité.*

Pour terminer ce que nous avons à dire sur ce sujet, nous indiquerons les résultats obtenus par M. Despretz sur la chaleur latente, ou de vaporisation, de l'alcool, de l'éther et de l'essence de térébenthine et ceux que M. Regnault a trouvés sur la chaleur spécifique de divers gaz et vapeurs.

	TEMPÉRATURE D'ÉBULLITION sous 0m76 de mercure.	CALORIES pour élever de 1° LA TEMPÉRATURE de 1 kil. de liquide.	CALORIES pour la VAPORISATION de 1 kil. de liquide.	CHALEUR TOTALE.
Alcool	78°7	0,622	207,0	255,95
Ether	35°5	0,520	90,8	109,26
Essence de térébenthine.	156°8	0,462	76,8	149,24

GAZ OU VAPEURS.	CALORIES POUR ÉLEVER de 1° la température DE 1 K. DE GAZ OU DE VAPEUR, à partir d'une température quelconque.	DENSITÉ, celle de l'air étant 1 DANS LES MÊMES CONDITIONS de tension et de température.
Oxygène.	0,2182	1,1056
Azote.	0,2440	0,9713
Hydrogène.	3,4046	0,0692
Chlore.	0,1214	2,4400
Oxyde de carbone.	0,2479	0,9674
Acide carbonique	0,2164	1,5290
Sulfure de carbone	0,1575	2,6325
Hydrogène protocarboné . . .	0,5929	0,5527
— bicarboné	0,3694	0,9672
Vapeur d'eau	0,4750	0,6225
— d'alcool.	0,4513	1,5890
— d'éther.	0,4810	2,5563
— de chloroforme.	0,1568	5,3000
— d'essence de térébenthine.	0,5061	4,6978
— d'éther sulfurique	0,4005	3,1380

(EXPÉRIENCES DE M. REGNAULT.)

DENSITÉ DE LA VAPEUR D'EAU.

La connaissance de la densité des vapeurs d'eau saturées, dans le vide et à diverses pressions et températures, n'est point acquise aujourd'hui avec le degré de précision qu'exige son importance capitale dans la théorie des machines à vapeur. On s'est généralement contenté, jusqu'à présent, d'une évaluation théorique basée sur l'application des lois de Mariotte et de Gay-Lussac et sur quelques déterminations expérimentales de cette densité aux environs de 100°, et l'on a cru pouvoir admettre, comme conséquence de ces données d'expériences, qu'elle était constamment égale aux cinq huitièmes de celle de l'air sec à la même tension et à la même température. Cela supposait nécessairement que la vapeur saturée et l'air sec se dilataient exactement suivant la même loi dans toute l'étendue de l'échelle thermométrique et que la loi de Mariotte était applicable aux vapeurs dans le voisinage de leur point de condensation, pourvu qu'elles ne fussent pas amenées à une tension supérieure à celle qui correspond à leur température. Or, nous avons vu précédemment combien les écarts observés sur différents gaz au sujet de ces lois rendaient indispensable une vérification directe de la légitimité de leur application aux vapeurs, surtout dans le voisinage de leur point de condensation; on ne connaîtra donc avec certitude la loi de variation de la densité des vapeurs d'eau saturées, qu'après l'avoir observée directement dans un très-grand nombre de circonstances et entre des limites de tensions et de températures, très-écartées.

M. Regnault, depuis plusieurs années, s'occupe de cette importante question, mais les principaux résultats de son travail, si impatiemment attendu par les mécaniciens, ne sont point encore livrés à la publicité; de sorte que, provisoirement, il faudra suivre les anciens errements, sauf à modifier un peu les chiffres de densités adoptés aujourd'hui, pour les mettre d'accord avec les nouvelles tables de tensions et de températures correspondantes et avec quelques autres données expérimentales que nous allons rapporter.

D'après M. Regnault, un mètre cube d'air sec à 0° sous la tension

de 760 millimètres de mercure, pèse $1^{kil.}293187$. Il en résulte que
1 kilog. de cet air occupe un volume de $\dfrac{1}{1,293187} = 0,77328$ mètre
cube.

D'après les observations du même physicien, dans ses recherches
sur l'hygrométrie, la densité de la vapeur d'eau entre 0° et 100° est
sensiblement égale à 0,6225 de celle de l'air sec, dans les mêmes circonstances de tension et de température; de sorte que le volume de
1 kilog. de vapeur à 0° et sous la tension de 760 millimètres de mercure, serait de $\dfrac{0,77328}{0,6225} = 1,242215$ mètre cube, si l'eau à 0° pouvait
subsister à l'état de vapeur sous la tension de 760 millimètres de mercure.

Mais ce volume purement théorique peut servir à déterminer le
volume réel à différentes tensions et températures, si l'on a soin de le
calculer pour les tensions et les températures correspondantes, ou
pour lesquelles l'eau se transforme effectivement en vapeur saturée,
et en admettant, comme pour l'air sec, un coefficient de dilatation égal
à 0,00367.

Ainsi, par exemple : la tension de la vapeur à 100° étant de 760 millimètres de mercure, le volume de 1 kilog. de vapeur à 100°, sera :

$$1,242215 \, \frac{760}{760} (1 + 0,00367.100) = 1,698 \text{ mètres cubes.}$$

De sorte que si l'on désigne par

H la tension de la vapeur en millimètres de mercure,

T la température correspondante, prise dans la table, page 27,
l'expression générale du volume de 1 kilog. de vapeur saturée, sera :

$$1,242215 \, \frac{760}{H} (1 + 0,00367 \, T)$$

ou, sous une forme plus simple, $\dfrac{944,0835}{H} (1 + 0,0037 \, T)$.

C'est à l'aide de cette formule qu'ont été calculés les volumes de 1 kil.
de vapeur, insérés dans la septième colonne de la table générale.

On a supposé, quoiqu'il fût très-probable que l'on commettait ainsi
d'assez graves erreurs, que la loi d'accroissement de densité admise
entre 0° et 100° se continuait au delà de 100°. Les chiffres de cette

colonne devront être, plus tard, remplacés par ceux que M. Regnault fera connaître comme résultats de ses expériences, mais il est permis d'espérer que les erreurs provisoires, ainsi commises, ne présenteront point de trop graves inconvénients dans l'application aux machines.

L'incertitude qui règne sur la valeur véritable des densités de la vapeur d'eau dans le vide, à diverses tensions et températures, est encore plus profonde relativement aux vapeurs d'autres liquides que de l'eau, et cependant la connaissance de ces densités est un élément indispensable au calcul de toute espèce de machines à vapeur. Il est donc impossible, dans l'état actuel de la science, d'apprécier exactement les conditions économiques de fonctionnement des machines à vapeur d'alcool, d'éther, de chloroforme, ou d'autres liquides par lesquels on a proposé de remplacer la vapeur d'eau, et la théorie de ces nouvelles machines ne pourra être établie qu'après la fin des expériences que M. Regnault a entreprises sur ce vaste sujet et dont la publication est annoncée depuis plusieurs années.

Nous ferons néanmoins, avant de terminer ce chapitre, une observation très-importante sur nos tables calculées, c'est que les valeurs du volume de 1 kilog. de vapeur à diverses tensions qu'elles renferment, pèchent très-probablement par excès, et quelques expériencos de M. Hirn du Logelbach (près Colmar) tendent à le prouver quoiqu'elles ne portent pas ce cachet d'exactitude quasi-mathématique qui caractérise les expériences de M. Regnault.

Voici la première expérience de M. Hirn (pl. 1, fig. 1) :

Un réservoir cylindrique en cuivre $aaaa$, d'une capacité de $0^{mc}01336$, était enfermé dans un autre réservoir plus grand et de même forme, sans qu'il y eût entre eux d'autre communication que le tuyau dd portant un robinet d'. L'espace fermé compris entre les deux réservoirs pouvait recevoir par le tuyau cc de la vapeur venant d'une chaudière ordinaire. La partie de cette vapeur qui se condensait, était expulsée par le robinet V, dont l'ouverture était réglée pour cela. En même temps la vapeur traversant le tube dd emplissait le réservoir $aaaa$ et s'échappait par le tube ee'' muni d'un robinet e'.

Lorsque l'on jugeait que l'air était complétement expulsé du réservoir central, on fermait peu à peu le robinet e', puis, immédiatement et rapidement, le robinet d', de sorte que ce réservoir se trouvait plein

de vapeur saturée à la même tension que celle qui était dans la chaudière. Enfin, on plongeait la partie inférieure du tuyau ee'' dans un
vase contenant un poids connu d'eau très-froide, et on ouvrait doucement le robinet e'; pendant cette dernière opération une partie de la
vapeur contenue dans le réservoir central venait se condenser dans ce
vase, et il ne restait dans ce réservoir que de la vapeur à la pression
atmosphérique et à la température de la vapeur saturée que l'enveloppe
continuait à renfermer. L'accroissement de poids de l'eau contenue
dans le vase inférieur pouvait alors être évalué et, pour arriver à des
pesées plus grandes et plus exemptes d'erreur, l'opération était répé-
tée un grand nombre de fois; la vapeur en excès était reçue dans la
même eau.

La vapeur, dans l'enveloppe, était à la pression de $3,^{atm}75$ et à la
température correspondante, d'environ 142°, la pression atmosphérique, de 0^m742 de mercure, et quinze décharges de vapeur ont versé
dans le vase inférieur $0^{kil.}424$ d'eau condensée.

Un kilog. de vapeur d'eau saturée à la pression de 0^m76 occupe un
volume de $1^{m3}698$; $0^{m3}01536$ de cette vapeur pèseraient donc :

$$1^{kil.} \frac{0,01536}{1,698} = 0^{kil.}009046.$$

Le même volume de vapeur à la tension de 0^m742 pèserait :

$$0^{kil.}009046 \frac{0,742}{0,76} = 0^{kil.}008832.$$

Ce volume porté de 100° à 142° pèserait, d'après la règle indiquée
précédemment :

$$0^{kil.}008832 \frac{1 + 0,00367.100°}{1 + 0,00367.142°} = 0^{kil.}007937.$$

Les $0^{m3}01536$ de vapeur qui restaient dans le réservoir central après
chaque décharge, pesaient donc $0^{kil.}007937$.

D'autre part, quinze décharges ayant donné $0^{kil.}424$ d'eau condensée,
il en résulte que chacune en avait fourni $\frac{0,424}{15} = 0^{kil.}02826$, de
sorte que le poids des $0^{m3}01536$ à $3^{atm.}75$, contenus dans le réservoir
central avant chaque décharge, était de :

$$0^{kil.}007937 + 0^{kil.}02826 = 0^{kil.}036197.$$

Maintenant, si $0^{m3}01536$ de vapeur saturée à $3^{atm.}75$ pèsent

0$^{kil.}$036197, il est évident que le volume x de 1 kilog. de cette vapeur doit être :

$$0^{kil.}036197 : 1 = 0^{m3}01536 : x.$$

$$\text{d'où} \quad x = \frac{0,01536}{0,036197} = 0^{m3}424.$$

Les tables calculées donnent $0^{m3}501$ pour volume de 1 kilog. de vapeur saturée à $3^{atm.}75$, la différence entre le résultat de l'expérience et celui du calcul est donc de $0^{m3}077$, ou 77 litres.

M. Hirn a ensuite fait une autre expérience dont les résultats sont venus confirmer ceux-ci.

Il a mesuré bien exactement la quantité d'eau nécessaire pour alimenter la chaudière d'une machine à deux cylindres (système de Woolf, nous verrons plus loin ce que c'est) pendant un très-grand nombre de coups de piston, en ayant soin de rétablir, à la fin de l'expérience, le même niveau dans la chaudière qu'au commencement ; la vapeur n'arrivait à pression pleine que dans le petit cylindre et se détendait dans le grand. Un compteur indiquait le nombre de coups de piston et un indicateur de Watt, la tension de la vapeur dans le petit cylindre. Le volume offert à la vapeur en *deux* courses consécutives du petit piston, y compris les espaces nuisibles, avait été mesuré avec soin et était de $0^{m3}5582$. Le piston était en parfait état d'entretien, la vapeur avait été dépouillée, avant de pénétrer dans le cylindre, de toute l'eau qu'elle pouvait contenir à l'état vésiculaire, et le cylindre était entouré d'une chemise de vapeur pour empêcher le refroidissement et la condensation de la vapeur intérieure.

En 34668 coups de piston, la chaudière a reçu $14^{m3}467$ d'eau qui a été consommée à l'état de vapeur, à la tension de $3^{atm.}75$, d'après l'indicateur placé sur le cylindre.

Le poids de vapeur correspondant à deux coups de piston était donc de :

$$\frac{2.14467^{kil.}}{34668} = 0^{kil.}825$$

et, comme ces $0^{kil.}825$ occupaient un volume de $0^{m3}5582$, il en résulte que le volume x de 1 kilog. était de :

$$0^{kil.}825 : 1 = 0^{m3}5582 : x$$

$$\text{d'où } x = 0^{m3}434.$$

     DENSITÉ DE LA VAPEUR D'EAU.

Ce résultat ne diffère que fort peu du précédent, mais il faut remarquer qu'il présente deux causes d'erreur qui, heureusement, agissent en sens inverse : 1° la probabilité de légères fuites autour du piston, lesquelles tendaient à faire évaluer trop bas le volume des $0^{kil}.825$ de vapeur ; 2° la supposition que les espaces nuisibles étaient entièrement vides au commencement de chaque coup de piston, tandis qu'ils contenaient encore de la vapeur dont la tension, d'après l'indicateur, s'élevait à $0^{atm}.80$ environ, ce qui tendait à faire évaluer trop haut le volume du poids donné de vapeur. Il est impossible de dire si ces causes d'erreurs inverses se compensaient, ou influaient inégalement sur le résultat, mais il est probable que, vu le peu d'importance de la seconde et le bon état d'entretien du piston, le volume trouvé ci-dessus est assez approximatif, même en admettant encore l'existence de quelques autres causes secondaires d'erreurs que nous avons négligées.

Quoi qu'il en soit, ces expériences doivent faire désirer vivement que la question soit reprise le plus tôt possible et examinée avec toute l'attention qu'elle mérite.

TRAVAIL DE LA VAPEUR.

Le travail mécanique d'une force quelconque est, comme on le sait, égal au produit de l'effort exercé par la projection du chemin parcouru sur la direction de cet effort, lorsque cette direction ne change pas. Si la direction de l'effort change, il faut appliquer la définition à chaque changement de direction et, lorsque ces changements sont continus, la définition s'applique à chaque mouvement infiniment petit du point d'application de la puissance, celle-ci pouvant être supposée de grandeur et de direction constantes, pendant chacun de ces mouvements.

La chaleur employée comme force motrice, par l'intermédiaire de la vapeur d'eau, produit du travail en exerçant un effort contre certaines parties mobiles d'une capacité dans laquelle on la fait arriver et en faisant mouvoir ces parties mobiles qui transmettent le travail qu'elles reçoivent ainsi, à des organes mécaniques chargés de l'utiliser.

Les machines à vapeur les plus répandues, on pourrait presque dire les seules employées jusqu'aujourd'hui, se composent d'un cylindre alezé avec soin à l'intérieur et contenant un piston que la vapeur pousse tantôt dans un sens tantôt dans l'autre; ce piston porte une tige qui traverse l'un des fonds du cylindre et transmet à une combinaison quelconque d'organes mécaniques, le travail que le piston reçoit de la vapeur.

Nous allons exposer, à l'aide de figures simplement théoriques, les principaux systèmes de machines à vapeur employées, en faisant abstraction du mode de communication du mouvement de la tige du piston jusqu'au point où s'effectue le travail utile, ce mode de transmission de mouvement n'ayant aucune influence sur l'évaluation du travail absolu de la vapeur.

Dans le système indiqué par la fig. 2, pl. 1, la vapeur venant de la chaudière par le tuyau M, à une pression égale ou légèrement supérieure à la pression atmosphérique, fait équilibre sur le piston, à cette dernière, de sorte que ce piston, dont la tige est attachée à l'extrémité d'un balancier, peut être soulevé jusqu'à la partie supérieure du cylindre, par un léger excédant de poids attaché à l'autre extrémité du même balancier; la vapeur remplit alors tout le cylindre et l'on ferme le robinet A de communication avec la chaudière; puis on ouvre immédiatement le robinet B placé sur un tuyau qui, d'un côté débouche dans le cylindre et de l'autre est adapté à un réservoir supérieur d'eau froide. Il se fait alors une injection d'eau dans cette masse de vapeur qui se condense plus ou moins complétement et produit ainsi, sous le piston, un abaissement considérable de tension; de sorte que la pression atmosphérique sur la face supérieure du piston devient prédominante et que ce dernier descend en surmontant la résistance que doit vaincre l'autre extrémité du balancier pour utiliser l'appareil.

Lorsque le piston est au bas de sa course, le robinet B se ferme, le robinet A se rouvre, une nouvelle injection de vapeur, à une tension légèrement supérieure à la tension atmosphérique, chasse l'eau qui provient de la condensation précédente, par le tuyau de décharge N qui porte à sa partie inférieure une soupape, ouvre la soupape C que l'on nomme *reniflard*, en emportant avec elle l'air que l'eau et la vapeur du précédent coup de piston ont amenés, et recommence à soulever ce piston; puis, en un temps très-court, la tension de cette vapeur s'abaisse jusqu'à la tension atmosphérique, par suite de l'excès de dépense qui vient de se faire, les soupapes C et D se referment d'elles-mêmes, et la course ascendante se continue comme précédemment sous l'influence de l'excédant de poids suspendu à l'autre extrémité du balancier. La soupape C peut aussi être fermée mécaniquement, après l'expulsion de l'air.

Cette machine, connue sous le nom de *machine atmosphérique de Newcomen* a été inventée vers l'année 1710, par Thomas Newcomen, forgeron de Darmouth, et John Cawley, vitrier de la même ville ; elle était la première machine à piston que l'on eût fait jusqu'à lors et elle a été, pendant longtemps, exclusivement employée à l'épuisement des mines. Depuis quelques années elle est complétement abandonnée, à cause de l'énorme quantité de vapeur qu'elle consomme par condensation inutile dans le cylindre pendant la montée du piston, et des dimensions considérables qu'il faudrait donner à ce cylindre pour développer une grande puissance, aussi nous ne nous en occuperons plus.

Dans le système représenté (fig. 3, pl. 1), la vapeur venant de la chaudière par le tuyau M pousse le piston en surmontant la résistance, de bas en haut ou de haut en bas, suivant que la tige traverse le fond ou le couvercle du cylindre et que les soupapes A et B sont placées en bas ou en haut de ce cylindre ; puis, quand ce piston est à l'extrémité de sa course, la soupape A se ferme, la soupape B s'ouvre, et la vapeur agit librement sur les deux faces du piston en traversant le tuyau K qui porte le nom de *colonne d'équilibre* ; ce piston redescend alors par son poids, ou remonte comme celui de la machine atmosphérique, pour revenir au point de départ ; après quoi, la soupape B se ferme et la soupape A se rouvre pour recommencer l'opération que nous venons de décrire.

Quand au tuyau N, il débouche directement dans l'atmosphère, ou dans *un condenseur*, c'est-à-dire dans une capacité spéciale où l'on condense la vapeur par une injection d'eau froide, afin de diminuer la tension sur la face du piston opposée à celle qui reçoit l'action de la vapeur venant de la chaudière, ce qui augmente évidemment le travail transmis à ce piston.

Quand le tuyau N débouche dans l'atmosphère, le cylindre peut, à la rigueur, être ouvert par le haut et la colonne K supprimée; mais des raisons d'économie de combustible qui seront exposées plus tard, ont fait renoncer à cette disposition très-simple.

Cette machine, qui porte le nom de *machine de Watt à simple effet*, fut inventée par cet homme de génie vers l'année 1769, et elle a été, comme la machine atmosphérique, exclusivement appliquée à l'épuisement des mines. La tige du piston des machines du célèbre Écossais traversait le couvercle du cylindre et se rattachait à l'extrémité d'un balancier par l'intermédiaire du parrallélogramme qu'il avait également inventé. L'autre extrémité de ce balancier portait la tige des pompes destinées à élever l'eau du fond de la mine, et le tuyau de décharge N débouchait toujours dans un condenseur que la soupape Z n'ouvrait qu'un peu avant le commencement de la course de haut en bas du piston.

Dans ces derniers temps, on a simplifié la disposition de Watt, en faisant passer la tige du piston par le fond du cylindre et en l'attachant directement à la tige des pompes. On a ainsi supprimé le balancier et les constructions coûteuses auxquelles il obligeait.

Le système représenté (fig. 26, pl. 6,) comprend un cylindre et un piston qui est poussé par la vapeur, tantôt dans un sens et tantôt dans l'autre, de façon à communiquer à la tige de ce piston un mouvement de va-et-vient que l'on transforme habituellement en mouvement de rotation à l'aide d'une bielle et d'une manivelle ou de toute autre disposition mécanique; quand la vapeur a produit son travail elle se rend, par le tuyau de décharge N, dans un condenseur ou directement dans l'atmosphère.

Pour un coup de piston de haut en bas, on ouvre les soupapes A et C, et l'on ferme les soupapes B et D. La vapeur venant de la chaudière par le tuyau M passe par A, se trouve arrêtée en B et en D, et pousse le piston; pendant ce temps, la vapeur du précédent coup de piston passe par C et se rend dans l'atmosphère ou dans le condenseur.

Pour un coup de piston de bas en haut, les soupapes B et D s'ouvrent, les soupapes A et C se ferment, la vapeur venant de la chaudière passe par la soupape D et pousse le piston de bas en haut. Pendant ce temps, la vapeur du coup de piston descendant s'échappe par D et passe, comme plus haut, dans le condenseur ou dans l'atmosphère.

Cette machine porte le nom de *machine de Watt à double effet*, parce que c'est à ce grand mécanien qu'elle est due. Il faisait ordinairement déboucher le tuyau de décharge N dans un condenseur, et, pour empêcher la vapeur qui poussait le piston de se condenser dans le cylindre des machines représentées par les figures 3 et 26, par suite du refroidissement de ses parois extérieures, il plaçait ce premier cylindre dans un autre tout semblable, de façon qu'il restât entre eux un intervalle de quelques centimètres hermétiquement fermé en haut et en bas. La vapeur venant de la chaudière arrivait alors dans cet intervalle par un tuyau particulier, l'emplissait continuellement en réchauffant la vapeur du cylindre intérieur, puis en sortait par un autre tuyau pour arriver aux soupapes A et D ; le tuyau M était supprimé et un petit tuyau de retour, partant de la partie inférieure de l'enveloppe, ramenait dans la chaudière l'eau qui se formait par condensation de vapeur dans cette enveloppe, laquelle portait le nom de *chemise de vapeur*. Enfin, pour diminuer la condensation inutile dans la chemise de vapeur, on entourait encore parfois celle-ci d'une couche plus ou moins épaisse de substances peu conductrices de la chaleur.

Dans les systèmes représentés par les figures 3 et 26, on peut, avant que le piston soit arrivé à l'extrémité d'une course, fermer la soupape d'admission de la vapeur dans le cylindre ; on cesse alors de dépenser de la vapeur nouvelle, et celle qui se trouve ainsi isolée de la chaudière continue à pousser le piston et à produire du travail en augmentant de volume et en diminuant de tension jusqu'à la fin de la course. Il faut, évidemment, que cette diminution de tension ne devienne jamais telle que la contre-pression de la vapeur qui se trouve de l'autre côté du piston et qui s'échappe dans le condenseur ou dans l'atmosphère, l'emporte et tende à faire rebrousser chemin à ce piston avant la fin de sa course.

Les machines dans lesquelles ce principe d'économie de vapeur découvert par Watt est appliqué, se nomment *machines à détente ou à expansion*. Tout le travail que produit la vapeur pendant sa détente constitue un bénéfice, puisqu'il est obtenu sans dépense de vapeur et, par suite, sans dépense de combustible.

On peut donc, d'après ce qui précède, classer les machines à vapeur en cinq catégories, d'après le mode physique d'emploi de la vapeur :

1° Machines atmosphériques.
2° Machines sans détente ni condensation.
3° Machines sans détente à condensation.
4° Machines à détente sans condensation.
5° Machines à détente et condensation.

Il sera aisé de reconnaître, à mesure que nous avancerons, que toutes les machines existantes rentrent dans l'une ou l'autre de ces catégories; les quatre dernières pouvant être à *simple* ou à *double* effet, suivant que la vapeur ne pousse jamais le piston que dans un sens, ou qu'elle le pousse successivement dans les deux sens.

On applique encore, parfois, d'autres dénominations complémentaires aux machines des quatre dernières catégories; on dit qu'elles sont à *basse pression* quand la tension de la vapeur, dans la chaudière, ne dépasse pas deux atmosphères ou quand le manomètre à air libre n'accuse qu'un excédant de pression de une atmosphère sur la pression atmosphérique; qu'elles sont à *moyenne pression* de deux à quatre atmosphères, et à *haute pression* pour toute tension de vapeur supérieure à quatre atmosphères; mais ces dénominations n'ont, en réalité, aucune importance.

Au lieu d'opérer la détente dans le cylindre même qui a reçu la vapeur venant de la chaudière, on l'effectue quelquefois dans un deuxième cylindre plus grand, qui contient un piston dont la tige agit simultanément avec la tige du premier piston, sur le même bras du balancier qui transmet leur action à la manivelle; on arrive ainsi à la disposition qui porte le nom de *machine de Woolf*, parce que cet ingénieur est le premier qui l'ait adopté, et qui est indiquée dans la fig. 4, pl. 1.

La vapeur vient de la chaudière par le tuyau M et, après avoir produit tout son travail, se rend par le tuyau N dans le condenseur où elle est réduite en eau par un jet d'eau froide.

Pour un coup de haut en bas des deux pistons, les soupapes A, D, F sont ouvertes et les trois autres fermées. La vapeur de la chaudière agit directement sur la face du petit piston, et la pousse de haut en bas; pendant ce temps, la vapeur de la course précédente, qui est sous ce piston, passe par l'ouverture D dans le haut du grand cylindre pour agir également de haut en bas, et la vapeur qui est restée sous le grand piston se rend, par l'ouverture F, dans le condenseur.

Pour un coup de piston de bas en haut, les trois soupapes qui étaient ouvertes pour l'opération que nous venons de décrire, se ferment; les trois qui étaient fermées s'ouvrent, et les mêmes phénomènes que ci-dessus se reproduisent en sens inverse.

Les deux cylindres sont généralement revêtus d'une *chemise de vapeur* commune, traversée par la vapeur qui se rend de la chaudière dans le tuyau de distribution Z et, de temps en temps, on ajoute à la chemise, pour éviter les déperditions de chaleur, une enveloppe de matières peu conductrices.

Dans cette disposition, la vapeur qui a empli le petit cylindre en conservant approximativement la tension qu'elle possédait dans la chaudière, augmente progressivement de volume en passant dans le grand cylindre et produit du travail moteur par détente sur le grand piston; en même temps, elle produit du travail résistant sous le petit; mais comme la pression est à peu près la même, par unité de surface, sur ces deux pistons, le travail moteur l'emporte sur le travail résistant d'une quantité qui dépend du rapport des volumes engendrés par ces pistons. Dans la pratique, ces volumes sont assez souvent comme 1 : 4 ou comme 1 : 5, de sorte que la vapeur est détendue jusqu'à quatre ou cinq fois son volume primitif, mais il est clair que l'on pourrait encore, dans ce cas, détendre davantage en fermant la soupape d'admission de la vapeur dans le petit cylindre avant la fin de la course des pistons. Cette disposition a été employée parce que la somme des efforts effectifs transmis aux deux pistons, pendant une course entière, varie moins que l'effort exercé sur un piston unique, lorsque le travail à la tension de la chaudière et le travail à détente s'accomplissent dans le même cylindre. On est arrivé ainsi à donner une vitesse très-régulière aux machines sans employer de volants d'un poids excessif; condition importante pour les manufactures qui exigent une grande régularité dans la vitesse des outils, comme les filatures.

Toutes les machines dont il a été question jusqu'à présent, sont à piston cylindrique se mouvant en ligne droite dans une capacité également cylindrique, ce qui exige, quand on a besoin d'un mouvement de rotation continu, l'emploi d'une bielle et d'une manivelle, ou de toute autre combinaison d'organes mécaniques, pour transformer le mouvement de va-et-vient du piston en mouvement de rotation. On a aussi essayé un très-grand nombre d'autres dispositions qui ont reçu le nom de *machines à rotation directe*, dans lesquelles la vapeur venant de la chaudière imprime directement un mouvement de rotation à l'organe qui fait l'office de piston et qui est fixé à un arbre qu'il entraîne avec lui. Nous allons citer quelques-unes de ces dispositions qui ont été essayées à différentes époques.

Machine rotative de Watt. 1783. (Fig. 5, pl. 1).

E est le cylindre à fonds plats ; A le piston tournant et entraînant, dans sa rotation, l'arbre D qui traverse les fonds du cylindre et transmet le mouvement au dehors ; B une espèce de clapet, ou valve courbe pouvant s'ouvrir et se fermer comme une porte ; H le tuyau d'arrivée de la vapeur et K le conduit de décharge pouvant déboucher dans l'atmosphère ou dans un condenseur.

La vapeur agissant contre le piston A et contre la valve B qui ne peut s'ouvrir davantage, imprime à ce piston un mouvement de rotation qui est communiqué à l'arbre D. Lorsque le piston vient rencontrer l'obturateur B, il le pousse dans une embrasure ménagée à cet effet et passe outre. Immédiatement après le passage du piston, la valve est repoussée par la vapeur dans sa position première et le mouvement se continue ainsi indéfiniment.

Machine rotative de Murdock. 1799. (Fig. 6, pl. 2).

EE est un vaisseau doublement cylindrique à fonds plats plus ou moins distants ; ce vaisseau est traversé par deux arbres portant deux roues d'engrenages en prise, et construites avec un soin tel que la vapeur ne puisse passer entre elles au point où elles engrènent, que les extrémités des dents frottent doucement contre la surface interne des deux parties cylindriques de l'enveloppe et que leurs faces latérales soient en contact immédiat avec les fonds plats du vaisseau. Il est évident que si l'on fait arriver la vapeur par le tuyau H, les deux engrenages tourneront dans le sens indiqué par les flèches en entraînant les arbres qui les portent dans leur mouvement de rotation et que la vapeur ,traversant les intervalles compris entre les noyaux des engrenages et les parties circulaires de l'enveloppe, s'échappera par le tuyau K qui peut déboucher dans l'atmosphère ou dans un condenseur.

Cet appareil met immédiatement deux arbres tournants à la disposition du mécanicien, mais on peut n'en utiliser qu'un seul, il recevra la totalité du travail transmis par la vapeur si l'autre n'éprouve point de résistance.

Machine rotative de Joseph Ève. 1825. (Fig. 7, pl. 2).

K est un cylindre creux bien alezé, à fonds plats, portant en un point de son pourtour une cavité demi-cylindrique également alezée. Dans le cylindre creux on a placé un cylindre plein B solidement fixé sur arbre A qui traverse les fonds du premier et qui porte trois dents qui doivent faire office de pistons. Un petit cylindre C, ayant un tiers du diamètre du cylindre plein B, est placé dans la cavité demi-cylindrique Z et peut tourner tangentiellement au cylindre B de façon à faire trois tours quand celui-ci en fait un ; ce petit cylindre C porte lui-même une cavité qui peut contenir les dents Y quand elles passent en ce point, tout en empêchant la vapeur de passer d'un côté à l'autre de la dent qui franchit le passage. Les bases des cylindres pleins et creux glissent les unes sur les autres à frottement doux, et la largeur des dents est égale à la longueur de la génératrice du cylindre qui les porte.

Il est clair que si la vapeur arrive par le tuyau D, elle trouvera une résistance inébranlable en C, poussera les dents dans le sens indiqué par les flèches et s'échappera par le tuyau E qui débouche dans l'atmosphère ou dans un condenseur. Chacune des dents, à son passage en C, se loge dans la cavité du petit cylindre, qui vient précisément s'offrir à cet instant.

Nous croyons inutile d'insister davantage sur ces dispositions de machines à rotation directe, dont on a essayé ou proposé une énorme quantité et qui tiennent une si grande place dans tous les recueils de brevets d'invention ; parce que toutes, au moins jusqu'aujourd'hui, ont présenté des fuites de vapeur, des frottements et des chances de dérangement si considérables, qu'elles n'ont jamais pu entrer en comparaison avec les machines à mouvement rectiligne, au point de vue de l'économie de combustible et de la sécurité du service, ce qui les a fait abandonner. Il est impossible de dire si l'on arrivera jamais à une solution pratique satisfaisante de ce problème dont la solution théorique est d'une si grande simplicité.

Il est aisé de reconnaître que, dans toutes ces machines, on peut introduire la détente, en supprimant l'entrée de la vapeur avant que l'obturateur mobile, qui reçoit son action, arrive au point où cette vapeur passe dans le tuyau de décharge, et qu'elles sont à condensation, ou sans condensation, suivant que le tuyau de décharge débouche dans un condenseur ou dans l'atmosphère. On retrouve donc, dans les appareils de cette espèce, toutes les catégories de machines à vapeur que nous avons indiquées à propos des machines à mouvement rectiligne.

On peut même y introduire le principe de Woolf, c'est-à-dire de détente dans un deuxième cylindre ; il suffit pour cela de faire déboucher le tuyau de décharge d'une première machine dans une seconde semblable ou différente, mais présentant à la vapeur qui arrive un espace beaucoup plus grand, *dans le même temps*, que celui qu'elle occupait dans la première. La vapeur, en arrivant de la première dans la seconde, augmentera de volume en diminuant de tension, et la contre-pression opposée à l'obturateur mobile de l'un sera égale à la pression motrice exercée sur l'obturateur mobile de l'autre. En un mot, cette vapeur se comportera exactement comme celle qui est comprise entre le petit et le grand piston de la machine de Woolf.

Enfin, elles peuvent être munies d'une chemise de vapeur et d'une enveloppe de matières peu conductrices de la chaleur, comme les machines de ce dernier ingénieur et de Watt.

ÉVALUATION DU TRAVAIL DE LA VAPEUR

SANS DÉTENTE.

Supposons qu'il s'agisse de donner un coup de piston de haut en bas dans la machine représentée fig. 3, et désignons par :

S la surface du piston, en mètres carrés ;

P la pression, en kilogrammes, que la vapeur, venant de la chaudière, exerce par mètre carré de la surface de ce piston ;

L la longueur de la course, en mètres.

La pression totale sur la surface S sera SP, et le travail produit le long du chemin L parcouru par le piston, sera :

$$SLP.$$

Or SL représente le volume engendré par le piston pendant sa course et, par suite, le volume V de vapeur qui est entré dans le cylindre pendant cette course ; le travail produit sera donc égal à :

$$PV.$$

d'où le principe suivant : *Le travail théorique absolu d'un poids donné de vapeur est égal au produit du volume de ce poids de vapeur par la pression que celle-ci exerce par mètre carré.*

Si l'autre face du piston éprouve, de la part de la vapeur qui se trouve de ce côté et qui est en train de passer dans l'atmosphère ou dans un condenseur, une pression P' par mètre carré, le travail résistant dû à cette contrepression sera évidemment $P'V$, et la différence entre ces travaux moteur et résistant, sera :

$$V(P-P')$$

et représentera le travail effectif transmis au piston.

La tige de ce piston ne pourra transmettre aux organes mécaniques sur lesquels elle agit, que la partie de ce travail qui n'aura point été détruite par le frottement du piston contre les parois du cylindre et par le frottement de cette tige elle-même dans le *stuffenbox*, ou *boîte à étoupes*, qu'elle traverse pour transmettre le travail de la vapeur au dehors.

Il faut remarquer que pour produire ce travail $V(P-P')$ sur le piston, il faut toujours, dans la pratique, dépenser un volume de vapeur plus grand que V, car le piston ne peut s'avancer jusqu'au contact avec les fonds du cylindre et, avant que ce piston se meuve, il faut emplir de vapeur toute la capacité comprise entre sa surface S, le fond du cylindre et les soupapes A et B. Cette vapeur est évidemment dépensée sans utilité ou sans produire de travail; de sorte que la capacité dont il s'agit et qui porte, dans les machines, le nom d'*espace nuisible*, doit être réduite le plus possible.

Il est vrai que quand le tuyau de décharge débouche dans l'atmosphère, et que la machine est sans condensation, l'espace nuisible, à la fin d'une course du piston, reste plein de vapeur à la tension d'environ une atmosphère et qu'il suffit de lui fournir le complément nécessaire pour relever la tension jusqu'à la limite à laquelle elle se maintient pendant la course; mais, quand ce tuyau de décharge débouche dans un condenseur, ou que la machine est à condensation, la raréfaction de la vapeur qui reste dans l'espace nuisible est très-grande, et la faible quantité qui n'est point perdue mérite à peine qu'on la prenne en considération.

On voit, d'après cela, que pour connaître le travail que l'on peut recueillir d'un poids donné d'eau réduite en vapeur à une certaine pression dans une chaudière, il faudrait connaître bien exactement le volume que présentera ce poids de vapeur, ou posséder des tables de densités exactes au lieu des tables théoriques et approximatives que nous avons données précédemment; de sorte que la science des machines à vapeur est incomplète sous ce rapport.

Pour donner une idée aussi approximative que l'état de nos connaissances le permet, de la quantité de travail qu'un kilogramme de vapeur à diverses tensions peut produire sur un piston de machine, nous allons donner le tableau de ces travaux depuis la tension d'une atmosphère jusqu'à dix atmosphères, dans l'hypothèse où la contre-pression serait exactement d'une atmosphère dans les machines sans condensation et où elle serait assez faible pour être tout à fait négligée dans les machines à condensation.

C'est l'expression $V(P-P')$ qui fournira les éléments de ce tableau, en y faisant V égal au volume de 1 kil. de vapeur.

TENSION de la VAPEUR, EN ATMOSPHÈRES.	TENSION de la VAPEUR, EN KIL. PAR M² OU P.	VOLUME DE 1 KIL. DE VAPEUR, OU V, EN M³. (Table, page 27.)	CONTRE-PRESSION DU PISTON OU P' DANS LES MACHINES SANS CONDENSATION.	CONTRE-PRESSION DU PISTON, OU P' DANS L'HYPOTHÈSE DU VIDE ABSOLU DERRIÈRE CE PISTON.	TRAVAIL DE 1 KIL. DE VAPEUR DANS LES MACHINES A CONDENSATION, OU TRAVAIL ABSOLU DE CETTE VAPEUR.	TRAVAIL DE 1 KIL. DE VAPEUR DANS LES MACHINES SANS CONDENSATION.
	kil.		kil.		km.	km.
1	10333	1m³6981	10333	0	17548	0
2	20666	0m³8960	10333	0	18520	9260
3	30999	0m³6175	10333	0	19147	12765
4	41332	0m³4746	10333	0	19620	14715
5	51665	0m³3872	10333	0	20001	16008
6	61998	0m³3280	10333	0	20340	16950
7	72331	0m³2855	10333	0	20643	17694
8	82664	0m³2523	10333	0	20851	18245
9	92997	0m³2270	10333	0	21114	18768
10	105330	0m³2064	10333	0	21327	19194

On voit, d'après ce tableau, que le bénéfice de la condensation diminue à mesure que l'on emploie la vapeur à plus haute pression; d'autant plus que l'on ne peut arriver, dans la pratique, à faire le vide absolu derrière le piston et que, pour maintenir le vide partiel que l'on produit par la condensation, il faut dépenser, comme nous le verrons plus loin, une quantité de travail qui augmente avec le degré de raréfaction que l'on veut obtenir.

ÉVALUATION DU TRAVAIL DE LA DÉTENTE.

Supposons que de la vapeur, à la tension P par mètre carré, agisse sur un piston ayant une surface S et le pousse le long d'un chemin AF, (fig. 8, pl. 2), cette vapeur agissant à *pression pleine* ou *constante* pendant la partie AB de la course, et à détente depuis le point B jusqu'au point F.

Le travail à pression pleine sera S.P. AB et pourra être représenté par le rectangle ABXK, dont le côté AB représentera le chemin parcouru et le côté BX la pression S.P sur le piston.

A partir de cet instant, la chaudière ne fournira plus de nouvelle vapeur, et celle qui est contenue dans le cylindre continuera à pousser le piston en diminuant de tension.

Lorsque le piston sera arrivé en C, la vapeur occupera un volume qui sera à son volume avant la détente, comme AC : AB, s'il n'y a point d'espace nuisible, et la pression sur le piston aura une certaine valeur que nous représenterons par CY.

Si, le long du chemin BC, la pression de la vapeur était toujours BX, le travail produit serait BC. BX ; mais ce travail est plus grand que celui qui s'est produit effectivement, parce que la tension a baissé pendant sa durée. Si, au contraire, la pression eût toujours été CY, le travail eût été représenté par BC. CY ; mais ce dernier est inférieur au travail effectif, parce que la pression, pendant toute sa durée, a été supérieure à CY. On pourra adopter pour valeur du travail effectif la moyenne de ces deux valeurs, ou :

$$BC \frac{BX + CY}{2} = BC.\ mn$$

mn représentant la pression moyenne de B en C.

Mais la surface BC.*mn* est égale à la surface du trapèze BCYX, de sorte que cette dernière surface représente le travail à détente de

B en C, dans l'hypothèse inexacte où la pression décroîtrait uniformément pendant cette détente.

En appliquant le même raisonnement aux portions suivantes de la course du piston, on arrivera à représenter le travail total dû à la détente, abstraction faite de la contre-pression, par la surface comprise entre les lignes BX, BF, FI et la ligne brisée XYZOI, et le rapport de la quantité de travail à pression pleine à la quantité de travail à détente sera comme la surface ABXK est à la surface BXYZOIF.

Il est évident que ce mode de calcul conduit à une évaluation du travail réel, d'autant moins inexacte que les pressions effectives CY, DZ, etc., auront été prises en des points de la course plus rapprochés, et que le résultat ne serait rigoureusement exact que dans le cas où la distance de ces points deviendrait infiniment petite.

Dans la pratique, ce procédé est fort commode et permet d'évaluer très-approximativement le travail que la vapeur produit, à pression pleine et à détente, dans un cylindre, en déterminant, à l'aide d'un indicateur de Watt, la tension effective de cette vapeur pendant la portion de course à pression pleine, puis en huit ou dix points équidistants de la course à détente, sans s'informer de l'expression mathématique de la loi suivant laquelle varient le volume et la tension correspondante de la vapeur. Malheureusement les indications de cet ingénieux appareil ne sont jamais qu'approximatives.

Pour éviter les opérations numériques un peu longues qu'entraîne l'emploi de cette méthode, dans le calcul *a priori* du travail des machines à détente, on a cherché des formules susceptibles de donner directement la totalité du travail produit à détente pendant une partie déterminée de la course du piston, dans la supposition où les chemins successifs BC, CD, DE, etc., parcourus pendant la détente, seraient infiniment petits; mais il a fallu, dans la recherche de ces formules, admettre une certaine loi déterminée de variations correspondantes entre le volume et la tension de la vapeur, et ces lois sont loin, jusqu'à présent, d'avoir reçu de l'expérience une confirmation suffisante.

Nous allons donner les formules le plus généralement employées : Dans la première, on admet l'hypothèse que les vapeurs varient de pression en changeant de volume, suivant la loi de Mariotte pour les gaz dont la température est maintenue constante; dans la seconde, qui est

6

due à **M.** Guyonneau de Pambour, la tension est supposée varier avec le volume simultanément suivant la loi de Mariotte et la loi de Gay-Lussac, c'est-à-dire que la température, pendant l'accroissement de volume, est supposée décroître avec la tension, suivant la loi qui résulte des expériences de **M.** Regnault sur les températures correspondantes aux tensions des vapeurs saturées.

Nous montrerons ensuite comment ces formules, appliquées jusqu'à présent aux machines à mouvement rectiligne alternatif, peuvent être rendues applicables à des machines de toute espèce, puis nous exposerons les considérations pratiques qui peuvent jeter quelque lumière sur l'usage qu'il convient d'en faire.

TRAVAIL THÉORIQUE DE LA DÉTENTE

DANS L'HYPOTHÈSE DES TENSIONS VARIABLES EN RAISON INVERSE DES VOLUMES.

Soient (fig. 9, pl. 2) : Am une longueur représentant la pression initiale **P**,

AB une longueur représentant la portion de course du piston parcourue sous la pression initiale,

A$k = x$ la course entière du piston.

Si l'on prend la pression initiale pour unité de pression et le chemin parcouru sous cette pression initiale pour unité de chemin, le travail de la vapeur, avant la détente, deviendra l'unité de travail, et le travail que cette même vapeur aura produit pendant sa détente, sera exprimé par le nombre de fois qu'il renferme la quantité de travail effectuée sous la pression initiale; de sorte qu'il suffira de connaître cette dernière pour déterminer l'autre dans le cas d'une détente donnée.

Supposons maintenant que le piston, après avoir reçu le travail de la vapeur à pleine pression, parcoure successivement des chemins très-petits BC, CD, DE, EF, etc., la tension diminuant suivant la loi de Mariotte, et que le long de chacun de ces petits chemins, cette tension demeure constante et égale à ce qu'elle est avant de le faire parcourir au piston; nous commettrons, en évaluant ces travaux successifs, une erreur en plus sur le travail réel, mais cette erreur sera d'autant plus petite que les chemins BC, CD, DE, etc., seront plus courts, et deviendra nulle quand ils seront infiniment petits. Nous admettrons qu'ils sont infiniment petits.

Soient 1, x', x'', x''', x'''', enfin x, les distances successives du piston à son point de départ avant le commencement de la course :

La tension de la vapeur, en B sera 1,

$\quad$ » $\qquad$ » en C sera $\dfrac{1}{x'}$,

$\quad$ » $\qquad$ » en D sera $\dfrac{1}{x''}$, etc.

D'autre part, le chemin infiniment petit BC sera égal à $x'-1$,

$\qquad$ le chemin CD $\quad$ » $\quad$ $x''-x'$,

$\qquad\qquad$ » DE $\quad$ » $\quad$ $x'''-x''$, etc.

Le travail produit le long de BC sera donc $1\,(x'-1)$,

$\qquad$ » $\qquad$ CD, $\quad$ » $\quad$ $\dfrac{1}{x'}\,(x''-x')$,

$\qquad$ » $\qquad$ DE, $\quad$ » $\quad$ $\dfrac{1}{x''}\,(x'''-x'')$, etc.

Supposons encore que les distances 1, x', x'', x''', x'''', etc., croissent suivant une progréssion géométrique dont la raison est x', raison qui ne l'emporte sur l'unité que d'une quantité infiniment petite. Nous aurons dans ce cas : $x' = x'$, $x'' = x'^2$, $x''' = x'^3$, $x'''' = x'^4$, etc., et les petits travaux successifs, évalués ci-dessus, deviendront :

$$1\,(x'-1) = x'-1,$$

$$\frac{1}{x'}\left(x'^2 - x'\right) = x'-1,$$

$$\frac{1}{x'^2}\left(x'^3 - x'^2\right) = x'-1,$$

$$\frac{1}{x'^3}\left(x'^4 - x'^3\right) = x'-1, \text{ ainsi de suite.}$$

Le dernier, à la fin de la détente, sera $\dfrac{1}{x'^{n-1}}\left(x'^n - x'^{n-1}\right) = x'-1$.

n indique le nombre de petits chemins qui est infiniment grand, et x'^n, la course totale que nous avons aussi représentée par x. D'après la loi d'accroissement adoptée pour les petits chemins successifs BC, CD, DE, etc., les travaux élémentaires, le long de ces chemins, sont donc égaux.

Ainsi, le long du chemin BC $= x' - 1$, le travail est. . . $x' - 1$,

»   CD $=$ BC $+$ CD $= x'^2 - 1$, ce travail est. . $2 (x' - 1)$,

»   BE $=$ BC $+$ CD $+$ DE $= x'^3 - 1$, ce travail est $3 (x' - 1)$.

Enfin, le long du chemin $x'^n - 1$, ou $x - 1$, chemin total parcouru depuis le commencement de la détente jusqu'à la fin de la course, il est $n (x' - 1)$.

Ce résultat peut être mis sous la forme suivante :

Chemins parcourus depuis le commencement de la course.	Travail produit par la détente seulement.
1	0
x'	$(x' - 1)$
x'^2	$2 (x' - 1)$
x'^3	$3 (x' - 1)$
Enfin, $\quad x'^n = x$	$n (x' - 1)$

Nous avons donc ici deux progressions dont les termes se correspondent : l'une arithmétique, dont la raison est $x' - 1$; l'autre géométrique, dont la raison est x'. Or, on sait que, dans ce cas, les termes de la progression arithmétique peuvent être considérés comme les logarithmes des termes correspondants de la progression géométrique dans un système de logarithmes dont la base dépend de la nature des deux progressions.

Soit donc E cette base qui est constante pour tous les termes correspondants de ces deux progressions, et que nous appliquerons pour la découvrir, aux deux derniers, dont l'un représente le chemin total parcouru par le piston depuis le commencement de la course, et l'autre, le travail produit par la détente seulement.

Il viendra $\mathrm{E}^{n (x' - 1)} = x$ d'après la règle d'algèbre connue.

Et comme $x'^n = x$, on en tire $x' = \sqrt[n]{x}$, de sorte qu'il vient :

$$\mathrm{E}^{n \left(\sqrt[n]{x} - 1 \right)} = x.$$

La base E doit convenir à toutes les valeurs de x, donc au cas où elle est égale à x, et alors son exposant doit être égal à l'unité ; de sorte que si l'on fait $n\left(\sqrt[n]{x}-1\right)=1$, la valeur de x, tirée de cette équation, sera en même temps la valeur de la base E qui, quoique trouvée dans un cas particulier, n'en conviendra pas moins à toutes les autres valeurs de x.

L'équation $n\left(\sqrt[n]{x}-1\right)=1$ peut être mise sous la forme :

$$x = \left(1+\frac{1}{n}\right)^n$$

et si l'on développe le deuxième membre par la formule du binome de Newton, il vient :

$$x = 1 + n\frac{1}{n} + \frac{n(n-1)}{1.2}\left(\frac{1}{n}\right)^2 + \frac{n(n-1)(n-2)}{1.2.3}\left(\frac{1}{n}\right)^3 + \text{etc.}$$

n étant infiniment grand, on peut négliger 1, 2, 3, etc., dans les facteurs $(n-1)$, $(n-2)$, $(n-3)$, etc., de sorte que le second membre devient :

$$x = 1 + 1 + \tfrac{1}{2} + \tfrac{1}{6} + \tfrac{1}{24} + \text{etc.}$$

En prenant seulement les dix premiers termes, et négligeant tous les suivants qui sont excessivement petits, on trouve pour valeur de x, après avoir transformé les fractions ordinaires en décimales :

$$x = 2{,}718281828 = \text{E.}$$

Cette valeur de E convient, par conséquent, à l'équation générale

$$\text{E}^{n(x'-1)} = x = \text{E}^{n\left(\sqrt[n]{x}-1\right)};$$

Donc le logarithme du chemin parcouru depuis le commencement de la course du piston jusqu'en un point quelconque de la détente, dans le système dont la base est 2,718281828, représente le travail produit, à détente seulement, jusqu'en ce point de la course. Il ne faut pas oublier que le chemin parcouru x doit être exprimé par le nombre de fois qu'il contient le chemin à pression pleine, choisi pour unité de mesure.

Soient maintenant :

S la surface du piston, en mètres carrés ;

Z la portion de course à pression pleine, en mètres ;

x la course totale ;

P la pression de la vapeur en kil. par mètre carré ;

Le travail à pression pleine ou l'unité de travail, sera PSZ, et le travail à détente PSZ log. x.

Le travail total pendant un coup de piston sera donc :

$$\text{PSZ} (1 + \log. x).$$

Comme on possède rarement des tables de logarithmes dans le système dont la base est 2,718281828, il convient de transformer ce logarithme en logarithme décimal ordinaire.

Pour cela, on sait que le logarithme d'un nombre, dans un système dont la base est quelconque, est égal au logarithme décimal de ce nombre divisé par le logarithme décimal de la base de ce système ;

On a donc log. $x = \dfrac{\log. \text{dec. } x}{\log. \text{dec. } 2,718281828} = \dfrac{\log. \text{dec. } x}{0,3434249\overline{5}} = 2,3026 \log. \text{dec. } x.$

Ainsi, en remplaçant log. x par log. x. 2,3026, dans l'expression ci-dessus, qui fournit le travail d'un coup de piston, le nouveau logarithme sera décimal ; cette expression devient alors :

$$\text{PSZ} (1 + \log. x. 2,3026).$$

x qui représente la course totale en fonction de la course à pression pleine, représente en même temps ce que l'on nomme le chiffre de la détente, c'est-à-dire le nombre de fois que le volume de la vapeur, après la détente, renferme son volume avant la détente. Soit encore L la course entière du piston, en mètres.

$$\text{On a } \frac{\text{L}}{\text{Z}} = x, \text{ d'ou } \text{Z} = \frac{\text{L}}{x} ;$$

En remplaçant Z par cette valeur dans l'expression ci-dessus, elle devient :

$$\text{SL} \left[\frac{\text{P}}{x} (1 + \log. x. 2,3026) \right].$$

Si, derrière le piston, il se manifestait une pression moyenne P', par mètre carré, le travail absorbé par cette résistance, pendant toute la course, serait P'SL ;

de sorte que le travail réellement transmis au piston ne serait que :

$$SL \left[\frac{P}{x} (1 + \log. x . 2,3026) - P' \right] ; \qquad (A)$$

formule définitive qui peut servir à trouver le travail effectif transmis par la vapeur à un piston, à pression pleine et à détente, dans l'hypothèse d'une variation de pression suivant la loi de Mariotte, et en négligeant le frottement du piston.

Si, entre le piston avant qu'il commence sa course et les orifices que l'on ouvre et que l'on ferme pour laisser entrer ou sortir la vapeur, il y a un certain espace qu'il faut emplir de vapeur avant que le piston commence à se mouvoir, la formule précédente doit être modifiée.

La vapeur qui emplit cet espace que nous avons nommé *espace nuisible*, ne produit aucun travail sous la tension initiale, et elle serait perdue si cette tension initiale demeurait constante pendant toute la course ; mais lorsque la détente commence, ce volume de vapeur se détend en même temps que celui qui a produit le travail à pression pleine, et tout se passe comme si le piston avait effectivement parcouru l'espace nuisible sous la tension initiale.

Donc, si nous représentons par C le chemin que doit parcourir le piston pour engendrer un volume égal à l'espace nuisible, il faudra, dans la formule ci-dessus, remplacer L par L + C ; la course à pression pleine Z deviendra Z + C, la course de la résistance P' restera L, et, du résultat ainsi calculé, on devra soustraire le travail à pression pleine le long du chemin C, travail qui n'a pas été produit.

Il vient ainsi :

$$S (L + C) \left[\frac{P(z+c)}{L+c} \left(1 + \log. \frac{L+c}{z+c} 2,3026 \right) \right] - (P'L + PC); \quad (B)$$

Travail d'un coup de piston à pression pleine et à détente, en tenant compte de l'influence de l'espace nuisible que l'on rencontre dans toutes les machines.

TRAVAIL THÉORIQUE DE LA DÉTENTE

DANS L'HYPOTHÈSE OU LES TEMPÉRATURES VARIERAIENT AVEC LES TENSIONS
DE MANIÈRE A CONSTITUER LA VAPEUR
A L'ÉTAT DE SATURATION, PENDANT TOUTE LA DURÉE
DES CHANGEMENTS DE VOLUME.

(Formule de M. de Pambour.)

M. Guyonneau de Pambour a constaté directement, à l'aide du thermomètre, que la vapeur entrant dans une machine à l'état de saturation à une pression quelconque, en sortait à une température inférieure; de plus, il a constaté que la température était toujours celle qui correspondait à la pression actuelle, de façon que la vapeur, à sa sortie, était également saturée; et de ces deux constatations, il a conclu qu'en toutes les parties d'une machine contenant de la vapeur dont la tension change, la température s'élève ou s'abaisse avec cette tension de manière à constituer *constamment* cette vapeur à l'état de saturation.

Il admettait encore, à l'époque où il proposa sa formule pour évaluer le travail de la détente, que la chaleur constitutive de la vapeur était de 650 calories à toutes les tensions et que, par conséquent, en diminuant de tension et de température, la vapeur contenait toujours la même quantité de chaleur totale dont aucune partie ne s'était évanouie pendant la détente.

Enfin, il adopta les formules empiriques suivantes, comme représentant d'une manière suffisamment approchée le rapport qui existe entre la tension d'un poids donné de vapeur saturée et son volume :

$$p = (1200 + P)\frac{V}{v} - 1200, \text{ pour les vapeurs à une tension inférieure à } 5^{\text{atm}}.$$

et $p = (3020 + P)\dfrac{V}{v} - 3020$, pour les tensions supérieures à 3^{atm}.

Ou, plus généralement :

$$p = (n + P)\frac{V}{v} - n ;$$

Ce qui donne pour rapport entre les deux tensions et les volumes correspondants :

$$V : v = p + n : P + n.$$

Dans cette expression,

p représente la tension, en kil. par m^2, d'un poids donné de vapeur saturée ;

v »   le volume de cette vapeur ;

V »   le volume qu'occupait cette vapeur avant d'être amenée au volume v ;

P »   la tension, en kil. par m^2, de la même vapeur sous le volume V ;

n »   le coefficient constant 1200 ou 3020, suivant la tension de la vapeur.

Après avoir comparé les volumes que l'on obtient à l'aide de cette expression, quand on suppose que la vapeur passe d'une tension à une autre tension inférieure, aux volumes inscrits dans les nouvelles tables de densité que nous avons données au commencement de cet ouvrage, nous avons trouvé qu'en donnant à la constante n une valeur de 1500, quand la vapeur se détend à partir d'une tension inférieure à 3^{atm}, et de 5500 quand la détente s'effectue sur de la vapeur prise à une tension initiale comprise entre 3^{atm} et 6^{atm}, on obtenait des résultats plus rapprochés de ceux des tables.

En effet : si nous cherchons, à l'aide de la formule ci-dessus et des constantes que nous venons d'indiquer, les volumes que prendrait successivement 1^{kil} de vapeur à 3^{atm}, se détendant jusqu'à 1/2 atmosphère, et les volumes successifs de 1^{kil} de vapeur à 6^{atm} qui se détend jusqu'à 1^{atm}, nous trouvons les valeurs consignées dans le tableau suivant :

$n = 1500$			$n = 3500$			
PRESSIONS EN ATMOSPHÈRES et en kil. par mètre carré.	VOLUME de 1 kil. DE VAPEUR d'après les tables.	VOLUME de 1 kil. DE VAPEUR d'après LA FORMULE proposée.	PRESSIONS EN ATMOSPBÈRES et en kil. par mètre carré.	VOLUME de 1 kil. DE VAPEUR d'après les tables.	VOLUME de 1 kil. DE VAPEUR d'après LA FORMULE proposée.	VOLUME de 1 kil. DE VAPEUR d'après la loi de MARIOTTE.
atm. kil.	mèt. cubes.	mèt. cubes.	atm. kil.	mèt. cubes.	mèt. cubes.	mèt. cubes.
3,00 ou 31000	0,617	0,617	6,00 — 61998	0,328	0,328	0,328
2,75 — 28415	0,668	0,670	5,50 — 56832	0,355	0,355	0,358
2,50 — 25832	0,730	0,733	5,00 — 51665	0,387	0,388	0,394
2,25 — 23249	0,800	0,810	4,50 — 46500	0,426	0,428	0,438
2,00 — 20666	0,896	0,904	4,00 — 41332	0,474	0,477	0,492
1,75 — 18082	1,090	1,024	3,50 — 36166	0,534	0,539	0,562
1,50 — 15499	1,171	1,179	3,00 — 31000	0,617	0,620	0,656
1,25 — 12916	1,375	1,389	2,50 — 25832	0,730	0,730	0,787
1,00 — 10333	1,698	1,694	2,00 — 20666	0,896	0,886	0,984
0,75 — 7749	2,200	2,168	1,50 — 15499	1,171	1,128	1,312
0,50 — 5166	3,200	3,010	1,00 — 10333	1,698	1,548	1,968

Ces résultats, quoique assez concordants, ne présentent cependant pas le degré d'identité qui est désirable dans les questions de cette nature, mais ils sont bien préférables à ceux que fournit l'hypothèse de détente suivant la loi de Mariotte.

Partant de cette relation entre le volume et la tension de la vapeur, pour déterminer la pression effective exercée sur un piston en chaque point de la course à détente, M. de Pambour forme une expression générale du travail produit par cette pression effective le long d'un chemin infiniment petit, ce que l'on nomme la différentielle du travail à détente, puis, à l'aide d'une méthode dépendante du calcul intégral, il fait la somme de ces travaux infiniment petits jusqu'à la limite de détente que l'on adopte.

La méthode élémentaire que nous avons exposée plus haut pour faire cette somme de travaux infiniment petits n'étant plus applicable en cette circonstance, nous nous contenterons de donner, sans démonstration, la formule générale à laquelle il est arrivé ; la voici :

Travail d'une course entière :

$$(K)$$

$$S (Z + C) (n + P) \left[\frac{Z}{Z+C} + \log. \frac{L+C}{Z+C} 2,3026 \right] - SL (n + P').$$

S, Z, C, L, P, P' représentent les mêmes quantités que dans l'expression (B) relative à la détente suivant la loi de Mariotte.

Dans l'hypothèse où il n'y a point d'espace nuisible, C est égal à zéro, et l'expression devient :

$$SZ (n + P) \left[1 + \log. \frac{L}{Z} 2,3026 \right] - SL (n + P'). \qquad (G)$$

Ces expressions (K) et (G) donnent, dans les mêmes circonstances, des résultats moindres que ceux que l'on obtient à l'aide des formules (A) et (B) correspondantes, puisque ces dernières ne tiennent aucun compte de l'abaissement de température qui se produit pendant la détente et, par conséquent, de la diminution de tension qui en résulte.

Nous allons le montrer par un exemple.

Supposons qu'il s'agisse de trouver le travail de $1^{kil.}$ de vapeur à la tension de $5^{atm.}$, cette vapeur étant détendue jusqu'à dix fois son volume primitif, la contre-pression étant supposée de 1/8 d'atmosphère et dans l'hypothèse d'un espace nuisible nul.

Il faudra appliquer à ces données les formules correspondantes (A) et (G), dans lesquelles on fera :

$SZ = 0^{m3}3872$, volume de $1^{kil.}$ de vapeur saturée à 5^{atm} ;

$SL = 10. \ 0,3872 = 3^{m3}872$ volume de cette vapeur après la détente ;

$\dfrac{L}{Z} = 10$ chiffre de la détente, représenté dans la formule (A) par x ;

$P = 51665^{kil.} = 10333.5$, pression de la vapeur par m^2 avant la détente ;

$$P' = \frac{10333}{8} = 1292^{kil.}, \text{ contre-pression par } m^2.$$

L'expression (A) donne, pour valeur du travail produit dans l'hypothèse d'une température invariable pendant la détente,

58664 kilogrammètres.

L'expression (G) donne, dans l'hypothèse admise par M. de Pambour,

$$53989 \text{ kilogrammètres.}$$

La différence entre les résultats obtenus dans les deux hypothèses est très-considérable, comme on le voit. Plus tard, nous examinerons attentivement l'usage que l'on doit faire de ces formules si dissemblables.

TRAVAIL DE LA VAPEUR DANS UNE MACHINE

DE FORME QUELCONQUE.

Nous rappellerons d'abord le principe d'hydrostatique suivant : *Quand un fluide élastique est enfermé dans une capacité, la pression qu'il exerce contre les parois de cette capacité est, en tous les points, normale à ces parois.*

Supposons maintenant qu'une capacité d'une forme quelconque soit limitée en partie par des parois fixes, en partie par des parois qui peuvent se mouvoir sous l'influence d'une pression intérieure en transmettant le travail qu'elles reçoivent à des organes mécaniques quelconques, et que cette capacité soit mise en communication avec une chaudière qui contient, en quantité indéfinie, de la vapeur à la pression P par mètre carré.

Soient (fig. 10, pl. 3) :

s, une partie, rectangulaire ou carrée, de la surface des parois mobiles ;

mn, un côté, et la projection horizontale, de cette surface rectangulaire supposée verticale.

La pression normale contre la surface s, sera $s.P$, et si cette surface avance d'une quantité oo', parallèlement à elle-même, sous l'influence de cette pression, le travail produit sera $P.s.\ oz$, si le chemin est parcouru dans le sens de la pression, et également $P.s.oz$, si le chemin parcouru fait un angle avec la direction de la puissance ; car le travail est le produit de l'effort par la projection du chemin parcouru sur la direction con-

stante de cet effort. Or $s.oz$ représente l'accroissement de volume de
la capacité, résultant de ce mouvement de la surface s, ou le volume
de vapeur qu'il faudra introduire dans cette capacité pour maintenir
la pression constante; donc le travail est égal au produit du volume V
de vapeur dépensée par la pression P, ou à :

$$PV.$$

Si la surface s, (fig. 11, pl. 3) au lieu de se mouvoir parallèlement
à elle-même, dans une direction rectiligne quelconque, tournait autour
d'un de ses côtés, dont m est la projection, on pourrait supposer que la
direction de la puissance $s.P$ demeure constante, pendant que l'extrémité n décrit l'élément nm' de la circonférence de rayon mn, et que les
pressions sur la surface s sont remplacées par leur résultante $s.P$ appliquée au point o, centre de gravité de cette surface ; le travail produit
pendant ce mouvement infiniment petit serait $Ps.oo'$. Or $s.oo'$ est le
volume du prisme triangulaire qui a pour base $mm'n$, ou le volume
de vapeur qui doit pénétrer dans la capacité pendant le petit mouvement indiqué pour maintenir la pression ; donc le travail serait encore
le produit de la puissance P par le petit volume engendré. Le résultat
serait le même pour tous les volumes infiniment petits, engendrés successivement, la résultante $s.P$ prenant, au commencement de chaque
élément que son point d'application o va parcourir, la direction de
cet élément ; il en résulte que, pour un mouvement d'une amplitude
quelconque autour du point m, la surface s recevrait un travail égal
à la pression P multipliée par le volume engendré V, ou :

$$PV, \text{ comme ci-dessus.}$$

Enfin, quand la surface s se meut d'une manière quelconque, le
même principe est encore applicable, mais la démonstration en est un
peu plus difficile.

(Fig. 12, pl. 3). Supposons que cette surface rectangulaire s qui se
projette horizontalement suivant mn et verticalement suivant $mhkn$,
passe de la position mn à la position infiniment voisine $m'n''$, son
centre de gravité o passant en o'', la surface restant perpendiculaire
au plan horizontal dans ce mouvement infiniment petit, et les côtés
verticaux qui la limitent restant parallèles à eux-mêmes.

Pour ce mouvement infiniment petit, la direction de la pression **P** de la vapeur pourra être considérée comme invariable, et le travail de la résultante $s.$**P** de toutes les pressions sur les éléments de la surface, sera

$$s.\mathbf{P}.oz = s.\mathbf{P}\ (ox + xz).$$

Si nous supposons le cas le plus général, celui où la surface s, pendant son petit mouvement, ne reste pas perpendiculaire au plan horizontal et où tous les côtés qui la limitent ne restent pas non plus parallèles à eux-mêmes, nous pourrons considérer le mouvement effectif comme résultant de quatre mouvements simples :

1° Un mouvement de la surface parallèlement à elle-même de mn en $m'n'$;

2° Un mouvement de rotation $n'n''$ du côté kn autour du côté hm qui reste immobile et qui se projette horizontalement en m' ;

3° Un mouvement de rotation de la surface dans son propre plan et autour de son centre de gravité o'' qui demeure immobile ;

4° Un mouvement de rotation de cette surface autour d'un axe quelconque **CD**, ou **AB**, situé dans son plan et passant par son centre de gravité, de façon qu'après ce quatrième mouvement, la surface se trouve dans la position effective qu'elle doit occuper après le petit mouvement général que nous lui avons supposé dès le début.

Il est évident qu'un mouvement quelconque infiniment petit de la surface s pourra toujours résulter de la combinaison de ces quatre mouvements simples, au plus, se produisant simultanément, et pourra même, suivant sa nature, ne résulter que de un, de deux ou de trois de ces mouvements élémentaires.

De plus, le volume engendré par la surface s, dans le mouvement composé, sera toujours égal à la somme des volumes engendrés dans chacun des mouvements simples.

Or, dans le premier mouvement de mn en $m'n'$, le volume engendré est $s.ox$.

Dans le second, il est $s.o'o'' = s.xz$, comme nous l'avons vu précédemment.

Dans le troisième, ou dans le mouvement de rotation de la surface dans son propre plan, le volume engendré est nul.

Dans le quatrième, ou dans le mouvement de rotation de la surface autour d'un axe passant par son centre de gravité et situé dans son plan, l'augmentation de volume d'un côté de l'axe sera précisément égale à la diminution de volume de l'autre côté ; de sorte que le volume effectif engendré sera encore nul.

Le volume effectif engendré dans le mouvement résultant des quatre mouvements simples se réduit donc à

$$s.ox + s.xz = s.oz,$$

et le travail de la vapeur contre la surface s, pour ce mouvement résultant, est encore égal à la pression P par mètre carré, multipliée par le volume effectif engendré par cette surface ; de sorte que nous retrouvons pour le cas le plus général, la même expression du travail de la vapeur, que dans les cas plus simples que nous avons d'abord adoptés.

Les mêmes considérations pouvant s'appliquer à toute la série des mouvements infiniment petits qui constituent un mouvement d'une amplitude quelconque, la même conséquence y devient également applicable.

Cette démonstration étant tout à fait indépendante de la grandeur de la surface rectangulaire s, nous pourrons la supposer infiniment petite et la considérer comme élément de surface ; d'où nous tirerons la conséquence que tout élément de surface qui reçoit l'action d'un fluide, dans une capacité, et qui se meut sous cette influence, reçoit un travail égal à la pression du fluide par mètre carré, multipliée par le volume qu'il engendre, ou par le volume de fluide nécessaire pour maintenir la même tension dans la capacité que cet élément agrandit par son mouvement.

Maintenant si l'on observe que, dans une capacité formée de parois fixes et de parois mobiles et qui contient de la vapeur, les éléments de la surface des parois mobiles qui se meuvent sous l'action de cette vapeur engendrent une somme de volumes élémentaires qui représente précisément l'accroissement général du volume de la capacité, on en pourra conclure que :

Dans toute machine quelconque composée d'une capacité qui peut s'agrandir sous l'influence de la pression intérieure de la vapeur, le travail à pression pleine transmis à la partie mobile de l'appareil,

est égal au produit de la pression de la vapeur par mètre carré, mul-
tipliée par le volume de vapeur qu'il a fallu fournir à la machine, pour
y maintenir la pression constante pendant le mouvement.

Si la capacité qui reçoit la vapeur était munie de parois mobiles, dont les unes fussent mises en mouvement de façon à agrandir la capacité et les autres de manière à la diminuer, et que le mouvement des unes fut solidaire du mouvement des autres, il est évident que le mouvement des parois rentrantes constituerait un travail résistant, que celui des parois qui obéissent à l'action de la vapeur, constituerait un travail moteur, et que les organes mécaniques, sur lesquels ces parties mobiles de la capacité agissent simultanément, ne recevraient qu'un travail égal à la pression P de la vapeur, multipliée par la différence entre l'accroissement et la diminution de volume dus à ces deux catégories de parois, où, en d'autres termes, à la pression P multiplié par l'accroissement effectif du volume de cette capacité.

D'autre part, lorsqu'une partie mobile des parois d'une capacité se meut pour agrandir cette capacité sous l'influence de la vapeur, elle reste en contact, sur tout ou partie de son pourtour, avec les parois fixes, pour empêcher les fuites de vapeur, et se trouve alors sollicitée, de dedans en dehors, par la pression de cette vapeur et, de dehors en dedans, par la pression atmosphérique ou par la pression qui existe dans une deuxième capacité qu'elle sépare de la première. Dans ce cas, les deux faces de l'obturateur, comptées de part et d'autre de sa surface de contact avec la partie fixe de la capacité, ou avec les parois du conduit fixe dans lequel il se meut, engendrent nécessairement le même volume ; parce que le volume de l'obturateur étant généralement constant, son changement de position entre les deux capacités qu'il sépare ne peut s'opérer qu'en diminuant l'une exactement de la même quantité dont l'autre s'agrandit, de sorte que la face tournée vers la deuxième capacité reçoit, de la part de la tension qui y existe, un travail résistant variable avec cette tension que nous désignerons par P', mais qui correspond à un volume engendré égal à l'accroissement du volume de la première capacité.

Nous tirerons de là la conséquence que le travail effectif reçu par l'obturateur pour un volume V de vapeur dépensée, est représenté par :

$$(P - P')\, V.$$

P' représente ce que l'on nomme la contre-pression moyenne par mètre carré dans les machines de tous systèmes, mues par un fluide élastique.

Détente dans les machines de forme quelconque.

Quelle que soit la forme d'une capacité contenant de la vapeur à une certaine tension, cette tension a la même valeur après un certain accroissement du volume de cette capacité que si celle-ci était cylindrique. Il en résulte que si l'on détend le même volume de vapeur à la même tension, jusqu'à la même limite, dans une capacité cylindrique et dans une capacité de forme tout à fait arbitraire, les mêmes pressions auront lieu sur les parties mobiles des deux appareils à l'instant où ceux-ci présenteront le même volume, et qu'entre deux volumes infiniment voisins pris dans l'une et dans l'autre capacité, la tension qui peut être considérée comme constante, produira le même travail dans chacune de ces capacités ; donc le travail à pression pleine et à détente d'un volume donné de vapeur, est absolument le même dans toutes les machines dont l'obturateur présente un volume constant dans le conduit qu'il parcourt sous l'influence de la vapeur, quels que soient la forme et le mode d'action de cet organe, et les formules que nous avons trouvées pour le cas des machines ordinaires à cylindre, sont également applicables à presque tous les autres systèmes d'appareils à vapeur. Il n'y a pour cela qu'une légère modification à introduire dans les formules (A), (B), (K) et (G).

SL devient V le volume après la détente quand il n'y a point d'espace nuisible.

SZ, le volume avant la détente.

$\dfrac{L}{Z}$, ou x, devient $\dfrac{V}{V'}$, V' étant le volume avant la détente.

Alors la formule (A) devient :

$$\left[\frac{PV'}{V} \left(1 + \log. \frac{V}{V'} \, 2,3026\right) - P' \right] \qquad (C).$$

Si la machine dont on veut calculer le travail présente une espace nuisible dont le volume est V'', il faudra employer la formule (B) qui devient évidemment :

$$(V+V'')\left[\frac{P(V'+V'')}{V+V''}\left(1+\log.\frac{V+V''}{V'+V''}2,3026\right)\right]-VP'-PV''. \quad (D)$$

Telles sont les formules que l'on peut appliquer à la recherche du travail à pression pleine et à détente, dans toute espèce de machines et dans l'hypothèse d'une variation de tension suivant la loi de Mariotte.

Dans les circonstances où il faudra adopter l'hypothèse du refroidissement pendant la détente, on emploiera les formules (K) et (G) de M. de Pambour, qui deviendront alors : La formule (K) :

$$(E)$$
$$(V'+V'')(n+P)\left[\frac{V'}{V'+V''}+\log.\frac{V+V''}{V'+V''}2,3026\right]-V(n+P');$$

et la formule (G) :

$$(F)$$
$$V'(n+P)\left[1+\log.\frac{V}{V'}2,3026\right]-V(n+P'').$$

Les formules (A) (B) (K) (G) ne sont que des cas particuliers de ces formules générales, applicables aux machines à cylindre.

Cependant il faut remarquer que, dans les machines à cylindre, les accroissements de volume et, par suite, les décroissements de pression, sont proportionnés aux chemins parcourus par le piston, tandis que, dans les appareils d'une autre forme, les accroissements de volume peuvent se produire suivant une loi différente de celle qui est relative au chemin parcouru par l'organe récepteur du travail ; il en résulte que, quoique le travail total produit par un volume donné de vapeur à pression pleine et à détente soit le même dans toutes ces espèces de machines, il peut néanmoins être produit, dans les dernières, suivant des lois qui n'ont aucun rapport avec celle qui lie les pressions aux chemins parcourus dans les machines à cylindre ; de sorte que la transmission du travail à la partie mobile de l'appareil peut y être, avant et pendant la détente, plus ou moins irrégulière que dans ces machines à cylindre, suivant la nature et le mode de mouvement de l'organe récepteur.

Les formules (C) et (D), applicables à tous les cas où le volume de l'organe qui reçoit directement le travail de la vapeur est constant dans le conduit que celle-ci doit remplir avant d'être abandonnée, doivent être légèrement modifiées, lorsque cet organe occupe un volume variable pendant son mouvement dans le conduit, ou, plus généralement, lorsque les deux faces qui reçoivent l'action de la vapeur et celle de la contre-pression, engendrent, pendant le mouvement, des volumes qui ne sont pas égaux, jusqu'à l'instant où la vapeur est abandonnée ; dans ce cas, il faudra évaluer, d'une part, le travail de la vapeur qui sera donné par les expressions :

VP à pression pleine sans espace nuisible :

VP à pression pleine avec espace nuisible :

Par la formule (C) à pression pleine et à détente, sans espace nuisible, en y supposant la contre-pression P', nulle ;

Et par la formule (D) à pression pleine et à détente, avec espace nuisible, en y supposant également la contre-pression P', nulle ;

Ou en appliquant dans les mêmes conditions les formules (E) et (F), quand il faudra adopter l'hypothèse de l'abaissement de température ; ou toute autre expression correspondante dérivant de l'hypothèse de M. de Pambour.

Puis, d'autre part, évaluer le travail absorbé par la contre-pression et la soustraire du travail qu'a produit la vapeur pendant le même temps.

Si la surface qui reçoit l'action de la contre-pression moyenne P' engendre un volume V''', nous aurons l'expression générale :

$$\text{(H)} \quad (V+V'')\left[\frac{P(V'+V'')}{V+V''}\left(1+\log.\frac{V+V''}{V'+V''}2,5026\right)\right]-PV''-P'V''',$$

applicable à toute espèce de machines dans lesquelles la contre-pression moyenne P', pendant toute la durée de la marche, peut être déterminée.

Cette formule est aussi applicable au cas où il n'y a point d'espace nuisible ; il n'y a qu'à supposer $V'' =$ zéro.

Lorsque la contre-pression P', au lieu d'être assez peu variable pour que l'on puisse lui supposer, sans grave erreur, une certaine valeur moyenne, varie entre des limites très-écartées ou suivant une certaine loi, il faut calculer le travail absorbé par cette contre-pression pendant que l'organe récepteur parcourt un certain chemin en la surmontant, exactement comme si c'était un travail moteur contre le même organe parcourant le même chemin en sens inverse, la pression étant la même en chaque point du parcours pendant ces deux mouvements contraires où la même surface du récepteur engendre le même volume.

Pour donner une idée nette du mode d'application de ces considérations générales à l'évaluation du travail d'un fluide élastique dans un appareil d'une forme quelconque, nous prendrons pour exemple la disposition indiquée (fig. 13, pl. 3).

Un cylindre plein, calé sur un arbre, peut tourner dans un autre cylindre creux qui est fixe; le premier est tangent au second dont les fonds plats s'appliquent exactement contre les bases du cylindre intérieur; ce dernier porte parrallèlement à son axe de rotation deux larges fentes rectangulaires dans lesquelles glissent à frottement doux des obturateurs rectangulaires M et N, poussés par des ressorts contre la surface interne du cylindre fixe et fermant hermétiquement le conduit qui reste entre les deux cylindres. La vapeur arrive par l'orifice A et s'échappe par B ; C est aussi un orifice de décharge.

Si la vapeur arrive à pression pleine P pendant que l'obturateur M passe de sa position actuelle à la position N , on voit que le travail reçu par cet obturateur et transmis à l'arbre K croîtra continuellement pour des angles au centre égaux, jusqu'à la position N où il sera :

$$P . \text{volume A } m\, n.$$

Si, pendant ce temps, la contre-pression a été P', le travail de cette contre-pression sera

$$P' . \text{volume A } x\, y.$$

Or le deuxième volume l'emporte sur le premier, du volume $mnyx$ de la portion de l'obturateur qui est sortie du cylindre intérieur; donc l'expression du travail effectif, jusqu'en ce point et abstraction faite de toute autre résistance, sera :

$$(P—P') \text{ vol. } Amn. — P' \text{ vol. } mnyx.$$

Si l'orifice B n'existait pas, qu'il n'y eût que l'orifice C pour la décharge et que l'on n'employât que l'obturateur M, le volume engendré par la face qui reçoit la contre-pression serait plus grand que le volume de vapeur dépensée pendant la première moitié d'une révolution, puis plus petit pendant la seconde moitié, exactement de la même quantité, et nous retomberions sur le cas de la formule $(P-P')\ V$.

Dans le premier cas que nous avons considéré, de deux obturateurs et de deux orifices de décharge, on pourrait encore remarquer qu'après la première moitié d'une révolution, pendant laquelle le volume engendré par la face de l'obturateur qui reçoit l'action de la contre-pression est plus grand que le volume de vapeur, les deux faces de cet obturateur éprouvent simultanément l'action de cette contre-pression et que la face qui avait engendré le plus grand volume, engendre le plus petit dans la seconde moitié de la révolution; de sorte que la contre-pression produit, dans cette seconde période, un véritable travail moteur égal à P'. volume $mnyx$, qui compense la portion équivalente de travail résistant dans la première période, et que le travail effectif par révolution devient encore $(P-P')\ V$; mais cette dernière restitution n'aurait pas lieu si on supprimait la moitié inférieure du cylindre fixe en employant un autre moyen pour faire rentrer l'obturateur dans le cylindre mobile.

Nous pensons que cet exemple très-simple suffira pour montrer de quelle manière les formules générales (C) (D) (H) (E) (F) peuvent être appliquées à une machine quel que soit du reste son mode de construction.

Avant de terminer ce que nous avions à dire sur ce sujet, il ne sera pas inutile de faire observer que, quoique les formules (A) (B) (K) et (G) ne soient que des cas particuliers des expressions générales (C) (D) (H) (E) (F), elles ont été nécessaires à la découverte de ces dernières expressions, dont il eût été fort difficile de démontrer directement l'exactitude dans toutes les circonstances plus ou moins bizarres où la vapeur peut être employée comme force motrice, et que ce n'est qu'en prouvant l'identité des travaux produits par un même volume de fluide élastique détendu jusqu'à la même limite, dans toutes les machines imaginables, avec le travail qu'il produit dans une machine cylindrique à piston ordinaire, que l'on a pu généraliser les expressions relatives à ce dernier cas et les rendre applicables à toute espèce d'appareils.

Nous allons rassembler ci-dessous, dans un même tableau, toutes les formules qui peuvent servir à évaluer le travail dans les applications où la vapeur doit être détendue, afin de faciliter les recherches.

Pour machines à cylindre.

(A) $\mathrm{SL}\left[\dfrac{\mathrm{P}}{x}(1+\log. \; x \; 2{,}3026) - \mathrm{P'}\right]$ dans l'hypothèse d'une variation de pression suivant la loi de Mariotte et sans espaces nuisibles.

(B) $\mathrm{S}(\mathrm{L}+\mathrm{C})\left[\dfrac{\mathrm{P}(\mathrm{Z}+\mathrm{C})}{\mathrm{L}+\mathrm{C}}(1+\log.\dfrac{\mathrm{L}+\mathrm{C}}{\mathrm{Z}+\mathrm{C}}2{,}3026)\right]-\mathrm{S}(\mathrm{P'L}+\mathrm{PC})$, dans
la même hypothèse, mais avec espaces nuisibles.

(G) $\mathrm{SZ}(n+\mathrm{P})\left[1+\log.\dfrac{\mathrm{L}}{\mathrm{Z}}2{,}3026\right]-\mathrm{SL}(n+\mathrm{P'})$ dans l'hypothèse
admise par M. de Pambour et sans espaces nuisibles.

(K) $\mathrm{S}(\mathrm{Z}+\mathrm{C})(n+\mathrm{P})\left[\dfrac{\mathrm{Z}}{\mathrm{Z}+\mathrm{C}}+\log.\dfrac{\mathrm{L}+\mathrm{C}}{\mathrm{Z}+\mathrm{C}}2{,}3026\right]-\mathrm{SL}(n+\mathrm{P'})$
dans la même hypothèse mais avec espaces nuisibles.

Dans les deux dernières formules, le facteur constant n est égal à 1500 pour les tensions initiales inférieures à 3 atm. et égal à 3500 pour les tensions supérieures.

Pour machines quelconques.

(C) $\mathrm{V}\left[\dfrac{\mathrm{PV'}}{\mathrm{V}}(1+\log.\dfrac{\mathrm{V}}{\mathrm{V'}}2{,}3026)-\mathrm{P'}\right]$ dans l'hypothèse d'une variation de pression suivant la loi de Mariotte, et sans espaces nuisibles.

(D) $(\mathrm{V}+\mathrm{V''})\left[\dfrac{\mathrm{P}(\mathrm{V'}+\mathrm{V''})}{\mathrm{V}+\mathrm{V''}}(1+\log.\dfrac{\mathrm{V}+\mathrm{V''}}{\mathrm{V'}+\mathrm{V''}}2{,}3026\right]-\mathrm{VP'}-\mathrm{PV''}$
dans la même hypothèse mais avec espaces nuisibles.

(E) $(\mathrm{V'}+\mathrm{V''})(n+\mathrm{P})\left[\dfrac{\mathrm{V'}}{\mathrm{V'}+\mathrm{V''}}+\log.\dfrac{\mathrm{V}+\mathrm{V''}}{\mathrm{V'}+\mathrm{V''}}2{,}3026\right]-\mathrm{V}(n+\mathrm{P'})$,
dans l'hypothèse admise par de Pambour, et avec espaces nuisibles.

(F) $\mathrm{V'}(n+\mathrm{P})\left[1+\log.\dfrac{\mathrm{V}}{\mathrm{V'}}2{,}3026\right]-\mathrm{V}(n+\mathrm{P'})$, dans la même
hypothèse mais sans espaces nuisibles.

Même observation que ci-dessus au sujet du facteur n.

Dans toutes ces formules :

S exprime la surface du piston, en m^2 ;

L la course entière de ce piston, en m ;

Z la partie de course parcourue à pression pleine, en m ;

P la pression initiale de la vapeur avant la détente, en kil. par m^2 ;

P' la contre-pression du piston ou de l'obturateur mobile, par m^2 ;

C la hauteur de l'espace nuisible supposé de même diamètre que le cylindre, en m ;

x le nombre de fois que le volume de la vapeur après la détente, renferme le volume
avant la détente ;

V' le volume avant la détente sans tenir compte de l'espace nuisible ;

V le volume après la détente sans tenir compte de l'espace nuisible ;

V'' le volume de l'espace nuisible.

Ces formules sont encore applicables aux machines à deux cylindres et aux machines quelconques où la détente s'opère dans un deuxième appareil.

En effet, (fig. 4, pl. 1), supposons que la capacité du grand cylindre soit cinq fois celle du petit ; la vapeur sera détendue jusqu'à cinq fois son volume primitif, et quoique, pendant sa détente, elle produise un travail résistant sous le petit piston, elle n'en a pas moins produit à la fin de la course le travail effectif correspondant à l'accroissement réel de son volume, comme nous l'avons démontré ci-dessus. Il en résulte que le travail sur le grand piston, pour arriver à ce résultat, doit l'avoir emporté sur le travail normal correspondant à la détente jusqu'à cinq fois le volume primitif, précisément d'une quantité égale au travail résistant qui s'est produit sous le petit piston ; de sorte qu'en ajoutant le travail à pression pleine sur ce dernier piston au travail à détente sur le grand et en soustrayant le travail de la contre-pression sous le petit, on arrive exactement au même résultat que si l'on ne s'était servi que du grand cylindre, que la vapeur y fut entrée pendant un cinquième de la course et se fût détendue jusqu'à la fin de cette course. Cette disposition à deux cylindres ne présente donc aucun avantage théorique sur l'emploi d'un seul cylindre au point de vue du travail fourni par la vapeur ; mais elle présente l'avantage pratique d'un effort moins irrégulier sur le balancier qui reçoit l'action directe des pistons, parce que la pression pleine et la détente, au lieu de se produire successivement, se produisent simultanément et se combinent sur les deux pistons de façon à produire une somme d'efforts moins variable pendant la course que l'effort unique correspondant à la détente dans un seul cylindre.

Nous allons le montrer par un exemple numérique :

Supposons que la surface du petit piston soit de $0^{m2}25$, que la surface du grand soit de 1^{m2}, que la course de celui-ci soit les cinq quarts de celle du petit, que la tension de la vapeur soit de $4^{atm.}$ ou $41332^{kil.}$ par mètre carré, qu'il n'y ait point d'espace nuisible et enfin que le vide absolu existe sous le grand piston.

La capacité du grand cylindre sera cinq fois celle du petit et la vapeur se détendra jusqu'à cinq fois son volume primitif, si elle afflue dans le petit cylindre pendant toute la course du piston.

On trouvera les pressions de la vapeur qui se détend sur les deux pistons au commencement, au quart, au milieu, aux trois quarts et à la fin de la course, en observant que les volumes de la vapeur, quand ces pistons arriveront en ces points, seront successivement au volume avant la détente, comme 1 : 1, comme $\dfrac{3}{4} + \dfrac{1.5}{4}$: 1, comme $\dfrac{1}{2} + \dfrac{1.5}{2}$: 1, comme $\dfrac{1}{4} + \dfrac{3.5}{4}$: 1, comme 5 : 1 ;

ou comme 2 : 1, comme 3 : 1, comme 4 : 1, comme 5 : 1.

On aura donc les pressions suivantes :

Sur le grand piston, au commencement de la course. . 41332. 1m² = . . . 41332.

»   au quart de la course . . . . . . $\dfrac{41332}{2}$ = ... 20666.

»   au milieu de la course. . . . . $\dfrac{41332}{3}$ = ... 13777.

»   aux trois quarts de la course. . . $\dfrac{41332}{4}$ = ... 10333.

»   à la fin de la course. . . . . . . $\dfrac{41332}{5}$ = ... 8266.

Sur le petit piston, pendant toute la course. . . . . . 41332. 0m²25 = . . 10333.

Sous le petit piston, au commencement de la course. . 41332. 0m²25 = . . 10333.

»   au quart de la course . . . . . . $\dfrac{10333}{2}$ = ... 5166.

»   au milieu de la course. . . . . . $\dfrac{10333}{3}$ = ... 3444.

»   aux trois quarts de la course. . . $\dfrac{10333}{4}$ = ... 2583.

»   à la fin de la course. . . . . . . $\dfrac{10333}{5}$ = ... 2066.

En faisant maintenant la somme des pressions effectives sur les deux pistons, c'est-à-dire en soustrayant la contre-pression du petit piston de la somme des pressions sur les deux pistons, on trouve :

Pression effective au commencement de la course. . . . . 41332.

»   au quart . . . . 25833.

»   au milieu. . . . . 20666.

»   aux trois quarts. 18083.

»   à la fin de la course. . . . . 16533.

Si, au lieu des deux cylindres, on n'avait employé que le grand, en admettant la vapeur pendant un cinquième de la course et en la laissant se détendre jusqu'à la fin, ce qui aurait fourni exactement le même travail, on eût obtenu les pressions effectives suivantes :

$$\text{kil.}$$

Au commencement et pendant $\frac{1}{8}$ de la course . . . . 41332.

Au quart de la course . . . . $41332\,\dfrac{4}{5} =$ . . . . 33066.

Au milieu . . . . $41332\,\dfrac{2}{5} =$ . . . . 16533.

Aux trois quarts . . . . $41332\,\dfrac{4}{3.5} =$ . . . . 11022.

A la fin . . . . $\dfrac{41332}{5} =$ . . . . 8266.

On peut représenter par une figure la loi de variation des pressions effectives dans les deux cas.

Soit AH (fig. 14, pl. 3) la course du grand piston et AB la pression initiale :

Les perpendiculaires élevées sur **AH** jusqu'à la courbe **BMNOQ** représenteront les pressions successives dans le cas des deux cylindres, et les mêmes perpendiculaires limitées à la ligne droite et courbe **BCDEFG** représenteront les pressions lorsque l'on n'emploiera qu'un seul cylindre.

L'avantage principal de l'emploi de deux cylindres dans les machines à détente consiste donc dans la diminution des variations de l'effort effectif transmis à l'organe de communication de mouvement qui reçoit directement son action, ce qui atténue les irrégularités de vitesse qui sont la conséquence nécessaire des variations qui se produisent dans les quantités de travail transmises.

On peut encore, par l'emploi d'un troisième, d'un quatrième cylindre, etc., diminuer de plus en plus les variations des efforts effectifs transmis, mais cela complique les machines au delà des limites admises dans la pratique et l'on y a renoncé.

La théorie de la transmission du travail dans ces machines à plus de deux cylindres, est, du reste, la même que celle que nous venons d'exposer et ne présente pas plus de difficultés. De plus, cette dernière s'applique également aux machines à rotation directe dans lesquelles la détente, opérée dans un deuxième appareil plus grand ou tournant plus vite que le premier, peut offrir de très-notables avantages qui seront appréciés plus tard si l'on parvient à faire de ces machines susceptibles d'un bon service pratique.

PRESSION DE LA VAPEUR

DANS LE CYLINDRE ET DANS LA CHAUDIÈRE
D'UNE MACHINE.

Pour qu'un gaz, ou une vapeur, passe d'une capacité dans une autre, il faut que la tension dans la seconde soit plus petite que dans la première ; car si elle était la même dans les deux capacités, il n'y aurait aucune raison pour que le fluide placé entre elles se dirigeât d'un côté plutôt que de l'autre, donc :

La tension de la vapeur, dans le cylindre, est nécessairement inférieure à la tension dans la chaudière.

D'autre part, on sait, d'après les lois du mouvement des fluides élastiques dans les tuyaux de conduite, que la portion de *charge génératrice de la vitesse* absorbée par les résistances passives qui s'opposent à ce mouvement, est d'autant plus grande que la longueur de la conduite est plus considérable, que son diamètre est plus petit et que les passages rétrécis que doit traverser le fluide sont plus multipliés et plus étroits ; et, comme cette charge génératrice n'est autre chose que la différence de tension qui existe entre les deux capacités que la conduite met en communication, on en tire la conséquence qui suit :

Pour une tension déterminée dans la chaudière, la tension dans le cylindre sera d'autant plus faible que le tuyau de conduite de la vapeur sera plus long, plus étroit, présentera plus d'étranglements et que ces étranglements offriront un plus petit passage à la vapeur.

Malgré l'exactitude de ces principes, la pression de la vapeur dans le cylindre n'est pas rigoureusement dépendante de la pression dans la chaudière, ni proportionnellement variable avec celle-ci.

Dans toute machine, l'action de la vapeur sur le piston, d'abord supérieure aux résistances utiles et nuisibles qui s'opposent au mouvement de ce piston, commence par imprimer à l'appareil une vitesse progressivement croissante. Tout le travail que produit la vapeur, et qui n'est point directement absorbé par ces résistances, devient de la *force vive* ou du travail emmagasiné par l'inertie des pièces de la machine, et l'accélération ne cesse que lorsque le travail des mêmes résistances est devenu égal à celui de la puissance.

Le mouvement devient alors *moyennement* uniforme, c'est-à-dire que le nombre de tours ou d'oscillations est toujours le même dans le même temps, quoique la vitesse, en chacun des instants qui constituent la durée d'un tour par exemple, puisse n'être pas constante; parce que la nature du mouvement de l'organe moteur et celle des organes qui surmontent les résistances ne sont jamais telles que cette égalité entre le travail moteur et le travail résistant puisse exister pour chaque mouvement infiniment petit. Il suffit, pour arriver à cette uniformité moyenne, que, pendant chaque période où les organes repassent par les mêmes positions ou se trouvent dans les mêmes conditions relativement à l'action de la puissance et des résistances, le travail total moteur soit égal au travail total résistant.

Si, pendant la durée de chacune de ces périodes égales, il y a des instants où le travail moteur l'emporte sur le travail résistant, la vitesse croîtra, puis elle décroîtra dans d'autres instants où le travail résistant sera plus considérable que le travail moteur; mais ces accroissements et ces décroissements se compenseront exactement, et la vitesse à la fin de la période sera redevenue ce qu'elle était au commencement, pour que le même phénomène se reproduise indéfiniment. L'augmentation et la diminution de vitesse, pendant ces instants d'inégalité entre le travail moteur et le travail résistant, seront d'autant plus grandes que cette inégalité sera plus considérable et que la masse des pièces de l'appareil sera plus faible, et c'est pour les atténuer que l'on place sur la plupart des machines à mouvement de rotation, des pièces additionnelles très-lourdes, comme le volant.

L'intensité moyenne de toutes les résistances utiles et nuisibles qui s'opposent à la marche d'un piston dans une des périodes dont nous venons de parler, étant déterminée dans chaque machine qui fait un certain travail également déterminé, et cette intensité moyenne ne variant qu'entre des limites peu écartées suivant la vitesse avec laquelle ces résistances sont emportées, il en résulte que le piston s'avancera aussitôt que la pression de la vapeur sera devenue suffisante pour les vaincre et que le moindre excédant de cette dernière produira un accroissement de vitesse qui sera continué tant que l'excédant subsistera; puis la vitesse moyenne dans chaque période deviendra uniforme quand cet excédant aura disparu.

On voit, d'après cela, *que la pression de la vapeur sur le piston dépend uniquement de la résistance moyenne que ce piston éprouve à son mouvement ou, comme on dit, de la charge de la machine, et sa vitesse se réglera d'après la quantité de vapeur que la chaudière pourra fournir au cylindre, à la tension nécessaire pour emporter cette charge.*

Il en sera de même lorsque la vapeur travaillera à détente. La résistance moyenne que le piston éprouve pendant toute la course correspond à un certain travail résistant. D'un autre côté, la vapeur arrivant librement de la chaudière dans le cylindre pendant une partie déterminée de cette course, puis se détendant jusqu'à la fin, produit, à pression pleine et à détente, un travail qui varie avec la tension sous laquelle elle a commencé à agir sur le piston, et le nombre de tours ne devient constant, dans chaque minute par exemple, que lorsque la tension initiale a été précisément celle qui fournit pour toute la course un travail égal à celui des résistances.

En augmentant la tension initiale au delà de cette limite, on augmente la vitesse générale, et quand on diminue cette tension, la vitesse commence par diminuer, puis, si de cette diminution de vitesse il ne résultait pas un accroissement de tension ou une diminution dans la charge de la machine, cette machine s'arrêterait.

Dans les machines à détente, comme dans les machines sans détente, la tension de la vapeur dans le cylindre est donc réglée par la charge ou par la résistance moyenne au mouvement du piston, et la vitesse moyenne dépend de la quantité de vapeur que la chaudière peut fournir sous la tension correspondante à la charge.

Il faut cependant faire une observation importante sur les principes que nous venons d'exposer. Parmi les éléments de la résistance qu'un piston éprouve à se mouvoir pendant une course, se trouve la contre-pression de la vapeur qui a servi à la course précédente, et comme cette vapeur doit être chassée par un orifice déterminé dans l'atmosphère ou dans un condenseur, il est évident que le piston devra exercer sur elle une pression d'autant plus grande qu'il se mouvra plus vite ou que le cylindre devra être évacué plus promptement. Il résulte de là que si l'on veut considérer la contre-pression du piston comme un élément de la charge de la machine, les principes ci-dessus sont rigoureusement vrais ; mais que si l'on considère la charge indépendamment de la contre-pression, ou tout au moins comme ne comprenant que la contre-pression correspondante à une certaine vitesse de piston, il sera plus exact de dire que la tension de la vapeur dans le cylindre dépend de la charge et de la vitesse du piston.

On ne peut donc, dans aucune machine, maintenir la vapeur dans le cylindre à une tension supérieure à celle qui correspond à la charge entière du piston ; celui-ci constitue, pour la capacité qui le renferme, une espèce de soupape de sûreté qui fuit sous l'action de la pression quand celle-ci a atteint sa limite, et présente à la nouvelle vapeur qui arrive un espace toujours proportionné au volume de cette vapeur ; de sorte que lorsqu'on met le cylindre d'une machine quelconque faisant un certain travail en communication avec une chaudière pouvant fournir une quantité de vapeur quelconque, à une tension quelconque, la vapeur commence par prendre dans le cylindre la tension correspondante à la charge du piston, puis la vitesse de la machine se règle d'elle-même de manière que le cylindre consomme toute la vapeur que la chaudière peut lui fournir à cette tension.

Quant à la tension sous laquelle cette vapeur sera produite dans la chaudière, tension toujours supérieure à celle qui existe dans le cylindre, comme nous l'avons vu ci-dessus, elle dépendra de la longueur du tuyau de communication, de son diamètre, du plus ou moins d'étranglements que l'on aura créés sur le passage de la vapeur et de quelques autres causes de perte de charge ; de sorte que la tension dans le cylindre étant limitée nécessairement, la machine pourra fonctionner régulièrement avec de la vapeur que l'on produira dans la chaudière à une tension tout à fait arbitraire, pourvu qu'elle soit supérieure à celle qui existe dans le cylindre.

Il est encore facile de comprendre, d'après ce qui précède, que si le piston d'une machine emporte sa charge avec une vitesse déterminée par la grandeur de cette charge et par la quantité de vapeur que produit la chaudière, la différence de tension entre le cylindre et cette chaudière sera d'abord exactement celle qui est nécessaire pour qu'il s'écoule d'une capacité dans l'autre la totalité de la vapeur produite. Si on augmente alors la production de vapeur, le cylindre n'en pourra recevoir que la même quantité qu'il recevait précédemment sous la différence de tension déterminée ; de sorte que, dans ce cas, la tension tendra à croître dans la chaudière, et les soupapes de sûreté se soulèveront si elles ne sont chargées que du poids nécessaire pour supporter la tension primitive. A partir de ce moment, il se formera un nouvel état normal dans lequel la machine fonctionnera comme précédemment, et la chaudière perdra, par les soupapes de sûreté, la quantité de vapeur qu'elle produit en excès.

C'est M. de Pambour qui a, le premier, appelé l'attention des mécaniciens sur cette limitation nécessaire de la tension dans les cylindres, quelle que soit la puissance de la source de production de vapeur.

PUISSANCE DES MACHINES ET CHAUDIÈRES

A VAPEUR.

Dans la pratique, on a généralement coutume de préciser la puissance des machines à vapeur, par la désignation d'un certain nombre des chevaux de 75 kilogrammètres par seconde chacun, qu'elles sont supposées produire; ainsi on dit qu'une machine est de 25, de 50 ou de 100 chevaux. Il est aisé de reconnaître, d'après les considérations précédentes, que ces désignations sont radicalement vicieuses. Sous une certaine charge, et pour une certaine consommation de vapeur, une machine reçoit et transmet certainement une quantité déterminée de travail; mais pour peu que la charge soit modifiée ou que la source de vapeur devienne plus ou moins abondante, le travail produit varie entre des limites excessivement écartées. Il n'est pas rare de voir des machines qui ont été calculées et construites pour un travail de 40 chevaux, et qui portent la dénomination de machines de 40 chevaux, recevoir et transmettre habituellement le travail de 80 chevaux; il a suffi de doubler, à peu près, la production de vapeur pour imprimer au piston une vitesse moyenne double, tout en surmontant la même charge. Si la machine devait mettre en mouvement un certain nombre d'outils dont la vitesse ne peut varier sans inconvénients, il aura suffi de changer le rapport des diamètres d'une couple d'engrenages dans la communication du mouvement, pour faire fonctionner un nombre d'outils double avec la vitesse qui leur convient, malgré le doublement de la vitesse du piston.

La même machine pourrait devenir plus puissante en augmentant le nombre d'outils ou la charge du piston, sans modifier la communication de mouvement et en employant de la vapeur à plus haute pression dans le cylindre. Pour cela il suffit encore d'augmenter la production de vapeur, non en volume, mais en poids, et il faut s'arrêter, dans l'accroissement de tension et de puissance, au point que l'on ne pourrait dépasser sans que les efforts absolus, transmis par les pièces de l'appareil, fissent courir à ces pièces des risques de rupture ou de notables déformations.

Enfin, la puissance des machines peut encore être modifiée par une combinaison, dans des proportions quelconques, des deux procédés que nous venons d'indiquer.

Il résulte de là que *les machines à vapeur n'ont, d'une manière absolue, aucune puissance déterminée*, et qu'il est toujours possible de proportionner le travail qu'elles reçoivent et transmettent, à la nature et à l'importance de l'ouvrage que l'on veut leur faire exécuter ; à la condition toutefois que l'on ne dépasse pas les limites de vitesse et d'efforts absolus transmis, au delà desquels on trouve de graves inconvénients pratiques, et que l'on ait à sa disposition les moyens de production de vapeur correspondants à l'importance du travail à effectuer.

Des réflexions analogues peuvent être appliquées aux chaudières. Dans les ateliers, on dit une chaudière de 25, de 50 ou de 100 chevaux, suivant le nombre de mètres carrés de surface de chauffe qu'elle présente ; même quand elle ne doit servir à la production d'aucun travail, lorsque, par exemple, la vapeur doit être employée à l'évaporation des sirops. Ces dénominations n'ont pas plus de raison d'être que celles des machines. En effet : la quantité de vapeur qu'une chaudière peut produire par mètre carré de surface de chauffe, dépend de l'activité de la combustion dans le foyer, des dimensions relatives des grilles, carneaux et cheminées, et surtout de la qualité des houilles employées, car la production de vapeur varie considérablement avec ces éléments. D'un autre côté, le travail que l'on peut tirer d'une quantité de vapeur déterminée, dans une machine, varie également entre des limites très-écartées, suivant que cette vapeur est employée à pression pleine ou à pression pleine et à détente ; suivant que l'on applique, ou non, la condensation ; enfin suivant les circonstances très-multiples de son emploi. On a donc tort de se servir de ces dénominations qui n'ont absolument aucune signification définie ; *les chaudières n'ont, comme les machines, aucune puissance déterminée*, et la fâcheuse coutume de leur assigner une certaine puissance n'est bonne qu'à engendrer des mécomptes et des procès.

Tout ce qu'il serait possible de faire pour définir, non la puissance, puisque c'est impossible, mais la capacité de production de vapeur d'une chaudière, consisterait à indiquer le poids de vapeur qu'elle est capable de produire lorsque les grilles, carneaux, cheminées, etc., sont convenablement établis et que l'on emploie de la houille d'une qualité déterminée ; mais, même dans ce cas, il est évident que l'évaluation de sa puissance de production, faite *à priori*, comporterait encore d'assez graves chances d'erreur. Nous devons ajouter que l'on commence à entrer dans cette voie.

MODIFICATIONS DE PUISSANCE ET D'EFFET UTILE

DES MACHINES.

La puissance des machines à vapeur peut varier, comme nous venons de le voir, entre des limites très-écartées, suivant la quantité de vapeur que les chaudières leur fournissent, et, dans ces variations, la consommation de combustible peut rester approximativement proportionnelle au travail produit ; mais, dans un grand nombre de circonstances, il est possible d'augmenter le travail sans accroissement de consommation, ou, ce qui est exactement l'équivalent, de produire le même travail avec moins de combustible.

Ainsi, par des perfectionnements dans la construction des chaudières et des fourneaux, on peut produire plus de vapeur avec le même poids de combustible et augmenter le travail d'une machine d'une quantité correspondante à l'accroissement de production de vapeur.

Ainsi encore, par des simplifications dans la construction de la machine; par des dispositions propres à diminuer ses résistances passives et les fuites de vapeur autour du piston et par les tiroirs; par l'introduction de la détente si elle n'y est pas encore appliquée, et par quelques autres moyens dont il sera question plus loin, on peut augmenter considérablement la quantité de travail produit avec le même poids de vapeur.

Enfin, on peut arriver à des résultats plus satisfaisants encore, en appliquant à la fois tous ces moyens d'accroître le travail ou l'effet utile d'un poids donné de combustible.

Plus loin nous nous occuperons successivement de ces diverses améliorations, et nous poserons quelques règles et résultats d'expériences qui servent de guides dans ces circonstances, en mettant toutefois de côté tout ce qui concerne les chaudières, parce que cette question est assez importante pour être traitée dans un ouvrage spécial.

DÉFINITION. DU COEFFICIENT

D'EFFET UTILE.

On nomme *coefficient d'effet utile* des machines à vapeur, *le rapport qui existe entre le travail réellement utilisé dans ces machines et le travail absolu que la vapeur produit dans les cylindres ;* ainsi, quand on dit que le coefficient d'effet utile d'une machine est de 0,60, cela signifie que le travail pratique que l'on en tire est les 0,60 du travail absolu de la vapeur dans le cylindre moteur. Mais cette définition est un peu vague et exige quelques explications pour que l'on en ait une idée bien nette.

Le travail absolu de la vapeur dans le cylindre d'une machine est employé à surmonter des résistances nuisibles et des résistances utiles ; plus il y a d'organes mécaniques entre le piston et le point où l'on mesure le travail effectif transmis, plus la portion du travail absolu qui est détruite par les résistances passives est considérable, et plus la partie réellement utilisée est faible. Le coefficient d'effet utile est donc d'autant plus petit que le travail pratique est mesuré plus loin du piston moteur.

Ordinairement, dans les machines qui produisent un mouvement de rotation, le travail pratique se mesure sur l'arbre du volant à l'aide du frein dynamométrique, après avoir supprimé la communication de mouvement entre cet arbre et les outils sur lesquels il doit agir, et quand on parle du coefficient d'effet utile de ces machines, il est convenu que c'est le rapport du travail pratique mesuré en ce point, au travail de la vapeur sur une des faces du piston, diminué du travail résistant qui est produit contre l'autre face par la vapeur qui s'échappe du cylindre ; différence que l'on nomme *travail absolu* transmis par la vapeur au piston. Quand le travail a été mesuré sur un autre arbre plus éloigné du piston moteur, il est nécessaire, pour éviter tout malentendu, de désigner le point où cette mesure s'est faite, en même temps que l'on énonce la valeur du coefficient.

Dans certaines circonstances, le coefficient d'effet utile se détermine en mesurant le travail pratique de l'outil même qui reçoit l'action de la machine motrice ; ainsi, dans les machines d'extraction de la houille ou d'épuisement des mines, on mesure le poids de houille ou d'eau élevée, et on le multiplie par la hauteur d'ascension ; puis on divise ce travail par celui que la vapeur a produit dans le cylindre, ou les cylindres, pendant le même temps. Le résultat de cette division se nomme aussi le coefficient d'effet utile de la machine, mais il est évident que ce n'est plus le coefficient de la machine motrice, c'est le coefficient de l'appareil d'extraction ou de l'appareil d'épuisement tout entier, outil et machine motrice ; et il est impossible de déterminer, à moins de procéder à d'autres expériences spéciales, la part d'influence de l'outil et de la machine motrice sur la valeur de ce coefficient. Ces considérations suffiront pour faire comprendre que, pour donner une idée bien nette de la qualité d'une machine, en désignant le coefficient d'effet utile qu'elle fournit, il est indispensable de joindre à cette désignation le détail des conditions dans lesquelles ce coefficient a été obtenu.

Outre le *coefficient d'effet utile*, il y a aussi, dans les machines, le *coefficient de perte ;* ce n'est que le complément du premier. Lorsque le coefficient d'effet utile est de 0,60, le coefficient de perte est nécessairement de 0,40 ; parce que la somme des deux doit reproduire l'unité du travail absolu. En d'autres termes, dans toute machine, la somme du travail des résistances utiles et de celui des résistances passives doit être rigoureusement égale au travail absolu communiqué à l'organe récepteur de l'appareil.

QUANTITÉ D'EAU

QUE LA VAPEUR QUI SORT DES CHAUDIÈRES

EMPORTE AVEC ELLE.

La vapeur, en sortant des chaudières, emporte toujours avec elle une certaine quantité d'eau liquide en très-petits globules. Cette eau paraît provenir principalement des enveloppes des bulles de vapeur qui viennent crever à la surface, mais il y en a peut-être aussi une partie qui se trouve dans cet état particulier que les physiciens nomment *état vésiculaire*.

Quelle que soit la forme sous laquelle ce phénomène s'accomplit, la quantité d'eau ainsi entraînée peut être très-considérable quand on ouvre subitement une large issue à la vapeur, à cause de l'ébullition tumultueuse qui en résulte, surtout quand les chaudières sont munies de bouilleurs et que l'orifice d'écoulement de la vapeur est placé au-dessus d'un des tubes de communication de ces chaudières avec leurs bouilleurs. Dans certaines circonstances, on voit sortir une espèce d'émulsion semblable à de l'eau de savon battue. Le même phénomène a lieu, lorsque l'on met en communication avec une machine des chaudières qui contiennent de la vapeur à une tension supérieure à celle qui est nécessaire pour emporter la charge, mais incapables de fournir la quantité de vapeur qui serait indispensable pour maintenir la vitesse qui se produit au commencement de la marche. La tension baisse dans ces chaudières qui fournissent momentanément plus de vapeur que le foyer n'en peut produire d'une manière continue, à cause de la chaleur emmagasinée dans la masse liquide dont la température est supérieure à celle qui correspond à la tension des vapeurs qui agissent sur sa surface et, pendant cette période, il passe dans les cylindres une énorme quantité d'eau qui peut occasionner des accidents.

Ce dernier effet ne se produit pas dans les chaudières qui fonctionnent régulièrement et d'une manière continue, mais, même dans ce cas, il y a toujours de l'eau entraînée, en quantité d'autant plus considérable que la chaudière est plus près d'être pleine, que le tuyau de prise de vapeur est plus rapproché du point de la surface liquide par lequel il se dégage le plus de vapeur et que l'écoulement de la vapeur est plus intermittent; ainsi, il y a plus d'eau entraînée quand les machines à un cylindre fonctionnant à détente que quand elles travaillent sans détente, parce que dans le premier cas l'ébullition intermittente est plus énergique que l'ébullition continue dans le second.

D'après des expériences faites sur des machines locomotives, la quantité d'eau qu'elles consomment s'élèverait jusqu'à 30, 40 et même 52 p. c. du poids de la vapeur, calculé d'après les densités admises dans nos tables et d'après les volumes engendrés par les pistons ; mais ces expériences, fort utiles pour déterminer les quantités d'eau nécessaires à l'alimentation des chaudières des locomotives, n'apprennent rien sur la quantité d'eau liquide que la vapeur emporte avec elle, parce que ces chiffres comprennent en même temps l'eau provenant de la vapeur condensée dans les tuyaux de conduite et les cylindres, et celle qui correspond au poids de vapeur perdue par les soupapes, par les fuites autour des pistons, sous les glissières, etc.

Pour les machines fixes en bon état, ces nombres devraient être considérablement réduits, même au point de vue de la quantité d'eau nécessaire à l'alimentation des chaudières.

On a fait d'autres expériences pour déterminer la véritable quantité d'eau liquide emportée par la vapeur, indépendamment de celle qui peut résulter de la condensation au delà du point de prise de vapeur sur les chaudières, et toutes celles dont nous avons pu avoir connaissance indiquent que cette quantité s'élève à 1,5 ou 2 p. c. du poids de la vapeur, dans les machines fixes fonctionnant avec des chaudières établies dans les bonnes conditions ordinaires. M. Hirn du Logelbach, dans des expériences spéciales faites avec un appareil bien approprié au but qu'il se proposait, n'a trouvé que 1,3 p. c. du poids de vapeur dépensé.

Il est très-probable que l'on peut considérer ces derniers résultats comme assez voisins de la vérité, dans la très-grande majorité des cas de machines fixes fonctionnant régulièrement.

DES ENVELOPPES

EFFETS DES ENVELOPPES OU CHEMISES

DE VAPEUR.

Parmi les perfectionnements si nombreux que M. Watt a introduits dans les machines à vapeur, il y en a un dont l'emploi a été successivement repris et abandonné plusieurs fois et dont l'utilité a été soutenue, contestée et niée sans avoir jamais été démontrée d'une manière satisfaisante jusqu'en ces derniers temps. Nous voulons parler de cette enveloppe appelée *chemise de vapeur*, dans laquelle l'illustre ingénieur plaçait le cylindre moteur de ses machines et qui est formée par un deuxième cylindre concentrique qui n'est en contact avec le cylindre moteur qu'aux deux extrémités, de façon qu'il reste entre les deux un espace annulaire de quelques centimètres de largeur, sans autre issue que les tuyaux qui y aboutissent pour y amener ou en faire sortir la vapeur et l'eau qui s'y forme par condensation.

Dans cette disposition, la vapeur de la chaudière, au lieu d'arriver directement dans la boîte de distribution, commence par traverser l'espace annulaire menagé entre les deux cylindres, en léchant les parois externes du cylindre moteur, puis passe de là dans la boîte de distribution d'où les tiroirs l'envoient tantôt d'un côté du piston, tantôt de l'autre. L'eau qui se dépose dans l'enveloppe retourne à la chaudière par un tuyau particulier.

Il arrive aussi parfois que la vapeur se rende directement dans la boîte de distribution ; alors l'enveloppe n'a plus d'autre issue que le tuyau qui lui amène la vapeur, et un deuxième tuyau qui ramène à la chaudière l'eau qui résulte de la portion de cette vapeur qui se condense.

Un seul tuyau, pourvu qu'il soit assez large, suffit même pour amener la vapeur dans l'enveloppe et ramener l'eau de condensation dans la chaudière.

Jamais l'enveloppe n'est traversée par la vapeur qui sort du cylindre moteur après y avoir produit son travail ; nous verrons plus loin pourquoi.

Le bon effet de cette disposition, déjà constaté par les recherches de M. Combes, nous semble mis aujourd'hui hors de doute par les expériences de M. Hirn, dont nous allons donner un résumé très-succinct.

Ces expériences ont été faites sur une machine à deux cylindres, système de Woolf, montée dans la filature de MM. Hausmann, au Logelbach près Colmar. Les deux cylindres avaient une chemise de vapeur commune.

La vapeur agissait à pression pleine sur le petit piston pendant toute sa course et se détendait dans le grand cylindre.

Le volume occupé par la vapeur à la fin de la course des pistons était, dans le petit cylindre, de $0^{m3}17098$ plus $0^{m3}01136$ d'espace nuisible ; soit $0^{m3}18234$ pour volume total.

A l'instant où la soupape de communication entre les deux cylindres s'ouvrait, ce volume devenait brusquement de $0^{m3}21634$ avant que les pistons revinssent en sens inverse, en admettant que l'espace nuisible, qui était de $0^{m3}034$ et qui ne contenait que de la vapeur à la faible tension du condenseur, fut complétement vide ; puis, jusqu'à la fin de la course, il se détendait, dans le grand cylindre, jusqu'à $0^{m3}7885$. En d'autres termes, la détente se faisait jusqu'à

$$\frac{0,7885}{0,18234} = 4,3243$$ fois le volume de vapeur à pression pleine.

La machine marchait sous la pression de $3^{atm}75$ dans le petit cylindre et était à condensation.

Toutes les ressources que la mécanique appliquée peut mettre à la disposition de l'expérimentateur pour mesurer le travail d'une machine, avaient été employées, et la vapeur pouvait, à volonté, arriver à la boîte de distribution sans traverser l'enveloppe ou après l'avoir traversée. Dans le premier cas, l'enveloppe inactive restait pleine d'air et, dans les deux cas, cette enveloppe était elle-même entourée d'une chemise isolante en bois.

Cela posé, on a fait marcher la machine avec enveloppe de vapeur à la vitesse de 47 coups de pistons par minute, sous la tension de $3^{atm}75$ dans le petit cylindre et avec le robinet d'admission tout ouvert. Le travail transmis, au point où il était mesuré, a été d'environ 7800^{km} par seconde, ou 104 chevaux.

Lorsque la vapeur arrivait directement dans le petit cylindre sans traverser l'enveloppe, le travail baissait de 1838^{km} ou 24,5 chevaux, quoique toutes choses eussent été maintenues dans les mêmes conditions et que la pression pleine, dans le petit cylindre, fût la même à moins de $\frac{1}{60}$ près.

La quantité d'eau consommée par coup de piston était de $0^{kil}4125$ lorsque l'enveloppe fonctionnait, et elle s'élevait à $0^{kil}4355$ lorsque la vapeur arrivait directement au cylindre. De plus, dans le premier cas, on ne trouvait aucune trace d'eau à la partie inférieure de la boîte à tiroirs, et le bruit qui se produit ordinairement au commencement de la course des pistons était sec et métallique, tandis que, dans le second cas, il se déposait rapidement de l'eau dans cette boîte et que le bruit, dont nous venons de parler, était mat et traînant.

La condensation se faisait aussi beaucoup mieux dans le premier cas que dans le second, car, toutes choses égales d'ailleurs, la tension y était abaissée dans le condenseur jusqu'à 0^m07 ou 0^m075 de mercure, tandis que dans le second elle s'élevait jusqu'à 0^m095 ou 0^m100. Dans les deux cas, la température dans le condenseur était supérieure à celle qui correspond à la tension de la vapeur que contenait ce condenseur; cette température était d'environ 63° quand la tension était de 0^m075, et seulement de 58° quand cette tension s'élevait à 0^m095 pendant la marche de la machine sans le service de l'enveloppe.

Pendant la durée de ces expériences, des indicateurs de Watt, placés aux extrémités des cylindres, annonçaient les pressions qui suivent :

Marche sans enveloppe de vapeur.

Tension dans le petit cylindre, avant l'ouverture du tiroir de communication entre le petit et le grand cylindre. . . . $3^{atm}75$

Tension dans le grand cylindre, à l'instant de l'ouverture de ce tiroir. . . . . $1^{atm}62$

Tension dans le grand cylindre, à la fin de la course . . $0^{atm}685$

Marche avec enveloppe de vapeur.

Tension dans le petit cylindre, avant l'ouverture du tiroir de communication. . . . . $3^{atm}75$

Tension dans le grand cylindre à l'instant de l'ouverture de ce tiroir. . . . . $2^{atm}20$

Tension dans le grand cylindre à la fin de la course. . . $0^{atm}81$

Si l'on veut admettre, pour un instant, que la tension de la vapeur diminue suivant la loi de Mariotte, pendant l'accroissement de son volume ; en observant que ce volume était de $0^{m3}18234$ avant l'ouverture du tiroir de communication entre les deux cylindres, qu'il est devenu brusquement de $0^{m3}21634$ à l'instant de l'ouverture de ce tiroir, puis progressivement de $0^{m3}7885$ jusqu'à la fin de la course, on trouve que la tension de cette vapeur aurait dû être :

Dans la marche avec enveloppe.

A l'instant de l'ouverture du tiroir de communication entre les deux cylindres :

$$3^{atm}75\, \frac{0,18234}{0,21634} = 3^{atm}16 \text{ au lieu de } 2^{atm}2.$$

A la fin de la course, sur le grand piston.

$$3^{atm}75\, \frac{0,18234}{0,7885} = 0^{atm}86 \text{ au lieu de } 0^{atm}81.$$

Dans la marche sans enveloppe et dans les mêmes instants.

$$3^{atm}16 \text{ au lieu de } 1^{atm}62.$$
$$0^{atm}86 \text{ au lieu de } 0^{atm}685.$$

Comme l'enveloppe ne peut changer le travail à pression pleine sous une tension donnée, et que ce travail est toujours une fraction considérable de celui qui est dû à la course entière, l'action de cette enveloppe a donc modifié bien profondément la loi d'expansion pour amener les différences de tension signalées ci-dessus et pour produire, pendant la détente seulement, un accroissement de travail de 24,5 chevaux,

$$\text{ou } \frac{24,5}{104} = 0,235; \text{ soit } 23,5 \text{ p. c. du travail total de la machine.}$$

DE L'ACCROISSEMENT RÉEL DE TRAVAIL

DÛ A LA CHEMISE DE VAPEUR

ET DE L'ÉCONOMIE DE COMBUSTIBLE QUI EN RÉSULTE.

Dans les expériences dont nous venons de citer les résultats, le travail *utile* de la machine fonctionnant avec enveloppe de vapeur, était de 104 chevaux et, dans la marche sans enveloppe, ce travail s'abaissait jusqu'à 104 — 24,5 = 79,5 chevaux ; le bénéfice de l'enveloppe était donc de 23,5 p. c., du travail *utile*. Mais le travail absolu de la vapeur, ou ce que l'on nomme souvent le *travail théorique* dans le cylindre, n'avait pas augmenté dans la même proportion.

En effet : dans toute machine, le travail théorique se partage en deux parties, l'une qui produit l'effet utile et l'autre qui se perd en surmontant, sans utilité, les résistances passives de l'appareil. Or, cette dernière se subdivise elle-même ; une partie, la plus considérable, qui est approximativement invariable quelle que soit la quantité de travail transmise par la machine, est employée à vaincre les frottements des pistons, de certaines espèces de tiroirs de distribution, la portion du frottement des axes tournants qui provient du poids des pièces, etc., l'autre, essentiellement dépendante de la quantité de travail transmise, varie à peu près proportionnellement à ce travail. Il en résulte que la totalité du travail absorbé par les résistances passives ne varie pas proportionnellement à l'effet utile produit.

Supposons, par exemple, que pendant que la machine dont il est question, produisait un effet utile de 104 chevaux, le travail absorbé par les résistances passives totales fut de 25 chevaux, ce qui porte le travail théorique dans les cylindres à 129 chevaux ; et que, de ces 25 chevaux, 18 fussent employés à surmonter la partie constante des résistances et 7 à surmonter la partie variable. Lorsque le travail transmis par cette machine ne sera plus que de 79,5 chevaux utiles, celui que les résistances passives détruiront sera approximativement

$$\text{de } 18 + 7\,\frac{79,5}{104} = 23,3 \text{ chevaux ;}$$

ce qui portera la totalité du travail théorique dans les cylindres à $79,5 + 23,3 = 102,8$ chevaux.

L'effet de l'enveloppe aurait donc été d'accroître le travail absolu de $129 - 102,8 = 26,2$ chevaux ; ce qui porte le bénéfice théorique

$$\text{à } \frac{26,2}{129} = 0,20 \text{ ; soit 20 p. c. ;}$$

tandis que le bénéfice pratique a été

$$\text{de } \frac{24,5}{104} = 0,235 \text{ ; soit 23,5 p. c.}$$

Ces considérations prouvent qu'il est toujours avantageux de pousser le travail des machines jusqu'à la limite la plus élevée, compatible avec la résistance de leurs organes, et que, dans une machine déterminée, la dépense de vapeur pour produire une certaine quantité de travail utile, est d'autant plus considérable que ce travail s'éloigne davantage de celui que l'appareil peut transmettre quand il développe toute sa puissance. A la limite inférieure, l'effet utile peut se réduire à zéro ; ainsi par exemple, dans le cas que nous avons admis ci-dessus, si le travail théorique de la vapeur dans les cylindres était réduit à 18 chevaux, l'effet utile serait nul et tout le travail produit ne servirait qu'à surmonter la partie invariable des résistances passives.

Recherchons maintenant l'économie de combustible qui a pu résulter de l'emploi de la chemise de vapeur dans les expériences ci-dessus.

Il semble, au premier abord, que la machine produisant un accroissement de travail de 23,5 p. c. lorsqu'elle fonctionne avec l'enveloppe de vapeur ; fournissant le même nombre de courses par minute (47) avec ou sans cette enveloppe, et consommant alors $0^{kil}4125$ de vapeur à $3^{atm}75$, par coup de piston, tandis qu'elle en consomme $0^{kil}4355$ quand la chemise cesse d'être utilisée, le bénéfice en combustible devrait s'élever à $25,5\dfrac{0,4355}{0,4125} = 24,8$ p. c.; mais le bénéfice réel est un peu moindre, comme une analyse attentive va le démontrer.

Lorsque la machine fonctionne sans enveloppe, elle consomme $0^{kil}4355$ d'eau par coup de piston, mais cette eau n'était pas toute entière à l'état de vapeur; une partie d'environ $1,5$ p. c., soit approximativement $0^{kil}0065$, était à l'état de gouttelettes liquides à la même température que la vapeur à $5^{atm}75$, c'est-à-dire à $142°$ environ. La quantité réelle de vapeur consommée n'était donc que de $0^{kil}4355 — 0^{kil}0065 = 0^{kil}4290$.

L'eau d'alimentation de la chaudière était à $13°$.

Ce poids de vapeur a donc exigé une production de chaleur, s'élevant d'après la formule de M. Regnault à :

$$0^{kil}4290\,[606,5 + 0,305\,(142° — 13°)] = 277 \text{ calories.}$$

D'un autre côté : les $0^{kil}0065$ d'eau liquide emportée ont exigé :

$$0,0065\,(142 — 13) = 0,838 \text{ calories.}$$

La dépense totale de chaleur, par coup de piston, était donc, dans ce cas, de :

$$277^{cal}838.$$

Lorsque la machine fonctionne avec l'enveloppe, elle consomme $0^{kil}4125$ d'eau par coup de piston, et cette eau est toute entière transformée en vapeur à $5^{atm}75$, puisque, nous avons vu plus haut que la partie qui était emportée à l'état liquide se déposait dans l'enveloppe et que la vapeur arrivait sèche dans le cylindre; la dépense de chaleur pour produire cette vapeur était donc de :

$$0^{kil}4125\,[606,5 + 0,305\,(142° — 13°)] = 266^{cal}39.$$

L'eau emportée à l'état de gouttelettes, et qui se dépose dans l'enveloppe, retournant à la chaudière avec la température qu'elle possédait à sa sortie, n'occasionne aucune dépense de chaleur. Cette quantité d'eau peut-être déterminée plus exactement que ci-dessus ; car, en la désignant par x, elle serait d'environ :

$$0,015\ (0,4125 + x) = x$$
$$\text{d'où } x = 0^{\text{kil}}0062.$$

Mais ces $226^{\text{cal}}39$ ne sont pas toute la chaleur qui a été dépensée par coup de piston. En même temps que la chaudière fournissait au cylindre le poids de vapeur que nous venons de rappeler, elle envoyait aussi à l'enveloppe de la vapeur qui s'y condensait par suite du refroisdisement extérieur de cette enveloppe quoiqu'elle fût elle-même revêtue d'une couverture isolante en bois, et par suite de l'absorption de chaleur du cylindre intérieur. La dernière partie servait à réchauffer la vapeur motrice pendant sa détente, et elle était généralement d'autant plus grande que la vapeur était plus détendue.

Il est vrai que cette vapeur condensée retournait à la chaudière à la température de 142° ; mais elle n'en avait pas moins perdu toute sa chaleur de vaporisation à la tension de $3^{\text{atm}}75$, c'est-à-dire une quantité de chaleur s'élevant à :

$$645,8 - 142 = 603,8 \text{ calories par kil. de vapeur condensée.}$$

Il a donc fallu déterminer directement la quantité de vapeur qui se condensait ainsi par coup de piston et par suite des refroidissements internes et externes. C'est ce qu'a fait M. Hirn, et il a trouvé qu'elle était de $0^{\text{kil}}0443$ (1) ; mais ce chiffre comprend les $0^{\text{kil}}0062$ d'eau liquide que la vapeur avait déposée avant de pénétrer dans le cylindre, de sorte que la condensation effective se réduisait à $0,0443 - 0,0062 = 0^{\text{kil}}0381$ qui occasionnaient une dépense de chaleur égale à :

$$0^{\text{kil}}0381 . 603,8 = 23 \text{ calories.}$$

---

(1) D'après des renseignement recueillis par M. Combes, la vapeur ainsi condensée dans l'enveloppe d'autres machines aurait varié de 2 à 10 p. c. du poids total de vapeur dépensé, suivant la grandeur de la détente entre $\frac{8}{5}$ et 20 fois le volume primitif de la vapeur.

La dépense totale de chaleur, pour un coup de piston dans ces circonstances, était donc de :

$$166,39 + 25 = 289,39 \text{ calories.}$$

Ainsi, en résumant, la chaleur qu'il a fallu transmettre à l'eau qui a été utilisée pour un coup de piston était de :

277,838 calories, quand la machine fonctionnait sans enveloppe, et de 289,39 calories, quand on se servait de cette enveloppe.

Comme le travail, dans le premier cas, était de 79,5 chevaux, la dépense par cheval, pendant la durée d'un coup de piston, était de :

$$\frac{277,838}{79,5} = 3,49 \text{ calories.}$$

Dans le second cas, le travail était de 104 chevaux, et la dépense par cheval s'abaissait à :

$$\frac{289,39}{104} = 2,78 \text{ calories.}$$

Bénéfice par cheval, 0,71 calorie.

Ou $\dfrac{0,71}{3,49} = 0,204$; soit 20,4 p. c.

De sorte que la chemise de vapeur procurait un bénéfice de 23,5 p. c. sur le travail, et seulement de 20,4 p. c. sur le combustible.

Il est facile de reconnaître que les considérations de cette espèce, à l'aide des expériences si précises de M. Regnault, conduisent à des appréciations bien plus exactes que des mesures directes de combustible brûlé qui ne comportent jamais qu'une assez grossière approximation.

ANALYSE DU MODE D'ACTION DE LA CHEMISE

DE VAPEUR.

1° *Chaleur perdue par refroidissement des cylindres.* — La première idée qui se présente à l'esprit quand on recherche la cause du bénéfice que procure l'emploi de la chemise de vapeur, est la suivante :

La chemise augmente l'effet utile en empêchant la vapeur motrice, dans le cylindre, de se refroidir et de se contracter aussi rapidement, et même en transmettant de la chaleur à cette vapeur motrice, pendant le travail.

Cela est vrai, mais la vapeur de l'enveloppe est elle-même contenue dans un cylindre qui rayonne et perd de la chaleur, et comme cette vapeur est à une plus haute température que celle du cylindre moteur et que le cylindre enveloppe a une plus grande surface de refroidissement que le cylindre intérieur, il en résulte que l'on perd plus de chaleur par le refroidissement du premier que l'on n'en eût perdu par le refroidissement du second.

L'excès de température de la vapeur de l'enveloppe sur celle de la vapeur motrice tient à ce que la vapeur traverse l'enveloppe avant d'arriver au cylindre, et que sa tension doit être en ce point supérieure à la tension dans le cylindre, pour produire la vitesse de passage d'une capacité dans l'autre. Cet excès qui est encore dû à d'autres causes sur lesquelles nous reviendrons plus loin, est très-facile à constater dans l'application ; car il suffit de toucher avec la main deux cylindres recevant de la vapeur à trois ou quatre atmosphères, l'un sans enveloppe de vapeur, l'autre avec enveloppe, la détente se faisant dans tous les deux jusqu'à trois ou quatre fois le volume primitif de la vapeur; on pourra se brûler grièvement au second, tandis que le premier aura, surtout vers le milieu de sa hauteur, une température très-supportable.

Ce n'est donc pas en diminuant la quantité de chaleur qui se perd dans le milieu où les machines sont placées, que la chemise de vapeur augmente leur effet utile, puisqu'elle ne fait qu'augmenter la perte extérieure de chaleur.

On peut, à la vérité, diminuer cette perte par une couverture isolante, mais ce palliatif agirait encore plus énergiquement sur le cylindre simple que sur le cylindre enveloppe de vapeur, puisque ce dernier est à une plus haute température, de sorte que l'avantage resterait encore au premier, sous ce point de vue.

2° *Dessication de la vapeur.* — Dans les machines sans détente, l'eau entraînée par la vapeur dans le cylindre et l'eau qui se forme dans ce cylindre par condensation contre ses parois refroidies, occasionnent une perte de combustible qu'il est assez aisé de déterminer. Cette eau possède la température de la vapeur et elle est rejetée, avec cette vapeur, dans le condenseur, sans avoir produit de travail. La perte est donc égale à la quantité de chaleur qui a été nécessaire pour porter cette eau, de la température qu'elle possédait lors de son introduction dans la chaudière, à la température qu'elle a conservée en traversant tout l'appareil, pour se rendre dans le condenseur.

Le premier effet de la chemise, dans une machine quelconque, est de sécher la vapeur qui vient de la chaudière, en laissant aux gouttelettes d'eau le temps de se déposer, et comme cette eau retourne à la chaudière sans refroidissement, la perte de chaleur dont nous venons de parler se trouve évitée. Ensuite elle empêche la condensation d'une partie de la vapeur dans le cylindre pendant le travail à pression pleine, et procure encore ainsi une économie proportionnée à l'énergie de la condensation qui se serait produite sans elle. Mais ces pertes évitées ne peuvent pas modifier d'une manière sensible le travail dans un coup de piston, elles ne font que diminuer la quantité d'eau nécessaire à l'alimentation des chaudières et procurer une économie de combustible correspondante.

M. Hirn, pour confirmer ces prévisions, a disposé une machine à détente sans chemise de vapeur, de façon que la vapeur venant de la chaudière put, à volonté, passer à travers des tuyaux chauffés qui la séchaient et même la portaient à une température supérieure de 2° à 3° à celle qui correspondait à sa tension, ou arriver directement au cylindre sans traverser ces tuyaux, et il n'a pu constater la moindre modification dans le travail transmis par la machine.

La dessication de la vapeur qui résulte de l'emploi de la chemise n'est donc pas la cause de l'accroissement de travail que l'on obtient dans les machines à détente, quand on garnit le cylindre de cet appendice.

Bien plus, en s'appuyant sur les faits physiques qui concernent la formation des vapeurs d'eau et que nous avons exposés précédemment, on est conduit à admettre que l'eau entraînée ou condensée directement dans le cylindre doit, à pression égale, augmenter le travail produit pendant la course à détente du piston.

En effet, cette eau à la même température que la vapeur et main-

tenue liquide par la pression qu'elle supporte, se vaporise en partie
pendant la détente, parce que la pression qui agit sur sa surface diminue. La chaleur nécessaire à la vaporisation de cette fraction du
liquide est fournie par l'eau qui continue à subsister à l'état liquide
en se refroidissant, et par les parois du cylindre qui se refroidissent
également par suite de cet emprunt. Quant à la vapeur qui se détend,
elle ne peut céder de chaleur pour accroître ce phénomène, pour
des motifs qui seront exposés plus loin. Il résulte de là que la formation spontanée d'une certaine quantité de vapeur dans le cylindre doit
augmenter le travail produit pendant la course et que, si cet effet n'a
pu être constaté dans l'expérience de M. Hirn, c'est d'abord parce
qu'il était peu prononcé à cause de la petite quantité d'eau emportée,
et ensuite parce que cette eau rejetée dans le condenseur a dû y réchauffer l'eau de condensation et y accroître un peu la tension de manière à établir derrière le piston moteur une contre-pression un peu plus
considérable. Il est néanmoins très-probable que si la quantité d'eau
mêlée à la vapeur au commencement de la course était considérable
et que l'on détendît beaucoup cette vapeur, l'accroissement de travail,
dû à la présence de l'eau, serait important. Du reste, les courbes de
pressions dans les cylindres, relevées avec l'indicateur de Watt, indiquent presque toujours, vers la fin de la course à détente des pistons,
une lenteur dans la diminution de ces pressions qui tient, très-probablement, à cet effet de vaporisation spontanée en cet instant.

On peut trouver, par le calcul, la quantité de vapeur qui se forme
ainsi spontanément pendant la détente, aux dépens de la partie de
l'eau qui reste liquide, quand on connaît le poids total d'eau mêlée
à la vapeur, mais en négligeant l'influence des parois du cylindre
qui rend le phénomène encore plus prononcé.

Soient : p le poids d'eau dans la vapeur à la température $T°$;

       p' le poids d'eau vaporisée à l'aide de la chaleur empruntée
          à la partie du poids p qui restera liquide ;

       t la température de la vapeur correspondante à sa tension
à la fin de la détente et, en même temps, la température de l'eau qui
restera liquide.

On aura successivement :

Chaleur totale de l'eau à T°. . . . . $p\mathrm{T}°$;

Chaleur contenue à la fin de la course, dans l'eau qui reste liquide. . . . . $(p—p')\,t$;

La quantité totale de chaleur contenue dans le poids p' de vapeur à la température t, formée spontanément est, d'après M. Regnault :

$$p'\,(606,5+0,305\,t)\ \text{calories} ;$$

On aura évidemment l'équation suivante :

$$p\mathrm{T} = (p—p')\,t + p'\,(606,5+0,305\,t)$$
$$\text{D'ou}\quad p' = \frac{p\,(\mathrm{T}—t)}{606,5+t(0,305—1)}$$

Si l'on applique cette formule à la recherche de la quantité de vapeur qui se formait spontanément pendant la détente, dans la machine de Woolf soumise aux expériences de M. Hirn, pendant qu'elle fonctionnait sans enveloppe de vapeur, on trouve les résultats que voici :

Poids d'eau par coup de piston, sans enveloppe, (vapeur humide) :

$$0^{\mathrm{kil}}.4355.$$

Poids d'eau (ou vapeur sèche) par coup de piston, avec chemise de vapeur :

$$0^{\mathrm{kil}}.4125.$$

Poids d'eau liquide mêlée à la vapeur pendant la course à pression pleine.

$$0^{\mathrm{kil}}.4355 — 0^{\mathrm{kil}}.4125 = 0^{\mathrm{kil}}.023 = p.$$

La vapeur était prise à $3^{\mathrm{atm}}75$ ou à $142° = \mathrm{T}°$.

A la fin de la détente, la tension de la vapeur n'étant plus que de $0^{\mathrm{atm}}81$, sa température aurait dû être, d'après les tables, de $94° = t$.

Ces valeurs, substituées dans l'équation ci-dessus, donnent :

$$p' = 0^{\mathrm{kil}}.00204.$$

Ainsi, sans tenir compte de l'influence des parois des cylindres, il devait se vaporiser pendant la détente, un peu moins que le dixième de l'eau liquide mêlée à la vapeur ; mais l'influence de ces parois devait accroître notablement cette proportion.

Cette théorie de la vaporisation spontanée explique les terribles désastres qui résultent de l'explosion des chaudières.

Supposons qu'une chaudière contienne 25000 kil. d'eau à 142° fournissant de la vapeur à $3^{atm}75$, et qu'elle vienne à se déchirer de façon à produire de la vapeur sous la pression atmosphérique ordinaire et à ne plus contenir, après l'explosion, que de l'eau à 100°.

Dans ce cas, les désignations générales de la formule précédente prennent les valeurs qui suivent :

$$p = 25000^{kil.}, \quad T = 142°, \quad t = 100°.$$
$$\text{et l'on trouve } p' = 1955 \text{ kil.}$$

Il se forme donc, presque instantanément, 1955 kil. de vapeur, en négligeant une certaine perte de chaleur dont la cause sera exposée dans le chapitre de l'*Équivalent mécanique de la chaleur*, et il est facile de pressentir les terribles effets qui peuvent en résulter.

Mais revenons à la question qui nous occupe.

D'après ce qui précède, le travail d'un coup de piston dans une machine à détente doit donc être d'autant plus considérable, toutes choses égales d'ailleurs, que la vapeur contient plus d'eau liquide ; mais il n'en faut pas conclure qu'une telle machine fonctionnerait plus économiquement dans ces conditions. En effet, l'eau emporte de la chaleur comme la vapeur, et il n'y a d'utilisé que la portion de cette chaleur contenue dans la vapeur fournie spontanément par cette eau ; de sorte qu'il eût été avantageux, au point de vue de la consommation de combustible, d'envoyer au cylindre cette portion de vapeur toute formée dans la chaudière et de ne point envoyer avec elle la partie de l'eau qui reste liquide et qui passe, sans utilité, dans le condenseur avec la température qu'elle a conservée.

Accroissement de pression pendant la détente par suite de la surchauffe des parois des cylindres.—Le travail d'une machine à détente se compose, comme nous l'avons vu, de deux parties bien distinctes.

L'une est due à l'action de la vapeur qui pénètre dans le cylindre, pendant la période où sa tension reste invariable à cause de la libre communication entre le cylindre et la chaudière; l'autre est due à l'expansion de cette même quantité de vapeur séparée de la chaudière par un obturateur quelconque.

Pendant la période à pression constante, la communication restant ouverte entre la chaudière et le cylindre, la tension dans ce dernier est réglée par celle de la chaudière qu'il y ait, ou non, une chemise de vapeur, que la vapeur soit sèche ou humide, et qu'il se condense, ou non, de la vapeur dans le cylindre; le travail dans cette période n'est donc pas modifié par la chemise de vapeur. Dans les expériences de **M.** Hirn, la tension de $3^{atm}75$ restait la même pour la même tension dans la chaudière, que la chemise de vapeur fonctionnât ou non; mais cela ne signifie pas que la tension dans la chaudière fut la même que dans le cylindre parce que, pour qu'il y ait écoulement de l'une de ces capacités dans l'autre, il faut évidemment que la tension dans la chaudière l'emporte de tout l'excédant qui est nécessaire pour que la vapeur passe de cette dernière dans le cylindre avec la vitesse qui lui permet d'emplir l'espace engendré par le piston. Cette différence de tension est évidemment d'autant plus grande que les obstacles au passage de la vapeur sont plus grands et que les ouvertures d'admission sont plus petites; dans certaines circonstances elle devient considérable.

L'action favorable de la chemise de vapeur ne peut donc porter que sur la période de détente et nous avons vu que l'accroissement de travail qu'elle procurait dans les expériences de **M.** Hirn, s'élevait à 25,5 pour cent du travail total produit dans les deux périodes. Voyons si une modification aussi profonde du travail obtenu pendant la période de détente peut s'expliquer par ce fait seul que la chemise de vapeur maintiendrait la vapeur motrice dans le cylindre, à sa température initiale pendant toute la durée de la détente, ce qui produirait un décroissement de pression suivant la loi de Mariotte. Nous admettrons dans cette comparaison que la tension décroît suivant la loi de **M.** de Pambour, lorsque la chemise de vapeur cesse de fonctionner.

Voici les éléments du calcul du travail dans les deux cas, d'après les données des expériences de **M.** Hirn rapportées ci-dessus :

Tension initiale de la vapeur :

$$3^{atm}.75, \text{ ou } P = 3,75 . 10333 = 38738 \text{ kil.}$$

Détente jusqu'à 4,324 fois le volume primitif, ou

$$\frac{V + V''}{V' + V''} = 4,324 \text{ et } \frac{V' + V''}{V + V''} = \frac{1}{4,324} :$$

Volume engendré par le piston avant la détente :

$0^{m3}171$ ou . . . . $V' = 0^{m3}171$;

Volume de l'espace nuisible, $0^{m3}01136$ ou $V'' = 0^{m3}01136$;

Volume total après la détente, $0^{m3}7885$ ou $V = 0^{m3}7885$.

Nous supposerons, dans les deux cas, la contre-pression du condenseur égale à zéro, ou $P' = o$, pour comparer nettement les travaux produits du côté du piston qui reçoit l'action de la force motrice.

La formule (D, page 102), applicable au travail, lorsqu'il se produit suivant la loi de Mariotte, donnera :

$$\text{Travail d'une course} = 17238 \text{ kilogrammètres.}$$

La formule (E), applicable à la mesure du travail lorsque la tension diminue suivant la loi admise par M. de Pambour, donnera :

$$\text{Travail d'une course} = 15737 \text{ kilogrammètres.}$$

Différence entre les travaux obtenus dans les deux hypothèses :

$$17238 - 15737 = 1501 \text{ kilogrammètres.}$$

Bénéfice dû au maintien de la température initiale :

$$\frac{1501}{17238} = 0,0871 ; \text{ ou } 8,71 \text{ pour cent.}$$

Comme cet accroissement de travail est loin d'être égal à celui qui a été constaté par M. Hirn, il en résulte que *l'accroissement de travail que procure la chemise de vapeur dans les machines à détente, n'est dû qu'en très-petite partie au réchauffement de la vapeur qui se détend, même dans l'hypothèse où cette vapeur serait réchauffée au point de pouvoir être assimilée à un gaz permanent dont la température serait constante.*

Le travail pratique étant de 104 chevaux dans la marche avec enveloppe de vapeur, et de 79,5 chevaux dans la marche sans enveloppe, en 47 coups de piston, on voit que, pour chaque coup de piston, ce travail s'élevait à :

$$\text{Sans enveloppe} \quad \frac{79,5 \cdot 75 \cdot 60}{47} = 7613 \text{ kilogrammètres.}$$

$$\text{Avec enveloppe} \quad \frac{104 \cdot 75 \cdot 60}{47} = 9957 \text{ kilogrammètres.}$$

Le coefficient d'effet utile calculé, dans les deux cas, d'après un travail absolu accompli suivant la loi de Mariotte et suivant la loi admise par M. de Pambour, serait donc :

$$\text{Suivant la loi de Mariotte} \dots \begin{cases} \text{sans enveloppe} \quad \dfrac{7613}{17238} = 0,44 \\[2mm] \text{avec enveloppe} \quad \dfrac{9957}{17238} = 0,56. \end{cases}$$

$$\begin{matrix}\text{Suivant la loi des températures}\\ \text{correspondantes aux tensions} \end{matrix} \begin{cases} \text{sans enveloppe} \quad \dfrac{7613}{15737} = 0,48 \\[2mm] \text{avec enveloppe} \quad \dfrac{9957}{15737} = 0,63. \end{cases}$$

Mais nous avons négligé la contre-pression derrière le grand piston, provenant de l'imperfection du vide dans le condenseur et, généralement, comme nous l'avons dit, on n'entend par travail absolu de la vapeur sur les pistons que le travail moteur sur une de leurs faces, diminué du travail résistant dû à la vapeur chassée par l'autre face.

Or, nous avons vu que, avec enveloppe, la tension dans le condenseur était de 0^m075 de mercure, et de 0^m095 sans enveloppe, ou respectivement de 1020 kil. et 1292 kil. par mètre carré.

Nous avons vu également que le volume engendré par le grand piston était de $0^{mc}7432$ environ, déduction faite des espaces nuisibles qui étaient de $0^{mc}045$. Donc, dans l'hypothèse où la contre-pression serait représentée par la tension du condenseur, le travail résistant serait de :

$1292 \cdot 0^{mc}7432 = 960$ kilogrammètres, dans la marche sans enveloppe;

Et de 1020 . 0^{m3}7432 = 758 kilogrammètres, dans la marche avec enveloppe.

Les coefficients d'effet utile seraient donc, dans cette nouvelle condition :

$$\text{Suivant la loi de Mariotte} \begin{cases} \text{sans enveloppe} \quad \dfrac{7613}{17238-960} = 0,47 \\[2ex] \text{avec enveloppe} \quad \dfrac{9957}{17238-758} = 0,60. \end{cases}$$

$$\text{Suivant la loi des températures correspondantes aux tensions} \begin{cases} \text{sans enveloppe} \quad \dfrac{7613}{15736-960} = 0,52 \\[2ex] \text{avec enveloppe} \quad \dfrac{9957}{15737-758} = 0,66. \end{cases}$$

Mais nous observerons, dans la machine dont il est question : 1° qu'une partie de la détente s'effectuait sans produire de travail à l'instant de l'ouverture de la communication entre le petit et le grand cylindre ; 2° que, dans l'expérience avec enveloppe, la tension baissait encore plus rapidement que suivant la loi des températures correspondantes aux tensions, excepté vers la fin de la course, où cette tension se relève au-dessus de celle qui dériverait de cette loi ; 3° que la contre-pression du grand piston doit toujours être plus grande que la tension dans le condenseur ; 4° que, dans la marche sans enveloppe, la tension baissait pendant toute la course avec plus de rapidité encore que dans la marche avec enveloppe. Il résulte de là que le travail absolu transmis aux pistons, dans tous les cas, était moindre que celui que nous avons calculé, et que les coefficients d'effet utile correspondants à la seconde des hypothèses ci-dessus, la seule que l'on puisse regarder comme un peu admissible, sont notablement trop petits, surtout le premier.

PHÉNOMÈNE PHYSIQUE

D'OÙ DÉRIVE LA PLUS GRANDE PARTIE DE L'INFLUENCE DE LA CHEMISE DE VAPEUR.

Rappelons d'abord quelques-uns des résultats de l'expérience de M. Hirn sur la machine de Woolf :

Le volume de l'espace nuisible, dans le petit cylindre, était de
$0^{m3}01136$;

Le volume engendré par le petit piston, pendant toute la course,
de $0^{m3}17098$;

Volume total avant la détente : $0^{m3}18234$.

Au moment où le tiroir s'ouvrait, pour mettre le petit cylindre en
communication avec le grand, le volume de vapeur passait brusquement de $0^{m3}18234$ à $0^{m3}21634$, puis continuait à se détendre en
poussant le grand piston, jusqu'à $0^{m3}7885$.

La tension initiale de la vapeur, dans le petit cylindre, était de
$3^{atm}75$ que la machine fonctionnât, ou non, avec chemise de vapeur.

La tension de cette vapeur, au moment de l'ouverture du tiroir de
communication entre les deux cylindres, descendait brusquement de
$3^{atm}75$ à $1^{atm}62$ quand la chemise ne fonctionnait pas, et de $3^{atm}75$
à $2^{atm}2$ quand cette chemise était utilisée. Ces chutes de pression se
produisaient, dans les deux cas, pour un changement de volume de
$0^{m3}18234$ à $0^{m3}21634$.

Ensuite, pour un même accroissement de volume jusqu'à $0^{m3}7885$,
la tension baissait jusqu'à $0^{atm}685$ dans la marche sans enveloppe,
et seulement jusqu'à $0^{atm}81$ dans la marche avec enveloppe.

D'après l'indicateur, cette différence d'environ $0^{atm}60$ entre les
tensions au commencement de la détente, dans les deux modes de
fonctionnement, allait en diminuant pendant toute la course.

Le poids de vapeur dépensée par coup de piston, dans la marche
avec enveloppe, était de $0^{kil}4125$.

Celui que l'on dépensait dans la marche sans enveloppe, était de
$0^{kil}4355$; l'excédant $0^{kil}023$, dans le deuxième cas, étant dû à la présence d'une certaine quantité d'eau liquide dans la vapeur.

Si l'on cherche d'abord quelle tension aurait dû conserver la vapeur
à $3^{atm}75$, en passant du volume $0^{m3}18234$ au volume $0^{m3}21634$, dans
l'hypothèse où la température de cette vapeur baisserait suivant la loi
admise pour les vapeurs saturées, on trouve :

1° En désignant par x le volume de 1 kil. de vapeur à $3^{atm}75$,
d'après les données de cette expérience :

$$0^{\text{kil}}4125 : 1^{\text{ kil.}} = 0^{\text{m}^3}18234 : x\,;$$
$$\text{d'où } x = 0^{\text{m}^3}44.$$

Nous ferons remarquer, en passant, que ce volume, provenant d'une expérience directe, est moindre que celui qui est indiqué dans les tables calculées, lequel est de $0^{\text{m}^3}50$ environ ; ce qui tendrait à prouver que les densités réelles des vapeurs saturées sont plus grandes que les densités calculées, comme nous l'avons déjà fait pressentir précédemment ; mais comme, à la rigueur, il pouvait y avoir autour du petit piston quelques petites fuites dont l'effet était de diminuer la quantité de vapeur comprise entre ce piston et le fond du cylindre, nous admettrons le chiffre des tables, $0^{\text{m}^3}50$.

2° $0^{\text{m}^3}50$ de vapeur augmentant de volume dans le rapport de $0^{\text{m}^3}18234$ à $0^{\text{m}^3}21634$, deviennent $0,50\,\dfrac{21634}{18234} = 0^{\text{m}^3}593$.

Lorsque 1 kil. de vapeur occupe un volume de $0^{\text{m}^3}593$, sa tension, d'après les tables, est de $3^{\text{atm}}09$.

Il résulte de là que la tension de la vapeur, au moment de l'ouverture du tiroir de communication entre les deux cylindres, n'aurait dû descendre que jusqu'à $3^{\text{atm}}09$, tandis qu'elle est descendue jusqu'à $1^{\text{atm}}62$ dans un cas et, dans l'autre, jusqu'à $2^{\text{atm}}2$.

3° A la fin de la course, le volume de vapeur a passé de $0^{\text{m}^3}18234$ à $0^{\text{m}^3}7885$; et comme 1 kil. de vapeur à $3^{\text{atm}}75$, occupant un volume de $0^{\text{m}^3}50$, prend un volume de $0,50\,\dfrac{78850}{18234} = 2^{\text{m}^3}16$ en se dilatant dans cette proportion, la tension à la fin de la détente aurait dû être la même que celle de ce kilogramme de vapeur.

Or, les tables indiquent que 1 kil. de vapeur qui occupe un volume de $2^{\text{m}^3}16$, doit avoir une tension de $0^{\text{atm}}775$; donc, à la fin de la détente, la tension dans le grand cylindre aurait dû être de $0^{\text{atm}}775$, tandis qu'elle a été de $0^{\text{atm}}81$ dans un cas, et de $0^{\text{atm}}685$ dans l'autre.

4° Dans l'hypothèse où la température de la vapeur, pendant toute la course, serait restée invariable, la tension eût baissé suivant la loi de Mariotte, et on eût obtenu pour tension sur le grand piston à la fin de la course, $3^{\text{atm}}75\,\dfrac{0,18234}{0,7885} = 0^{\text{atm}}86$, comme nous l'avons déjà dit, et la pression sur le grand piston aurait dû être, au commencement de la course :

$$3^{atm}75\ \frac{0,18234}{0,21634} = 3^{atm}16.$$

On peut mettre tous ces résultats sous forme de tableau :

	PRESSION dans L'HYPOTHÈSE d'une détente suivant la loi DE MARIOTTE.	PRESSION dans L'HYPOTHÈSE d'une détente suivant la loi qui lie les tensions aux températures dans les vapeurs saturées.	PRESSION effective obtenue lorsque LA MACHINE fonctionne avec chemise de vapeur.	PRESSION effective obtenue lorsque LA MACHINE fonctionne sans chemise de vapeur.
	atmosphères.	atmosphères.	atmosphères.	atmosphères.
Sur le petit piston au commencement de la course.	3,75	3,75	3,75	3,75
Sur le grand piston au commencement de la course.	3,16	3,09	2,2	1,62
Sur le grand piston à la fin de la course . . .	0,86	0,775	0,81	0,685

Ainsi la tension, au moment où la vapeur passe dans le grand cylindre, éprouve brusquement, dans les deux cas, un énorme abaissement pour un très-faible accroissement brusque de volume, et cet abaissement dépasse de beaucoup celui qui aurait dû se produire, même dans l'hypothèse du refroidissement normal des vapeurs saturées qui changent de tension; surtout lorsque l'on n'utilise point la chemise. Puis, à la fin de la course, la différence entre la tension réelle et la tension calculée d'après les tables, diminue au point de disparaître presque entièrement dans la marche sans enveloppe et, dans la marche avec enveloppe, de se rapprocher de la tension correspondante à l'invariabilité de température.

On ne peut attribuer la chute de pression si considérable qui se produit à l'instant où la soupape de communication entre les deux cylindres s'ouvre, aux étranglements qui se trouvent sur le parcours de la vapeur, surtout dans la marche sans enveloppe; car, quoiqu'il ait existé nécessairement une différence de pression entre le petit et le grand cylindre, due à cette raison, elle n'aurait pu s'élever à un chiffre aussi considérable, comme ou le verra quand nous nous occuperons de l'écoulement des vapeurs. D'un autre côté, ces étranglements sont les mêmes que l'enveloppe fonctionne ou non, et ils auraient dû produire les mêmes effets dans les deux cas, tandis que la perte, dans la marche avec enveloppe, a été plus petite de $0^{atm}60$. Enfin, on ne peut, non plus, l'attribuer à des fuites de vapeur autour du grand piston, parce que, dans la marche avec enveloppe, la vapeur était plus sèche que dans l'autre cas, ce qui eût infailliblement augmenté les fuites si elles eussent existé, et amené une plus grande chute de pression, tandis que c'est l'inverse qui s'est produit.

On ne peut donc attribuer le phénomène qui s'est manifesté en cet instant, qu'à une grande contraction de la vapeur, accompagnée d'une condensation plus ou moins considérable. En effet, si la tension de la vapeur a baissé plus rapidement que ne le comporte la loi qui lie les tensions aux températures dans les vapeurs saturées, c'est que le refroidissement de cette vapeur a été plus grand que celui qui l'aurait maintenue à l'état gazeux et de saturation pendant la diminution de tension, de sorte qu'une partie de cette vapeur a dû se condenser et le reste continuer à subsister à l'état de saturation.

Voici la très-curieuse expérience à l'aide de laquelle M. Hirn a constaté ce singulier phénomène.

Il a employé un tube de cuivre AB (fig. 15, pl. 3), d'environ 1 mètre de longueur et 0^m20 de diamètre, fermé à ses deux extrémités par des plaques résistantes percées de deux trous dans l'axe du cylindre. Ces ouvertures étaient garnies de disques en verre très-épais et solidement fixés aux plaques. Le tube de cuivre était mis en communication, d'un côté, avec la chaudière, par le tuyau *aa* portant un robinet *r* et, de l'autre, avec l'atmosphère par le tuyau *bb*, également muni d'un robinet R. Ce tube AB n'était pas placé horizontalement, il était plus bas en A qu'en B pour que l'eau qui s'y formerait par condensation s'écoulât plus aisément dans l'atmosphère par le tuyau *bb*.

Si, l'appareil étant ainsi disposé, on ouvre le robinet *r* qui amène de la vapeur à 5^{atm} et que l'on ouvre aussi, mais très-peu, le robinet R, l'air sera d'abord chassé avec un peu de vapeur, l'eau s'écoulera à mesure qu'elle se condensera par suite du refroidissement des parois du tube, puis on pourra régler l'ouverture du robinet R de façon qu'il ne s'échappe que peu ou point de vapeur par ce tuyau.

La vapeur saturée étant un gaz parfaitement incolore et diaphane, on voyait, par les deux glaces et au travers du tube, tous les objets extérieurs comme si le tube eût été complétement vide.

Mais si on ferme le robinet r et qu'immédiatement après on ouvre rapidement, et tout à fait, le robinet R, une partie de la vapeur se détendra dans le tube à mesure qu'une autre partie s'échappera par le tuyau bb, et la tension intérieure sera ramenée à un 1^{atm} dans un temps très-court.

Pendant cette opération, les phénomènes suivants peuvent s'accomplir dans le tube :

1° Si, pendant sa détente, la portion de vapeur qui reste dans le tube, conserve, après avoir passé de la tension de 5^{atm} à la tension de 1^{atm}, toute la chaleur constitutive correspondante à 5^{atm}, elle sera en possession de plus de chaleur qu'il ne lui en faut pour la constituer à l'état de vapeur saturée à 1^{atm}, et elle se réchauffera en passant ainsi à l'état de gaz permanent pour des accroissements de pression pouvant s'élever jusqu'à 5^{atm}. Cette vapeur restera alors diaphane.

2° Si, pendant cette détente, la vapeur qui reste dans le tube, ne perd que la différence entre sa chaleur constitutive à 5^{atm} et sa chaleur à 1^{atm}, en demeurant toujours à l'état de vapeur saturée, elle restera encore parfaitement diaphane.

3° Enfin, si la vapeur perd plus de chaleur que la différence entre les chaleurs constitutives que nous venons de rappeler, elle se condensera en partie.

C'est ce dernier cas qui s'est présenté dans l'expérience. A l'instant où l'on ouvre le robinet R, la nuit la plus complète se fait dans l'appareil, et il s'y produit un brouillard si épais que les glaces paraissent opaques. Mais ce phénomène ne dure que pendant un temps très-court, que M. Hirn évalue à une demi-seconde, et la température des parois, qui se trouve alors supérieure à celle qui correspond à la tension de la vapeur, évapore rapidement la brume qui s'était instantanément formée.

Ainsi la vapeur pendant la détente, non-seulement ne reste point surchauffée, ni même simplement saturée, mais sa température descend

au-dessous du point de saturation et elle se condense en partie, en diminuant de tension bien plus rapidement que ne semblent l'indiquer les
tables ordinaires; puis, ce premier effet produit, la chaleur des parois
des cylindres vaporise de nouveau tout ou partie de l'eau ainsi formée,
et la tension se relève pendant la dernière partie de la détente, au
point de devenir, à la fin de la course, presque égale à celle qui résulterait d'une détente suivant la loi de Mariotte dans la marche avec
chemise de vapeur, et très-voisine de celle qui correspond aux chiffres
tabulaires sur les vapeurs saturées, quand on marche sans cette
enveloppe.

L'influence de l'enveloppe nous semble clairement démontrée par
cette expérience, au moins, dans les machines à deux cylindres où la
vapeur, au commencement de chaque course, se détend sans produire
de travail dans un espace qui s'offre brusquement à elle, et ne commence à se détendre à la façon ordinaire qu'après cet accroissement
presque instantané de volume. Elle consiste à empêcher la vapeur
de se condenser partiellement au commencement de la détente et elle
aide à vaporiser l'eau de condensation et à maintenir la vapeur à une
plus haute température, pendant le reste de cette détente. Dans les
expériences de M. Hirn, ces deux effets se sont reproduits assez
énergiquement pour amener un accroissement de travail utile de 24,5
chevaux, seulement pendant la détente.

S'il pouvait rester le moindre doute sur la valeur des explications
qui précèdent, les deux faits suivants suffiraient pour le détruire :

1° Lorsque l'enveloppe a fonctionné pendant quelque temps et que
l'on cesse brusquement de s'en servir en faisant arriver directement
la vapeur dans le petit cylindre, la machine continue à marcher
pendant quelque temps comme si rien n'était changé, et les premières
courbes de pressions, relevées avec l'indicateur, sont les mêmes que
précédemment; ce n'est qu'au bout de 10 à 20 minutes qu'elles sont
progressivement ramenées au point où la diminution de travail devient
régulièrement de 23,5 p. c., lorsque toute la provision de chaleur,
mise en magasin par la masse de fonte et empruntée à la vapeur de
l'enveloppe, est épuisée.

2° L'enveloppe augmente bien positivement la température de la
vapeur pendant la détente; car, tandis qu'elle fonctionne, la vapeur

qui arrive dans le condenseur, où la tension n'est plus que de $0^{atm}075$, possède encore une température de 64°; et quand elle cesse de fonctionner, cette vapeur, qui arrive dans le condenseur où s'est établie une tension de $0^{atm}095$, ne possède qu'une température de 58°. Nous verrons plus tard pourquoi ces températures sont supérieures à celles qui, d'après les tables, correspondent aux tensions dans les vapeurs saturées, et nous essayerons d'analyser la cause du bénéfice considérable que l'on obtient en employant ainsi de la vapeur à réchauffer les parois des cylindres, au lieu d'employer cette vapeur à produire directement du travail dans ces cylindres.

Dans les machines à un seul cylindre, où les travaux à pression pleine et à détente se produisent dans la même capacité et où l'on ne trouve plus ce brusque accroissement de volume de la vapeur, sans production de travail utile, au commencement de la détente, on ne remarque pas ce rapide décroissement de tension pendant cette période de l'opération. Les courbes de tensions que l'on a relevées dans ce cas indiquent bien, pendant la première partie de la détente, une diminution de tension relativement à l'accroissement de volume, bien plus rapide que vers la fin de la course, où le phénomène de réchauffement de la vapeur et de vaporisation de l'eau condensée par la chaleur des parois du cylindre se produit également; mais il est fort difficile de dire, d'après les expériences faites jusqu'aujourd'hui, si le phénomène de condensation que nous avons signalé dans la machine à deux cylindres, se manifeste également, comme conséquence de l'accroissement de volume de la vapeur, dans la machine à un cylindre. Quoi qu'il en soit, la chemise de vapeur y produit les mêmes effets favorables et soutient la tension pendant la détente en réchauffant la vapeur et *peut-être aussi* en empêchant sa condensation; mais, dans ces machines, le phénomène se complique par suite de la présence d'une quantité plus ou moins considérable d'eau provenant de la vapeur condensée pendant la partie de la course fournie à pression pleine. Plus loin nous étudierons attentivement ces divers phénomènes, afin de connaître les raisons qui doivent nous diriger dans le choix d'une formule pour calculer le travail absolu de la vapeur en différentes circonstances et, dans le chapitre où nous traiterons de l'équivalent mécanique de la chaleur, nous exposerons quelques considérations qui aideront à résoudre la question de condensation ou non condensation, pendant la détente progressive dans un seul cylindre.

DE LA SUBSTITUTION DES CORPS CHAUDS

A LA CHEMISE DE VAPEUR.

Puisque c'est à la haute température des parois du cylindre, maintenue par la vapeur que contient l'enveloppe, que l'on doit les bons
effets que nous avons signalés, il est certain que tout autre moyen de
maintenir cette température, nonobstant le refroidissement intérieur,
doit conduire aux mêmes résultats. Mais ce problème est plus difficile
à résoudre qu'il ne le semble au premier abord.

La première idée qui s'est présentée à l'esprit des mécaniciens dont
l'attention avait été appelée sur les avantages de la chemise de vapeur,
a été de profiter de la chaleur que contiennent les produits de la combustion quand ils abandonnent la chaudière, pour chauffer le cylindre
avant qu'ils parviennent à la cheminée. On espérait ainsi obtenir des
résultats plus prononcés encore qu'avec la chemise de vapeur sans
aucune consommation spéciale de combustible.

Cette idée a été appliquée plusieurs fois en Angleterre, mais les
résultats n'en ont point été publiés et nous ne connaissons, sur ce
sujet, qu'une expérience faite par M. Dollfus fils, à Dornach, et rapportée dans les Mémoires de M. Hirn.

La machine sur laquelle l'expérience a été faite était à détente
variable et à condensation. Le cylindre a été entouré d'une enveloppe
dans laquelle passait la fumée de la chaudière à une température
de 250°. Toutes les dispositions étaient prises pour marcher à volonté
avec ou sans cet appendice, et l'influence qu'il pouvait avoir sur la
quantité de travail absolu, produit dans chaque coup de piston, était
appréciée à l'aide d'un indicateur de Watt.

L'expérience a démontré qu'il n'existait point de différence sensible
entre les courbes que l'on obtenait lorsque la fumée traversait l'enveloppe et celles qui résultaient de la marche avec l'enveloppe pleine
d'air froid.

10

Voici les raisons qui expliquent cette apparente anomalie :

En calculant la quantité de chaleur qui, dans la machine de Woolf soumise aux expériences de M. Hirn, était abandonnée au cylindre intérieur pour réchauffer la vapeur pendant sa détente, on trouve, en négligeant l'effet du refroidissement extérieur qui était très-faible :

Vapeur condensée dans l'enveloppe par coup de piston, $0^{kil}.0381$. D'après M. Hirn, la surface des cylindres, recevant l'action de la vapeur de l'enveloppe, était de $6^{m2}70$.

La quantité de calories abandonnées par 1 kil. de vapeur condensée était de $649 - 142 = 507$;

Donc, la chaleur totale absorbée par les cylindres intérieurs était, par coup de piston, de :

$$507.0,0381 = 19^{cal}.22.$$

Et, par mètre carré de surface des cylindres intérieurs,

$$\frac{19,22}{6,7} = 2^{cal}.87.$$

D'autre part, un appareil à chauffer l'eau d'alimentation de $10°$ à $145°$, à l'aide de la chaleur que conservait la fumée en quittant la chaudière, n'absorbait par mètre carré de surface que $1^{cal}.11$ pendant la durée du même coup de piston, quoiqu'il fût en contact avec des gaz à environ $400°$ et qu'il y eût, entre la température moyenne de l'eau et la température de la fumée, une différence de :

$$400 - \frac{145 + 10}{2} = 323°.$$

Dans l'expérience de M. Dollfus, la différence de température entre la vapeur intérieure et les gaz chauds pouvait s'évaluer moyennement à :

$$250° - 120° = 130°.$$

Donc, en admettant que la transmission de chaleur, à travers les parois des cylindres, soit proportionnelle à la différence des températures intérieure et extérieure, la quantité de chaleur qui aurait passé dans les cylindres de la machine de Woolf, par coup de piston et dans les circonstances de l'expérience de M. Dollfus, n'eût été que de :

$$1^{cal.}11\,\frac{130}{323} = 0^{cal.}45 \text{ par mètre carré,}$$

au lieu de 2^{cal} 87 que fournissait la vapeur.

Si l'on veut maintenant admettre que des tuyaux pleins d'eau en mouvement, et en grande partie horizontaux, sont dans de bien meilleures conditions pour absorber de la chaleur qu'un cylindre plein de vapeur, on reconnaîtra que l'absorption de chaleur que nous venons de calculer approximativement est encore beaucoup trop considérable, et l'insuccès de la tentative se trouvera expliqué.

Une deuxième expérience de M. Dollfus a parfaitement confirmé ces conséquences théoriques.

La fumée fut dirigée par l'enveloppe pendant que la machine marchait très-lentement à vide, c'est-à-dire séparée des outils qu'elle mettait ordinairement en mouvement, de manière à ne produire que peu de refroidissement dans l'intérieur du cylindre et à chauffer fortement ses parois; puis, au moment où l'on rétablit la communication de mouvement et où la machine reprit ses allures normales, on releva plusieurs courbes à l'aide de l'indicateur de Watt. L'action des parois du cylindre sur la détente fut alors évidente; la première courbe indiqua plus de travail que la seconde; la seconde plus que la troisième, etc., jusqu'à ce que la provision de chaleur, emmagasinée dans la masse de ce cylindre, fut épuisée, et que le travail de chaque coup de piston fut redevenu ce qu'il était primitivement.

La vapeur saturée convient donc mieux que les gaz chauds pour réchauffer les cylindres, parce qu'elle leur abandonne plus rapidement sa chaleur. Cela, du reste, se conçoit assez aisément; lorsque la vapeur se trouve en contact avec un corps dont la température n'est que très-peu inférieure à la sienne, elle se condense instantanément en lui abandonnant toute sa chaleur de vaporisation qui est considérable, pour le réchauffer et pour établir l'équilibre de température, tandis que les gaz chauds ne cèdent leur chaleur que lentement, en raison du plus ou moins de rapidité du renouvellement des parties en contact, et qu'il ne se produit pas ce phénomène de condensation qui met instantanément des quantités de chaleur considérables en liberté.

L'enveloppe à fumée n'est bonne que sur la chemise de vapeur pour empêcher la faible condensation qui provient de son refroidissement extérieur.

Comme nouvelle confirmation pratique des résultats que nous venons d'exposer, nous citerons quelques observations personnelles sur les effets d'une enveloppe qui, au lieu de recevoir de la vapeur venant de la chaudière et, par conséquent, à une température supérieure à celle de la vapeur qui produit le travail dans le cylindre, ne reçoit que celle qui sort de ce cylindre après y avoir produit son travail et dont la température est, par suite, bien inférieure à celle qu'elle possédait pendant le travail.

La machine munie de cette enveloppe est une machine d'extraction de la houille, sans détente, à deux cylindres verticaux, à haute pression sans condensation, établie sur un puits d'un charbonnage des environs de Mons.

Les cylindres qui ont 0^m75 de diamètre intérieur et dans lesquels les pistons parcourent un chemin de 1^m50, sont enfermés, chacun, dans une grande caisse en tôle forte, à section rectangulaire, ayant horizontalement 1^m52 dans un sens, 0^m95 dans l'autre, et 2^m47 de hauteur verticale. La vapeur à 3 atmosphères effectives, soit 4 atmosphères de tension absolue, arrive directement des chaudières dans les cylindres, et le tuyau d'échappement débouche dans l'enveloppe qui porte un tuyau de décharge dans l'atmosphère. Cette enveloppe est munie à sa partie inférieure d'un autre petit tuyau pour la sortie de l'eau qui s'y forme par condensation.

Voici les résultats moyens d'observations faites, sur notre demande, pendant trois journées entières, par l'ingénieur de l'établissement.

L'extraction d'une cage chargée de houille, de la profondeur de 230 mètres, se fait en soixante secondes environ et exige quarante-trois courses et demie de piston dans chaque cylindre. Pendant une de ces opérations, le tuyau de décharge de l'eau que contient l'enveloppe fournit moyennement 5 kilog. d'eau pour chaque enveloppe. La consommation moyenne de la machine est d'environ 12 à 13 kilog. de houille, trait venant de moyenne qualité, par cheval d'effet utile en houille élevée et par heure; consommation considérable, comme nous le verrons plus tard, et qui ne s'explique que par l'influence fâcheuse du système d'enveloppe, que nous allons mettre en évidence, car les garnitures des pistons étaient bonnes.

D'après les expériences de MM. Thomas et Laurens sur la vaporisation de l'eau à l'aide de la vapeur circulant dans un serpentin de cuivre, chaque mètre carré de surface de serpentin vaporise par heure, environ $8^{kil.}70$ d'eau préalablement portée à la température de 100°, pour chaque degré de différence de température entre la vapeur et l'eau qu'elle vaporise, et il en résulte, dans le serpentin, la condensation d'une quantité de vapeur suffisante pour mettre en liberté la chaleur correspondante à cette vaporisation. De plus, d'après les observations de M. Péclet, il ne paraît pas que la nature et l'épaisseur du métal qui transmet cette chaleur aient une grande influence sur les résultats, au moins dans les limites d'épaisseur généralement employées.

Si le serpentin contenait de la vapeur à 142° ou $3^{atm}75$ et se trouvait plongé dans de l'eau à 100°, chaque mètre carré de surface vaporiserait donc $8^{kil.}70 \, (142 - 100) = 365^{kil.}4$ d'eau par heure, ou $6^{kil.}09$ par minute.

La vaporisation de 1 kilogramme d'eau prise à 100° exigeant $637 - 100 = 537$ calories; celle des $6^{kil.}09$ exigera 3270 calories.

Chaque kilog. de vapeur à 142° contient 649 calories environ et, quand il est condensé, en conserve 142; la quantité de chaleur émise par kilog. de vapeur condensée serait donc de 507 calories, et les 3270 calories nécessaires pour la vaporisation des $6^{kil.}09$ d'eau, occasionnerait la condensation de $\dfrac{3270}{507} = 6^{kil.}45$ de vapeur.

Chacun des cylindres de la machine dont il s'agit recevait de la vapeur à une tension absolue que l'on peut supposer approximativement de $3^{atm}75$, car la soupape régulatrice était entièrement ouverte, et les parois de ces cylindres étaient sans cesse couvertes d'eau ruisselante que chaque injection de vapeur dans l'enveloppe y apportait; de sorte que ces cylindres peuvent être considérés, au moins approximativement, comme plongés dans de l'eau à 100°, température qui existait effectivement dans cette enveloppe, y remplissaient les fonctions de serpentin et réduisaient inutilement en vapeur, dans l'enveloppe, l'eau qui s'était formée par condensation pendant le travail dans les cylindres.

Admettons maintenant, pour un instant, que les parois des cylindres étaient toujours mouillées et que la vapeur contenue dans ces cylindres était à la température de 142°; la condensation intérieure pendant le travail serait de 6$^{kil.}$45 de vapeur par minute et par mètre carré de surface extérieure, et comme, pour chaque cylindre, cette surface était d'environ 5^{m2}50, la condensation totale par minute s'élèverait à 35$^{kil.}$47 de vapeur, laissant de l'eau à 142° qui tombe brusquement à 100° à l'instant où elle passe dans l'enveloppe, par la vaporisation d'une petite partie d'elle-même quand elle n'est plus soumise qu'à la pression atmosphérique.

Ainsi, dans les conditions que nous venons d'admettre, la condensation dans l'intérieur de chaque cylindre s'élèverait à 35$^{kil.}$47 de vapeur par minute ou pendant 43,5 courses de piston; la vaporisation dans l'enveloppe à 5,5 . 6$^{kil.}$09 $=$ 33$^{kil.}$50, et la différence 1$^{kil.}$97, réunie aux produits de la condensation par refroidissement extérieur de l'enveloppe et par la dilatation brusque qu'éprouve la vapeur en pénétrant dans cette enveloppe, formeraient les 5 kilog. d'eau qui s'écoulent par le tuyau de décharge en une minute.

Si l'on calcule d'autre part le poids théorique de vapeur correspondant à ces 43,5 courses, en supposant des espaces nuisibles de 0^{m}06, on aura :

$$0,785 \ (0,75)^2 \ (1^{m}50 + 0,06) \ 43,5 = 29,9645 \text{ mètres cubes de}$$
vapeur ;

Et comme le volume de 1 kilog. est, d'après les tables, de 0^{m3}50 environ, le poids théorique de vapeur dépensée pour une ascension serait de :

$$\frac{29.9646}{0,50} = 59^{kil.}9292.$$

La condensation dans l'intérieur des cylindres, par l'influence du mauvais système d'enveloppe, s'élèverait donc à :

$$\frac{35^{kil.}47}{35^{kil.}47 + 59^{kil.}9292} = 0,37.$$

soit *trente-sept pour cent* du poids total de vapeur dépensée.

Cette perte, évaluée dans les conditions que nous avons adoptées, est évidemment un maximum, et diverses circonstances tendent à l'atténuer dans une proportion inconnue, mais certainement insuffisante pour obtenir de l'appareil un bon effet utile.

1° Les cylindres ne sont pas constamment pleins de vapeur à 142° et, pendant la moitié du temps, ils ne contiennent que la vapeur qui passe dans l'enveloppe; mais il faut observer que si la température de ces cylindres baisse en certains points, qui ne sont plus en contact avec la vapeur des chaudières, et si, pendant ce temps, la condensation inutile est suspendue en ces points, elle n'en devient que plus énergique à l'arrivée de la nouvelle vapeur.

2° La surface extérieure des cylindres peut s'assécher en certains points pendant la durée d'un coup de piston, ce qui amènerait une diminution de condensation intérieure.

3° La tension dans l'enveloppe est notablement supérieure à la pression atmosphérique pendant une grande partie de la course, de sorte que l'eau peut y conserver une température moyenne supérieure à 100°, ce qui diminue un peu la différence des températures dans les cylindres et dans les enveloppes; d'où résulte encore une diminution de condensation.

4° Les parois épaisses des cylindres peuvent laisser passer moins de chaleur qu'un tuyau en cuivre mince, pour la même différence de température entre les surfaces intérieure et extérieure, quoique certaines expériences semblent indiquer que l'épaisseur et la nature du métal conducteur n'aient pas une grande influence sur le résultat final.

D'un autre côté, l'effet fâcheux de ce système d'enveloppe n'est pas dû seulement à l'énorme condensation de vapeur qu'il occasionne, il tient aussi, en partie, à une augmentation de contre-pression derrière le piston. La vapeur, en sortant du cylindre, passe dans une capacité où il existe une tension supérieure à la tension atmosphérique de toute la quantité nécessaire pour produire l'évacuation de l'enveloppe, et il en résulte une résistance à l'échappement, laquelle augmente la contre-pression dans le cylindre. C'est surtout vers la fin de la course du piston que cet effet devient sensible; car l'enveloppe ne se débarrasse que lentement de sa vapeur.

C'est donc à ces deux causes réunies, perte de vapeur par condensa-

tion dans les cylindres et augmentation de la contre-pression des pistons, que la machine en question doit de consommer une si grande
quantité de combustible pour un effet utile déterminé, et nous regardons comme infiniment probable qu'elle serait considérablement amé-
liorée par une très-simple modification qui consisterait à faire débou-
-cher directement dans l'atmosphère le tuyau de décharge de la vapeur,
à faire passer dans l'enveloppe la vapeur qui vient des chaudières au
lieu de la vapeur qui a produit son travail, si cette enveloppe était assez
résistante pour supporter une tension de trois atmosphères effectives,
et à couvrir la caisse enveloppe de matières peu conductrices de la
chaleur.

DES ENVELOPPES NON CONDUCTRICES

DE LA CHALEUR.

Lorsque la surface d'un corps est à une température supérieure à
celle de l'air qui l'environne, elle émet de la chaleur par rayonnement
et par son contact avec l'air qui s'élève et se renouvelle à mesure qu'il
s'échauffe; de sorte que si on désigne par M la quantité totale de chaleur qu'abandonne le corps; par R la portion de cette chaleur émise
par rayonnement, et par A celle qui est enlevée par le contact direct
de l'air, on aura :

$$M = R + A.$$

Chaleur émise par rayonnement. — La quantité de chaleur émise par
rayonnement, par mètre carré et par heure, est indépendante de la
forme et de la grandeur du corps, pourvu que sa surface n'ait pas de
parties rentrantes; elle ne dépend que de la nature de la surface, de
l'excès de sa température sur celle de l'enceinte et de la valeur absolue
de cette dernière.

D'après les expériences de M. Péclet, la quantité de chaleur R émise
par rayonnement, par mètre carré et par heure, est assez exactement

représentée, dans les circonstances ordinaires de l'emploi des métaux dans les machines, par la formule empirique suivante :

$$R = 124,72 . \; K \, a^{t} \left(a^{T-t} - 1 \right)$$

t est la température de l'enceinte.

T la température de la surface rayonnante.

a une constante égale à 1,0077.

K un nombre qui dépend de la nature du corps et de la surface.

Voici les valeurs de K pour diverses substances :

Pour le cuivre rouge, K = 0,16.	Pour la tôle ordinaire, K = 2,77.
Zinc, K = 0,24.	Tôle oxydée, K = 3,36.
Laiton poli, K = 0,26.	Fonte neuve, K = 3,17.
Tôle polie, K = 0,45.	Fonte oxydée, K = 3,36.

Supposons, par exemple, qu'un tuyau en fonte neuve contienne de la vapeur à $3^{atm}75$ ou à 142°, la température extérieure étant de 15°; la quantité de chaleur qu'il émettra par rayonnement, par mètre carré et par heure, sera :

$$R = 124,72 . \; 3,17 \, (1,0077)^{15} \left((1,0077)^{127} - 1 \right).$$

$$\log. \; (1,0077)^{15} = 15 . \log. 1,0077 = 0,0496.$$

le nombre correspondant est $1,1207 = (1,0077)^{15}$.

On trouve, par la même méthode, $(1,0077)^{127} = 2,625$.

Si on substitue ces deux valeurs dans l'équation ci-dessus, elle donne :

$$R = 720 \text{ calories.}$$

Chaleur transmise par le contact de l'air.— La perte de chaleur provenant du contact de l'air est indépendante de la nature de la surface du corps et de la température de l'enceinte; elle ne dépend que de l'excès de la température du corps sur celle de l'enceinte et de la forme et des dimensions de ce corps. D'après les expériences de **M. Péclet,** cette perte de chaleur, par mètre carré et par heure, serait assez exactement représentée par la formule empirique qui suit :

$$A = 0,552. K. t^{1,233}$$

t représente l'excès constant de la température du corps sur celle de l'enceinte ;

K un nombre qui varie avec la forme et les dimensions du corps.

Pour les cylindres horizontaux à base circulaire,

$$K = 2,038 + \frac{0,0382}{r} ; \quad r \text{ est le rayon.}$$

Pour les cylindres verticaux, le refroidissement dépend, à la fois, de leur hauteur et de leur diamètre, et

$$K = \left(0,726 + \frac{0,0345}{\sqrt{r}}\right)\left(2,43 + \frac{0,8758}{\sqrt{h}}\right),$$

r et h sont respectivement le rayon et la hauteur du cylindre.

Pour les surfaces planes verticales dont h est la hauteur,

$$K = 1,764 + \frac{0,636}{\sqrt{h}}.$$

Supposons que le tuyau en fonte contenant de la vapeur à $3^{atm}75$, dont nous avons parlé ci-dessus, se trouve placé verticalement ; que ce soit, par exemple, le cylindre d'une machine à vapeur, et qu'il ait 2 mètres de hauteur et 0^m80 de rayon.

La chaleur qu'il émettra par suite du contact de l'air sera donnée par les expressions suivantes :

$$K = \left(0,726 + \frac{0,0345}{\sqrt{0,80}}\right)\left(2,43 + \frac{0,8758}{\sqrt{2}}\right) = 2,33 ;$$

$$\text{et } A = 0,552. \, 2,33 \, (127°)^{1,233} = 507 \text{ calories.}$$

La chaleur totale que perdra ce cylindre, par mètre carré et par heure, sera :

$$M = 720 + 507 = 1227 \text{ calories};$$

Et comme la vapeur à 142° qu'il contient possède une chaleur totale de 649 calories par kil., dont 142 resteront dans l'eau qui résultera de la condensation, le poids total de vapeur qui se condensera dans le cylindre par mètre carré de surface et par heure, pour subvenir aux pertes de chaleur, sera de :

$$\frac{1227}{649 - 142} = 2{,}41 \text{ kil.}$$

La perte de chaleur, dont il vient d'être question, par refroidissements des surfaces extérieures des cylindres et tuyaux qui contiennent de la vapeur, est celle qui aurait lieu dans l'air tranquille, par exemple dans le cas où ces tuyaux et cylindres seraient placés dans une chambre fermée et où le renouvellement de l'air en contact avec les corps chauds ne serait dû qu'au mouvement normal résultant des variations de densité des couches directement échauffées par ce contact. Mais, lorsque ces corps sont exposés à un courant d'air qui renouvelle rapidement les couches qui sont en contact avec eux, le refroidissement peut être plus rapide et amener la condensation intérieure d'un quantité un peu plus grande de vapeur.

Lorsque les surfaces chaudes sont mouillées, la condensation peut devenir considérable et l'on retombe plus ou moins dans le cas de la vapeur employée à vaporiser un liquide. Nous avons vu, dans le chapitre précédent, combien le passage de la chaleur de l'intérieur des tuyaux à l'extérieur devenait alors rapide et quelle énorme quantité de vapeur pouvait être, par suite, ramenée à l'état liquide. Il ne paraît pas qu'entre les limites ordinaires d'épaisseur des tuyaux, dans les applications, cette épaisseur ait une grande influence sur les résultats que nous venons d'exposer.

Il faut donc éviter de placer les cylindres et tuyaux de conduite de vapeur dans les courants d'air et surtout en dehors des bâtiments où ils sont exposés à la pluie, quand on tient à économiser la vapeur; à moins de prendre les précautions qui seront naturellement inspirées par la lecture de ce qui va suivre.

                     DES ENVELOPPES.

Quand on veut diminuer la condensation de vapeur dans les cylindres et les tuyaux de conduite qu'elle traverse, on les recouvre de substances peu conductrices de la chaleur que l'on maintient assez ordinairement par une enveloppe en bois formée de douves comme un tonneau.

Pour donner une idée nette du bénéfice que procure cette disposition, nous citerons les résultats des expériences de M. Péclet sur la diminution de la perte de chaleur par les parois des tuyaux que l'on recouvre d'une couche plus ou moins épaisse de coton.

RAYONS des CYLINDRES.	ÉPAISSEUR DE LA COUCHE DE COTON ENVELOPPANTE.							
	0^m00	0^m01	0^m02	0^m03	0^m04	0^m05	0^m10	0^m15
	QUANTITÉS RELATIVES DE CHALEUR TRANSMISE PAR MÈTRE CARRÉ AVEC L'ENVELOPPE, celle que transmettrait la SURFACE MÉTALLIQUE NUE ÉTANT PRISE POUR UNITÉ.							
0^m01	1,000	0,295	0,217	0,183	0,162	0,147	0,114	0,104
0^m02	1,000	0,298	0,213	0,174	0,147	0,129	0,095	0,081
0^m03	1,000	0,298	0,205	0,162	0,138	0,122	0,085	0,070
0^m04	1,000	0,295	0,200	0,159	0,131	0,111	0,078	0,064
0^m05	1,000	0,294	0,198	0,154	0,128	0,111	0,073	0,058
0^m10	1,000	0,290	0,190	0,144	0,117	0,100	0,061	0,047
0^m15	1,000	0,289	0,187	0,140	0,113	0,095	0,057	0,044
0^m20	1,000	0,288	0,184	0,137	0,110	0,093	0,054	0,041

Au-dessus de 0^m20 de rayon, les diminutions de chaleur transmise par unité de surface ne deviennent guère plus sensibles que pour ce rayon.

On voit, d'après ce tableau, qu'un cylindre de 0^m20 de rayon, recouvert d'une couche de coton de 0^m15, n'émettrait plus, par mètre carré de surface, que les 0,041 de la quantité de chaleur qui aurait traversé ses parois si sa surface eût été nue ; quantité de chaleur que l'on peut calculer par la méthode que nous avons exposée ci-dessus. On peut aussi remarquer que la diminution de la perte de chaleur est d'autant plus rapide que les cylindres ont un plus grand diamètre. Cela tient à ce que, en remplaçant la surface de refroidissement des cylindres par celle de l'enveloppe qui est plus grande dans le rapport des rayons extérieurs de ces cylindres à ceux de leurs enveloppes, l'accroissement relatif de surface refroidissante est évidemment plus grand pour les petits cylindres que pour les grands. Au delà de 0^m20 de rayon, la différence de ces accroissements relatifs devient peu sensible.

On peut donc, à l'aide d'une couche épaisse de coton solidement maintenue par une deuxième enveloppe en bois, supprimer presqu'entièrement, dans les conduits de vapeur, la condensation qui résulte du refroidissement extérieur de ces conduits.

Comme le coton peut être remplacé par d'autres subtances peu conductrices, nous indiquerons, d'après M. Péclet, le degré de conductibilité de la plupart de celles qui peuvent être employées à cet usage, celui du coton étant pris pour unité.

Terre cuite.	14,75	Bois de chêne	3,57
Sapin, transmiss. perp. aux fibres.	2,32	Molleton de coton.	1,00
Sable quartzeux.	6,75	Calicot neuf	1,25
Brique pilée en gros grains.	3,47	Laine cardée.	1,10
Craie sèche en poudre	2,15	Molleton de laine.	0,60
Cendres de bois	1,50	Edredon.	0,97
Charbon de bois en poudre	2,00	Toile de chanvre	1,30
Braise de boulanger pilée.	1,45	Papier blanc à écrire	1,07
Coke pulverisé.	4,00	Papier gris non collé	0,85

D'après ce tableau, les substances les plus propres à empêcher la condensation seraient le molleton de laine et le papier gris non collé.

La conductibilité de toutes ces substances croit à mesure qu'elles sont plus humides et il faut, dans les applications, prendre les précautions nécessaires pour les maintenir toujours parfaitement sèches.

DE L'EMPLOI DE LA VAPEUR SURCHAUFFÉE.

On a, depuis longtemps, proposé et essayé l'emploi de vapeur *sur-chauffée*, dans les machines, au lieu de vapeur saturée, mais ce perfectionnement au mode ordinaire d'utiliser l'action de la vapeur ne s'est que fort peu répandu, quoique plusieurs ingénieurs aient eu souvent l'occasion d'en constater les bons effets.

On nomme *vapeur surchauffée*, de la vapeur qui, après sa sortie de la chaudière à l'état de saturation, a reçu, loin du liquide générateur, une nouvelle quantité de chaleur qui a agi sur elle comme sur un gaz permanent, en augmentant son volume ou sa tension, ou de ces deux façons à la fois. Cette vapeur peut alors se refroidir ou être comprimée, jusqu'à une certaine limite, sans se condenser partiellement, comme la vapeur saturée le fait dans ces circonstances.

Les expériences les plus importantes dont nous ayons pu avoir connaissance sur ce sujet, sont encore celles de **M. Hirn**, et nous allons les exposer avec une partie des considérations dont l'auteur les a accompagnées.

Elles ont été faites sur deux machines montées dans la filature de **MM. Haussmann**; l'une, d'une puissance nominale de 112 chevaux, était du système de **Woolf**, à deux cylindres avec chemise de vapeur et condensation, c'était la machine sur laquelle ont été faites les expériences concernant les effets des chemises de vapeur ; l'autre, d'une puissance nominale de 110 chevaux, était à un cylindre sans enveloppe et avec condensation.

Les figures 16, 17, 18, pl. 4, indiquent la disposition des chaudières et appareils de surchauffe pour élever la température de la vapeur, après sa formation, jusqu'à une limite que l'on pouvait faire varier à volonté.

Ces chaudières étaient à trois bouilleurs placés au même niveau et portant de petites voûtes plates en maçonnerie, de façon à établir une espèce de cloison horizontale entre le conduit inférieur des flammes et gaz provenant du foyer et les carneaux supérieurs ; cette cloison, sous le point A, est percée d'ouvertures que l'on peut fermer du dehors avec des clapets N en fonte, ou de toute autre façon et, sous ces ouvertures, on en a pratiqué une autre B dans la sole du conduit inférieur. Cette ouverture B donne accès dans un nouveau conduit qui débouche à la partie inférieure de la chambre de surchauffe M qui est elle-même surmontée d'une espèce de cheminée courbe qui la fait communiquer avec le carneau supérieur ; à l'entrée du carneau on a placé un registre O.

L'appareil de surchauffe consiste en une série de tuyaux droits raccordés par des coudes, comme l'indique la figure, de façon à constituer un seul tuyau replié sur lui-même, d'un grand développement et disposé pour absorber le mieux possible la chaleur des gaz qui traverseront la chambre de bas en haut. Le tuyau F amène la vapeur de la chaudière dans ce serpentin, et le tuyau G, à l'autre extrémité, la conduit directement au cylindre. Des robinets sont disposés pour empêcher, quand on le veut, la vapeur de passer par le serpentin et pour la conduire directement au cylindre.

Quand on ferme les clapets N et qu'on ouvre le registre O, tous les produits de la combustion descendent par l'ouverture B à l'extrémité de la chaudière et traversent la chambre de surchauffe avant d'arriver dans le carneau supérieur. Si la température de la vapeur est trop élevée, on ouvre un peu les clapets N, et les gaz chauds reprennent en partie leur course directe vers le carneau supérieur. Si on veut supprimer complétement le jeu de l'appareil, on ouvre tous ces clapets, et on ferme le registre O ; le passage des produits de la combustion par la chambre de surchauffe se trouve ainsi totalement supprimé.

Il était donc facile, avec une semblable disposition, de régler à volonté la température à laquelle on voulait porter la vapeur avant qu'elle arrivât au cylindre.

Voici un tableau général des résultats obtenus dans ces expériences, et nous ferons observer que chacune a été continuée pendant une journée entière et que les consommations de houille, les quantités d'eau injectées dans les chaudières et dans les condenseurs, ont été mesurées pour tout ce temps, puis réparties par le calcul suivant les indications du tableau; et enfin, que toutes les précautions avaient été prises pour obtenir une évaluation exacte du travail des machines sur l'arbre du volant.

En comparant entre elles les expériences (7, 8, 9 et 10), faites dans les mêmes conditions de tension, de détente, de vitesse des pistons, mais tantôt avec et tantôt sans surchauffe, on voit :

1° Que la machine de Woolf, avec une surchauffe moyenne de $\frac{215° + 235}{2} = 225°$, a donné une économie moyenne de vapeur que l'on peut évaluer ainsi :

Consommation moyenne de vapeur sans surchauffe, par cheval et par heure :

$$\frac{12,30 + 12,30}{2} = 12^{kil}30.$$

Consommation moyenne avec surchauffe :

$$\frac{10^{kil}00 + 9^{kil}28}{2} = 9^{kil}64.$$

Différence. . . . . $2^{kil}66.$

Bénéfice sur la marche sans surchauffe, $\frac{2,66}{12,30} = 0,216.$

Soit 21,6 p. c.

L'économie de combustible a été de :

Consommation moyenne sans surchauffe , par cheval et par heure :

$$\frac{1^{kil}92 + 2^{kil}11}{2} = 2^{kil}015.$$

Tableau général des expériences de M. Hirn sur les effets de la vapeur saturée et de la vapeur surchauffée.

ESPÈCE DE MACHINE. MACHINE A UN CYLINDRE SANS CHEMISE DE VAPEUR = 1C. — MACHINE A DEUX CYLINDRES AVEC CHEMISE DE VAPEUR = 2C.	NOMBRE DE COUPS DE PISTON de la machine par minute.	DÉTENTE. — RAPPORT DU VOLUME avant au volume après la DÉTENTE.	PRESSION DANS LA CHAUDIÈRE.	PRESSION DANS LE CYLINDRE — AVANT LA DÉTENTE.	PRESSION DANS LE CYLINDRE — APRÈS LA DÉTENTE.	PRESSION APRÈS LA CONDENSATION.	PRESSION DANS LE CONDENSEUR. ENVIRON.	TRAVAIL PRATIQUE EN CHEVAUX.	VAPEUR DÉPENSÉE PAR CHEVAL ET PAR HEURE.	HOUILLE BRULÉE PAR CHEVAL ET PAR HEURE.	POIDS D'EAU REJETÉE DU CONDENSEUR PAR COUP DE PISTON.	TEMPÉRATURE DE LA VAPEUR. T surchauffée. t saturée.	TEMPÉRATURE DE L'EAU INJECTÉE DANS LE CONDENSEUR.	TEMPÉRATURE DE L'EAU DE CONDENSATION.
			atm.	atm.	atm.	atm.	atm.		kil.	kil.	kil.			
1re Exp. 1C sans surchauffe	54	1 : 2,5	3,75	2,60	1,20	0,25	0,125	100	14,74	2,88	»	$t = 142°$	»	»
2e Exp. 1C avec surchauffe	54	1 : 2,5	3,75	2,70	1,20	0,20	0,100	110	10,00	1,82	»	$T = 230°$	»	»
3e Exp. 1C sans surchauffe	54	1 : 3,4	4,50	3,35	1 20	0,25	0,125	102	15,64	3,51	11,622	$t = 149°$	8°3	31°3
4e Exp. 1C avec surchauffe	54	1 : 3,4	4,50	3,85	1,10	0,18	0,100	130	9,60	1,77	10,833	$T = 240°$	8°0	29°4
5e Exp. 1C sans surchauffe	54	1 : 5,2	4,50	3,12	0,80	0,17	0,125	»	»	»	11,552	$t = 149°$	8°3	25°4
6e Exp. 1C avec surchauffe	54	1 : 5,2	4,50	3,62	0,70	0,16	0,100	94	9,2	»	10,795	$T = 240°$	8°0	22°3
7e Exp. 2C sans surchauffe	47	1 : 4,3	3,75	3,70	0,81	0,30	0,125	102	12,30	1,92	9,184	$t = 142°$	15°0	41°12
8e Exp. 2C avec surchauffe	47	1 : 4,3	3,75	3,70	»	0,20	0,100	107	10,00	1,60	9,923	$T = 215°$	15°6	37°64
9e Exp. 2C sans surchauffe	47	1 : 4,3	3,75	3,70	0,81	0,30	0,125	102	12,30	2,11	7,819	$t = 142°$	7°6	39°00
10e Exp. 2C avec surchauffe	47	1 : 4,3	3,75	3,70	»	0,20	»	109	9,28	1,54	8,126	$T = 235°$	7°7	34°41
11e Exp. 2C vapeur surchauffée arrivant directement au cylindre. Enveloppe vide	47	1 : 4,3	3,75	3,70	»	0,20	»	88	11,70	»	8,084	$T = 214°$	8°0	34°46
12e Exp. Id. Enveloppe pleine de vap. saturée à 5atm75	47	1 : 4,3	3,75	3,70	»	0,20	»	102	9,52	»	7,172	$T = 225°$	8°2	36°75

Consommation moyenne avec surchauffe :

$$\frac{1^{kil}60 + 2^{kil}54}{2} = 1^{kil}57.$$

Différence. . . . . $0^{kil}445.$

Bénéfice sur la marche sans surchauffe, $\dfrac{0,445}{2,015} = 0,221.$

Soit 22,1 p. c.

2° En comparant les expériences (1 et 2), on reconnaît que le bénéfice de vapeur dû à la surchauffe jusqu'à 250°, dans les conditions de ces expériences sur la machine à un cylindre, s'élève à :

$$\frac{14,74 - 10}{14,74} = 0,3215.$$

Soit 32,15 p. c.

et le bénéfice de combustible à

$$\frac{2,88 - 1,82}{2,88} = 0,368.$$

Soit 36,8 p. c.

3° Dans les deux expériences (3 et 4) sur la même machine, pour une détente de 1 à 3,4 et une surchauffe jusqu'à 240°, le bénéfice de vapeur s'est élevé à :

$$\frac{15,64 - 9,60}{15,64} = 0,386.$$

Soit 38,6 p. c.

et le bénéfice en combustible à :

$$\frac{3,51 - 1,77}{3,51} = 0.4955.$$

Soit 49,55 p. c.

Les expériences (5 et 6) ne sont pas suffisamment complètes pour établir entre elles le même genre de comparaison, mais on reconnaîtra aisément la nature des résultats qu'elles ont dû fournir, par l'analyse que nous ferons plus loin, des effets de la surchauffe.

Quant aux expériences (11 et 12), nous verrons également, un peu plus tard, les conséquences que l'on peut en tirer.

Les principaux effets directs de la surchauffe doivent être évidemment :

1° La vaporisation de l'eau que la vapeur emporte avec elle en sortant de la chaudière ;

2° La dilatation de la vapeur ou l'accroissement de son volume sous la même tension ;

3° Une modification dans la loi qui lie les pressions aux volumes pendant la détente.

Nous allons analyser successivement ces trois faces de la question.

Vaporisation de l'eau mêlée à la vapeur.

Dans une machine sans détente, avec ou sans condensation d'ailleurs, toute l'eau emportée par la vapeur est dépensée en pure perte ; la chaleur qu'elle a reçue depuis son introduction dans la chaudière ne produit aucun résultat utile. Dans une machine à détente, avec ou sans condensation, la chaleur ainsi emportée n'est utilisée qu'en faible partie ; elle est perdue pour toute la portion de course à pression pleine et le peu de vapeur à laquelle elle donne naissance pendant la détente, ne produit encore de travail que par l'expansion qu'elle subit à partir de l'instant où elle est formée jusqu'à la fin de la course. Il y a donc, dans toute machine, une perte de chaleur plus ou moins considérable, inhérente à la dépense d'eau liquide qui accompagne la dépense de vapeur.

La chemise de vapeur présente d'abord l'avantage de retenir cette eau en chemin et de la restituer à la chaudière avec sa température.

A ce point de vue, il est évident que la surchauffe aura des résultats moins économiques dans une machine munie de cette appendice que dans une machine dont le cylindre est exposé à l'action de l'air ou simplement revêtu d'une enveloppe peu conductrice ; mais ces résultats seront néanmoins bien loin d'être nuls pour le premier genre de machine.

Si l'eau qui passe dans l'appareil de surchauffe recevait le complément de chaleur nécessaire pour la réduire en vapeur, d'un foyer particulier, le bénéfice se réduirait à la quantité de chaleur qui eût été perdue avec cette eau, dans l'hypothèse où il faudrait autant de combustible pour la vaporiser dans la chaudière que pour la réduire en vapeur dans l'appareil qui fonctionnerait comme une chaudière supplémentaire. Mais, dans la disposition indiquée par la figure, l'appareil de surchauffe produit le même effet qu'un accroissement de surface de la chaudière, et on sait que, toutes choses égales d'ailleurs, les chaudières produisent généralement d'autant plus de vapeur par kilogramme de combustible, qu'elles présentent une plus grande surface de chauffe. Le bénéfice doit donc être ici plus considérable que celui qui correspondrait seulement à la quantité de chaleur que l'eau emporterait avec elle et qu'elle conserverait sans utilité au sortir du cylindre. Sous ce point de vue, la disposition présente les mêmes avantages dans les machines avec chemise de vapeur que dans celles qui n'en possèdent point.

Dans les bonnes chaudières, la quantité d'eau que la vapeur emporte avec elle étant très-faible, comme nous l'avons vu précédemment, l'avantage de la surchauffe serait très-faible s'il se réduisait à la vaporisation de cette eau et à l'amélioration générale du rendement de vapeur par kilogramme de combustible. Mais, dans les chaudières où cette quantité d'eau est considérable, l'avantage augmente en proportion du poids d'eau enlevée ; l'appareil fonctionne alors comme une véritable chaudière supplémentaire recevant la chaleur du foyer de la chaudière principale. Cependant il pourrait arriver que la surchauffe n'eût plus lieu dans ce cas, et que la chaleur reçue par l'appareil ne fût que suffisante pour vaporiser l'eau qui le traverse, sans la porter à une température supérieure à celle qui correspond à sa tension ; il n'arriverait alors dans le cylindre que de la vapeur saturée qui ne jouirait plus des autres avantages inhérents à la surchauffe et dont nous parlerons tout à l'heure. Il vaudrait mieux, dans ces circonstances, chercher d'abord à remédier à l'inconvénient d'une trop grande dépense d'eau dans la chaudière principale et envoyer la vapeur moins humide dans l'appareil de surchauffe.

Le fait d'un certain accroissement général de production de vapeur par kilogramme de combustible, dans les appareils composés d'une chaudière et d'une conduite de surchauffe, par suite d'une augmentation de la surface de chauffe, doit être soumis à certaines restrictions. Toute chaudière, une fois établie, avec une grille, des carneaux et une cheminée dont les dimensions sont invariables, consomme, le plus utilement possible, un certain poids de combustible. Si on force le feu ou si on le ralentit en dehors de cette consommation normale, on n'obtient plus le même poids de vapeur par kilogramme de combustible ; mais aussi, si cette consommation normale n'est pas atteinte, il y aura bénéfice à activer la combustion, et si elle est dépassée, on trouvera avantage à ralentir le feu.

Or, comme la surchauffe a pour résultat principal de diminuer la dépense de vapeur et par suite la quantité de combustible à brûler sur la grille, il est évident que si elle s'applique à une chaudière *forcée*, l'avantage croîtra plus vite que l'économie de vapeur, et que si elle s'applique à un générateur que l'on ne *chauffe pas assez*, l'avantage de la surchauffe sera plus ou moins diminué par l'aggravation des mauvaises conditions dans lesquelles on produit la vapeur. Il peut se présenter des cas où l'avantage et l'inconvénient se balanceraient réciproquement et où il ne resterait d'autre bénéfice que celui qui tient directement à la surélévation de température de la vapeur. Il ne faut donc pas s'attendre à tirer toujours de la surchauffe le même bénéfice, dans tous les cas de machines de système identique.

La chaudière de la machine de Woolf sur laquelle ont été faites les expériences (7, 8, 9, 10) évaporait moyennement sans la surchauffe,

$$\frac{\frac{1}{2}(12^{kil}30 + 12^{kil}30)}{\frac{1}{2}(1^{kil}92 + 2^{kil}11)} = 6^{kil}104 \text{ d'eau par kilogramme de houille,}$$

plus la petite quantité d'eau qui résultait de la condensation dans la chemise de vapeur et que les expériences, dont nous avons rendu compte lorsqu'il a été question des enveloppes, permettent d'évaluer à 0,094 du poids total de vapeur dépensée. Cette quantité serait donc, par kil. de combustible, de $6^{kil}104 \times 0,094 = 0^{kil}573$ qui rendent néanmoins à la chaudière la chaleur qu'ils possèdent en y rentrant.

Si on veut tenir compte de cette quantité de chaleur restituée à la chaudière par la vapeur condensée dans la chemise de vapeur, on pourra l'évaluer par la méthode suivante :

L'eau d'alimentation de la chaudière était à une température d'environ 11° moyennement; la quantité de chaleur qu'elle avait empruntée et qu'elle restituait en y rentrant à 142°, était donc de 142—11 = 131 calories par kil.

D'autre part, les $0^{kil}573$ de vapeur condensée dans l'enveloppe, avaient emporté 649,8 calories par kil.; la perte réelle de chaleur était donc de 649,8 — 131 = 518,8 calories par kil.; soit 287 calories pour les $0^{kil}573$.

Ces 287 calories, employées à former de la vapeur à $3^{atm}75$ avec de l'eau à 11°, en auraient fourni $\dfrac{287}{649,8 - 11} = 0^{kil}050$. La production de vapeur par kil. de houille sera donc, dans la marche de cette machine sans surchauffe, égale à :

$$6^{kil}104 + 0^{kil}45 = 6^{kil}554.$$

Avec la surchauffe, toute l'eau est vaporisée dans l'appareil, il ne s'en forme point dans l'enveloppe et la production moyenne, par kil. de houille, s'élève à :

$$\frac{\frac{1}{2}(10^{kil} + 9^{kil}28)}{\frac{1}{2}(1^{kil}60 + 1^{kil}54)} = 6^{kil}14.$$

L'appareil de surchauffe a donc sensiblement diminué la puissance générale de vaporisation, ce qui a détruit une partie des bons effets dus à son action directe.

En appliquant le même genre de considérations aux expériences (3, 4) sur la machine à un cylindre, on trouve :

Évaporation sans surchauffe $15^{kil}64$;
Houille brûlée. . . . . . . $3^{kil}51$;

donc, production de vapeur par kil. de houille, $\dfrac{15,64}{3,51} = 4^{kil}456$.

Évaporation avec surchauffe $9^{kil}60$;
Houille brûlée . . . . $1^{kil}77$;

donc, production de vapeur par kil. de houille, $\dfrac{9,60}{1,77} = 5^{kil}423$.

L'accroissement de production de vapeur, par kil. de houille, est ici de :

$$\frac{5,423 - 4,456}{5,423} = 0,178.$$

Soit 17,8 p. c.

La combustion se produisait donc dans de bien meilleures conditions pendant la surchauffe, et la chaudière était forcée quand la machine fonctionnait sans surchauffe.

Le bénéfice total, que nous avons trouvé précédemment pour ces deux expériences, provenait donc à la fois des effets directs de la surchauffe et d'une amélioration dans les conditions essentielles de la combustion.

On peut évaluer de la manière suivante la part qui revient à chacune de ces causes, dans le bénéfice total que nous avons trouvé de 49,55 p. c. sur le combustible.

La consommation, sans surchauffe, est de $15^{\text{kil.}}64$ de vapeur par cheval.

La consommation, avec surchauffe, n'est que de $9^{\text{kil.}}60$.

Différence : $6^{\text{kil.}}04$; bénéfice : $\dfrac{6,04}{15,64} = 0,386$, ou 38,6 p. c.

Cette économie de vapeur, due à l'action directe de la surchauffe, n'eût amené qu'une économie de 38,6 p. c. sur le combustible, si les conditions de production de la vapeur n'avaient pas changé ; la consommation, dans ce cas, eût été de :

$$3^{\text{kil.}}51 - 3^{\text{kil.}}51 . 0,386 = 2^{\text{kil.}}16.$$

De plus, comme nous l'avons vu ci-dessus, le bénéfice de combustible relatif à l'amélioration des circonstances de production, s'est élevé à 0,178, ou 17,8 p. c. ; la consommation par cheval a donc dû diminuer, par cette cause, des 0,178 de $2^{\text{kil.}}16$, ou de $0^{\text{kil.}}384$, et se trouver, par conséquent, réduite à $2^{\text{kil.}}16 - 0^{\text{kil.}}384 = 1^{\text{kil.}}776$; c'est le chiffre fourni par l'expérience.

Le bénéfice total que nous avons trouvé de 49,55 p. c. se subdivise donc ainsi :

Partie correspondante à l'emploi de la surchauffe. .   38,6 p. c.

Partie correspondante aux nouvelles conditions de

vaporisation $\dfrac{0,384}{3,51} = 0,1095$ ou . . . .   10,95 p. c.

Total. . . . .   49,55 p. c.

Dilatation de la vapeur par la surchauffe.

La vapeur d'eau, quand on la porte à une température supérieure à celle qui correspond à sa tension, passe à l'état de gaz et se dilate comme ces derniers.

Nous avons vu, dans les préliminaires de cet ouvrage, que dans ce cas et jusqu'à ce que l'on ait fait des expériences directes sur la loi de dilatation des vapeurs, on pouvait admettre provisoirement que cette loi est la même que celle qui concerne la dilatation de l'air; c'est-à-dire adopter 0,00367 pour coefficient de dilatation.

L'accroissement de volume serait donné alors par la formule

$$V'' = V' \frac{1 + 0,00367.\ T}{1 + 0,00367.\ t} \cdot \text{(A)}$$

dans laquelle :

V'' représente le volume après la dilatation sous pression constante;

V' —   avant la dilatation;

T la température après la dilatation;

t —   avant la dilatation.

Examinons maintenant ce qui se passe lorsque, entre la chaudière et la machine, on place un appareil de surchauffe.

A mesure que la vapeur arrive dans le serpentin, l'eau qu'elle emporte avec elle se vaporise; puis, quand toute cette eau est vaporisée, le volume de vapeur qui a été ainsi accru sans changement de température, s'échauffe, se dilate, et l'augmentation de volume ne cesse que lorsque la vapeur cesse de recevoir de la chaleur.

Si, en même temps, on maintient la machine dans les mêmes conditions de vitesse, de détente et de tension sur le piston, il est évident qu'il n'entrera dans le cylindre qu'un volume de vapeur égal à celui qui y pénétrait avant la surchauffe. Comme, d'autre part, la chaudière et le cylindre sont toujours en libre communication, il ne s'établira entre ces deux capacités que la différence de tension nécessaire pour faire passer de la première dans le second un volume de vapeur égal au volume qu'engendre son piston ; de sorte que la vitesse de la vapeur à la sortie du serpentin sera plus grande qu'à l'entrée, et que le volume de vapeur qui pénètre dans le cylindre sera plus grand que celui qui sort de la chaudière, quoiqu'il n'y ait entre eux que la faible différence de tension nécessitée par les résistances que la vapeur éprouve à se mouvoir dans le tuyau de conduite et dans les passages étranglés des appareils de distribution, quand le robinet d'admission est tout ouvert.

L'effet de la surchauffe, dans ces conditions, se manifeste donc par une économie de vapeur proportionnelle à l'accroissement de son volume dans l'appareil de surchauffe, et non par une modification dans sa tension.

On pourrait, il est vrai, modifier ces conditions ; ainsi, en continuant à faire produire à la chaudière toute la vapeur qu'elle est capable de fournir, sans augmenter la charge de la machine, le bénéfice de la surchauffe se manifesterait par un accroissement de vitesse du piston et une augmentation de travail correspondante ; ainsi encore, en augmentant la charge de la machine pour maintenir la vitesse primitive, l'effet de la surchauffe serait d'augmenter la tension et le travail d'une quantité correspondante à cet accroissement de tension ; enfin, le bénéfice de la surchauffe peut se manifester en augmentant, à la fois, la vitesse, la tension de la vapeur et le travail de la machine. Dans toutes ces circonstances, la tension dans la chaudière est réglée par la tension dans le cylindre et ne l'emporte sur celle-ci que de l'excès indispensable pour produire le mouvement dans le tuyau de communication entre les deux capacités.

On pourrait, à la rigueur, rompre cette solidarité de tension entre la chaudière et le cylindre, en séparant, après chaque coup de piston, le générateur de l'appareil de surchauffe à l'aide d'une soupape, et en élevant ensuite la tension de la vapeur ainsi isolée de sa source, pour la faire travailler à pression pleine et à détente ; mais une telle séparation serait aussi inutile en principe que superflue et difficile à réaliser dans la pratique.

Revenons à l'examen des effets de la surchauffe dans les expériences de M. Hirn.

La machine de Woolf, exp. (7,8,9,10), fonctionnant à $5^{\text{atm.}}75$ sans surchauffe, dépensait moyennement 12$^{\text{kil.}}$30 de vapeur saturée par cheval et par heure, et quand elle fonctionnait avec surchauffe moyenne à 225° dans les mêmes conditions de tension, de détente, de vitesse et d'ouvertures pour le passage de la vapeur, la dépense s'abaissait moyennement à 9$^{\text{kil.}}$64. L'économie de vapeur était donc de 2$^{\text{kil.}}$66 par cheval, ou $\dfrac{2,66}{12,30} = 0,216$, soit 21,6 p. c. De plus, M. Hirn a observé que la température de surchauffe baissait de 10° à 15° dans l'enveloppe, de sorte que la température réelle de la vapeur à l'entrée du cylindre devait atteindre à peine 210°.

L'accroissement de volume dû à la surchauffe, dans l'hypothèse d'une suppression complète de condensation dans le cylindre, devrait être comme 9,64 : 12,30 = 1 : 1,276.

Si on calcule, d'autre part, l'accroissement de volume dû à la surchauffe de 142° à 210°, on trouve, en désignant par V′ le volume des 9$^{\text{kil.}}$64 à 142° :

$$V'' = V' \frac{1 + 0,00367.210}{1 + 0,00367.142} = V'. 1,20 \text{ ou } V' : V'' = 1 : 1,20.$$

Le volume de la vapeur, après la surchauffe, est donc un peu inférieur à celui que l'on dépense sans surchauffe ; mais il faut remarquer qu'il peut y avoir, dans ce calcul, une légère erreur provenant de l'adoption d'un coefficient de dilatation trop faible. D'un autre côté, comme ces calculs sur les volumes de vapeur dépensée avec et sans surchauffe, ne concernant que les volumes à pression pleine, et que les travaux correspondants comprennent le travail à pression pleine et le travail à détente, il suffit d'admettre provisoirement, pour expliquer la différence que nous venons de trouver entre les volumes de vapeur surchauffée et saturée, dépensés pour le même travail, qu'un volume 1 de vapeur saturée, dilatée par surchauffe jusqu'à 1,20, peut produire le même travail qu'un volume 1,276 de vapeur saturée, par une amélioration dans les conditions de détente seulement ; nous verrons plus loin qu'il en est effectivement ainsi, au moins approximativement.

La machine à un cylindre sans enveloppe, exp. (3,4), travaillant à la pression de 4^{atm}50 dans la chaudière, dépensait, par cheval et

par heure, $15^{kil}.64$ sans surchauffe et $9^{kil}.60$ avec surchauffe jusqu'à $240°$.

En déduisant, des $15^{kil}.64$, l'eau emportée à l'état liquide qui est
d'environ 1,5 p. c. ou $0^{kil}.234$, il reste une dépense effective de $15^{kil}.406$
dans la marche sans surchauffe.

L'économie de vapeur due à la surchauffe, est donc de

$$\frac{15,406 - 9,60}{15,406} = 0,38, \text{ ou } 38 \text{ p. c.}$$

Dans l'hypothèse où la tension dans le cylindre et la loi de diminution de pression pendant la détente, n'auraient pas varié dans la
marche avec et sans surchauffe, la dilatation produite par la surchauffe
aurait dû être telle, que le volume de la vapeur fut augmenté dans le
rapport de 9,60 à 15,406 $= 1 : 1,56$.

Si l'on calcule maintenant cette dilatation par la formule ordinaire,
comme ci-dessus, on trouve :

$$V'' = V' \frac{1 + 0,00367.240°}{1 + 0,00367.149°} = V'. 1,216, \text{ ou } V' : V'' = 1 : 1,216.$$

En comparant les résultats obtenus par la surchauffe dans la machine de Woolf et dans cette dernière, on voit :

1° Que dans la machine de Woolf, l'accroissement de travail obtenu par kil. de vapeur, s'explique presque entièrement par le fait
seul de la dilatation normale de la vapeur.

En effet, le rapport du volume de vapeur dilatée au volume de
vapeur saturée qu'il a fallu dépenser pour obtenir le même travail, est
comme 1,20 à 1,276 ; différence 0,076.

La dépense, en vapeur saturée, l'a donc emporté de $\dfrac{0,076}{1,276} = 0,06$,

ou 6 p. c. seulement, sur ce qu'elle aurait dû être, si la détente avait
fourni le même travail dans les deux cas, et si le coefficient de dilatation
adopté était parfaitement exact.

2° Que dans la machine à un cylindre sans enveloppe, le rapport
du volume de vapeur dilatée au volume de vapeur saturée est comme

1,20 : 1,56 ; différence 0,56. De sorte que la dépense en vapeur saturée l'a emporté de $\dfrac{0,56}{1,56} = 0,25$ ou 25° p. c. sur ce qu'elle aurait
dû être dans l'hypothèse d'un travail à détente identique dans les
deux cas et d'une rigoureuse exactitude dans la valeur du coefficient
de dilatation.

Nous verrons plus loin à quoi peut tenir cette énorme différence
entre les quantités de vapeur saturée consommées par les deux machines.

On peut se rendre compte, de la manière suivante, du bénéfice que
peut présenter l'échauffement de la vapeur après sa formation dans la
chaudière, substitué à la production directe, dans cette chaudière,
de la quantité de vapeur nécessaire pour arriver au même volume sous
la même tension dans les deux cas.

Nous prendrons pour exemple les expériences (3,4) sur la machine
à un cylindre.

Sans surchauffe, la dépense de vapeur, par cheval et par heure, est
de 15^{kil}64, qu'il faut réduire à 15^{kil}406, à cause de l'eau qui s'y
trouve mêlée à l'état liquide. Avec la surchauffe à 240°, la dépense se
trouve réduite à 9^{kil}60.

Différence de consommation : 5^{kil}806.

Pour produire ces 5^{kil}806 de vapeur à 4^{atm}5 et à la température
correspondante de 149°, avec de l'eau prise à 11°, il faut, d'après les
expériences de **M. Regnault** que nous avons citées dans les préliminaires :

$$5^{kil}806 \,(606,5 + 0,505.\,149) - 5^{kil}806.\,11° = 5721 \text{ calories.}$$

Pour élever 9^{kil}60 de vapeur, de la température 149° à 240°, il faut,
aussi d'après **M. Regnault**, et comme nous l'avons dit au sujet des capacités calorifiques :

$$9^{kil}60 \,(240° - 149°) \; 0^{cal}475 = 415 \text{ calories.}$$

$0^{cal}475$ est la quantité de chaleur nécessaire pour élever de 1° la
température de 1 kil. de vapeur.

Les quantités de chaleur à dépenser pour arriver au même résultat sont donc comme 415 : 3721 = 1 : 8,96.

Et si on observe que l'appareil de surchauffe fonctionne comme accroissement de surface de chauffe de la chaudière, ce qui tend à augmenter la production de vapeur par kil. de combustible, dans l'hypothèse où la combustion ne serait pas ralentie de manière à modifier les conditions générales de vaporisation, on reconnaîtra que l'économie de vapeur, due à la surchauffe, doit se traduire à peu près tout entière en économie de combustible.

MODIFICATION DE LA LOI DE DÉTENTE

DE LA VAPEUR PAR LA SURCHAUFFE.

Nous avons vu que lorsque la vapeur se détend, dans les machines à deux cylindres, sans recevoir de chaleur des parois du vase qui la renferme, elle se résout partiellement en eau, par suite du refroidissement qu'elle éprouve en augmentant de volume.

C'est en évitant cette condensation que la chemise de vapeur augmente d'une quantité si considérable le travail produit dans la période de détente, et quoique la chaleur ainsi employée à réchauffer la vapeur intérieure soit prise à de la vapeur fournie d'une manière continue par la chaudière, le travail dont elle empêche la perte, compense, et bien au delà, celui qu'elle aurait pu produire directement.

Il était facile de prévoir que la chaleur fournie à la vapeur avant qu'elle produisît son travail, produirait à peu près le même effet que celle qu'elle recevait pendant ce travail ; c'est-à-dire qu'elle empêcherait la condensation, et c'est ce qui est arrivé effectivement ; mais il faut néanmoins rechercher une explication rationnelle et une mesure des effets qui se produisent en cette circonstance, pour en tirer des conséquences applicables à toutes les machines.

Dans les expériences (3,4), sur la machine à un cylindre, l'accroissement de puissance dû à la surchauffe est de 28 chevaux ; mais ce bénéfice n'est pas dû tout entier à l'absence de condensation pendant la détente. La machine, dans les deux expériences, fonctionnait bien dans les mêmes conditions ; la détente, la grandeur des ouvertures de passage de la vapeur, la pression dans la chaudière avaient été maintenues constantes ; mais, par la surchauffe, la densité de la vapeur diminue et par conséquent, sous la même pression et par un même orifice, elle prend une plus grande vitesse, ou, ce qui revient au même, elle n'exige pas la même différence de pression qu'auparavant, entre deux capacités, pour passer de l'une dans l'autre avec la même vitesse ; il résulte de là que pour la même pression dans la chaudière, la pression dans le cylindre devait être plus grande avec la vapeur surchauffée qu'avec la vapeur saturée ; c'est ce qui arrivait effectivement comme l'indique le tableau.

Nous verrons plus loin pourquoi cet abaissement de tension ne se produisait pas dans la machine de Woolf, où l'équilibre des tensions entre la chaudière et le cylindre était presque absolu dans le travail sans surchauffe et ne pouvait guère, par conséquent, être amélioré par la surchauffe.

Dans la machine à un cylindre, le bénéfice de 28 chevaux était donc dû, en partie, à l'accroissement de tension dans le cylindre pendant le travail à pression pleine, et les courbes de tension relevées par M. Hirn sur cette machine indiquèrent, dans plusieurs expériences successives, un accroissement continu de tension dans ce cylindre, à mesure que la température de surchauffe s'élevait, la tension dans la chaudière demeurant constante.

D'autre part, on a obtenu de la machine de Woolf, expériences (7, 8, 9, 10), un accroissement moyen de travail, égal à 6 chevaux, avec une surchauffe moyenne à 225° et avec la même tension initiale dans le cylindre. Le bénéfice est donc dû ici, tout entier, à l'amélioration de la détente et la chemise de vapeur ne doit pas dispenser d'employer la surchauffe.

Les effets d'une augmentation de température de la vapeur après sa formation, sont donc très-variables suivant le système de machine auquel elle s'applique, et avant d'analyser plus complétement ces effets dans les divers systèmes que l'on rencontre dans l'application, il convient d'examiner de nouveau, et d'une manière plus complète que nous ne l'avons fait jusqu'à présent, les principaux modes de détente.

Nous avons vu que les vapeurs, quand on les considère comme des gaz permanents, peuvent se détendre suivant trois modes principaux dépendants des conditions de température dans lesquelles le phénomène s'accomplit :

1° Lorsqu'on ajoute de la chaleur au fluide en quantité suffisante pour maintenir sa température constante, la tension peut, *approximativement*, être considérée comme variant suivant la loi de Mariotte.

2° Lorsqu'on ajoute de la chaleur en quantité strictement suffisante pour maintenir la vapeur à l'état gazeux et de saturation, sa tension peut être considérée comme variant, *approximativement*, suivant la loi admise par M. de Pambour.

3° Lorsque la vapeur se détend sans addition de chaleur, elle se condense en partie, et la pression décroît plus rapidement que dans les deux hypothèses précédentes, mais suivant une loi tout à fait inconnue.

Aucun de ces trois modes n'est connu très-exactement sous sa forme mathématique, nonobstant les formules générales que nous avons données et qu'il ne faut regarder que comme approximatives dans les deux cas qu'elles concernent. Quant au troisième, il n'y a pas eu de tentatives connues, jusqu'aujourd'hui, pour le déterminer, même grossièrement. De plus, on peut affirmer que, s'ils étaient connus avec toute l'exactitude désirable, il serait encore impossible de les appliquer, sans modifications plus ou moins rationnelles, à la théorie de la machine à vapeur. En effet, les organes d'une machine ne peuvent être considérés comme un simple intermédiaire passif entre la puissance motrice et les points où le travail est absorbé par les résistances, lorsque cette puissance motrice est la chaleur; le cylindre, par sa masse et par les frottements du piston, devient à la fois un réservoir et une source de chaleur, et il est impossible de négliger son influence sur la loi de détente, sans tomber dans les plus grossières erreurs.

Autant qu'il est possible de le préjuger d'après les expériences faites et d'après les lois connues de propagation de la chaleur, voici ce qui se passe dans une machine à détente et condensation :

Pendant que la vapeur arrive dans le cylindre, les parois et le piston prennent la température de cette vapeur et, tant qu'elle n'est pas atteinte, une partie de la vapeur se condense et abandonne ainsi la chaleur nécessaire à l'établissement de cet équilibre de température. A l'instant où la détente commence, par suite de la fermeture de la soupape d'admission, les parois et le piston se trouvent en contact avec de la vapeur dont la température baisse en même temps que la tension, et la chaleur qu'ils avaient empruntée, jointe à celle que produit le frottement du piston, repassent progressivement dans le fluide qui se détend ; au point, dans certaines circonstances, de réduire de nouveau en vapeur une partie plus ou moins considérable de l'eau qui s'est formée par la condensation signalée pendant la première partie de la course.

Il en résulte que, *dans aucune machine, la vapeur ne se détend sans recevoir de chaleur*, et que si, par des expériences de physique, on avait déterminé les lois réelles d'expansion de la vapeur dans des conditions de température déterminées, ces lois ne pourraient s'appliquer au calcul du travail dans une machine, à cause des variations inconnues qui doivent se produire dans la température de la partie interne du cylindre.

La seule ressource qui reste, en ces circonstances, est donc d'examiner expérimentalement, et avec le plus de soin possible, les lois empiriques suivant lesquelles s'opère la détente dans les divers systèmes de machines, et de comparer les travaux qui en résultent pratiquement aux résultats des formules que nous avons données, pour reconnaître le choix qu'il convient de faire entre ces formules, ou d'autres plus rationnellement établies, afin de s'écarter le moins possible de la réalité dans les applications. Ainsi, par exemple, dans les expériences de M. Hirn sur la machine de Woolf fonctionnant sans surchauffe avec ou sans la chemise de vapeur, le petit appareil de Watt qui traçait les courbes de tension pendant la détente, indiquait que ces tensions baissaient approximativement suivant la loi des tensions correspondantes aux températures dans les vapeurs, pendant la marche avec chemise de vapeur, s'en écartant un peu en moins au commencement et en plus à la fin de l'opération ; tandis que, pendant la marche sans chemise de vapeur, la tension était toujours inférieure à celle qui correspond à la loi que nous venons de rappeler. Aucune des deux formules n'est donc applicable à ce dernier cas, elles fournissent des résultats trop considérables.

Dans la machine sans enveloppe et à un seul cylindre, au contraire, les tensions baissaient moins rapidement et même étaient supérieures à celles qui eussent résulté d'une détente suivant la loi de Mariotte. Ce dernier fait, assez étrange, a été confirmé plusieurs fois par d'autres ingénieurs et par nous-mêmes, dans des machines à un seul cylindre sans enveloppe avec ou sans condensation, lorsque le piston était en bon état et ne laissait pas passer de vapeur. Il est évident qu'il ne peut se produire lorsqu'une partie de la vapeur, pendant la détente, passe entre le cylindre et un piston en mauvais état, et que l'on peut, dans ce dernier cas, constater des diminutions de pression plus rapides qu'en toute autre circonstance.

Il convient donc d'étudier la détente dans les machines à un ou à deux cylindres, avec ou sans chemise de vapeur, avec ou sans surchauffe de la vapeur et, enfin, avec ou sans condensation ; bien entendu, en bon état d'entretien et ne perdant qu'infiniment peu ou point de vapeur, car toute espèce d'appréciation est illusoire quand on admet la possibilité des fuites autour du piston.

LOIS DE LA DÉTENTE.

DÉTENTE DANS LES MACHINES A DEUX CYLINDRES.

ET A CONDENSATION.

Dans le petit cylindre de ces machines, sauf le cas très-rare où l'on y opère déjà une certaine détente, la vapeur conserve une pression à peu près uniforme dans la partie qui est en communication avec la chaudière, et lorsque les conduits sont assez larges et que la résistance qu'éprouve le piston à se mouvoir est suffisante, cette pression est très-approximativement égale à celle de la chaudière, comme on peut le voir par le tableau des expériences de M. Hirn.

D'autre part, lorsque le piston commence une course, par exemple la course descendante, la partie inférieure du cylindre contient de la vapeur à la pression et à la température qu'elle possédait pendant le travail à pression pleine; puis à mesure que le piston descend, cette vapeur passe dans le grand cylindre, se détend et se refroidit en même temps dans les deux capacités qui la contiennent; mais le volume qu'elle occupe dans le petit cylindre diminue de plus en plus à mesure que sa tension et sa température baissent par suite de son accroissement général de volume, et se trouve extrêmement petit à l'instant où sa température atteint son degré minimum. Il en résulte que les parois de ce petit cylindre ne cèdent que très-peu de chaleur pendant cette détente et que leur température demeure presque constante, si elles sont suffisamment garanties du refroidissement extérieur ; aussi, comme nous le verrons plus loin, il ne se produit que peu ou point de condensation quand de la vapeur nouvelle arrive dans ce cylindre.

Le grand cylindre, au contraire, qui ne reçoit jamais la vapeur venant directement de la chaudière, ne peut s'échauffer qu'aux dépens de la vapeur qu'il reçoit du petit. Lors de la mise en train et pendant un temps plus ou moins long, la vapeur qui passe dans ce cylindre s'y condense en partie jusqu'à ce que la température des parois atteigne sa limite maxima, et, à partir de cet instant, l'expansion doit s'y produire, à peu près, suivant sa loi naturelle, légèrement modifiée en sens contraire, d'une part, par la chaleur que produit le frottement du piston et, d'autre part, par les pertes de chaleur à travers les parois. Nous avons vu que, dans ces conditions, il se produisait une condensation énergique à l'instant où la communication entre les deux cylindres s'ouvrait et que, pendant tout le reste de la course, les tensions n'atteignaient jamais la limite correspondante à la loi qui lie les tensions aux températures dans les vapeurs saturées.

Si on observe encore que dans la brusque détente qui s'opère dans le grand cylindre au commencement de la course, il n'y a point de travail produit, on reconnaîtra que le travail théorique de la vapeur dans les machines de cette espèce, est loin d'être égal à celui qui serait calculé *à priori* par la formule de M. de Pambour et que, à défaut d'une autre formule donnant directement des résultats plus rapprochés de ceux de la pratique, il faut au moins retrancher quelque chose au travail obtenu à l'aide de cette formule.

En admettant comme point de départ de cette correction, au moins jusqu'à informations plus complètes, les expériences de M. Hirn sur l'effet des enveloppes de vapeur, et la valeur moyenne des frottements dans les machines sur laquelle nous reviendrons plus tard, nous pensons que pour avoir d'une manière un peu approchée le travail théorique transmis aux deux pistons dans les machines de cette espèce, on ne peut guère retrancher moins de 15 à 20 p. c. aux résultats trouvés par la formule de M. de Pambour.

Nous admettrons donc que : *Dans les machines à deux cylindres, à détente jusqu'à quatre ou cinq fois le volume primitif de la vapeur et à condensation, le travail absolu d'une course peut être déterminé par la formule (K, page 102), en retranchant 15 à 20 p. c. au travail obtenu à l'aide de cette formule, même lorsque les cylindres sont recouverts d'une enveloppe peu conductrice de la chaleur.*

Lorsque les cylindres sont revêtus d'une chemise de vapeur qui fournit de la chaleur perdant la détente et supprime ou, au moins, diminue considérablement la condensation, la tension décroît moins rapidement, et nous avons vu que, inférieure à ce qu'elle eût été en suivant la loi de M. de Pambour, au commencement de la course, elle devenait supérieure à la fin. En admettant qu'il y ait approximativement compensation entre ces deux écarts, comme M. Hirn l'a constaté, la formule (K) pourrait être appliquée sans modification à ce genre de machine.

Donc, *dans les machines à deux cylindres, à détente jusqu'à quatre ou cinq fois le volume primitif de la vapeur, à condensation et dont les cylindres sont revêtus d'une chemise de vapeur, le travail absolu que la vapeur transmet aux pistons en une course peut être évalué approximativement, à l'aide de la formule (K) de M. de Pambour.*

Lorsque l'on surchauffe la vapeur sans la faire passer dans l'enveloppe avant qu'elle arrive au cylindre, comme dans l'expérience (11e), où la surchauffe s'élevait à 214° et où l'enveloppe, pleine d'air, demeurait inactive, on obtient des résultats qui tiennent une espèce de milieu entre ceux dont nous venons de parler.

Dans les expériences sur l'effet des chemises de vapeur, la machine donnant quarante-sept coups de pistons par minute et recevant la vapeur saturée dans le petit cylindre à la tension de $3^{atm.}75$, produisait un travail utile de 79,50 chevaux, lorsque l'enveloppe ne fonctionnait pas. Dans l'expérience n° 11, la même machine fonctionnant, sans que l'on utilisât son enveloppe, avec de la vapeur surchauffée jusqu'à 214°, sous la tension à peu près égale de $3^{atm.}70$ dans le petit cylindre et à la même vitesse, produisait un travail utile de 88 chevaux. Le bénéfice dû à la surchauffe en travail utile par coup de piston, était donc

$$\text{de } \frac{88 - 79,5}{88} = 0,0955,$$

soit 9,55 pour cent du travail total.

Il faut remarquer que le bénéfice en vapeur dépensée était plus considérable, car la dépense, sans surchauffe, s'élevait à 0^{kil}.4355 de vapeur par coup de piston, comme nous l'avons vu précédemment, tandis qu'avec surchauffe jusqu'à 214°, elle ne s'élevait, d'après le tableau, qu'à :

$$\frac{11^{kil}.70.88^{cb.}}{47.60} = 0^{kil}365;$$

Soit une économie de $\dfrac{0,4355 - 0,365}{0,4355} = 0,16;$

Soit 16 pour cent.

Lorsque la même machine, comme dans l'expérience n° 12, fonctionnait avec de la vapeur surchauffée jusqu'à 225° et que l'enveloppe recevait par un tuyau particulier de la vapeur saturée à 3^{atm}.75, son travail utile pour la même vitesse et la même tension dans le petit cylindre, s'élevait à 102 chevaux utiles.

Sans surchauffe, avec de la vapeur saturée à la même tension dans le petit cylindre (expér. 7 et 9), et en utilisant la chemise de vapeur dans les mêmes conditions, le travail utile obtenu était également de 102 chevaux.

Il résulte de là que le travail utile dans un coup de piston peut se calculer à l'aide de la même formule, qu'il y ait ou non surchauffe de la vapeur, lorsque la chemise est alimentée avec de la vapeur saturée, et que tout le bénéfice de la surchauffe se traduit en économie de vapeur.

Donc, *dans les machines à deux cylindres, à détente jusqu'à quatre ou cinq fois le volume primitif de la vapeur, alimentées avec de la vapeur à trois ou quatre atmosphères surchauffée jusqu'à 225° à 250°, et avec chemise entretenue pleine de vapeur saturée, le travail absolu de la vapeur, dans un coup de piston, peut être approximativement déterminé à l'aide de la formule (K) de M. de Pambour.*

On peut évaluer de la manière suivante le bénéfice de vapeur dû à la surchauffe, par coup de piston, dans l'expérience que nous venons de citer.

Dans les expériences 7 et 9, la consommation moyenne de vapeur par cheval était de 12^{kil}.30 ;

Dans l'expérience 12, la consommation était de $9^{kil.}52$.

$$\text{Soit par coup de piston}\begin{cases} \text{dans le premier cas } \dfrac{12,50.102}{47.60} = 0^{kil.}444. \\[2ex] \text{dans le deuxième cas } \dfrac{9,52.102}{47.60} = 0^{kil.}344. \end{cases}$$

Bénéfice $\dfrac{0,444 - 0,344}{0,444} = 0,225$, ou $22,5$ *pour cent*.

Soit maintenant V le volume occupé dans le petit cylindre par les $0^{kil.}344$ de vapeur surchauffée à $225°$, ou par les $0^{kil.}444$ de vapeur saturée à $142°$.

Les $0^{kil.}344$ refroidis jusqu'à $142°$ et maintenus à la même tension de $3^{atm}70$, eussent occupé un volume de :

$$V \frac{1 + 0,00567.142°}{1 + 0,00567.225°} = 0,827. V;$$

donc, pour emplir la capacité du petit cylindre avec cette vapeur refroidie et ramenée à l'état de saturation, il faudrait en fournir un poids plus considérable que $0^{kil.}344$ dans le rapport de $0,827$ à 1, soit :

$$0^{kil.}344 \, \frac{1}{0,827} = 0^{kil.}416.$$

Ce chiffre n'est que peu inférieur à celui de $0^{kil.}444$ qui a été fourni effectivement dans la marche sans surchauffe, de sorte que le bénéfice de cette surchauffe est presque exactement proportionnel à la dilatation qu'elle produit dans la vapeur que l'on consomme.

Lorsque la vapeur surchauffée traverse la chemise de vapeur avant d'arriver au petit cylindre, comme dans les expériences 8 et 10, où le travail moyen s'est élevé à 108 chevaux, les conditions de la détente s'améliorent encore, puisque ce surcroît est obtenu sans modification du travail à pression pleine.

Dans ces deux expériences, la vapeur surchauffée moyennement jusqu'à $225°$, était d'abord un peu refroidie dans l'enveloppe, puis dans les passages étroits qu'elle franchissait pour arriver dans le cylindre, de sorte qu'il en entrait un peu plus dans ce cylindre que si elle y était arrivée directement avec sa température de 225°; puis l'inconvénient direct de ce refroidissement disparaissait pendant la détente, la vapeur intérieure étant plus énergiquement réchauffée que lorsque l'enveloppe ne contenait que de la vapeur saturée. Il n'y avait alors aucun bénéfice sur la consommation de vapeur par cheval, mais la puissance de la machine, pour la même vitesse et la même tension initiale de vapeur, était augmentée dans le rapport de 102 à 108, en moyenne;

$$\text{Soit } \frac{108 - 102}{108} = 0,0555, \text{ ou } 5,55 \text{ } pour \text{ } cent.$$

Donc, dans les machines à deux cylindres, fonctionnant dans les conditions que nous avons posées ci-dessus, le travail absolu de la vapeur dans un coup de piston, peut être calculé, approximativement, par la formule (K) de M. de Pambour, en augmentant de quelques centièmes les résultats obtenus.

De toutes les considérations qui précèdent, il ressort évidemment que la chemise de vapeur ne peut, en aucun cas, être regardée comme inutile, même lorsque l'on surchauffe la vapeur, et ce singulier appendice augmente toujours notablement l'effet utile que l'on peut tirer d'un poids donné de combustible, lorsque la vapeur qu'il renferme est à une température supérieure à celle de la vapeur qui produit du travail dans le cylindre intérieur.

DÉTENTE DANS LES MACHINES A UN CYLINDRE.

Dans les machines à un seul cylindre, le travail à pression pleine et le travail à détente s'opèrent dans le même récipient. Tant que la vapeur arrive de la chaudière, il faut que toutes les parties du cylindre qui se trouvent en contact avec elle, pendant cette période, prennent sa température; de sorte que l'ensemble de ce cylindre doit se trouver à une température moyenne bien supérieure à celle du grand cylindre de la machine de Woolf fonctionnant sans enveloppe, et il en doit résulter de graves modifications dans la loi suivant laquelle s'opère la détente.

Dans les expériences (1, 2, 3, 4) de M. Hirn sur une machine de cette espèce, sans enveloppe, fonctionnant, tantôt avec vapeur saturée, tantôt avec vapeur surchauffée, on remarque :

1° Que, dans tous les cas, la différence de tension entre la chaudière et le cylindre est bien plus grande que dans la machine de Woolf ;

2° Que cette différence de tension diminue quand on emploie la vapeur surchauffée ;

3° Qu'à la fin de la détente, dans la marche avec vapeur saturée, la tension est supérieure à celle qui serait calculée d'après la loi de Mariotte ; tandis qu'avec vapeur surchauffée cette tension est à peu près égale à celle qui correspondrait à la raison inverse des volumes, parfois même plus petite ;

4° Que la consommation de vapeur est bien plus grande dans la marche avec vapeur saturée, qu'elle ne devrait l'être si le bénéfice de la surchauffe se réduisait à l'accroissement de volume de la vapeur employée.

Cette diminution brusque de pression de la vapeur, à son entrée dans le cylindre unique des machines ordinaires, est un fait que l'on peut considérer comme général, dans les conditions de diamètres des conduits et de dimensions des ouvertures de tiroirs actuellement employés ; rarement cette perte de tension s'abaisse au-dessous de 1/2 atmosphère et elle s'élève très-fréquemment beaucoup au-dessus, même avec les soupapes modératrices, ou robinets régulateurs, tout ouverts. Ce phénomène, quand les passages de la vapeur ne sont pas trop rétrécis, ne semble pouvoir s'expliquer que par une condensation très-rapide de la vapeur à l'instant où elle pénètre dans le cylindre, et il est généralement d'autant plus prononcé que la partie de la course du piston fournie à pleine pression est plus petite. Cette condensation, dont nous donnerons tout à l'heure d'autres preuves, peut être constatée à simple vue dans les machines de cette espèce fonctionnant avec vapeur saturée ; car la vapeur qui s'échappe transparente par les fissures des conduits, s'échappe blanche, brumeuse et visiblement chargée d'eau par la garniture d'étoupes que traverse la tige du piston ; tandis qu'elle est aussi transparente lorsqu'elle s'échappe par la garniture de la tige du petit piston dans les machines de Woolf à enveloppe. Lorsque les machines à un cylindre et à détente travaillent avec vapeur surchauffée, il ne se produit, à la vérité, plus d'eau dans le cylindre, mais celui-ci perd encore assez de chaleur dans la période de détente et de condensation, pour produire une contraction très-marquée dans la vapeur, pendant la course à pression pleine ; dans ce cas aussi, cette contraction est plus énergique quand on ne laisse entrer la vapeur dans le cylindre que pendant une faible partie de la course, ce que M. Hirn affirme avoir constaté dans des expériences faites dans ce but sur la machine à un cylindre dont il est question.

Pour prouver, à l'aide du calcul, la condensation dans le cylindre pendant la portion de course à pression pleine, quand on emploie de la vapeur saturée, choisissons, par exemple, les expériences 3 et 4 faites dans les mêmes conditions de détente, de tension dans la chaudière et d'ouverture de tous les passages de vapeur.

Avec vapeur saturée, la dépense s'est élevée à $15^{kil.}64$ par cheval et par heure, et à $9^{kil.}60$ avec vapeur surchauffée à $240°$; la tension dans le cylindre étant de $3^{atm.}35$ dans le premier cas et de $3^{atm.}85$ dans le second, le nombre de coups de piston étant de 54 par minute dans les deux cas, et le travail, respectivement, de 102 et de 130 chevaux.

Le poids de vapeur saturée, par coup de piston, était donc de :

$$\frac{15^{kil.}64 \cdot 102^{ch.}}{54 \cdot 60''} = 0^{kil.}4922 ;$$

Le poids de vapeur surchauffée, de :

$$\frac{9^{kil.}60 \cdot 130^{ch.}}{54 \cdot 60''} = 0^{kil.}3852.$$

Ce poids de $0^{kil.}3852$ occupe, dans le cylindre, le même volume V que le poids $0^{kil.}4922$ de vapeur saturée. Si on le suppose refroidi de $240°$ à $138°$ qui est la température correspondante à $3^{atm.}35$, puis ramené à cette tension de $3^{atm.}35$, de façon à le reconstituer à l'état de vapeur saturée, le volume V deviendra :

$$V \frac{1 + 0,00367 \cdot 138°}{1 + 0,00367 \cdot 240°} \times \frac{3^{atm.}85}{3^{atm.}35} = 0,92\ V ;$$

donc, les 0,92 de V, en vapeur saturée à $3^{atm.}35$, ne pèseraient que $0^{kil.}3852$ et le volume V de cette vapeur pèserait :

$$0^{kil.}3852 \frac{100}{92} = 0^{kil.}4187.$$

Ainsi, dans l'hypothèse où il n'y aurait point de fuites autour du piston, on n'aurait dû dépenser par course que $0^{kil.}4187$ de vapeur, tandis qu'on en a dépensé en réalité $0^{kil.}4922$; donc, la différence $0^{kil.}0735$ s'est condensée; soit une fraction de la dépense totale égale à :

$$\frac{0,0735}{0,4922} = 0,15, \text{ ou } 15 \ pour \ cent.$$

En admettant, comme nous avons fait précédemment, que la vapeur emporte avec elle 1,5 *pour cent* d'eau liquide, la condensation se réduirait à 13,5 *pour cent*. Mais il faut remarquer que ce chiffre n'est qu'un minimum, parce que s'il existait des fuites autour du piston, elles ont dû être bien plus prononcées avec la vapeur surchauffée qu'avec la vapeur saturée, ce qui a diminué la différence que nous avons signalée entre les dépenses de vapeur dans les deux cas.

Les considérations suivantes tendraient à prouver qu'il y avait effectivement quelques fuites autour du piston, ou que les densités tabulaires des vapeurs sont trop faibles, comme nous avons eu déjà l'occasion de le supposer.

D'après M. Hirn, le piston de cette machine avait $0^{m2}28$ de section et $1^{m}80$ de course; la détente, dans les deux expériences dont il s'agit, commençait à $\dfrac{1}{3,4}$ de la course ; soit $\dfrac{1,80}{3,4} = 0^{m}53$ de course à pression pleine. En admettant que les espaces libres fussent équivalents à une longueur de cylindre de $0^{m}06$, la hauteur occupée par la vapeur au commencement de la détente serait de $0^{m}59$, ce qui représente un volume de vapeur égal à $0^{m2}28 \times 0,59 = 0^{m3}1552$.

Or, d'après les tables de densité, 1 kilog. de vapeur à $3^{atm.}55$ occupe un volume d'environ $0^{m3}5564$; les $0^{m3}1552$ pèseraient donc, dans ce cas, $\dfrac{0,1552}{0,5564} = 0^{kil.}2789$, si les tables sont exactes.

Si ce même volume de vapeur était pris à $3^{atm.}85$, tension à laquelle 1 kilog. occupe un volume de $0^{m3}4910$ environ, il pèserait :

$$\frac{0,1552}{0,4910} = 0^{kil.}3151.$$

Enfin, ces $0^{m3}1552$ de vapeur saturée à $3^{atm.}85$, qui pèsent $0^{kil.}3151$ à leur température normale, qui est de 149°, ne pèseront, quand ils seront portés à la température de 240°, que :

$$0^{kil.}3151 \; \frac{1 + 0,00367 \cdot 149°}{1 + 0,00367 \cdot 240°} = 0^{kil.}2591.$$

Dans la marche avec vapeur surchauffée, la dépense effective était de $0^{kil.}3852$ et, d'après ces calculs, elle n'aurait dû être que d'environ $0^{kil.}2591$; donc, les fuites, dans cette hypothèse, se seraient élevées à :

$$\frac{0,3852 - 0,2591}{0,3852} = 0,326, \text{ ou } 32,6 \; pour \; cent ;$$

mais comme la vapeur a dû subir un refroidissement notable à son entrée dans le cylindre, la contraction correspondante à ce refroidissement a eu pour effet de faire tenir un plus grand poids de vapeur dans la capacité offerte, et il n'est pas nécessaire de supposer des fuites aussi considérables pour expliquer l'accroissement de dépense signalé. Toutefois, même en supposant que le refroidissement eût été assez grand pour ramener la vapeur surchauffée à l'état de saturation, il faudrait encore supposer des fuites pour expliquer la différence entre la dépense théorique et la dépense pratique qui se serait alors élevée à $0^{kil.}3852 - 0^{kil.}3151 = 0^{kil.}0701$, ou $\dfrac{0,0701}{0,3852} = 0,18$, ou $18 \; pour \; cent$, dans l'hypothèse de l'exactitude des tables ; mais un semblable abaissement de température est peu probable.

D'autre part, en admettant encore, ce qui est certes bien exagéré, que le poids de vapeur qui passait autour du piston dans la marche avec vapeur saturée, fût égal au poids maximum des pertes avec vapeur surchauffée que nous venons de trouver égal à

$$0^{kil.}3852 - 0^{kil.}2591 = 0^{kil.}1261,$$

la quantité de vapeur employée à pression pleine eût été de :

$$0^{kil.}2789 + 0^{kil.}1261 = 0^{kil.}4050,$$

tandis qu'en réalité la dépense a été de $0^{kil.}4922$; donc, dans cette hypothèse, il se serait condensé $0^{kil}.4922 - 0^{kil}.4050 = 0^{kil}.0872$;

$$\text{soit } \frac{0,0872}{0,4922} = 0,177, \text{ ou } 17,7 \text{ *pour cent*.}$$

Si les tables de densité sont exactes, la condensation devait notablement dépasser ce chiffre ; mais, encore une fois, les tables peuvent être inexactes.

Il y a donc, dans les machines à un cylindre sans chemise de vapeur, une condensation très-énergique au commencement de la course du piston quand elles fonctionnent avec de la vapeur saturée, et c'est à cette condensation qu'il faut attribuer la lenteur du décroissement de la tension pendant la détente, qui est accusée par les expériences 1, 3, 5. Dans ces expériences, la tension après la détente est notablement supérieure même à celle qui résulterait de l'application de la loi de Mariotte, soit que l'on ne détende que jusqu'à 2,5 fois le volume primitif de la vapeur, soit que l'on pousse la détente jusqu'à 3,4 et même 5,2 fois ce volume primitif.

L'eau qui résulte de cette condensation, pendant le travail à pression pleine, et qui est à la température initiale de la vapeur, se transforme plus ou moins complétement en vapeur pendant la détente, par suite du décroissement de pression sur sa surface, à l'aide de la chaleur en excès que contient la partie qui reste liquide, de la chaleur qu'elle enlève aux parois du cylindre et de celle que fait naître le frottement du piston. Le refroidissement du cylindre, provoqué par cette vaporisation progressive sur place et augmenté par la continuation du phénomène pendant le passage de la vapeur dans le condenseur, amène au commencement de la course suivante une nouvelle condensation qui reproduit les mêmes effets, et ainsi indéfiniment.

On voit, d'après cela, que les machines sans enveloppe doivent fournir généralement *au moins autant de travail par coup de piston* que les machines dans lesquelles on prévient plus ou moins complétement la condensation intérieure à l'aide d'une chemise de vapeur ; mais cet accroissement d'effets dû à l'influence de la masse du cylindre est fort chèrement acheté. C'est la chaudière qui doit fournir la vapeur qui se condense ainsi, et qui, d'abord neutralisée complétement pendant le travail à pression pleine, ne redevient vapeur qu'en faible partie pendant la détente, à une époque plus ou moins rapprochée de la fin de cette détente et pendant la décharge dans le condenseur ; on ne retire donc de cette vapeur qu'une fraction très-petite du travail qu'elle eût pu produire en se comportant comme celle qui ne s'est point condensée. Il résulte de là que l'effet de la chemise de vapeur doit se manifester par une économie de vapeur ou de combustible et non par un accroissement de puissance de la machine quand on ne la laisse pas prendre une plus grande vitesse.

Quand on emploie de la vapeur surchauffée dans les machines de cette espèce, il n'y a plus de condensation pendant la partie de la course correspondante à la pression pleine, et la tension, pendant la détente, diminue un peu plus rapidement que quand la vapeur est saturée, comme l'indiquent les expériences (2, 4, 6): La pression baisse alors à peu près suivant la loi de Mariotte, et il faut admettre dans ce cas que la chaleur développée par le frottement du piston et celle que le cylindre a reçue pendant la première partie de la course, suffisent pour empêcher un refroidissement de la vapeur aussi considérable que celui qui résulterait naturellement de son accroissement de volume.

Lorsque les machines à un seul cylindre sont munies d'une chemise de vapeur et fonctionnent avec vapeur saturée, les parois internes du cylindre se refroidissent encore pendant la détente et surtout pendant la décharge dans le condenseur ; le réchauffement par l'enveloppe ne suffit pas pour empêcher complétement cet effet, et il en résulte au commencement de chaque course une condensation pour réchauffer les parois. Cette condensation est aussi suivie d'une vaporisation spontanée dans le cylindre pendant la détente et, quoique la quantité de vapeur qui se condense ainsi soit bien plus petite que quand il n'y a point de chemise, il en résulte à peu près les mêmes effets, parce que si d'un côté la vaporisation spontanée est notablement diminuée, de l'autre la chaleur constamment fournie par la vapeur de l'enveloppe soutient la pression, de sorte que ces deux causes réunies produisent à peu près les mêmes effets que la condensation énergique dans les machines sans enveloppe.

Les expériences rapportées par M. Combes dans son *Traité d'exploitation des mines*, indiquent, comme celles de M. Hirn, que les tensions pendant la détente suivent *approximativement* la loi de Mariotte, que les machines soient, ou non, revêtues d'une chemise de vapeur, quand elles fonctionnent avec vapeur saturée, et que si elles s'écartent un peu de cette loi, c'est dans le cas de l'emploi de l'enveloppe où elles semblent décroître un peu moins rapidement.

Dans les machines à un cylindre sans condensation, les tensions décroissent aussi, pendant la détente, un peu moins rapidement que suivant la loi de Mariotte, d'après quelques expériences rapportées par M. Combes et par d'autres auteurs. On peut regarder comme très-probable que, dans ces machines, les parois intérieures du cylindre sont moins refroidies pendant la décharge de la vapeur que dans les machines à condensation, parce que la vapeur ne s'abaisse pas jusqu'à la même tension, ni jusqu'à la même température inférieures; de sorte que la température moyenne du cylindre y reste plus élevée, qu'il s'y condense moins de vapeur au commencement de la course et que la vaporisation spontanée pendant la détente, favorisée par la plus haute température du cylindre, maintient la tension comme l'eût pu faire une vaporisation plus considérable dans un milieu à une plus basse température.

Les expériences assez nombreuses que nous avons faites nous-mêmes sur des machines à un seul cylindre, avec ou sans condensation, et celles dont quelques ingénieurs nous ont communiqué les résultats, confirment les résultats qui précèdent. Dans ces expériences, trop nombreuses pour être rapportées en détail, l'indicateur de Watt a tracé des courbes de tension, variables d'une machine à l'autre, mais cependant oscillant entre des limites assez resserrées de part et d'autre de la courbe correspondante aux décroissements des tensions suivant la loi de Mariotte. Dans quelques cas, ces courbes se sont rapprochées de celle qui correspondait à la loi de M. de Pambour et même ont accusé des diminutions de tension bien plus rapides encore; mais cela tenait sans doute au mauvais état de la garniture du piston qui laissait passer de la vapeur pendant la détente; du moins nous avons pu le constater dans plusieurs circonstances.

La formule qui sert à calculer le travail de la détente, supposé s'accomplir suivant la loi de Mariotte, fournit donc moyennement, pour les machines à un cylindre en bon état, des résultats plus exacts que celle de M. de Pambour, et nous la regardons comme devant être préferée à cette dernière, au moins jusqu'à ce que l'on ait recueilli suffisamment de renseignements sur l'acte même de la dé-tente, pour construire une autre formule qui soit plus apte à tenir compte de tous les éléments qui ont une influence sur le résultat final.

Donc, provisoirement et jusqu'à plus amples informations, *nous regarderons le travail à pression pleine et à détente, dans les machines à un seul cylindre, avec ou sans chemise de vapeur et avec ou sans condensation, comme pouvant être évalué approximativement et à priori, par la formule (B pag. 102), basée sur le décroissement de la tension suivant la loi de Mariotte.*

RENSEIGNEMENTS PRATIQUES

SUR L'EMPLOI DE LA VAPEUR SURCHAUFFÉE.

Lorsque la vapeur saturée passe de la chaudière dans le cylindre d'une machine, elle emporte toujours un peu d'eau avec elle, puis se condense contre toutes les surfaces dont la température est un peu inférieure à la sienne. L'eau ainsi emmenée ou formée sur place mouille les surfaces frottantes, ferme comme un enduit gras les passages peu considérables et supprime les fuites autour des pistons, sous les tiroirs ou sous les soupapes ; de plus, elle gonfle les étoupes des garnitures de tiges de pistons et les rend plus propres à empêcher la vapeur de passer. La vapeur surchauffée, au contraire, est un gaz essentiellement sec qui se fraie, et en grande quantité, un passage à travers des joints très-suffisants pour retenir la vapeur saturée ; de plus, à cause de sa température, elle sèche les étoupes et peut les brûler, si on ne prend quelques précautions pour éviter cet inconvénient. Il n'est donc pas étonnant que plusieurs essais d'application de la vapeur surchauffée n'aient conduit qu'à des résultats insignifiants ou même négatifs ; c'est parce que les fuites faisaient perdre le bénéfice de la surchauffe et même davantage.

M. Hirn, qui a pu examiner attentivement plusieurs machines fonctionnant avec vapeur surchauffée, a fait, sur ces machines, les observations suivantes :

Les garnitures des tiges de pistons, en étoupes ordinaires, peuvent durer de deux à trois mois, lorsque la température de la vapeur surchauffée ne dépasse pas 250° centigrades, lorsque les tiges se meuvent bien en ligne droite et que les collets fixes et mobiles, qui servent à comprimer les étoupes, s'approchent autant que possible de ces tiges et même les touchent légèrement ; il faut aussi graisser un peu plus souvent que quand on emploie la vapeur saturée. Sans ces précautions très-simples, une garniture peut être mise hors de service en une demi-journée.

Quant aux garnitures de pistons, elles doivent être métalliques, à deux étages de segments et non formées d'une seule pièce annulaire coupée en un point de sa circonférence ; toutes les précautions doivent être prises pour que la graisse qui se durcit, ne les empêche pas de fonctionner, car dès que la vapeur surchauffée se fraie un passage dans les parties internes d'un piston ou entre les segments et le cylindre, tout graissage devient impossible, les substances grasses sont emportées par cette vapeur. Les graisses doivent être de bonne qualité et employées en plus grande quantité que lorsque les machines fonctionnent avec vapeur saturée. M. Hirn a constaté qu'un piston qui avait fonctionné sans apparence de détérioration pendant quinze mois, avec vapeur surchauffée, avait été mis hors de service après quinze jours de graissage avec un mauvais suif et, chose remarquable, ce même piston qui ne tenait plus la vapeur chaude, *fonctionnait encore parfaitement avec la vapeur saturée.*

Il est facile de constater les fuites de vapeur surchauffée dans les machines à condensation.

Nous avons vu, dans les expériences rapportées ci-dessus, que la température des eaux de condensation, quand on surchauffait la vapeur était plus basse, et le vide plus complet, que lorsqu'on employait la vapeur saturée, pour la même injection d'eau froide dans le condenseur ; nous montrerons encore, dans le chapitre spécial de la condensation, qu'il en doit toujours être ainsi. C'est donc par la température des eaux de condensation que l'on constatera l'existence des fuites. Si cette température s'élève au même degré ou à un degré supérieur à celui que l'on a trouvé dans la marche avec vapeur saturée, c'est que les fuites sont devenues trop considérables et il faut, ou réparer le piston, ou renoncer à la vapeur surchauffée.

Dans tous les cas, les machines destinées à fonctionner avec vapeur surchauffée doivent être construites avec un soin particulier et être entretenues avec la plus extrême vigilance.

RÉSUMÉ DES OBSERVATIONS PRÉCÉDENTES

SUR LE TRAVAIL DE LA VAPEUR.

On a vu, par tout ce qui précède, combien était important le rôle que les parois mêmes des cylindres moteurs jouent dans la production du travail, et celui de l'eau entraînée mécaniquement par la vapeur. L'influence de ces deux éléments qui ont été tout à fait négligés dans la recherche des formules destinées à l'évalution de ce travail, est telle qu'elle modifie complétement les propriétés naturelles de la vapeur, et qu'aucune des lois qui conviennent à cette vapeur, considérée isolément, ne pourra jamais s'appliquer dans toute sa rigueur à la théorie de ce genre de machines.

La coïncidence approximative que nous avons signalée entre les résultats de ces formules dans certaines circonstances données, et ceux que l'on obtient directement par l'expérience, est purement fortuite, accidentelle et ne dérive d'aucune conception rationnelle *à priori;* nous aimerions mieux, pour notre part, que l'on fit des expériences nombreuses, variées, dans les principales circonstances de la production du travail de la vapeur, et que les résultats de ces expériences sur des machines en bon état, accompagnés du détail des conditions principales dans lesquels ils ont été obtenus, fussent publiés sous forme de tables, afin de servir de type approximatif dans le calcul *à priori* des machines que l'on doit construire dans des conditions semblables. Mais nous ne sommes point en mesure de fournir ces tables et nous nous contenterons encore des anciennes formules en tenant compte, dans leur emploi, des règles que nous avons posées pour qu'elles ne conduisent qu'aux plus petites erreurs possibles.

Quant aux résultats numériques parfaitement définis, que M. Hirn
a obtenus dans ses expériences sur les effets des chemises de vapeur et
de la surchauffe, il ne faut pas s'attendre à les voir se reproduire invariablement, dans les mêmes proportions, chaque fois que l'on introduira
dans une machine ordinaire l'usage de l'enveloppe ou de la surchauffe
de la vapeur, parce que les éléments modificateurs du travail de la
vapeur sont trop nombreux, trop variables d'une machine à une autre,
enfin trop imparfaitement analysés jusqu'à présent, pour que l'on
puisse espérer atteindre rigoureusement un résultat apprécié d'avance.
Il ne faut voir, dans ces expériences, que leur signification générale,
c'est-à-dire la démonstration évidente de l'utilité des chemises de vapeur
et du réchauffement de la vapeur motrice dans son trajet de la chaudière au cylindre. On pourra bien, en attendant d'autres expériences,
adopter provisoirement les chiffres de bénéfice constatés par M. Hirn,
quand on introduira ces modifications utiles dans les appareils existants
ou à construire, mais, très-probablement, ceux que l'on obtiendra s'en
écarteront plus ou moins, et il conviendra de prendre des mesures pour
qu'il n'en résulte aucun mécompte.

On peut encore tirer de ces expériences quelques utiles enseignements.

Puisque la chemise de vapeur est d'autant plus efficace que la
vapeur qu'elle contient est à une plus haute température, il conviendra,
pour une machine munie d'une telle chemise, de porter la tension
dans la chaudière à un degré supérieur à celui sous lequel la vapeur
doit agir dans le cylindre, en maintenant la différence au moyen d'un
modérateur placé très-près des tiroirs et non en employant des conduits
étroits, pour des motifs qui seront exposés plus loin. Cette mesure est
encore applicable aux machines non munies de cet appendice, parce
que, comme nous le verrons encore plus tard, la vapeur saturée en se
précipitant dans un milieu à une tension plus faible, baisse peu ou
point de température, c'est-à-dire tend à se surchauffer légèrement, et
il s'en condense moins dans le cylindre que si elle était entièrement
saturée.

Dans les machines sans détente, avec ou sans condensation, l'effet de
la chemise de vapeur et de la surchauffe seront évidemment : pour les
premières, d'éviter la condensation dans le cylindre ; pour les secondes,

d'augmenter le volume de la vapeur et de produire un accroissement de travail exactement correspondant à ces causes d'économie sur un poids donné de vapeur fournie par la chaudière.

Dans tous les cas possibles, il conviendra de revêtir le cylindre ou la chemise de vapeur, s'il y en a une, de substances peu conductrices de la chaleur. Pour empêcher le refroidissement et la condensation de la vapeur avant son entrée dans les cylindres, il conviendrait qu'il y eût des tiroirs spéciaux pour l'entrée et d'autres pour la sortie, surtout dans les machines à condensation, car le passage successif de vapeur chaude et de vapeur refroidie par son abaissement de tension, dans un même conduit, doit occasionner une perte notable de vapeur dans la période d'entrée, ou un grand refroidissement si l'on emploie la vapeur surchauffée.

Dans un but analogue, pour empêcher la condensation de vapeur dans le cylindre des machines à traction directe, dont la fig. 3 indique les lignes primitives, il convient de n'ouvrir que la soupape d'équilibre pendant la descente du piston, et d'attendre qu'il soit très-près du bas de sa course pour ouvrir la soupape du condenseur, quand il y en a un ; parce qu'ainsi la vapeur à basse tension et à basse température qui emplit tout l'appareil à l'instant de la condensation, est moins long-temps en contact avec les parois du cylindre qui en sont, par suite, moins refroidies et qui condensent moins de vapeur pour être réchauffées pendant le coup de piston suivant.

Enfin, ces expériences de M. Hirn prouvent encore combien est grande la différence entre les quantités d'eau qu'il faut réduire effectivement en vapeur pour alimenter une machine, même dans les conditions les plus favorables, et celles qui seraient indiquées d'après les volumes engendrés par le piston et les tables de densité que nous avons données, puisque dans l'expérience 3 par exemple, nous avons trouvé, pour chaque cylindrée, une dépense effective de $0^{\text{kil.}}4922$, tandis que par le calcul d'après les tables et le volume engendré par le piston, ce poids n'eût dû s'élever qu'à $0^{\text{kil.}}2989$; soit un excédant de dépense d'eau de $\dfrac{0,4922 - 0,2989}{0,4922} = 0,40$, ou 40 pour cent.

Il est vrai que c'est dans les conditions de cette expérience que les pertes de vapeur sont le plus considérables.

DE LA CONDENSATION.

Nous avons dit précédemment que, dans certaines machines, le tuyau par lequel se dégage la vapeur qui a produit son travail sur le piston, au lieu de déboucher directement dans l'atmosphère, conduit cette vapeur dans une capacité qui porte le nom de *condenseur*, où elle rencontre un jet d'eau froide qui la ramène à l'état liquide et ne laisse plus subsister dans cette capacité qu'une tension bien inférieure à la tension atmosphérique. La figure 26, pl. 6, offre les lignes primitives de cette disposition.

Le tuyau de décharge N débouche dans le condenseur F, et un tuyau terminé par une pomme d'arrosoir E y apporte l'eau froide nécessaire à la condensation. Il résulte de cette disposition que le condenseur est toujours en libre communication avec la partie du cylindre opposée à celle qui reçoit la vapeur de la chaudière et que, en vertu de cette libre communication, le vide plus ou moins parfait du condenseur se propage jusque dans le cylindre, ce qui diminue la pression qui agit en sens inverse du mouvement du piston et augmente le travail absolu que la vapeur motrice transmet à ce piston.

La condensation de la vapeur se reproduisant à chaque décharge dans le condenseur, ou à chaque course de piston, ce condenseur serait bientôt plein de la vapeur condensée et de l'eau qui a servi à la condenser, s'il était sans issue. Il faut donc lui adjoindre un appareil quelconque capable d'en extraire les produits de la condensation à mesure qu'ils se forment et l'on emploie ordinairement, pour cela, une pompe K qui communique avec lui par un tuyau G placé à leur partie inférieure. Cette pompe porte le nom de *pompe à air* ; nous dirons tout à l'heure pourquoi.

Si la vapeur qui arrive dans le condenseur et l'eau froide qui sert à la condenser, étaient entièrement purgées d'air et de tout autre gaz permanent, la tension qui subsisterait dans le condenseur, après chaque condensation, serait celle qui correspond à la température de *l'eau de condensation* provenant du mélange de la vapeur condensée avec l'eau qui a servi à la condenser. Dans ce cas, le condenseur pourrait être débarrassé de son eau de condensation sans l'intervention de la pompe à air ; il suffirait de prolonger verticalement la capacité F, tout ouverte par le bas, jusqu'à un réservoir d'eau inférieur LR, placé à un niveau tel que la tension de la vapeur qui continuerait à subsister au-dessus du niveau ux que l'on fixerait à son gré, ajoutée à la colonne liquide uL, fissent précisément équilibre à la pression atmosphérique. Il est clair que dans de telles conditions, toute condensation qui tendrait à surélever le niveau ux et à remplir davantage la capacité F, produirait la sortie, par la partie inférieure de cette capacité, d'une quantité d'eau exactement égale à celle qui serait arrivée par le haut ; de plus, la quantité d'eau froide employée à produire la condensation d'un poids donné de vapeur, demeurant constante, la température de l'eau de condensation et la tension correspondante dans le condenseur seraient également invariables.

Ainsi, par exemple, si le poids de vapeur condensée et celui de l'eau froide injectée étaient tels que la température de l'eau de condensation fût de 42°, la tension dans le condenseur serait, d'après les tables, de 0^{m}061055 de mercure, ou de 0^{m}061055. 13,596 = 0^{m}83 en eau à 0°, et il suffirait, pour que le condenseur se débarrassât tout seul de son eau de condensation, que la colonne uL eût une hauteur de 10^{m}333 — 0^{m}83 = 9^{m}503, quand la pression barométrique est de 10^{m}333 d'eau, et en négligeant la diminution de densité de ce liquide à la température de 42°.

Malheureusement il n'en est point ainsi ; l'eau qui sert à former la

vapeur dans les chaudières et l'eau froide introduite dans le condenseur, contiennent une quantité plus ou moins grande d'air et d'acide
carbonique qui sont mis en liberté par l'action de la chaleur et par
celle du vide, et ces gaz, dans la disposition indiquée, s'accumuleraient
au sommet de la colonne uL et feraient progressivement baisser le
niveau ux jusqu'en LR, en élevant la tension dans le condenseur jusqu'à
la pression atmosphérique extérieure, limite à laquelle tout le bénéfice
de la condensation disparaît.

C'est pour enlever ces produits gazeux, en même temps que l'eau
de condensation, qu'il a fallu employer une pompe qui a reçu le nom
de *pompe à air*, parce que l'air forme la plus grande partie des fluides
non condensables qui ont obligé à l'employer.

S'il n'arrivait point de gaz permanents dans le condenseur, et qu'au
lieu de la colonne uL on voulût employer une pompe pour enlever
les eaux de condensation, il suffirait évidemment que la capacité utile
de cette pompe, ou plutôt le volume engendré par son piston, fut égal
au volume de l'eau de condensation provenant de deux injections dans
le condenseur. La tension, dans tout l'appareil de condensation, se
réduirait alors à celle qui correspond, dans les tables, à la température
de l'eau de condensation, quelle que fût l'étendue de cette capacité qui
ne contiendrait plus qu'une quantité d'eau moyennement constante.
Mais la présence des gaz permanents modifie gravement ce résultat, et
il faut, quand on veut que la tension dans le condenseur ne dépasse
pas certaines limites, que la pompe expulse non-seulement les eaux
de condensation, mais encore le mélange de gaz et de vapeur inséparable
de la condensation.

Pour maintenir dans le condenseur, et par suite derrière le piston
à vapeur, l'abaissement de tension que l'on veut obtenir d'une manière
permanente, il faut que le piston de la pompe à air emporte dans sa
course montante, et chasse par les soupapes de décharge SS la quantité
d'eau due à deux injections de vapeur dans le condenseur, plus la
quantité de gaz permanents qui proviennent de ces deux injections,
plus enfin une petite quantité de vapeur à la tension correspondante à
la température de l'eau de condensation ; car nous avons vu que la
vapeur se dégage dans l'air comme dans le vide absolu, s'y établit
approximativement à la même tension et que la tension du mélange est

égale à la somme des tensions que posséderaient l'air et la vapeur s'ils existaient isolément dans la capacité.

Nous supposons ici que la machine est à double effet et que le piston à vapeur et celui de la pompe à air montent et descendent en même temps.

Si le piston n'enlevait pas la totalité des produits que nous venons d'indiquer, dans chaque ascension, il y aurait accumulation successive de ces produits dans le condenseur et, bientôt, engorgement et augmentation considérable de tension derrière le piston moteur.

Il faut donc, dans tous les cas, lorsque la machine est en état de marche régulière, que la partie de la pompe à air qui se trouve au-dessus du piston, quand il commence sa course de bas en haut, ait reçu *exactement* la quantité de produits qui proviennent de deux condensations, eau et gaz permanents. Cette partie de la pompe à air constitue sa *capacité utile;* le reste et le bas du condenseur, jusqu'au niveau de la soupape G à peu près, demeurent toujours pleins d'eau et n'ont aucune influence sur le degré d'abaissement de tension que l'on obtient à l'aide de cette pompe.

La soupape G, placée sur le tuyau de communication du condenseur avec la pompe à air, peut rester soulevée pendant la course montante seulement ou pendant les deux courses, sans rien changer à l'obligation que nous venons d'énoncer. Quelle que soit la période pendant laquelle elle laisse passer dans la pompe à air les produits de la condensation qui y sont appelés par une différence de tension entre les deux capacités, ce sont d'abord les produits liquides qui franchissent le passage, puis, lorsque leur niveau dans le condenseur s'est abaissé jusqu'à l'ouverture recouverte par la soupape G, les produits gazeux passent à leur tour, et tout abaissement ultérieur du niveau dans le condenseur devient impossible par suite de la libre communication de ces produits gazeux dans les deux capacités.

Pour que la tension du mélange d'air et de vapeur qui s'établit dans la région supérieure de la pompe à air ne dépasse pas une certaine limite, quand le piston est vers le bas de sa course, lorsque ses soupapes ne se soulèvent plus pour laisser passer au-dessus les produits de la condensation et lorsqu'il va commencer l'expulsion de ces produits, il faut évidemment que le volume engendré par ce piston soit suffisant pour contenir l'eau de condensation provenant de deux injec-tions dans le condenseur, plus la quantité d'air apportée par ces deux injections, sans que la tension de cet air, augmentée par la présence d'un peu de vapeur à basse pression, dépasse la limite assignée. C'est donc la grandeur du volume engendré par le piston de la pompe à air qui règle le *maximum* de la tension que les produits de la condensation établissent dans la capacité utile de cette pompe, pendant qu'elle est en communication avec le condenseur. Plus ce volume est considé-rable, plus il y a de place offerte aux produits liquides et gazeux lors-qu'ils passent dans la pompe, et moins la tension que ces produits gazeux sont obligés d'atteindre pour s'y loger en totalité, est grande.

Ainsi, pour chaque volume engendré par le piston d'une pompe à air, la quantité de produits de la condensation demeurant constante, il y a un *maximum* de tension correspondant, dans la capacité utile de cette pompe, pendant qu'elle est en communication avec le condenseur. Plus tard nous déterminerons ce volume pour un *maximum* de tension donné et, dans ce qui va suivre, nous supposerons ce *maximum* quelconque, mais déterminé. Enfin, nous admettrons, ce qui est par-faitement rationnel, que la contre-pression du piston moteur, varie comme la tension dans le condenseur, non pas toujours proportionnel-lement, mais au moins dans le même sens, ce que nous prouverons également en son lieu.

CAPACITÉ DU CONDENSEUR.

Nous rechercherons, dans trois conditions différentes, la capacité qu'il convient de donner au condenseur :

1° Quand la soupape de retenue G ne se soulève que pendant la course montante des pistons ;

2° Quand cette soupape G, ainsi que les soupapes du piston HH, se soulèvent sous le moindre effort ;

3° Quand ces soupapes exigent, pour être soulevées, un certain ex-cès de tension contre leur face inférieure.

D'abord, nous supposerons que la condensation se fait instantanément dans toutes les parties de l'appareil que la vapeur peut occuper
après avoir produit son travail, et que la diffusion de l'air se fait uniformément dans toutes ces parties ou, ce qui revient au même, que
l'intervalle entre deux coups de piston est suffisant pour que la condensation se fasse complétement, pour que les produits gazeux se
répandent uniformément dans toute la capacité disponible et que, partout, la tension de la vapeur mêlée à l'air soit celle qui correspond à la
température des eaux de condensation, ce qui suppose l'intervalle
entre deux coups de piston assez long, pour que la température du
cylindre moteur devienne égale à celle des eaux de condensation.
Nous nous replacerons ensuite dans les circonstances ordinaires des
applications, pour analyser les phénomènes qui s'accomplissent dans
le condenseur.

Première hypothèse : *La soupape, ou clapet de retenue, ne se soulevant
que pendant la course montante des pistons, la condensation étant
supposée complète dans toute la capacité disponible et la diffusion
des gaz permanents, parfaite, dans toute l'étendue de cette capacité.*

Ce cas se présente lorsque la pompe à air est aspirante et foulante,
à piston plein ou à cylindre plongeur, comme dans les figures 19, 20,
21, 22, 23, 24, 25, pl. 5.

Avant le commencement de la course montante des deux pistons, il se fait, dans le condenseur, une première décharge de
vapeur qui est réduite en eau par le jet d'eau froide. L'air et l'eau qui
proviennent de cette condensation, ainsi que l'eau, l'air et la vapeur
à basse pression qui restent en quantité constante dans l'appareil,
chaque fois que les pistons reviennent dans cette position, occupent
alors toute la capacité supérieure du cylindre à vapeur, celle des conduits jusqu'au condenseur et celle du condenseur jusqu'à la soupape G, limite des capacités en libre communication ; en un mot, occupent la *capacité disponible*. Dans l'hypothèse posée ci-dessus, il
doit y avoir, en cet instant, un abaissement brusque de tension, parce
que l'accroissement proportionnel de l'espace disponible, par l'ouverture du cylindre, est généralement plus grand que l'augmentation pro-

portionnelle des produits de la condensation contenus dans l'espace disponible, à la suite de cette première condensation. Puis, à mesure que les pistons s'élèvent, l'espace disponible occupé par le mélange d'air et de vapeur diminue progressivement jusqu'à la fin de la course, parce que le volume engendré par le piston moteur est généralement plus grand que celui qu'engendre le piston de la pompe à air. La tension, dans toute l'étendue de la capacité comprise entre les deux pistons, doit donc augmenter jusqu'à la fin de cette course, époque à laquelle elle atteint, dans la pompe à air, la limite supérieure à laquelle elle doit arriver pour que tous les produits de deux condensations s'établissent dans l'espace engendré par le piston de cette pompe à air.

Pendant tout ce temps, il y a eu équilibre de tension entre le condenseur et la pompe à air, à une petite différence près, représentée par l'excédant de la hauteur de l'eau dans la pompe à air, sur celle de l'eau dans le condenseur où le niveau a dû s'abaisser au-dessous du sommet de l'ouverture G, pour permettre le passage des produits gazeux dans la pompe.

Lorsque les deux pistons commencent leur course descendante, le condenseur a reçu la deuxième décharge de vapeur et l'injection d'eau froide qui la condense, et il s'est produit, pour les mêmes raisons que ci-dessus, un brusque abaissement de tension; puis, la capacité disponible diminuant encore plus rapidement que ci-dessus, par le mouvement du piston moteur, puisque la soupape G est fermée, la tension croît jusqu'à la fin de la course. En ce moment, les produits de la dernière condensation, ajoutés à ce qu'il restait d'air et d'eau dans le condenseur à la fin de la course montante, se trouvent confinés dans l'espace compris entre la soupape G et le piston à vapeur au bas de sa course; de sorte que si cette capacité était telle que la partie occupée par les produits gazeux fût très-petite, ceux-ci y atteindraient une tension très-élevée. Plus, au contraire, le condenseur sera grand, moins la tension, à la fin de cette course, l'emportera sur celle qui existait au commencement.

On voit d'après cela :

1° Que, quelle que soit la capacité du condenseur, la tension y est invariable à la fin de la course montante des pistons où elle est réglée par le volume qu'engendre le piston de la pompe à air;

2° Que plus ce condenseur sera grand, plus il contiendra de produits gazeux à la tension limite ainsi réglée, à la fin de cette course montante, et moins la condensation qui se fait avant le commencement de la course descendante y abaissera la tension, parce que l'accroissement proportionnel de volume par l'ouverture du cylindre moteur y sera moindre; mais aussi, moins l'accroissement de tension sera considérable pendant la durée de la course descendante, parce que la diminution proportionnelle de la capacité disponible, par le mouvement du piston moteur, y sera plus faible;

3° Qu'un effet analogue se produira avant et pendant la course montante; c'est-à-dire que plus le condenseur sera vaste, toutes choses égales d'ailleurs, moins la tension y baissera par suite de l'ouverture du cylindre, au moment de la condensation qui suit la course descendante, pour les mêmes raisons que ci-dessus; mais, pendant la course montante qui suit cette condensation, la tension ne croîtra que jusqu'à la limite réglée par le volume qu'engendre le piston de la pompe à air, quelle que soit la capacité de ce condenseur.

Donc, dans le cas purement hypothèque que nous avons posé, d'un intervalle entre deux coups de piston suffisant pour refroidir le cylindre jusqu'à la température des eaux de condensation, et d'une diffusion complète des gaz permanents dans la vapeur que contient l'espace accessible à ces gaz, l'abaissement de tension dans le condenseur, au commencement de chaque course, sera d'autant plus grand que le condenseur sera plus petit; et, en même temps, plus ce condenseur sera petit, plus la tension s'y élèvera pendant la dernière partie de la course descendante.

Il reste donc à déterminer la capacité que doit présenter le condenseur, dans chaque cas particulier, pour que la somme des tensions moyenne pendant les deux courses, soit un *minimum;* car le travail résistant qui se produit derrière le piston en deux courses consécutives, est proportionnel aux contre-pressions moyennes pendant ces deux courses et, comme elles ont même amplitude, proportionnel à la valeur moyenne de ces contre-pressions moyennes. Le problème est difficile à résoudre d'une manière générale et rigoureuse, mais on peut, à l'aide de quelques considérations élémentaires et d'une méthode spéciale de tâtonnement que nous allons indiquer, arriver à une solution suffisamment approximative. Nous appliquerons cette méthode à un cas particulier pris dans les conditions ordinaires de la pratique ; elle sera ainsi plus facile à comprendre que présentée d'une manière générale et sera aussi utile, puisque la marche à suivre sera la même dans tous les autres cas.

Fig. 19, 20, 21, 22, pl. 5. Représentons par :

V''' le volume engendré par le piston du cylindre moteur.

V'' le volume du condenseur, compté depuis la ligne ux menée horizontalement au niveau de la partie supérieure de l'ouverture que recouvre la soupape G, jusqu'au piston à vapeur à la fin de sa course.

V' le volume des produits gazeux qui résultent de deux condensations successives, quand ils sont réunis à la partie supérieure de la pompe à air et que le piston de cette pompe commence sa course descendante pour les expulser.

V le volume de ces mêmes produits ramenés à la tension du condenseur à la fin de la course montante.

V_1 le volume d'eau provenant de deux condensations.

T_1 la tension des gaz dans la pompe à air quand ils y occupent le vovolume V', à la fin de la course montante des pistons.

T la tension de ces gaz dans le condenseur, à la fin de la course montante.

T' la tension des gaz dans le condenseur, au commencement de la course descendante.

T'' la tension de ces gaz dans le condenseur, à la fin de la course descendante.

T''' la tension des gaz dans le condenseur, au commencement de la course montante.

Remarquons d'abord que pendant toute la durée du fonctionnement de l'appareil de condensation, le volume d'eau contenu dans le condenseur et dans la pompe à air, au-dessous de la ligne brisée $uxyz$, est invariable et sans influence sur les tensions qui pourront s'établir dans l'appareil.

Pendant la course montante, le condenseur est toujours en libre communication avec la pompe à air et, à la fin de cette course, il est entré dans la pompe, à la suite du piston, un volume d'eau de condensation égal à V_i et un volume de gaz égal à V' à la tension $\bar{T}_i$; c'est-à-dire le produit liquide et gazeux de deux condensations. Pendant ce temps, le niveau de l'eau s'est abaissé dans le condenseur assez bas au-dessous de la partie supérieure de l'ouverture G, pour que les gaz puissent passer dans la pompe à la suite de l'eau, puis il s'est relevé jusqu'en ux, quand le piston s'est arrêté. Les niveaux de l'eau, en ce moment, sont indiqués par la fig. 19.

Dans cette position, et avant la condensation qui doit suivre, la tension dans le condenseur l'emporte sur la tension dans la pompe à air d'une quantité représentée par une colonne d'eau d'une hauteur égale à la différence de niveau des deux lignes ux et mn; cette différence dépend du rapport qui existe entre le diamètre et la course du piston, pour un même volume engendré par ce piston; de sorte que le volume V' des gaz à la tension T_i qui proviennent de deux condensations, étant connu, on pourra trouver *à priori* le volume V qu'occuperait cette même quantité de gaz à la tension T dans le condenseur. C'est donc la tension limite T_i dans la pompe à air, qui règle la tension T dans le condenseur au même instant, leur différence étant toujours représentée par la différence constante de niveau entre m et x.

Il résulte de là, qu'à la fin de la course montante, la capacité disponible entre les deux pistons contient un volume de gaz égal à $V'' + V$ ramené à la tension T, et comme, au commencement de cette course montante, elle n'en contenait que cette même quantité, puisqu'elle n'en a point reçu pendant la course, la tension T''', en ce moment, sera à T, en raison inverse des volumes occupés; or le volume était alors $V'' - V_i + V'''$, car le cylindre est en communication avec le condenseur, et celui-ci a dû recevoir les produits de deux condensations dont la partie liquide a diminué sa capacité de V_i, comme l'indique la fig. 22. On aura donc :

$$T''' = T \frac{V'' + V}{V'' - V_i + V'''}.$$

Après la course montante et lorsque la tension des gaz est T dans le condenseur, il se fait une condensation qui amène dans l'appareil un volume $\frac{V_i}{2}$ d'eau de condensation et un volume $\frac{V}{2}$ de gaz ramenés à la tension T ; le volume du condenseur proprement dit se trouve alors diminué de $\dfrac{V_1}{2}$ comme l'indique la fig. 20, et le volume de gaz, compris entre la soupape G et le piston à vapeur, serait

$V'' + \dfrac{V}{2}$, si on le supposait ramené à la tension T ;

mais ces gaz occupent alors le volume $V'' + V''' - \dfrac{V_1}{2}$; donc, à l'instant où les pistons commenceront leur course descendante, la tension T' dans le condenseur sera :

$$T' = T\ \frac{V'' + \dfrac{V}{2}}{V'' + V''' - \dfrac{V_1}{2}}.$$

Pendant toute cette course descendante, la quantité de gaz compris entre la soupape G et le piston moteur, étant invariable, et le volume théorique $V'' + \dfrac{V}{2}$ à la tension T, se trouvant réduit à $V'' - \dfrac{V_1}{2}$ par suite du mouvement du piston moteur, la tension deviendra :

$$T'' = T\ \frac{V'' + \dfrac{V}{2}}{V'' - \dfrac{V_1}{2}}.$$

Après cette course descendante, il se fera une deuxième condensation qui complétera le volume V_1 d'eau qui passera du condenseur dans la pompe à air pendant la course suivante, et rétablira dans l'appareil la tension qui y existe au commencement de chaque course montante.

Ainsi les expressions générales des tensions dans le condenseur seront :

T à la fin de la course montante ;

$T''' = T\ \dfrac{V'' + V}{V'' + V''' - V_1}$ au commencement de cette course ;

$$T' = T \frac{V'' + \dfrac{V}{2}}{V'' + V''' - \dfrac{V_1}{2}} \quad \text{au commencement de la course descendante ;}$$

$$T'' = \frac{V'' + \dfrac{V}{2}}{V'' - \dfrac{V_1}{2}} \quad \text{à la fin de cette course.}$$

Rappelons encore que la tension T, régulatrice des autres tensions, est elle-même réglée par la tension T_1 qui ne lui est inférieure que de la quantité représentée par la différence des niveaux de l'eau dans le condenseur et la pompe à air, à la fin de la course montante des pistons.

Ces expressions ne représentent que les tensions des produits non condensables contenus dans l'appareil de condensation ; il y faut ajouter la tension constante des vapeurs mêlées à ces gaz, tension qui est directement dépendante de la température des eaux de condensation ; mais comme celle-ci est invariable, il est évident que si nous déterminons les conditions dans lesquelles la moyenne de toutes les tensions pendant deux courses successives, est un *minimum,* en ne tenant compte que de la présence des gaz, le résultat conviendra également au mélange de gaz et de vapeur, dans lequel la part de tension due à la vapeur est constante.

Pendant qu'une quantité invariable de gaz contenue dans l'appareil de condensation passe d'un volume à un autre plus petit, sans changer de température pendant une course des pistons, la tension varie, à peu près, suivant la même loi que celle qui préside à la détente, mais en sens inverse, et l'on pourrait calculer le travail de la contre-pression du piston moteur pendant une course, à l'aide de la formule de détente d'après la loi de Mariotte, en déterminant la contre-pression initiale et la contre-pression finale ; mais cette méthode est laborieuse et nous regardons comme suffisamment exact d'adopter, pour toute la course, une contre-pression égale à la moyenne des tensions au commencement et à la fin de cette course.

La recherche des meilleures dimensions à donner à un condenseur, dans l'hypothèse adoptée, se trouve donc ramenée aux termes suivants : trouver la capacité du condenseur qui réduit à son minimum la moyenne des tensions qui s'y produisent au commencement et à la fin de chaque course des pistons.

La méthode la plus élémentaire que l'on puisse employer pour résoudre ce problème est évidemment la suivante :

On détermine, à l'aide des formules qui précèdent, les tensions T, T', T'', T''', dans les conditions imposées, en supposant successivement au condenseur des capacités différentes, et l'on adopte la capacité qui fournit la plus petite valeur moyenne de ces tensions pendant deux coups des pistons.

Voici l'application dont nous avons parlé ci-dessus et qui doit servir de règle générale, puisque la méthode à suivre est invariable :

Déterminer la meilleure capacité du condenseur pour une machine dont le piston moteur engendre un volume de deux mètres cubes, et le piston de la pompe à air un volume de $0^{m3}370$; dans laquelle le volume d'eau de condensation, pour deux coups de pistons, est de $0^{m3}130$, de sorte que le volume réservé aux produits gazeux est de $0^{m3}240$. Le rapport de la course au diamètre de la pompe à air est tel que l'eau de condensation, à la fin de la course montante, s'y élève jusqu'à $0^{m}30$ au-dessus du clapet G ; la température des eaux de condensation est de $38°$; enfin, si les produits gazeux qui résultent de deux condensations existaient seuls dans la capacité de $0^{m3}240$ qui leur est réservée dans la pompe à air, ils y établiraient une tension de $0,029$ d'atmosphère.

Les eaux de condensation ayant une température de $38°$, la vapeur qui sera mêlée aux gaz permanents, dans tout l'appareil de condensation, aura, d'après les tables, une tension de $0^{atm}065$, et cette tension subsistera invariable quelles que soient les variations de volume que subira le mélange.

Il résulte de là que ce mélange présentera, dans la pompe à air à la fin de la course montante du piston, une tension de :

$$0^{atm}029 + 0^{atm}065 = 0^{atm}094.$$

Comme, d'autre part, la tension dans le condenseur, en ce moment, doit l'emporter sur celle de la pompe à air, d'une quantité correspondante à une colonne d'eau de $0^{m}30$ de hauteur,

14

$$\text{soit } \frac{0,30}{10,333} = 0^{\text{atm}} \cdot 029,$$

la tension régulatrice dans le condenseur sera

$$0^{\text{atm}} \cdot 094 + 0_{\text{atm}}.029 = 0^{\text{atm}} \cdot 123.$$

Sur cette tension régulatrice totale, $0^{\text{atm}} \cdot 065$ seront dus à la présence de la vapeur, et $0^{\text{atm}} \cdot 123 - 0^{\text{atm}} \cdot 065 = 0^{\text{atm}} \cdot 058$ seront dus à la présence de l'air ; c'est cette dernière tension, que nous avons représentée par T, qui réglera la tension des gaz non condensables pendant toutes les phases de l'opération.

D'autre part, comme le volume qu'occupent les gaz dus à deux condensations et à la tension de $0^{\text{atm}} \cdot 029$ dans la pompe à air, est de $0^{\text{m}3}240$ à la fin de la course montante du piston, il doit avoir été dans le condenseur, où ces gaz étaient soumis à la tension de $0^{\text{atm}} \cdot 058$, de $0^{\text{m}3}240 \dfrac{0,029}{0,058} = 0^{\text{m}3}120$; c'est le volume représenté par V dans les expressions générales ci-dessus.

Nous pourrons donc maintenant trouver les tensions dans le condenseur pour un volume quelconque V'' de ce condenseur et des tuyaux de communication avec le cylindre moteur, comptés jusqu'au piston à la fin de sa course. Nous avons :

$$V''' = 2^{\text{m}3}000 ; \quad V = 0^{\text{m}3}120 ; \quad V_{\text{l}} = 0^{\text{m}3}130. \quad T = 0^{\text{atm}} \cdot 058.$$

En substituant ces valeurs dans les expressions générales, elles deviennent :

$$T = 0^{\text{atm}}058 ; \quad T''' = 0^{\text{atm}} \cdot 058 \frac{V'' + 0,120}{V'' + 1,870} ;$$

$$T' = 0^{\text{atm}}058 \frac{V'' + 0,06}{V'' + 1,935} ; \quad T'' = 0^{\text{atm}}058 \frac{V'' + 0,06}{V'' - 0,065} ;$$

et en donnant successivement à V'' différentes valeurs entre $0^{\text{m}3}100$ et $1^{\text{m}3}500$, on obtient les résultats consignés dans le tableau ci-contre.

On voit par ce tableau et par la forme des expressions générales qui nous ont servi à déterminer les tensions :

1° Que la capacité de condenseur qui fournit la plus petite contre-pression moyenne pendant les deux courses du piston moteur, est

VOLUME V'' DU CONDENSEUR, compté depuis le CLAPET DE RETENUE jusqu'au PISTON MOTEUR à la fin de sa course.	EN ATMOSPHÈRE. TENSION DANS LE CONDENSEUR, AU COMMENCEMENT ET A LA FIN DE CHAQUE COURSE. C.C.M. commencement de la course montante. F.C.M fin de la même course. C.C.D. commencement de la course descendante. F.C.D fin de cette course.	EN ATMOSPHÈRE. TENSIONS moyennes pendant UNE COURSE.	EN ATMOSPHÈRE. MOYENNES générales DES TENSIONS pendant les DEUX COURSES.
$V'' = 0^{mc}100$	C. C. M. — $T''' = 0,00647$ F. C. M. — $T = 0,05800$ C. C. D. — $T' = 0,00456$ F. C. D. — $T'' = 0,26514$	$0,03223$ $0,13485$	$0,08354$
$V'' = 0^{mc}150$	C. C. M. — $T''' = 0,00750$ F. C. M. — $T = 0,05800$ C. C. D. — $T' = 0,00584$ F. C. D. — $T'' = 0,14329$	$0,03275$ $0,07456$	$0,05365$
$V'' = 0^{mc}200$	C. C. M. — $T''' = 0,00896$ F. C. M. — $T = 0,05800$ C. C. D. — $T' = 0,00706$ F. C. D. — $T'' = 0,11170$	$0,03348$ $0,05938$	$0,04643$
$V'' = 0^{mc}250$	C. C. M. — $T''' = 0,01010$ F. C. M. — $T = 0,05800$ C. C. D. — $T' = 0,00823$ F. C. D. — $T'' = 0,09720$	$0,03405$ $0,05271$	$0,04338$
$V'' = 0^{mc}300$	C. C. M. — $T''' = 0,01120$ F. C. M. — $T = 0,05800$ C. C. D. — $T' = 0,00950$ F. C. D. — $T'' = 0,08880$	$0,03460$ $0,04905$	$0,04182$
$V'' = 0^{mc}400$	C. C. M. — $T''' = 0,01329$ F. C. M. — $T = 0,05800$ C. C. D. — $T' = 0,01142$ F. C. D. — $T'' = 0,07964$	$0,03564$ $0,04553$	$0,04058$
$V'' = 0^{mc}500$	C. C. M. — $T''' = 0,01517$ F. C. M. — $T = 0,05800$ C. C. D. — $T' = 0,01334$ F. C. D. — $T'' = 0,07467$	$0,03658$ $0,04400$	$0,04029$
$V'' = 0^{mc}750$	C. C. M. — $T''' = 0,01926$ F. C. M. — $T = 0,05800$ C. C. D. — $T' = 0,01749$ F. C. D. — $T'' = 0,06858$	$0,03863$ $0,04303$	$0\ 04083$
$V'' = 1^{mc}000$	C. C. M. — $T''' = 0,02263$ F. C. M. — $T = 0,05800$ C. C. D. — $T' = 0,02094$ F. C. D. — $T'' = 0,06575$	$0,04036$ $0,04484$	$0,04260$
$V'' = 1^{mc}500$	C. C. M. — $T''' = 0,02790$ F. C. M. — $T = 0,05800$ C. C. D. — $T' = 0,02630$ F. C. D. — $T'' = 0,06504$	$0,04295$ $0,04467$	$0,04381$

d'environ $0^{m^3}500$; on pourrait déterminer plus exactement encore la valeur de cette capacité, à l'aide de quelques tâtonnements sur des chiffres voisins de $0^{m^3}500$.

2° Qu'au-dessous de $0^{m^3}150$, la contre-pression moyenne s'élève au-dessus de la tension régulatrice et croît très-rapidement.

3° Qu'au-dessus de $0^{m^3}750$, cette contre-pression moyenne s'élève également, mais que ce n'est que quand V'' est infini, qu'elle devient invariable et égale à la tension régulatrice. Toutes les tensions deviennent alors égales à $0^{atm}.058\frac{\infty}{\infty} = 0^{m^3}058$, les termes finis, dans la fraction, devenant négligeables.

Si la pompe à air, au lieu d'être placée verticalement comme dans les figures 19, 20, 21, 22, eût été placée horizontalement comme dans la figure 23, de façon que le même niveau pût s'établir dans le condenseur et dans la pompe pendant le passage des gaz d'une capacité dans l'autre, *la même tension* se fût établie dans ces deux capacités et la totalité des produits gazeux eussent trouvé place dans la pompe, même en réduisant le volume mis à leur disposition à $0^{m^3}120$ au lieu de $0^{m^3}240$; et cela sans modifier d'aucune façon les diverses tensions dans le condenseur. Donc, en plaçant la pompe à air dans la position indiquée par la figure 23, ou dans toute autre position équivalente, on pourrait, sans modifier la contre-pression moyenne du piston moteur, diminuer de $0^{m^3}120$ le volume engendré par le piston de cette pompe.

Toutes les considérations que nous venons de présenter sur l'action des pompes à air avec piston plein se mouvant dans un cylindre ouvert par le haut, sont rigoureusement applicables aux pompes à cylindre plongeur (figures 24, 25) et aux pompes du système indiqué par la figure 30, pl. 7 ; celles-ci produisent exactement les mêmes effets, et l'influence de leur position, relativement à celle du condenseur, est rigoureusement identique.

Si la machine était à simple effet au lieu d'être à double effet, comme nous venons de le supposer, il ne se produirait plus qu'une condensation pour les deux courses des pistons, et si l'on admet que cette condensation se fasse complétement entre la course descendante et la course montante du piston de la pompe à air, on trouvera les résultats suivants : (figure 2, pl. 1, le tuyau N débouchant dans un condenseur muni d'une pompe aspirante et foulante). Avant le commencement de la course montante, il y aura, dans l'espace livré aux produits de la condensation, un brusque abaissement de tension par suite de l'ouverture du cylindre moteur et malgré l'accroissement de ces produits dû à la condensation qui vient de s'effectuer ; les raisons de cet abaissement sont les mêmes que ci-dessus. Puis, pendant toute la course, la tension générale croîtra jusqu'à ce qu'elle atteigne, à la fin de cette course, la limite à laquelle tous les produits de la condensation qui s'est effectuée trouvent place dans la pompe à air.

En ce moment il y aura équilibre de tension entre le condenseur et la pompe à air, si les produits liquides peuvent s'établir au même niveau dans les deux capacités, comme dans la figure 23 ; et un excédant de tension dans le condenseur, si les produits liquides doivent s'élever au-dessus de l'ouverture du clapet G pour s'établir dans la pompe à air, comme dans les figures 19, 20.

Pendant toute la course descendante, le condenseur n'étant plus en communication avec le cylindre et ne recevant plus de produits de condensation, la tension sera invariable dans l'espace compris entre la soupape du condenseur et le clapet de retenue. Il résulte de ces conditions de fonctionnement que la tension à la fin de la course montante étant toujours la même, la tension moyenne pendant cette course sera d'autant plus faible que l'abaissement sera plus considérable au commencement. Or, cet abaissement sera d'autant plus grand qu'il restera moins de produits au maximum de tension, dans le condenseur, à l'instant de l'ouverture du cylindre moteur, ou que le condenseur sera plus petit, donc :

Si, dans les machines à simple effet du système indiqué ci-dessus, la condensation était absolue et la diffusion des gaz, parfaite, avant le commencement de la course montante des pistons, le condenseur devrait être le plus petit possible, pour que la contre-pression moyenne du piston moteur fût la plus faible possible, le volume engendré par le piston de la pompe à air, étant constant.

Il est évident, du reste, que cette contre-pression moyenne baisserait à mesure que le volume engendré par le piston de la pompe à air deviendrait plus grand, et que le minimum de capacité du condenseur ne peut descendre au-dessous de ce qui est nécessaire pour contenir les produits liquides de la condensation qui s'effectue avant la course montante.

Deuxième hypothèse : *La soupape* G *et les soupapes* HH *se soulevant sous le moindre effort, figures* 26, 27, 28, 29, *pendant les deux courses des pistons; la machine étant supposée à double effet, la condensation complète dans toute la capacité disponible et la diffusion des gaz permanents, parfaite, dans toute l'étendue de cette capacité.*

Avant la condensation qui précède la course montante et avant que cette course commence, la région supérieure de la pompe à air contient tous les produits liquides et gazeux qui proviennent de deux condensations (fig. 26), et la tension des produits gazeux n'est inférieure à la tension de ceux qui sont dans le condenseur, que d'une quantité dépendante de la différence des niveaux de l'eau dans les deux capacités; puis, lorsque la condensation qui précède cette course, est complète ainsi que la diffusion des gaz permanents, il y a une diminution de tension dans le condenseur, quoiqu'il contienne un volume $\dfrac{V_1}{2}$ d'eau de condensation de plus qu'avant l'opération; parce que l'ouverture du cylindre a augmenté la capacité disponible d'une quantité plus grande que celle qui eût été nécessaire pour contenir les nouveaux produits en les maintenant à la même tension que les anciens, comme dans la première hypothèse. La fig. 27, pl. 6,'indique les niveaux du liquide à l'instant où commence la course montante.

Pendant toute cette course, la quantité de produits contenus dans l'appareil est invariable, et comme la capacité disponible diminue plus rapidement, par le mouvement du piston moteur, qu'elle n'augmente par le mouvement du piston de la pompe à air, il y a augmentation continuelle de tension, dans tout l'espace compris entre les deux pistons. A la fin de la course, le niveau de l'eau est redescendu jusqu'en ux dans le condenseur (fig. 28, pl. 6); il a passé dans la pompe à air un volume $\dfrac{V_1}{2}$ d'eau de condensation, et il reste dans cette dernière, sous le piston, un volume $V' + \dfrac{V_1}{2}$ occupé par les produits gazeux dont la tension n'a pas encore atteint son maximum. Lorsqu'ensuite la deuxième condensation est accomplie, il y a, pour les raisons déjà exposées, un abaissement de tension dans le condenseur, et les gaz placés sous le piston dans la pompe à air peuvent réagir et repasser en plus ou moins grande quantité dans le condenseur avec de l'eau de condensation, si le clapet G n'existe pas (fig. 29, pl. 7); mais si ce clapet existe, il retiendra les produits dans la pompe à air, où ils seront maintenus à une tension invariable, puis la course descendante commencera. Pendant cette course descendante, l'espace livré aux produits de la condensation diminue par le mouvement du piston moteur, la tension augmente et quand elle est devenue suffisante dans le condenseur, elle fait passer dans la pompe, en soulevant le clapet G, un nouveau volume $\frac{V_{\text{I}}}{2}$ d'eau de condensation et la quantité de produits gazeux destinés à compléter ce qui doit être emporté dans la course montante.

Tous ces produits liquides et gazeux ont passé par les soupapes du piston pendant sa descente et se trouvent, à la fin de la course, dans la région supérieure de la pompe, où ils s'établissent à la tension nécessaire pour que la totalité des produits gazeux des deux condensations y trouvent place; les choses se retrouvent alors dans l'état indiqué par la fig. 26.

Si le clapet G n'existait pas, et qu'il y eut réaction vers le condenseur avant la course descendante, tous les produits rentrés dans ce condenseur seraient de nouveau chassés dans la pompe à air à la fin de la course et, en cet instant, toutes choses seraient ramenées dans le même état que lorsque le tuyau de communication est muni d'un clapet.

On voit, par cette analyse des différentes phases de la condensation, que la tension, quelle que soit la capacité du condenseur, atteint son maximum, dans tout l'appareil, à la fin de la course descendante des pistons, qu'en aucune circonstance, elle ne peut dépasser ce maximum qui est lui-même limité par le volume qu'engendre le piston de la pompe à air, et que la tension moyenne sera d'autant plus faible que les abaissements de tension au commencement des deux courses seront plus prononcés. Or, ces abaissements seront d'autant plus grands qu'il restera moins des produits gazeux dans le condenseur à l'instant de l'ouverture du cylindre moteur ou, en d'autres termes, que le condenseur sera plus petit; nous pourrons donc poser le principe général qui suit :

Si la condensation était absolue et la diffusion des gaz, parfaite, entre deux coups de piston, dans les machines à double effet qui ont une pompe à air de la forme aspirante élevatoire, si le clapet de retenue n'existait pas, ou pût être soulevé par le moindre effort, et si les soupapes du piston ne présentaient aucune résistance au soulèvement, le condenseur devrait être le plus petit possible pour que la contre-pression moyenne du piston moteur fût la plus faible possible.

Nous ferons ici la même réflexion que ci-dessus : la capacité du condenseur ne pourrait, en aucun cas, descendre au-dessous de la limite à laquelle il serait exactement rempli par les produits liquides qui doivent y séjourner jusqu'à leur passage dans la pompe à air.

Enfin, la limite supérieure de la tension étant réglée par l'étendue de la capacité livrée aux produits gazeux dans la région supérieure de la pompe à air, à la fin de la course descendante des pistons, et la tension dans le condenseur devant être supérieure à celle qui existe, en ce moment, dans la pompe à air, d'une quantité correspondante à la différence des niveaux de l'eau dans les deux capacités, il est évident que cette dernière pompe à air devrait être placée horizontalement comme la pompe foulante dont il a été question précédemment, afin que l'eau de condensation y pût entrer par son poids et non par l'effet d'un excédant de pression dans le condenseur ; on obtiendrait ainsi un vide plus parfait avec le même volume engendré par le piston.

TROISIÈME HYPOTHÈSE : *Le clapet G et les soupapes du piston de la pompe à air exigeant un certain effort pour être soulevés (figures 26, 27, 28).*

Dans ce cas, comme dans le précédent, il faut qu'en marche régulière, il ait passé dans la région supérieure de la pompe à air, quand le piston est au bas de sa course, toute la quantité de produits liquides et gazeux dus à deux condensations, fig. 26. Mais alors la tension dans le condenseur doit l'emporter sur la tension qui s'établit dans la pompe à air, d'une quantité dépendante de la différence des deux niveaux de l'eau dans ces capacités et de l'effort nécessaire pour soulever les clapets.

Ainsi, par exemple, si la différence des niveaux est de 0^m30, si la soupape G exige un effort sur sa face inférieure, équivalent à une colonne d'eau de 0^m20 pour être soulevée et les soupapes du piston un effort équivalent à une colonne de 0^m35, la différence des tensions dans les deux capacités sera représentée par une colonne de $0^m30 + 0^m20 + 0^m35 = 0^m85$, soit environ $\frac{1}{12}$ d'atmosphère. La tension régulatrice des autres tensions dans le condenseur l'emporterait donc de $\frac{1}{12}$ d'atmosphère sur la tension régulatrice dans la pompe à air. Si les résistances représentées par les trois colonnes d'eau que nous venons de supposer n'existaient pas, les produits gazeux de deux condensations s'établiraient dans la pompe à air à la même tension que dans le condenseur et l'espace qu'il faudrait leur livrer dans cette pompe pour les contenir en totalité serait moindre. On peut tirer de là la conséquence qui suit :

Dans les machines à condensation, avec pompe à air de la forme aspirante élevatoire, la résistance du clapet de retenue et celle des clapets du piston agissent exactement comme une diminution du volume engendré par ce piston et augmentent la contre-pression moyenne derrière le piston à vapeur.

Il serait facile, à l'aide des considérations que nous avons présentées précédemment, de déterminer l'accroissement de tension dans le condenseur, qui résulterait d'une résistance donnée du clapet de retenue et des soupapes du piston de la pompe à air, mais nous reviendrons encore sur ce sujet un peu plus loin.

Les circonstances dans lesquelles nous venons d'examiner l'influence de la capacité du condenseur sur la contre-pression moyenne du piston moteur, ne sont point celles qui se présentent dans les applications, et les résultats généraux auxquels nous sommes arrivés ne doivent être regardés que comme les expressions théoriques de phénomènes qui ne se réalisent jamais entièrement, mais de l'accomplissement desquels on se rapproche d'autant plus, dans la pratique, que les intervalles entre les coups de pistons sont plus considérables et qu'on laisse plus de temps pour achever la condensation et la diffusion des gaz permanents, ou bien encore, que l'on accélère davantage cette condensation et cette diffusion par des dispositions d'appareil particulières et appropriées au résultat que l'on se propose d'atteindre.

Dans les machines ordinaires, la condensation n'est point instantanée, la tension de la vapeur mêlée à l'air n'est point celle qui correspond à la température des eaux de condensation dans toute l'étendue de la capacité disponible, et la diffusion des gaz permanents n'est pas complète. Le plus souvent, il n'y a aucun intervalle appréciable entre les coups de piston et la condensation se fait dans le condenseur, *non avant* mais *pendant* la marche du piston moteur, même dans les machines où il y a suspension complète du mouvement à la fin de chaque course comme dans les machines d'épuisement, parce qu'on n'ouvre la communication entre le cylindre et le condenseur qu'à l'instant où le piston moteur se met en marche, pour ne pas refroidir ce cylindre par le contact de vapeur à basse température.

Il résulte de ce mode de fonctionnement que, pendant toute la course du piston moteur, la vapeur passe du cylindre dans le condenseur ; que la tension de cette vapeur dans le cylindre, quoiqu'elle ne contienne qu'une quantité très-faible de gaz permanents, est constamment supérieure à la tension du mélange de gaz et de vapeur renfermé dans le condenseur, nonobstant la forte proportion de ces gaz permanents qui lui sont apportés directement par le jet non interrompu d'eau froide ; que cet excès de pression de la vapeur qui arrive dans le condenseur, ne permet à aucun des produits gazeux qui y sont amenés de pénétrer jusque dans le cylindre, et que l'abaissement de tension générale dans toute la capacité disponible au commencement de la course, que nous avons admis dans les hypothèses précédentes, est impossible et se transforme, au contraire, en accroissement de tension.

Nous allons examiner l'influence de la capacité du condenseur sur la tension moyenne qui s'y établit, dans ces nouvelles conditions de marche et dans les trois dispositions de pompe à air que nous avons admises ci-dessus.

Quatrième hypothèse : *Le clapet de retenue G ne s'ouvrant que pendant la course montante du piston de la pompe à air, la condensation se faisant pendant toute la course du piston moteur par un jet non interrompu d'eau froide et la machine étant à double effet. (Figures 19, 20, 21, 22.)*

Pendant toute la durée d'une course du piston moteur, que le clapet de retenue G soit soulevé, ou non, la vapeur et l'eau froide arrivent simultanément dans le condenseur et la tension de la vapeur, dans le cylindre moteur, est constamment supérieure à la tension du mélange de vapeur et de produits gazeux que contient le condenseur; mais cet excès de tension dans le cylindre est variable. Au commencement de la course, la vapeur qui vient de produire son travail et qui est encore fortement comprimée, passe très-rapidement dans le condenseur et y arrive en bien plus grande quantité que vers la fin, et comme l'eau froide qui sert à la condenser arrive à peu près uniformément, il en résulte que le poids d'eau froide employé à la condensation est plus petit, relativement au poids de vapeur à condenser, au commencement de chaque course qu'à la fin, et que la température des eaux de condensation, ainsi que la tension de la vapeur qui continue à subsister dans le condenseur, doivent décroître pendant toute la durée d'une opération. D'autre part, les gaz permanents qui arrivent en grande majorité avec l'eau froide, puisque la vapeur qui vient du cylindre n'en contient que la quantité correspondante au volume d'eau qui a servi à la former, s'accumulent pendant toute la course dans le condenseur et doivent, si la soupape G est fermée, y produire un accroissement de tension rendu plus rapide encore par l'arrivée progressive des eaux de condensation qui diminuent la capacité que ces gaz peuvent occuper dans ce condenseur où ils sont maintenus par le flux continuel de vapeur venant du cylindre. Si la soupape G est ouverte, ces produits gazeux pourront passer avec les eaux de condensation dans la pompe à air pendant que le piston s'élève, et il en résultera une diminution dans une proportion plus ou moins grande, ou la suppression, ou la transformation en décroissement de tension, de l'accroissement qui, dans le cas de fermeture de la soupape G, résultait de leur accumulation progressive dans le condenseur.

La tension dans ce condenseur, pendant la durée d'une course, est donc dépendante de deux causes qui agissent constamment en sens inverse, quand la soupape G est fermée. La première est la température des eaux de condensation et la tension correspondante de la vapeur, qui décroissent d'une manière continue pendant toute la course, effet qui est encore aggravé par le défaut d'instantanéité dans la condensation, lequel est d'autant plus nuisible que la course se fait plus rapidement. La seconde est l'accumulation progressive d'une quantité croissante de gaz permanents dans une capacité qui diminue, ce qui tend à relever la tension pendant toute la durée de la même course. Il est vrai que lorsque la soupape G est soulevée, par exemple pendant la course montante des pistons, l'espace offert aux nouveaux produits de la condensation, dans la pompe à air, peut suffire, et au delà, pour neutraliser l'accroissement de tension dont nous venons de parler, mais il n'a aucune influence sur le maximum de tension de la vapeur au commencement de la course, lequel ne dépend que de la température des eaux de condensation en cet instant.

Supposons, pour rendre plus évidents les résultats que nous venons d'énoncer, que l'on condense dans une capacité de $0^{m3}500$, un kil. de vapeur à 4^{atm}, à l'aide d'une injection continue et uniforme de 23^{kil} d'eau froide à $10°$; que l'eau contienne $\frac{1}{18}$ de son volume de gaz permanents à la tension atmosphérique, et qu'au commencement de l'opération le rapport du poids de vapeur qui arrive dans la capacité au poids d'eau froide injectée, soit comme $1 : 15$, au lieu de $1 : 23$ rapport définitif à la fin de l'opération.

La température t des eaux de condensation sera dès le début :

$$1\,(650^{cal}4 - t) = 15\,(t - 10);$$
$$\text{d'où } t = 50°.$$

La tension correspondante de la vapeur sera de $0^{atm}121$, d'après les tables.

A la fin de l'opération, la température de la totalité des eaux de condensation, sera :

$$1\,(650^{cal}4 - t) = 23\,(t - 10);$$
$$\text{d'où } t = 36°,66;$$

et la tension correspondante de la vapeur sera de $0^{atm}060$ environ.

La capacité occupée par les produits gazeux à la fin de l'opération, sera de :

$$0^{m3}500 - 0^{m3}024 = 0^{m3}476;$$

et les $\dfrac{0^{m3}024}{18}$ de gaz permanents à la tension atmosphérique et à la température de 10°, y établiront, quand ils seront portés à la température de 36°66 et qu'ils occuperont un volume de $0^{m3}476$, une tension T que l'on trouvera par la formule suivante qui a été démontrée dans les préliminaires :

$$\frac{0^{m3}024}{18}\left(\frac{1+0,00367.\ 36°66}{1+0,00367.\ 10}\right)\frac{1^{atm.}}{T}=0^{m3}476,$$

$$\text{d'où } T=\frac{0,024\ (1+0,00367.\ 36,6)}{18\ (1+0,00367.\ 10)\ 0,476}=0^{atm.}00306.$$

La tension du mélange de gaz et de vapeur, à la fin de la condensation, serait donc de $0^{atm.}060+0^{atm.}00306=0^{atm.}06306$; tandis que la tension de la vapeur seule, au commencement, serait de $0^{atm.}121$.

Ces renseignements théoriques sont confirmés par l'expérience ; la tension mesurée directement sur un condenseur est toujours plus grande à l'instant de la décharge qu'à la fin de la course du piston, et quand on place sur ce condenseur, vers sa partie supérieure, un thermomètre, il indique une température constamment supérieure à celle des eaux de condensation expulsées par la pompe à air. Ce dernier phénomène tient au défaut d'instantanéité dans les indications de l'appareil ; comme il est soumis, pendant la durée d'un coup de piston, à l'action de vapeurs plus chaudes au commencement qu'à la fin, il oscille légèrement de part et d'autre d'une température moyenne supérieure à la température minima des eaux de condensation quand l'opération est complétement achevée.

Revenons maintenant à la question principale.

Dans les circonstances ordinaires de la pratique, il y a, comme nous venons de le voir, un accroissement brusque de tension dans le condenseur, qu'il soit, ou non, en communication avec la pompe à air, au commencement de chaque course, ce qui est dû à l'influence prépondérante de la température des eaux de condensation ; puis un décroissement jusqu'à la fin, malgré l'arrivée continuelle de nouveaux gaz permanents. Il pourrait cependant arriver, si le condenseur était très-petit et le clapet G fermé, que l'accumulation de ces gaz fût suffisante pour contre-balancer la diminution de tension résultant du refroidissement de l'eau de condensation. Ainsi, dans l'exemple que nous avons choisi tout à l'heure, la tension de la vapeur seule, au commencement de l'opération, est de $0^{atm}\cdot121$, tandis qu'à la fin elle n'est plus que de $0^{atm}\cdot060$; il suffirait donc que l'espace livré aux produits gazeux dans ce dernier instant fut tel qu'ils y établissent une tension de $0^{atm}\cdot121 - 0^{atm}\cdot060 = 0^{atm}\cdot061$, pour que la diminution de tension ne se produisît pas; cet espace E serait, d'après la formule employée, de :

$$\frac{0,024}{18}\left[\frac{1 + 0,00367.\ 36°65}{1 + 0,00367.\ 10}\right]\frac{1}{0,061} = E;$$

$$\text{d'où } E = 0^{m3}0238.$$

Donc, si la capacité totale était réduite à $0^{m3}024 + 0^{m3}0238 = 0^{m3}0478$, l'abaissement de tension, signalé à la fin de la course, cesserait de se produire et l'accumulation successive des produits gazeux relèverait la tension d'une quantité exactement équivalente à l'abaissement résultant de la diminution de température des eaux de condensation. Au-dessous de cette limite de capacité, la tension générale croîtrait pendant la course; au-dessus, elle décroîtrait d'une quantité d'autant plus grande que la capacité serait plus vaste. Donc, pour obtenir la tension moyenne la plus petite possible dans un condenseur, pendant la période du mouvement où le clapet, placé entre le condenseur et la pompe à air, est fermé, il faut que le condenseur soit le plus grand possible. La présence des produits liquides et gazeux qui restent dans le condenseur, à l'instant où commence cette période du mouvement, ne peut infirmer ce résultat, puisque l'effet qu'ils produisent équivaut à une diminution de la capacité disponible livrée aux nouveaux produits de la condensation.

Dans la période du mouvement pendant laquelle le clapet G est ouvert, les choses se passent différemment. A l'instant où commence l'injection de vapeur venant du cylindre, la tension s'élève dans le condenseur, par suite de la présence de nouvelles vapeurs à la tension correspondante à la température des nouvelles eaux de condensation qui se forment; la tension de ces vapeurs s'ajoute à celle des gaz permanents contenus dans la capacité; puis, à mesure que le piston de la pompe à air s'élève (fig. 21), la fraction de la tension générale, due à la vapeur, diminue, l'eau de condensation passe dans la pompe et, à sa

suite, le mélange de gaz et de vapeur. Négligeons, pour un instant, l'influence de l'excès de hauteur de l'eau dans la pompe à air, excès qui
disparaît dans la disposition indiquée par la fig. 25. Si l'espace offert
aux produits gazeux sous le piston, à la fin de sa course, est précisément
celui qui est nécessaire pour maintenir leur tension invariable pendant
toute cette course, nonobstant l'arrivée continuelle de nouveaux gaz,
la tension baissera dans le condenseur de la quantité correspondante à
la diminution de tension de la vapeur seule, par suite du refroidissement des eaux de condensation. Si cet espace est plus petit, la tension
générale baissera moins rapidement dans le condenseur, parce que la
tension des gaz permanents augmentera pendant que celle de la vapeur
diminuera ; et s'il est plus grand, cette tension générale y baissera plus
vite. Si l'espace offert aux produits gazeux, sous le piston, était assez petit
pour que la tension de ces gaz augmentât pendant la course d'une quantité équivalente à l'abaissement de tension de la vapeur, l'abaissement
général de tension ne se produirait plus, et au-dessous de cette limite
il se transformerait en accroissement. Cela signifie évidemment que le
volume engendré par le piston de la pompe à air, demeurant constant,
la tension générale dans le condenseur baissera d'autant plus rapidement qu'il sera plus petit; mais il faut observer que la fraction de cette
tension générale, qui est due à la vapeur, est invariable et que la diminution de capacité du condenseur n'agit que sur la fraction qui est
due aux gaz permanents, de sorte que, dans les considérations qui vont
suivre, nous pourrons éliminer la partie de la tension générale dans le
condenseur, qui est due à la présence de la vapeur, puisque celle-ci ne
dépend que de la température des eaux de condensation et nullement
de la capacité de ce condenseur.

La diminution continue de tension des gaz permanents, dans la capacité disponible, que nous venons de constater pendant la course
montante du piston et qui est d'autant plus rapide que le condenseur est plus petit, amène toujours finalement la tension, à l'instant où le clapet de retenue se ferme, au degré convenable pour
que, sous cette tension, la totalité de ces produits gazeux dus à
deux condensations, trouvent place dans la pompe à air. C'est donc à
la fin de la course montante qu'a lieu le minimum de tension, qui ne
dépend pas de la capacité du condenseur, mais de celle de la pompe à

air. Si le clapet de retenue se ferme à cette époque, l'arrivée de nouveaux gaz permanents relèvera immédiatement leur tension dans le condenseur jusqu'au commencement de la course montante qui suivra. Si, au commencement de la course descendante, l'injection brusque de nouvelles vapeurs dans le condenseur oblige le clapet de retenue à rester ouvert pendant une très-petite fraction de cette course, il pourra passer encore dans la pompe à air une nouvelle quantité d'eau et de produits gazeux complétant la somme de produits de toute nature que le piston doit expulser pendant le reste de cette course descendante; mais ce dernier effet ne se produit presque jamais dans la pratique, ou ne se produit que dans une très-faible mesure, parce qu'il faut à l'injection de vapeur dans le condenseur un certain temps pour y établir l'excédant de pression nécessaire pour rouvrir, ou maintenir le clapet G ouvert, et que, pendant ce temps, la descente du piston de la pompe à air a suffisamment comprimé les produits gazeux placés dessous, pour que la tension de ceux-ci s'oppose au soulèvement du clapet G.

On voit, d'après cela, que le décroissement de tension dans le condenseur, pendant la course montante, ne peut jamais faire descendre cette tension au-dessous d'une limite que détermine le volume engendré par le piston de la pompe à air, et que si la diminution de capacité du condenseur accélère le décroissement de tension pendant cette course montante, ce n'est que parce qu'il augmente la tension maxima, de sorte que la tension moyenne pendant cette course est d'autant plus faible que le condenseur est plus grand, comme pendant la course descendante.

Nous pouvons donc poser le principe suivant :

Dans les machines ordinaires, à double effet et à condensation, dans lesquelles la pompe à air a la forme des pompes dites aspirantes et foulantes, à cylindres plongeurs ou avec d'autres pistons, la capacité du condenseur doit être la plus grande possible, pour que la tension s'y élève le moins possible au-dessus de la tension régulatrice minima, déterminée par la grandeur du volume qu'engendre le piston de la pompe à air.

Le défaut d'instantanéité dans la condensation des vapeurs qui arrivent dans le condenseur avec plus d'abondance au commencement de la course des pistons qu'à la fin, ne fait que corroborer ce principe, car il est évident que l'arrivée d'un poids déterminé de produits gazeux, dans une capacité qui en contient déjà une certaine quantité, y élèvera d'autant moins la tension que cette capacité sera plus grande. Si elle était infinie, la tension y serait invariable et égale à la tension régulatrice dépendante du volume engendré par le piston de la pompe à air, car la haute température des eaux de condensation au commencement de chaque injection, et la tension correspondante des vapeurs seraient sans influence et disparaîtraient dans la masse d'eau de gaz et de vapeur à une plus basse température qui séjourneraient constamment dans l'appareil.

Lorsque, comme dans les figures 19, 24, l'eau s'élève dans la pompe à air, à la fin de la course montante, plus haut que le clapet de retenue et que ce clapet offre une certaine résistance au soulèvement, la tension minima dans le condenseur l'emporte, sur la tension régulatrice dans la pompe à air, d'une quantité correspondante à la différence des niveaux de l'eau dans les deux capacités, augmentée de la résistance propre au clapet. Ainsi pour un excédant de hauteur d'eau de 0^m30 et une résistance de clapet équivalente à une colonne d'eau de 0^m20, la tension minima du condenseur l'emporterait de $\dfrac{0,50}{10,333} = 0,048$ d'atmosphère sur la tension régulatrice dans la pompe à air, et les effets de cette disposition seraient exactement les mêmes que ceux d'une diminution du volume de cette pompe, telle que, pour s'y installer, les produits gazeux fussent obligés de prendre une tension supérieure de $0^{atm}048$ à celle qu'ils prennent effectivement. Les dispositions des figures 23, 25 sont donc préférables.

Dans la pratique, on ne peut donner aux condenseurs des dimensions excessives, à cause du prix et des difficultés de construction, et aussi à cause des rentrées d'air extérieur auxquelles ils sont d'autant plus exposés qu'ils sont plus grands ; mais nous croyons qu'on peut les faire plus grands qu'ils ne le sont ordinairement, pour la disposition de pompe à air que nous avons adoptée ici, et que, au lieu de leur donner un quart de la capacité du cylindre moteur, suivant la coutume d'un grand nombre de constructeurs, on pourrait avec avantage augmenter ce volume, en les plongeant dans la bâche qui reçoit l'eau froide destinée à la condensation, afin de prévenir les rentrées d'air extérieur.

Les considérations théoriques développées ci-dessus pourraient donner une idée approximative du bénéfice que l'on réaliserait par cet agrandissement d'une partie de l'appareil de condensation, et ce bénéfice croîtrait encore à mesure que la vitesse des pistons augmenterait, parce que les parcelles de vapeur qui, faute de temps, échappent à la condensation, produisent de moindres excédants de tension dans une grande capacité que dans une petite.

L'accroissement de tension qui, au commencement de chaque décharge de vapeur dans le condenseur, est dû à l'influence prédominante de la haute température des eaux de condensation, pourrait disparaître en partie si l'eau froide arrivait en plus grande quantité dans ce condenseur à l'instant où commence la course du piston moteur qu'à la fin de cette course, au lieu d'arriver à peu près uniformément pendant toute la durée de l'opération. Il suffirait, pour cela, de régler l'injection à l'aide d'une soupape spéciale mise en mouvement par la machine, au lieu d'employer le robinet actuel à écoulement invariable ; de plus, il conviendrait de disposer l'appareil de façon à multiplier le plus possible les points de contact entre la vapeur affluente et l'eau froide, et d'adopter des dispositions telles qu'aucune parcelle de vapeur, passant du cylindre dans le condenseur, n'échappât à l'action directe de cette eau froide, sans toutefois créer de résistance notable à ce passage.

Cinquième hypothèse : *Le clapet de retenue étant supprimé ou se soulevant sous le moindre effort, ainsi que les clapets HH du piston de la pompe à air ; celle-ci ayant la forme dite aspirante élévatoire. (Figures 26, 27, 28, 32, pl. 6 et 7.)*

Lorsque le piston de la pompe à air se trouve au bas de sa course (fig. 26), la région supérieure de cette pompe doit contenir tous les produits liquides et gazeux qui proviennent de deux condensations et qui doivent être expulsés pendant la course montante.

Si la condensation se faisait directement dans la pompe à air, sous le piston, pendant la course montante, le volume engendré par ce piston à la fin de cette course, contiendrait les eaux de condensation et les produits gazeux provenant d'une seule condensation ; puis, pendant la course descendante, les clapets HH restant soulevés, les produits liquides et gazeux de la deuxième condensation passeraient dans la région supérieure de la pompe pendant que s'accomplirait cette deuxième condensation.

La *tension régulatrice* correspondante au volume engendré par le piston, serait donc un maximum et aurait lieu au commencement de la course montante, et si on fait abstraction des accroissements momentanés de tension dus à l'influence prépondérante de la température des eaux de condensation au commencement de chaque course, la tension propre des produits gazeux sera la plus grande possible au commencement de cette course montante, parce que c'est l'instant où ils sont en plus grande quantité et où ils occupent le moindre volume.

Si la condensation, au lieu de s'accomplir dans la pompe à air, se fait dans un condenseur, il est évident que la tension sera arrivée à la même limite supérieure au commencement de la course montante, audessus du piston de la pompe et dans tout l'appareil, et que la présence de gaz préexistants au maximum de tension, dans le condenseur, ne servira qu'à empêcher la tension sous le piston de la pompe, de descendre jusqu'à la même limite inférieure pendant cette course montante; parce que la région inférieure de cette pompe recevra une certaine quantité de ces gaz en même temps que les produits de la condensation qui se fait pendant cette période du mouvement. Pendant la course descendante, la tension des gaz remontera à la limite régulatrice, mais en partant d'un degré plus élevé. Il résulte de là que, si on fait abstraction de la partie de la tension générale due à la présence des vapeurs fournies, ou maintenues, par les eaux de condensation à température variable, tension indépendante de la capacité du condenseur, on pourra admettre le principe suivant :

Dans les machines à double effet, à condensation, dans lesquelles la pompe à air a la forme dite aspirante élévatoire qui peut dispenser de l'emploi du clapet de retenue, le condenseur doit être le plus petit possible, pour que la tension y descende le plus possible au-dessous de la tension régulatrice maxima, déterminée par la grandeur du volume qu'engendre le piston de la pompe à air.

Pour le même volume engendré par le piston, cette pompe maintient donc dans le condenseur une tension moyenne inférieure à celle que l'on obtient à l'aide des pompes à piston foulant, dans lesquelles le clapet de retenue est indispensable. Mais celles-ci, quand elles sont à cylindre plongeur, jouissent du précieux avantage de laisser la garniture du piston sous les yeux du mécanicien qui peut la resserrer et supprimer les fuites quand elle se dérange, sans qu'il faille, pour cela, suspendre le mouvement de la machine motrice.

Quand on emploie ces pompes foulantes, il faut les disposer de façon que le clapet de retenue soit recouvert des eaux de condensation pendant le refoulement, pour empêcher les produits gazeux de rentrer dans le condenseur lorsque ce clapet ferme mal l'orifice qu'il recouvre, sans toutefois créer une différence notable de niveau entre les surfaces de l'eau dans les deux capacités en communication.

L'effet de cette différence de niveau, dans les appareils avec pompe aspirante élévatoire, est le même que dans ceux qui sont munis d'une pompe foulante, il équivaut à une diminution de capacité de la pompe à air et se mesure de la même façon. Dans ce cas, il produit un accroissement de la tension régulatrice maxima dans le condenseur, équivalent à une colonne d'eau d'une hauteur égale à cette différence de niveau; de sorte que la meilleure disposition que l'on puisse donner à ces pompes est celle qui est indiquée fig. 32.

Lorsque le clapet de retenue, s'il y en a un, et les clapets du piston exigent un certain effort pour être soulevés, ils produisent le même effet qu'un excédant de hauteur d'eau dans la pompe à air, et l'accroissement de tension qui en résulte dans le condenseur, se mesure par la hauteur d'eau qui serait nécessaire pour les soulever en agissant contre leur face inférieure.

Dans la pratique, la capacité du condenseur ne peut descendre audessous de certaines limites, malgré la continuité du passage des produits de la condensation dans la pompe à air lorsqu'elle est de la forme aspirante élévatoire, parce que la gerbe d'eau froide qui sert à condenser la vapeur, doit s'épanouir librement dans un certain espace pour que la condensation se fasse convenablement, et que la pomme d'arrosoir qui termine le tuyau d'injection ne doit jamais être recouverte par les eaux de condensation. Watt, dans les machines à basse pression et à condensation, donnait à cette capacité environ le quadruple du volume des eaux de condensation provenant de deux cylindrées de vapeur, lorsque le rapport du poids d'eau froide au poids de vapeur à condenser, était d'environ 25 à 1, ce qui portait la capacité à environ un quart de la capacité du cylindre moteur quand la machine fonctionnait sans détente sous la tension de $1^{atm}.5$ à 2 atmosphères; de plus, toutes ses pompes à air étaient aspirantes élévatoires. Depuis, les constructeurs ont appliqué cette règle, sans modifications, à toutes sortes de machines et de pompes à air, sans s'inquiéter des conditions particulières inhérentes aux divers systèmes de machines et de pompes, ce qui a été la cause d'une multitude de mécomptes. Nous pensons que cette règle est bonne dans les circonstances où elle a été appliquée par Watt et que, dans d'autres, elle doit être modifiée d'après la théorie qui précède.

Ainsi, s'il convient de donner au condenseur une capacité quadruple du volume des eaux de condensation, quand le piston moteur a une vitesse moyenne de 1 mètre à $1^{m}25$, comme dans les machines de Watt, il nous semble aussi convenable, quand la vitesse est inférieure à celle-ci et que la condensation a le temps de se faire complétement, de diminuer cette capacité et de la réduire à *deux fois et demie* environ le volume des eaux de condensation, afin d'obtenir une tension moyenne plus petite. Lorsque, au contraire, les coups de piston se succèdent rapidement, comme dans certaines machines modernes, et qu'une partie plus ou moins considérable de la vapeur peut échapper à la condensation, ou conserver une tension trop élevée à cause de la trop faible proportion d'eau froide injectée au commencement de chaque condensation, il conviendrait d'agrandir le condenseur et de lui donner au moins *cinq* fois le volume des eaux de condensation, afin de faire disparaître ou, au moins, d'atténuer les inconvénients de la haute tension des vapeurs à leur arrivée et de la haute température des nouvelles eaux de condensation, en noyant les unes et les autres dans une masse plus grande de vapeur et d'eau de condensation à basse température.

Lorsque les machines à condensation sont à simple effet et que le piston de la pompe à air n'expulse, à la fois, que les produits d'une seule condensation, la capacité du condenseur ne dépend plus aussi complétement du système de la pompe.

Si la pompe est aspirante élévatoire et si la condensation se fait pendant que cette pompe donne accès aux produits liquides et gazeux de cette condensation, comme dans la disposition de la fig. 26, la tension du mélange de gaz et de vapeur est la plus grande au commencement de la course montante du piston, à cause de l'influence de la haute température des eaux au commencement de la condensation, puis cette tension baisse jusqu'à la fin de cette course, pour atteindre un minimum qui dépend du volume engendré par le piston et sous lequel tous les produits d'une opération occupent ce volume. Pendant la course descendante, ces produits passent au-dessus du piston et l'état du condenseur reste invariable. La tension moyenne dépend donc ici de la valeur de la tension initiale, et celle-ci sera d'autant plus rapprochée de la tension régulatrice minima, que le condenseur sera plus grand, pour les raisons déjà exposées précédemment.

Si la pompe est aspirante et foulante et que la condensation se fasse pendant que le clapet est fermé, comme dans les fig. 19, 23, 24, le condenseur doit théoriquement présenter une capacité infinie, suivant que nous l'avons également démontré plus haut, et le volume engendré par le piston ne règle que la tension minima.

Ainsi, dans les machines à simple effet, le volume engendré par le piston de la pompe à air, quel que soit le système de celle-ci, ne règle que le minimum de tension, tandis que le maximum dépend de la capacité du condenseur; mais il faut remarquer que le maximum peut être très-grand quand le piston est foulant et le condenseur très-petit, parce que tous les produits sont rigoureusement confinés dans ce condenseur pendant la condensation, tandis que, dans l'autre disposition, le maximum ne dépend que fort peu de la capacité du condenseur à cause de la communication ouverte entre lui et la pompe, et beaucoup de la haute température initiale des eaux de condensation, ce qui l'empêche de dépasser les limites correspondantes à cette température. Dans ce cas, l'agrandissement du condenseur n'a pas pour but d'agir sur la partie de la tension générale qui est due aux gaz permanents, mais de parer aux inconvénients de la haute température initiale des eaux de condensation et de la tension correspondante des nouvelles vapeurs condensées, en les mélangeant avec une plus grande masse de produits liquides et gazeux à basse température.

L'agrandissement du condenseur est donc moins important dans le second cas que dans le premier, et l'on pourrait se contenter de donner au condenseur de *trois à quatre* fois le volume des eaux de condensation quand la pompe est aspirante élévatoire, et *six* fois ce volume quand elle est aspirante et foulante.

Lorsque les machines sont munies d'une pompe à air à double effet, comme celle qui est indiquée fig. 51, ou de toute autre fonctionnant d'après le même principe, et qu'il y a une condensation pour chaque course du piston de cette pompe, chacune de ces courses amène dans la pompe la totalité des produits qui résultent d'une condensation, et tout se passe comme dans les machines à simple effet lorsque la pompe à air reçoit les produits de la condensation à mesure qu'ils se forment dans le condenseur, sauf qu'ici les opérations se succèdent plus rapidement ; on peut donc donner au condenseur, dans ce cas, une capacité égale à *quatre* fois le volume des eaux qui proviennent d'une seule condensation.

Les pompes de cette espèce produisent, évidemment, le même vide que deux pompes à simple effet, pour le même volume engendré par le piston à chaque course.

Si, dans ce cas comme dans tous ceux qui précèdent, le nombre de coups de piston de la pompe à air était différent du nombre de courses du piston moteur dans le même temps, il est évident que, pour obtenir un degré déterminé de vide dans le condenseur, celui-ci et la pompe à air devraient avoir la même capacité que si les pistons désignés ci-dessus fournissaient le même nombre de courses dans le même temps, et qu'il arrivât, du cylindre moteur dans le condenseur à chaque course, le même poids de vapeur et d'eau froide que celui qui y arrive effectivement pour le nombre réel de courses du piston moteur qui ont lieu pendant une course du piston de la pompe à air.

Au lieu d'employer les pompes de tous genres à mouvement rectiligne alternatif, pour débarrasser le condenseur des produits de la condensation, on pourrait se servir, dans le même but, des pompes rotatives dont la disposition est généralement calquée sur celle des machines à vapeur à rotation directe. Ainsi, par exemple, si un condenseur était mis, par le bas, en communication avec le tuyau D de la machine de Joseph Ève (fig. 7), et que le cylindre intérieur **A**, garni de ses trois dents *y* qui font office de pistons, tournât sous l'action d'une force motrice dans le sens indiqué par les flèches, les produits de la condensation, appelés dans la pompe d'une manière continue par le tuyau **D**, en seraient chassés par le tuyau **E**. Pour maintenir dans le condenseur un degré de raréfaction déterminé, à l'aide d'un semblable appareil, il suffirait évidemment que le volume engendré par les dents *y* ou celui qu'elles offrent entre elles aux produits de la condensation, durant deux courses du piston moteur, fût égal au volume qu'offrirait à ces produits, dans le même temps, une pompe à air à mouvement alternatif, calculée pour obtenir le même degré de raréfaction. La capacité du condenseur serait également déterminée d'après les règles que nous avons posées ci-dessus, en observant qu'une telle pompe agirait exactement sur les produits de la condensation comme la pompe à double effet dont nous avons parlé tout à l'heure.

CONCLUSIONS PRATIQUES DE LA THÉORIE
DU CONDENSEUR.

Les considérations qui précèdent nous permettent maintenant de poser les règles suivantes que nous regardons comme bonnes à observer dans l'établissement des appareils de condensation, lorsque le poids d'eau froide employée pour condenser la vapeur est, approximativement, de vingt-quatre à vingt-cinq fois le poids de la vapeur à condenser, et lorsque la température de cette eau froide est de 10° à 12°, comme dans la plupart des cas de la pratique.

1° Dans les machines à double effet dont la pompe à air est de la forme dite aspirante et foulante, la capacité utile du condenseur doit être d'environ *six* fois le volume des eaux de condensation provenant de deux condensations successives.

2° Dans les mêmes machines, lorsque la pompe à air est de la forme dite aspirante élévatoire, la capacité du condenseur doit être de *deux et demie* à *cinq* fois le volume des mêmes eaux de condensation ;

la plus petite de ces capacités, lorsque les condensations se font à des intervalles éloignés; la plus grande, lorsqu'elles se suivent à de très-courts intervalles.

3° Dans les machines à simple effet, la capacité du condenseur doit être approximativement égale à *trois* ou *quatre* fois le volume des eaux de condensation correspondantes à une course du piston moteur, ou à *six* fois ce volume, suivant que la pompe à air est de la forme dite aspirante élévatoire ou aspirante et foulante.

4° Les pompes à air à double effet produisent, dans le condenseur, le même degré de raréfaction que les pompes à simple effet dont le piston engendre un volume double, ou plutôt que deux pompes à simple effet dont les pistons ont même course et même diamètre et agissent alternativement.

5° Lorsque le nombre des courses du piston de la pompe à air n'est pas le même que celui des courses du piston moteur, le condenseur et la pompe à air doivent avoir la même capacité utile que si ces pistons avaient le même nombre de courses et qu'il arrivât à chaque course, dans le condenseur, la même quantité d'eau de condensation qui y arrive effectivement pour le nombre réel de courses du piston moteur pendant une course du piston de la pompe.

6° L'eau froide qui sert à la condensation, au lieu d'arriver d'une manière à peu près continue et uniforme dans le condenseur, devrait arriver en plus grande abondance au commencement qu'à la fin de chaque condensation, afin d'éviter l'accroissement de tension des vapeurs dans le condenseur au début de la condensation. On arriverait à ce résultat en injectant l'eau froide par deux orifices, dont l'un verserait l'eau sans interruption et dont l'autre ne serait ouvert que pendant la première partie de la course du piston moteur.

7° Il ne faut négliger aucun moyen de multiplier les points de contact entre la vapeur et l'eau froide qui arrivent dans le condenseur, afin d'accélérer la condensation et pour qu'il n'échappe à cette condensation que la plus petite quantité possible de vapeur, dès le début de l'opération.

8° Le tuyau de communication entre le cylindre moteur et le condenseur doit offrir le moins de résistance possible à l'écoulement de la vapeur, afin que la différence de tension entre les deux capacités soit la plus faible possible; il faut donc qu'il soit large, non contourné et court, et que la lumière de dégagement sur le cylindre ait une grande section.

9° La position des pompes à air, relativement au condenseur, doit être telle que, lorsque tous les produits que le piston de la pompe doit chasser en une course sont arrivés dans cette pompe, le niveau des eaux de condensation dans les deux capacités vienne effleurer la partie supérieure de l'orifice que recouvre le clapet de retenue. La pompe produit alors, dans le condenseur, toute la raréfaction correspondante au volume engendré par son piston. Toute surélévation de niveau dans la pompe amène un accroissement de tension continu et correspondant dans le condenseur.

10° Le clapet de retenue et les clapets du piston de la pompe doivent se soulever sous le moindre effort; s'ils opposent une résistance au soulèvement, elle produit le même effet que la surélévation du niveau de l'eau et cet effet peut se mesurer par la hauteur de la colonne d'eau qui devrait agir sur leur face inférieure pour les soulever.

11° Les fuites autour du piston d'une pompe à air aspirante élévatoire, occasionnent la rentrée d'un certain volume d'eau dans la région de la pompe d'où il vient d'être extrait; il en résulte qu'à chaque course le piston doit emporter plus d'eau qu'il n'en expulsera effectivement, ce qui produit le même effet qu'une diminution du volume qu'il engendre, égale au volume d'eau qui repasse ainsi dans la région voisine du condenseur. Le piston doit donc être tenu en bon état et, quand il se détériore, on s'en aperçoit à un accroissement progressif de tension dans le condenseur, exactement comme si la capacité de la pompe à air diminuait progressivement d'une quantité égale au volume des eaux qui passent autour du piston. Lorsque la pompe est aspirante et foulante, les dérangements de garniture produisent des effets analogues et équivalent à une diminution du volume engendré par le piston.

12° Comme il est difficile, dans la pratique, de supprimer entièrement les fuites autour des pistons, il convient de leur donner un diamètre un peu plus grand que celui qu'a fourni le calcul pour un degré de vide déterminé, afin d'obtenir ce vide malgré les fuites.

DE LA QUANTITÉ DE GAZ PERMANENTS FOURNIE

PAR LES EAUX DE CONDENSATION.

Toutes les eaux que l'on trouve à la surface du globe, ou que l'on tire des puits, tiennent en dissolution une certaine quantité de gaz permanents qui, sous la tension atmosphérique, commencent à s'en dégager vers la température de 55° et sont complétement expulsés à la température d'ébullition. Lorsqu'on fait un vide plus ou moins parfait au-dessus de la surface de ces eaux, les gaz s'en dégagent à une température beaucoup plus basse; c'est ce qui arrive dans les condenseurs.

Nous n'avons pu recueillir sur la quantité de gaz qui se dégagent ainsi des eaux d'origine différente, qu'un petit nombre de renseignements que nous allons mettre sous les yeux du lecteur.

D'après une expérience de M. Normandy, en Angleterre, un litre d'eau de pluie porté à la température d'ébullition a fourni 54,1 centimètres cubes d'un gaz contenant, sous la pression atmosphérique :

Acide carbonique . . . . . 22,60 centimètres cubes.
Oxygène 18,06
Azote 13,44

        Total. . . . 54,10 centimètres cubes ;

$$\text{soit } \frac{54,10}{1000} = \frac{1}{18,48} \text{ du volume de l'eau.}$$

D'autres expériences du même ingénieur sur de l'eau de mer n'ont fourni, par litre d'eau, qu'un tiers environ de cette quantité de produits gazeux, dont plus de la moitié était de l'acide carbonique et de l'air oxygéné.

D'autres expérimentateurs sont arrivés à des résultats à peu près semblables sur l'eau de mer.

D'après les expériences de M. Péligot, un litre d'eau de Seine, puisée en hiver, a fourni, en la portant à la température d'ébullition, 54,1 centimètres cubes de gaz, comme ci-dessus, dont voici la composition :

Acide carbonique	22,60	centimètres cubes.
Oxygène	10,10	
Azote.	21,40	
Total. . . .	54,10	centimètres cubes.

Même fraction du volume de l'eau que plus haut.

Ces renseignements théoriques étant insuffisants pour que nous puissions, avec sécurité, nous en servir comme base du calcul de la capacité des pompes à air, nous avons pensé à mesurer directement le volume des produits gazeux expulsés par ces pompes dans quelques machines établies aux environs de Mons.

Une puissante machine d'épuisement a fourni un volume de gaz permanents qui, ramené à la tension et à la température atmosphériques s'est élevé moyennement à un treizième du volume des eaux de condensation. Ces gaz étaient reçus dans une grande cloche en verre et les précautions étaient prises pour qu'il ne s'en échappât aucune parcelle.

Ce résultat, qui l'emporte sur les résultats théoriques rappelés ci-dessus, nous a semblé trop considérable, et nous avons été obligé d'admettre la possibilité d'une rentrée d'air extérieur dans le condenseur, quoiqu'il eût été impossible de la constater directement; aussi, nous regardons cette expérience comme peu significative.

Nous avons ensuite adopté un autre procédé que nous avons appliqué à plusieurs appareils de condensation et qui exigeait moins de préparatifs.

L'eau de condensation expulsée, à chaque coup de piston, était jaugée directement; le volume engendré par le piston était connu d'après la course et le diamètre de ce piston ; de sorte que la différence de ces volumes représentait l'espace occupé dans la pompe par le mélange de gaz et de vapeur à la tension correspondante à la température des eaux de condensation. La tension de ce mélange était ensuite mesurée à l'aide d'un manomètre de Bourdon, à l'instant où le piston était à l'extrémité de sa course, et la différence entre l'indication de l'instrument et la tension de la vapeur, représentait la tension des gaz. La tension, le volume et la température de ces gaz étant ainsi déterminés, on évaluait, par le calcul, leur volume à la pression et à la température extérieures.

Cette méthode nous a fourni des résultats assez variables; dans certaines machines, le volume des produits gazeux ramenés à la tension et à la température extérieures, s'élevait à un seizième du volume des eaux de condensation; dans d'autres, il n'était que d'un dix-huitième et même d'un vingtième de ce volume.

Nous admettrons, dans tout ce qui va suivre, le chiffre moyen d'*un dix-huitième* qui nous semble suffire au degré de précision que l'on peut espérer obtenir dans la prévision de la limite de raréfaction que l'on atteindra dans un condenseur. Dans les cas particuliers où une mesure directe de la quantité d'air dégagée par les eaux de condensation fournirait un autre rapport, il serait facile de faire aux théories qui vont suivre, les modifications correspondantes.

CAPACITÉ DE LA POMPE A AIR.

Nous avons vu ci-dessus : 1° que la tension générale dans un condenseur est reglée par la grandeur du volume offert, dans la pompe à air, aux produits liquides et gazeux de la condensation ; 2° que plus ce volume est considérable, plus la *tension régulatrice* qui s'y établit est faible ; 3° que, si l'on fait abstraction de l'accroissement momentané de tension dans le condenseur, au commencement de chaque injection de vapeur, dû à l'insuffisance d'eau froide en cet instant, inconvénient qui disparaîtrait, au moins partiellement, si on proportionnait davantage la venue d'eau froide à la venue de vapeur, la tension régulatrice représente le minimum de tension dans le condenseur quand la pompe à air est aspirante et foulante, et le maximum, quand cette pompe est aspirante élévatoire et que la machine est à double effet; 4° qu'enfin, quel que soit le système de machine, les oscillations en plus ou en moins autour de la tension régulatrice sont assez faibles quand la capacité du condenseur est déterminée d'après les règles que nous avons posées.

Il reste maintenant à déterminer la capacité de la pompe à air pour une tension régulatrice donnée dans le condenseur, et à apprécier l'étendue des oscillations qui se produiront en déçà ou au delà de cette tension suivant le système de la pompe.

Nous supposerons la pompe à air placée dans les conditions que nous avons recommandées, c'est-à-dire de manière que la tension régulatrice y soit la même que celle du condenseur, et la machine à double effet.
Soient : P le poids de vapeur à condenser en deux opérations ;

Q le poids d'eau froide employée à condenser cette vapeur ;

t la température de l'eau froide ;

t' la température des eaux de condensation ;

d la quantité de calories que contient chaque kil. de vapeur ;

V' le volume des eaux de condensation dont le poids est $P+Q$;

T la tension régulatrice totale, en mètre de mercure ;

T' la tension de la vapeur à la température t' des eaux de condensation, en mètre de mercure ;

V'' le volume engendré par le piston de la pompe à air.

Nous aurons d'abord :

$$P\,(d - t') = Q\,(t' - t), \text{ d'où } t' = \frac{P\,d + Q\,t}{P + Q}; \quad \text{(A)}$$

Car toute la chaleur $P\,(d - t')$ que la vapeur abandonne en se condensant, sert à porter le poids d'eau froide Q de la température t à la température t'.

Le volume V' des eaux de condensation produira un volume $\dfrac{V'}{18}$ de gaz ramené à la température t et à la pression de $0^{m}76$ de mercure.

La tension à laquelle ces gaz doivent être portés dans la pompe à air est $T - T'$, et leur température doit s'élever, en même temps, de t à t'.

Il résulte de là que le volume que devront occuper ces gaz dans la pompe à air, sera :

$$\frac{V'}{18}\left[\frac{1 + 0,00367 \cdot t'}{1 + 0,00367 \cdot t}\right]\frac{0,76}{T - T'}$$

Et que le volume total engendré par le piston de cette pompe devra être :

$$V'' = V' + \frac{V'}{18}\left[\frac{1 + 0,00367 \cdot t'}{1 + 0,00367 \cdot t}\right]\frac{0,76}{T - T'}. \qquad (B)$$

Voici une application numérique :

On demande le volume que doit engendrer le piston d'une pompe à air, pour abaisser jusqu'à $\frac{1}{10}$ d'atmosphère la tension régulatrice dans le condenseur d'une machine à double effet dont le cylindre fournit, à chaque condensation, deux mètres cubes de vapeur à $2\frac{1}{2}$ atmosphères; on peut disposer de 25 kil. d'eau froide à 10° par kil. de vapeur à condenser.

Le volume de 1 kil. de vapeur à $2\frac{1}{2}$ atmosphères est, d'après les tables, de $0^{m\bar{3}}72$ environ; les quatre mètres cubes qui doivent être condensés en deux opérations, pèseront donc $\dfrac{4}{0,72} = 5^{kil}.555 = P.$

Le poids d'eau froide à 10°, employée à la condensation de cette vapeur, sera $25.5,55 = 138^{kil}.875 = Q.$

d, d'après les tables $= 645$ calories.

Si on applique ces valeurs à l'équation (A), elle donne :

$$t' = \frac{5^{kil}.555 \cdot 645 + 138^{kil}.875 \cdot 10}{5,555 + 138,875} = 34°42.$$

Le volume V' des eaux de condensation sera de $0^{m3}1444$, puisqu'il y en a $144^{kil}.43$ et que nous négligeons l'influence de leur température sur leur volume.

La tension T' des vapeurs à la température de 34°42 est d'environ $0^{m}0407$ de mercure.

La tension T, de $\frac{1}{10}$ d'atmosphère, équivaut à $0^{m}076$ de mercure.

En appliquant ces valeurs à l'équation (B) qui donne le volume V'' que doit engendrer le piston de la pompe à air, on obtient :

$$V'' = 0^{m3}1444 + \frac{0^{m3}1444}{18}\left[\frac{1 + 0,00367 \cdot 34°42}{1 + 0,00367 \cdot 10°}\right]\frac{0,76}{0,076 - 0,0407} = 0^{m3}332.$$

Si cette pompe à air avait la forme dite aspirante et foulante indiquée par les figures 23, 25, le condenseur aurait une capacité utile égale à six fois le volume des eaux de condensation, soit $0^{m3}8664$.

Dans ce cas, la tension régulatrice de 0^m076 de mercure se manifesterait dans le condenseur à la fin de la course du piston pendant laquelle les produits de la condensation sont appelés dans la pompe à air ; puis, si l'on fait abstraction de l'influence des retards dans cette condensation et de celle des variations dans la proportion de vapeur et d'eau froide qui arrivent pendant toute la durée d'une opération, la tension croîtra dans le condenseur pendant toute la course suivante, parce que, le clapet de retenue étant fermé, les produits liquides et gazeux d'une condensation s'accumuleront dans le condenseur.

A la fin de la période d'évacuation du condenseur, sa capacité utile est vide d'eau et pleine de vapeur et de gaz à la tension de ceux qui sont dans la pompe à air ; ce condenseur contient donc, en ce moment, $0^{m3}8664$ de gaz à la température de $34°,42$ et à la tension de $0^m076 - 0^m0407 = 0^m0353$ de mercure ; à partir de cet instant, jusqu'à la fin de la course suivante, il recevra les produits d'une condensation, soit $\dfrac{0^{m3}1444}{2}$ d'eau de condensation, et $\dfrac{0^{m3}332 - 0^{m3}1444}{2} = 0^{m3}0938$ de gaz ramenés à $34°,42$ et à la tension de 0^m0353 de mercure ; la tension à laquelle la totalité de ces gaz s'élèvera, en supposant la température constante, sera donc de :

$$0^m0353 \, \frac{0^{m3}8664}{0^{m3}8664 - \frac{1}{2} 0^{m3}1444} \left[\frac{0^{m3}8664 + 0^{m3}0938}{0^{m3}8664} \right] = 0^m0427 \text{ de}$$

mercure.

Le maximum de tension ne s'élèverait donc qu'à $0^m0427 - 0^m0353 = 0,0074$ de mercure au-dessus de la tension régulatrice, si la venue d'eau froide était exactement proportionnée à la venue de vapeur et qu'aucune parcelle de cette vapeur n'échappât à la condensation.

Tout excès de tension, dans le condenseur, au-dessus de $0^m076 + 0^m0074 = 0^m0834$ de mercure, devra être mis sur le compte des retards dans la condensation et de la trop haute température momentanée des eaux de condensation nouvelles, lorsque l'eau froide n'arrive pas en quantité suffisante, relativement au flux de vapeur, pour que ces eaux de condensation aient la température minima de $34°,42$. Avec les dimensions de condenseur que nous avons adoptées et en accélérant la condensation par de bonnes dispositions des tuyaux d'injection d'eau

froide, nous ne pensons pas, autant qu'il est permis de le prévoir
d'après les résultats pratiques connus aujourd'hui, que le maximum
de tension que l'on obtiendrait effectivement dépasserait le maximum
théorique que nous venons de calculer, de plus d'une couple de centimètres de mercure.

Si la pompe à air était de la forme dite aspirante élévatoire, représentée
par la fig. 32, pl. 7, et que le piston moteur eût une vitesse moyenne
de 1^m à 1^m25 pour laquelle le condenseur aurait, d'après nos prescrip-
tions, une capacité utile d'environ $2\frac{1}{2}$ fois le volume des eaux de condensation, soit $0^{m3}3610$, la tension régulatrice de 0^m076 aurait lieu
dans le condenseur à la fin de la course du piston de la pompe, pendant
laquelle les produits de la condensation traversent ce piston. En cet
instant, le condenseur, entièrement vide d'eau de condensation, contiendrait $0^{m3}3610$ de gaz à la température de $34°,42$ et à la tension de
0^m0355 de mercure. Pendant toute la course suivante, il arriverait
$\dfrac{0^{m3}1444}{2}$ d'eau de condensation, et $\dfrac{0^{m3}332 - 0^{m3}1444}{2} = 0^{m3}0938$ de

gaz ramenés à la température de $34°,42$ et à la tension de 0^m355,
tandis que la capacité occupée par la totalité des gaz dans le condenseur et dans la pompe à air, se serait agrandie de $0^{m3}332$; la tension
à laquelle ces gaz se trouveraient ramenés à la fin de cette dernière
course, serait donc :

$$0^m0355 \; \frac{0^{m3}3610 + 0^{m3}0938}{0,3610} \left[\frac{0,3610}{0,3610 + 0,332 - \frac{1}{2}0,1444} \right] = 0^m0263$$

de mercure.

Ainsi, dans ce cas, le maximum théorique de la tension des gaz et
de la vapeur réunis, serait de 0^m076 de mercure, et le minimum théorique de $0^m0407 + 0^m0263 = 0^m0670$. Tout excédant de tension au-
dessus de ces limites, dans les instants correspondants, devrait être
attribué à des retards dans la condensation et à l'insuffisance d'eau
froide pour produire la condensation en ces instants.

Si l'on ne pouvait disposer, pour produire la condensation, que d'une quantité d'eau froide telle que la température des eaux de condensation fut de 46°,75, à laquelle correspond, d'après les tables, une tension de 0^m076 de mercure, il est clair qu'aucune capacité de pompe à air ne pourrait abaisser la tension régulatrice jusqu'à cette limite, et que, quel que fût le système de la pompe, la tension à une époque quelconque serait toujours supérieure à la fraction invariable de la tension totale, représentée par la tension de la vapeur seule.

La formule (A) peut donner le poids d'eau froide qui conduirait à ce résultat ; il suffit d'y remplacer t' par 46°,75 et de chercher la valeur de Q dans les mêmes conditions que ci-dessus. Il vient alors :

$$46°75 = \frac{5^{kil}555.645 + Q.10°}{5^{kil}555 + Q} \; ; \; \text{d'où } Q = 5^{kil}555 \, \frac{645 - 46°75}{46,75 - 10} = 90^{kil}38.$$

Ainsi, dans le cas où l'on ne pourrait disposer que de $90^{kil}38$ d'eau froide à 10° pour condenser les $5^{kil}555$ de vapeur, *soit* $16^{kil}27$ *par kil. de vapeur*, il serait impossible d'abaisser la tension, dans le condenseur, jusqu'à $\frac{1}{10}$ d'atmosphère.

Si la pompe à air, dont nous avons calculé ci-dessus les dimensions, fonctionnait dans ces nouvelles conditions, la tension régulatrice maxima ou minima, suivant le système de la pompe, qu'elle établirait dans le condenseur, pourrait être déterminée de la manière suivante :

Le poids des eaux de condensation serait de $90^{kil}38 + 5^{kil}555 = 95^{kil}935$; le volume de ces eaux de $0^{m3}096$, approximativement.

Le volume de gaz pris à la tension atmosphérique et à 10°, serait de $\dfrac{0^{m3}096}{18}$, et ce volume, porté à la température de 46°,75, devrait trouver place dans la pompe à air qui lui offrirait un espace de $0^{m3}332 - 0^{m3}096 = 0^{m3}236$.

La tension T″, qu'il y établirait, sera donc donnée par l'expression :

$$\frac{0,096}{18} \left[\frac{1 + 0,00367 \cdot 46°75}{1 + 0,00367 \cdot 10°} \right] \frac{0^m76}{T''} = 0^{m3}236 \; ;$$

d'où T″ $= 0^m0194$ de mercure.

La tension régulatrice deviendrait alors $0^m076 + 0^m0194 = 0^m0954$ de mercure, soit $\frac{1}{8}$ d'atmosphère environ, et les oscillations théoriques de part et d'autre de cette tension, suivant le système de la pompe à air, se calculeraient comme ci-dessus.

Il y a donc accroissement général de tension, dans un condenseur, quand on applique une trop petite quantité d'eau froide à la condensation, et cet inconvénient s'accroît encore quand cette eau est à une température supérieure à 10°, parce que la température des eaux de condensation qui en résultent, est plus élevée ; les considérations qui précèdent nous semblent suffisantes pour évaluer la tension régulatrice dans chaque cas particulier.

Il ne faut pas non plus employer, dans un appareil de condensation donné, une quantité surabondante d'eau froide, parce que l'abaissement de la tension de la vapeur, par suite de la basse température des eaux de condensation, pourrait être compensé, et au delà, par un accroissement de produits gazeux dont la tension deviendrait alors prédominante.

Supposons, par exemple, qu'au lieu de 25 kilog. d'eau froide à 10°, pour condenser 1 kilog. de vapeur, dans l'appareil calculé plus haut, on en injecte 50 kilog. dans le condenseur, soit $277^{\text{kil}}.75$ pour les $5^{\text{kil}}.555$ de vapeur.

La température des eaux de condensation sera, d'après l'expression (A) :

$$t' = \frac{5^{\text{kil}}.555 \cdot 645 + 277^{\text{kil}}.75 \cdot 10°}{5^{\text{kil}}.555 + 277^{\text{kil}}.75} = 22°,45.$$

A cette température, la tension de la vapeur n'est que de $0^{\text{m}}02$ de mercure, mais la quantité de gaz serait très-grande et il leur resterait peu de place dans la pompe à air.

Le poids des eaux de condensation étant de :

$$5^{\text{kil}}.555 + 277^{\text{kil}}.55 = 283^{\text{kil}}.105,$$

et leur volume de $0^{\text{m}3}283$, il ne resterait, dans la pompe à air, qu'un espace disponible de $0^{\text{m}3}332 - 0^{\text{m}3}283 = 0^{\text{m}3}049$, et la tension T'' des gaz qui seraient obligés de s'établir dans cet espace, serait donnée par l'expression :

$$\frac{0^{\text{m}3}283}{18} \left(\frac{1 + 0,00367 \cdot 22°45}{1 + 0,00367 \cdot 10°} \right) \frac{0,76}{T''} = 0^{\text{m}3}049$$

d'où $T'' = 0^{\text{m}}254$ de mercure, ou un tiers d'atmosphère environ.

La tension régulatrice serait donc de $0^m254 + 0^m02 = 0^m274$ de mercure, et les oscillations de part et d'autre de cette tension, suivant le système de la pompe, seraient considérables, comme il est facile de s'en assurer à l'aide de la théorie que nous avons exposée ci-dessus.

Il y a donc, au moins, autant d'inconvénient à injecter dans le condenseur d'un appareil déterminé, trop d'eau froide que pas assez, à moins que cette eau ne contienne beaucoup moins de gaz que la moyenne ordinaire, ou que ces gaz ne s'en dégagent pas entièrement, et c'est par suite d'une longue expérience que les praticiens ont adopté le chiffre moyen de 24 à 25 kilog. par kilog. de vapeur, comme le plus favorable à l'abaissement de la tension dans les appareils ordinaires qui sont établis dans les conditions que nous avons adoptées plus haut.

Ce chiffre a été déterminé tout à fait empiriquement et sans que l'on fût guidé par une théorie quelconque, mais il est probable que si, à l'aide de la théorie que nous avons exposée, on recherchait le poids d'eau froide le plus avantageux, on arriverait à un chiffre voisin de celui que les praticiens ont ainsi adopté empiriquement. Pour résoudre cette question, il suffirait évidemment de calculer la tension régulatrice pour divers poids d'eau froide en deçà et au delà de 25 kil. par kil. de vapeur, et le poids qui fournirait le minimum de tension régulatrice serait le plus convenable.

Dans l'application, on possède un moyen excellent de déterminer la quantité d'eau froide qu'il faut injecter dans un appareil de condensation déterminé, pour obtenir le plus grand abaissement possible de tension dans le condenseur. On fait varier, par tâtonnement, l'ouverture du robinet d'injection et, par suite, la quantité d'eau froide injectée, jusqu'à ce que l'on arrive à ce minimum de tension que l'on constate à l'aide d'un manomètre. La proportion d'eau froide étant ainsi déterminée, ainsi que l'ouverture correspondante du robinet, on ramène celui-ci dans la position connue, chaque fois que la machine fonctionne. Cette méthode a, sur la méthode théorique, l'avantage de tenir implicitement compte des retards de condensation et de toutes les causes perturbatrices qui influent sur le résultat final. La méthode théorique ne peut prendre en considération d'une manière bien rationnelle, toutes ces causes de perturbation.

En examinant attentivement un grand nombre d'appareils de condensation, nous avons trouvé qu'en général ils sont construits pour abaisser la tension régulatrice, dans le condenseur, jusqu'à une limite variable d'un huitième à un dixième d'atmosphère, quand on suppose une injection de 22 à 25 kilog. d'eau froide à 10° ou 12°, par kil. de vapeur. Comme il y a bénéfice à faire le vide le moins imparfait possible, *la limite d'un dixième d'atmosphère nous semble la meilleure.* Dans la plupart des cas et quand les machines sont à détente jusqu'à une limite telle que la tension de la vapeur motrice ne soit plus que d'une fraction d'atmosphère à la fin de la course, nous pensons que l'on pourrait descendre jusqu'à un quatorzième d'atmosphère. Peut-être y aurait-il encore avantage à descendre au-dessous de ces limites, mais il faudrait faire la pompe à air très-grande pour obtenir un nouvel abaissement un peu marqué de tension et, dans ce cas, le surcroît de travail que l'on serait obligé de transmettre à cette pompe pour la mettre en mouvement, ferait très-probablement perdre la plus grande partie de ce que l'on aurait gagné par l'amélioration du vide dans le condenseur. La théorie du travail absorbé par la pompe à air, que nous exposerons plus loin, jettera un nouveau jour sur cette question.

Lorsque, dans les machines à condensation, on surchauffe la vapeur et que l'on continue à marcher dans les mêmes conditions de vitesse, de tension de vapeur dans le cylindre, et à injecter la même quantité d'eau froide dans le condenseur que dans la marche avec vapeur saturée, on peut observer deux phénomènes remarquables dans le condenseur : La tension régulatrice et, par suite, la tension moyenne, y baissent, ainsi que la température des eaux de condensation et, en même temps, si on place un thermomètre à sa partie supérieure, celui-ci indique une température plus élevée que celle qui y existait pendant la marche avec vapeur saturée.

Voici comment on peut se rendre compte de ces deux résultats qui, au premier abord, paraissent contradictoires.

Supposons que la machine pour laquelle nous avons calculé ci-dessus les dimensions principales des différentes parties de l'appareil de condensation, fonctionne avec de la vapeur surchauffée à 240° et que l'on injecte toujours dans le condenseur $0^{m3}1444$ d'eau froide à 10°, pour les deux condensations successives.

Les quatre mètres cubes de vapeur à deux atmosphères et demie que la machine envoie au condenseur, en deux décharges successives, ne pèseront plus, comme précédemment, $5^{kil}555$, à cause de la dilatation que la surchauffe fait subir à la vapeur qui vient de la chaudière, sans changer sa tension.

Soit V le volume de vapeur saturée à deux atmosphères et demie, qui fournirait les quatre mètres cubes de vapeur surchauffée à 240°, et rappelons que la température de la vapeur saturée, à cette tension, est de 127°8.

$$\text{On aura d'abord : } V \frac{1 + 0,00367.240°}{1 + 0,00367.127°8} = 4^{m3};$$

$$\text{d'où } V = 3^{m3}124. \text{ Ce volume pèsera } \frac{3^{m3}124}{0^{m3}72} = 4^{kil}332;$$

Ces $4^{kil}332$ de vapeur saturée contiendront $4,332.645 = 2794$ calories;

Les $5^{kil}555$, que l'on condensait précédemment, contenaient $5,555.645 = 3582$ calories.

D'autre part, nous avons vu, dans le chapitre préliminaire concernant les capacités calorifiques, que pour élever de 1° la température d'un kilog. de vapeur sous tension constante, il fallait 0,475 calorie.

Pour porter les $4^{kil}332$ de vapeur de la température 127°8 à la température 240°, il faudra donc :

$$4,332.0,475 (240° - 127°8) = 230,85 \text{ calories.}$$

Donc, les quatre mètres cubes de vapeur surchauffée qui sont envoyés au condenseur en deux coups de piston, ne contiendraient que $230^{cal}85 + 2794^{cal} = 3024^{cal}85$, tandis que les quatre mètres cubes de vapeur saturée en contenaient 3582.

La température des eaux de condensation serait alors :

$$t' = \frac{4^{kil}332 \dfrac{3024,85}{4,332} + 144^{kil}4.10°}{4^{kil}332 + 144^{kil}4} = 30°,$$

et la tension des vapeurs corespondantes serait de 0^m0315, tandis qu'elle s'élevait à 0^m0407 dans la marche avec vapeur saturée.

Comme il n'est pas entré plus de gaz dans le condenseur, par le fait de la surchauffe, plutôt un peu moins puisque le poids de vapeur condensée est moindre, la tension régulatrice se trouverait donc abaissée d'environ 0^m01 de mercure, par suite de cette surchauffe.

Quant à l'accroissement de température indiqué par le thermomètre placé dans la région supérieure du condenseur, il tient probablement aux causes suivantes :

Lorsque la vapeur se précipite dans un condenseur, elle ne se condense pas instantanément et elle peut échauffer la boule d'un thermomètre, qui se refroidit ensuite à mesure que la condensation se complète ; mais comme les indications du thermomètre ne sont pas non plus instantanées, et que les alternatives de haute et de basse température se succèdent très-rapidement, ces indications ne constatent ni la plus haute ni la plus basse température, mais oscillent légèrement de part et d'autre d'une température moyenne dépendante de la température des vapeurs affluentes et de celle des eaux de condensation.

La haute température des vapeurs surchauffées explique suffisamment ainsi l'élévation de la température moyenne autour de laquelle oscille le thermomètre. Nous avons déjà appelé l'attention sur ce phénomène dans la condensation des vapeurs saturées où il se produit également, mais à un moindre degré, parce que les vapeurs affluentes sont à une moindre température.

Cette haute température momentanée des vapeurs dans le condenseur ne peut y établir la tension correspondante, parce que les parois de l'appareil sont toujours ruisselantes d'eau à basse température et qu'il y en a également à la partie inférieure ; il résulte de là que toute parcelle de vapeur à haute température qui se met en contact avec ces parois prend instantanément leur température et la tension correspondante, et que la masse centrale de vapeur ne trouve aucun point d'appui pour développer la tension qu'elle serait capable de produire momentanément ; tout se passe comme si ces parois du condenseur disparaissaient et se trouvaient remplacées par un espace libre indéfini, dans lequel il existerait une tension égale à celle qui correspond à la température des eaux que contient ce condenseur.

Lorsque la tension vient à s'élever accidentellement dans le condenseur d'une machine pendant qu'elle fonctionne, la vitesse de cette
machine diminue par suite de l'accroissement de résistance au mouvement de son piston. Dans ce cas, l'inconvénient peut tenir à deux
causes différentes qui engendrent finalement le même effet : 1° le dérangement de la garniture du piston moteur qui ne tient plus suffisamment la vapeur et la laisse passer dans le condenseur pendant son
admission dans le cylindre, ou un dérangement des tiroirs de distribution qui laissent la vapeur passer de la chaudière au condenseur sans
traverser le cylindre, comme cela peut arriver avec certaines dispositions d'appareils distributeurs. Il arrive alors trop de vapeur pour l'eau
froide injectée dans le condenseur, et la partie de la tension générale
qui dépend de la vapeur, s'élève. Ce genre d'accident peut être constaté
par l'accroissement de température des eaux de condensation expulsées par la pompe à air ; 2° le dérangement de la garniture du piston
de la pompe à air, laquelle, pendant la période d'expulsion, laisse
passer une certaine quantité d'eau entre elle et les parois du corps de
pompe ; nous avons vu que cet accident produisait exactement l'effet
d'une diminution du volume engendré par ce piston, c'est-à-dire qu'il
élevait la partie de la tension générale dans le condenseur, qui est due
à la présence des gaz permanents. Ce genre de dérangement est accusé
par l'accroissement de tension dans le condenseur sans accroissement
notable de la température des eaux de condensation.

TRAVAIL ABSORBÉ PAR LA POMPE A AIR.

La portion du travail de la force motrice qu'il faut sacrifier pour
mettre en mouvement le piston d'une pompe à air à simple effet, quel que
soit du reste son système, pendant les deux courses consécutives qui
constituent une opération complète d'expulsion, se compose : 1° du
travail absorbé par le frottement de ce piston et par celui de sa tige si
elle traverse une boîte à étoupes, pendant ces deux courses ; 2° du travail nécessaire pour comprimer le mélange de gaz et de vapeur qui
doit être expulsé, jusqu'à une tension un peu supérieure à la pression
atmosphérique, et pour chasser ce mélange ainsi comprimé dans l'at-

mosphère, sous une tension à peu près constante ; 3° du travail nécessaire pour élever l'eau de condensation jusqu'à la hauteur du niveau
dans la bâche de décharge qui reçoit cette eau ; 4° du travail nécessaire pour surmonter la pression atmosphérique pendant l'expulsion
de cette eau. Enfin, pendant certaine phase de ces opérations, la tension
qui existe dans le condenseur produit du travail moteur qui vient en
déduction de la somme des travaux que nous venons d'énumérer.

Supposons, par exemple, que la pompe ait la forme aspirante élévatoire, (fig. 26, pl. 6) et que le piston commence sa course montante. La
face supérieure de ce piston, en soulevant l'eau de condensation, com-
primera le mélange d'air et de vapeur compris entre la surface de cette
eau et les clapets de décharge ; quand la tension de ce mélange sera
devenue suffisante, les clapets de décharge se soulèveront et le laisse-
ront passer sous cette tension qui demeurera approximativement invariable ; la surface de l'eau de condensation arrivera à son tour au
niveau de ces clapets et, pendant tout le reste de la course, le piston
devra soutenir la pression atmosphérique plus le poids de l'eau qu'il
élève jusqu'à la hauteur du tuyau de décharge adapté à la bâche qui
contient les clapets, que l'on maintient ainsi sous l'eau pour empêcher
les rentrées d'air extérieur. Pendant que le piston surmontait ces
résistances en agissant par sa face supérieure, sa face inférieure recevait l'action du mélange de gaz et de vapeur arrivant du condenseur,
à la tension qu'ils possèdent dans ce condenseur si la pompe est placée
comme l'indique la fig. 32, pl. 7, et ce travail aidait à soulever ce piston.

Pendant la course descendante, les clapets du piston étant ouverts,
on peut supposer qu'il y a équilibre de tension entre ses deux faces,
à moins que ces clapets n'exigent un effort notable pour être maintenus
levés ; dans ce dernier cas, qui ne se présente que comme conséquence
d'un vice de construction, il faudrait encore vaincre, pendant la descente du piston, la différence de tension entre ses deux faces ; mais
nous pouvons ici supposer l'appareil bien construit et les clapets disposés de façon qu'ils puissent être ouverts par le moindre effort.

Si la pompe avait la forme aspirante foulante, (figures 19, 23, 24,
25), le travail de la pression atmosphérique sur la partie supérieure du
piston serait le même pendant les deux courses, moteur pendant le refoulement et résistant pendant l'aspiration, de sorte qu'il pourrait être

négligé et que le travail à transmettre à ce piston serait le même que si sa face supérieure était en communication avec le vide absolu. Cette intervention de la pression atmosphérique étant écartée, il est évident que le travail nécessaire pour comprimer le mélange de gaz et de vapeur jusqu'à la limite à laquelle il soulève les soupapes de décharge, pour l'expulser sous cette tension constante, pour vaincre la pression atmosphérique pendant l'expulsion de l'eau de condensation et pour soulever cette eau jusqu'à la bâche de décharge, si elle est placée au-dessus de la pompe, comme dans les figures 23, 25, est le même que précédemment et que de plus, pendant l'aspiration, la tension moyenne sous le piston produit un travail moteur qui vient en déduction des travaux ci-dessus que l'on doit dépenser.

Il serait facile de vérifier, par des considérations directes sur toute espèce de pompe à air, que le travail qu'il faut dépenser pour les mettre en jeu, est constamment le même que ci-dessus et qu'elles ne diffèrent entre elles que par la répartition de ce travail entre les deux courses correspondantes à une opération d'expulsion.

Enfin, les mêmes considérations seraient encore applicables aux pompes rotatives, par exemple, à celle qui est indiquée fig. 7, pl. 2, à la condition de garnir le tuyau de décharge d'une soupape qui ne se soulève que lorsque le volume de gaz et de vapeur compris entre deux dents avec l'eau de condensation, a été comprimé jusqu'à une tension un peu supérieure à la tension atmosphérique; car, si ce tuyau restait toujours ouvert, l'air extérieur ferait irruption dans la pompe chaque fois qu'un nouvel intervalle entre deux dents se mettrait en communication avec lui, à cause de la faible tension qui existerait dans ces espaces, et l'on aurait à surmonter la tension atmosphérique pendant toute la période de compression dont il a été question ci-dessus. En un mot, une semblable pompe exigerait le même travail que la pompe fig. 26, par exemple, dans laquelle on enlèverait les soupapes de décharge pendant la course montante en les remettant en place pendant la course descendante. Ce dernier mode de fonctionnement est évidemment vicieux et, même dans le cas de l'emploi de la pompe rotative, il faudrait préférer le premier.

Nous pouvons donc poser le principe suivant :

Quel que soit le système de la pompe à air employée pour débarras-

ser un condenseur des produits de la condensation, le travail absorbé par cette pompe est égal :

Au travail nécessaire pour élever l'eau de condensation depuis la position qu'elle occupe dans la pompe, jusqu'au tuyau par lequel elle s'échappe de la bâche de décharge ;

Plus le travail nécessaire pour comprimer le mélange d'air et de vapeur jusqu'à la tension à laquelle il soulève les soupapes de décharge, et pour l'expulser par ces soupapes, sous cette tension constante ;

Plus le travail nécessaire pour surmonter la pression atmosphérique qui se transmet au piston pendant la période d'expulsion des eaux de condensation, qui suit, ou précède, la période d'expulsion des gaz, suivant le système de la pompe ;

Plus le travail absorbé par le frottement de la garniture et de la tige du piston pendant la course, ou les courses qui constituent une opération complète d'expulsion ;

Moins le travail produit par la tension du mélange de gaz et de vapeur contre le piston, pendant la période d'admission de ces produits dans la pompe à air.

Pour exemple d'un calcul de ce genre, nous choisirons la pompe à air dont les dimensions principales ont été déterminées ci-dessus pour abaisser la tension régulatrice jusqu'à $0^{atm}1$. La marche que nous suivrons pourra servir de règle générale pour tous les calculs de ce genre, parce qu'ils se font toujours de la même manière, et nous supposerons que cette pompe est de la forme indiquée fig. 26.

Le volume total engendré par le piston. . . . . $= 0^{m3}332$.
Le volume occupé par les eaux de condensation. $= 0^{m3}1444$.
Le volume occupé par les produits gazeux . . . $= 0^{m3}1876$.
La tension de la vapeur dans la pompe. . . . . $= 0^{m}0407$ de mercure.
La tension des produits gazeux . . . . $= 0^{m}0353$ de mercure.

Supposons $0^{m}15$ d'eau sur les clapets du couvercle, du reste parfaitement équilibrés, et 1 mètre de course au piston.

La section S de ce piston sera donnée par l'expression :

$$S.\ 1^m = 0^{m3}\ 332 ; \text{ d'où } S = 0^{m2}332 ;$$

L'eau de condensation occupera une hauteur h, de :

$$0^{m2}332\ .\ h = 0^{m3}1444 ; \text{ d'où } h = 0^{m}435,$$

et les produits gazeux, une hauteur de $1^{m}000 - 0^{m}435 = 0^{m}565$.

Travail pour élever l'eau de condensation. — Ce travail est égal au produit du poids de l'eau de condensation (144^{kil}40) par la hauteur comprise entre le centre de gravité de la masse de cette eau et la surface liquide dans la bâche de décharge.

$$\text{Cette hauteur} = \frac{0^m435}{2} + 0^m565 + 0^m15 = 0^m9325.$$

Le travail correspondant est donc de :

$$144^{kil}40 . \ 0^m9325 = 134,65 \text{ kilogrammètres.}$$

Travail pour l'expulsion du mélange d'air et de vapeur. — Ce travail consiste dans la compression progressive du mélange, jusqu'à une tension qui l'emporte sur la tension atmosphérique, de 0^{m}15 d'eau ou de 0^{m}0107 de mercure, c'est-à-dire jusqu'à la tension de 0^{m}7707 de mercure, puis à chasser ce mélange sous cette tension constante, jusqu'à ce que les eaux de condensation arrivent à leur tour aux soupapes ; mais il faut observer qu'il y a, dans ce mélange, de la vapeur en contact avec le liquide générateur et avec les parois du corps de pompe sans cesse humides et à la température des eaux de condensation. On pourra donc admettre que la partie de la tension générale qui est due à la vapeur n'augmentera pas pendant la compression, qu'il se condensera de cette vapeur une quantité correspondante à la diminution de son volume, et que l'accroissement de la tension sera uniquement dû à la diminution du volume des produits gazeux dont nous supposerons la température également constante.

D'après cette façon d'envisager la question, le travail à dépenser se partagera en deux parties : la première employée à surmonter la tension constante de la vapeur, jusqu'à ce que le mélange soit entièrement chassé de la pompe ; la seconde consacrée à comprimer les gaz jusqu'à la tension de 0^{m}7707 de mercure moins la tension de la vapeur qui est de 0^{m}0407, soit jusqu'à la tension de 0^{m}73, puis à expulser ces gaz sous cette tension constante.

Le premier de ces travaux sera donc :

$$10533^{kil} \frac{0^m0407}{0^m76} \ 0^{m2}332 \times 0^m565 = 103,78 \text{ kilogrammètres.}$$

Quant au second, il consiste à comprimer des gaz dont la température est supposée constante, depuis la tension de 0^m0353 de mercure jusqu'à la tension de 0^m73, puis à les chasser sous cette tension. Ce travail résistant est évidemment égal au travail moteur que produirait cette même quantité de gaz agissant à pression pleine sur un piston sous la tension initiale de 0^m73, puis se détendant jusqu'à ce que la tension ne fût plus que de 0^m0353 de mercure, les espaces nuisibles étant nuls.

La formule C du tableau général (page 102), convient évidemment à ce cas :

$$V = 0^{m3}1876 \; ; \; P = 10333 \, \frac{0^m73}{0^m76} = 9925^{kil.} \; ;$$

$$\frac{V'}{V} = \frac{0,0353}{0,73} = \frac{1}{20,68} \; ; \; \frac{V}{V'} = \frac{0,73}{0,0353} = 20,68 \; ; \; P' = 0.$$

En substituant ces quantités numériques aux valeurs générales qui entrent dans la composition de la formule, on obtient :

$$0^{m3}1876 \left[\frac{9925}{20,68} \left(1 + \log. 20,68. 2,3026 \right) \right] = 363 \text{ kilogrammètres.}$$

Travail pour surmonter la pression atmosphérique. — A partir de l'instant où les produits gazeux ont passé par les soupapes de décharge, la pression atmosphérique agit toute entière sur la face supérieure du piston jusqu'à la fin de la course ; le travail correspondant à cette période du mouvement sera évidemment :

$$10333^{kil.}. \; 0^{m2}332. \; 0^m435 = 1492,28 \text{ kilogrammètres.}$$

Travail absorbé par le frottement du piston. — Ce travail est excessivement variable et, ordinairement, il est le plus grand quand la garniture est neuve ou récemment réparée ; nous supposerons qu'il s'élève moyennement à 10 p. c. du travail théorique pour les deux courses qui sont nécessaires à une opération complète d'expulsion.

Travail moteur de la pression sous le piston. — Dans la disposition de pompe que nous avons adoptée pour cette application, la tension dans le condenseur et sous le piston n'atteint, théoriquement, son maximum qu'à la fin de la course descendante ; c'est l'instant où se réalise la tension régulatrice et, pendant toute la course montante, cette tension devrait être inférieure à cette tension régulatrice ; mais les retards de condensation et le défaut de régularité dans le flux de vapeur à condenser, tandis que la venue d'eau froide est à peu près constante, sont causes que la tension générale se maintient presque toujours supérieure à la tension régulatrice, mais d'une faible quantité. Supposons l'excédant moyen de 0^m01 de mercure ; il en résultera que, pendant toute sa course montante, la face inférieure du piston sera soumise à une tension de 0^m086 de mercure,

$$\text{soit } 10353^{kil.} \frac{0,086}{0,76} = 1169^{kil.} \text{ par mètre carré,}$$

et le travail moteur correspondant sera :

$$1169. \; 0^{m2}332. \; 1^m = 388 \text{ kilogrammètres.}$$

Pendant la descente du piston, les soupapes qu'il porte étant soulevées, l'équilibre existe entre les pressions qui s'exercent sur ses deux faces et le travail à lui transmettre est nul.

Pour une opération complète comprenant deux courses consécutives, le travail effectif absorbé par le jeu de la pompe à air est donc égal à :

$$154^{km.}65 + 103^{km.}78 + 363^{km.}00 + 1492^{km.}28 - 388^{km.}$$
$$+0,10 \, [154,65 + 103,78 + 363 + 1492,28 - 388] = 1876^{km.}28.$$

Comme nous l'avons démontré ci-dessus, il faudrait dépenser le même travail, quel que fût le système de pompe employé pour maintenir le même degré de raréfaction dans le condenseur, à une légère différence près, celle qui pourrait résulter des variations du frottement des diverses espèces de pistons que l'on pourrait employer.

Outre la perte du travail directement appliqué au piston de la pompe à air, la condensation occasionne encore la perte d'une autre quantité de travail qui peut devenir considérable en certaines circonstances ; c'est celle qui est nécessaire pour élever l'eau froide qui sert à la condensation, lorsque cette eau doit être tirée d'un puits plus ou moins profond, ou, en général, lorsqu'elle doit être élevée à une certaine hauteur. Ces deux causes de déperdition de travail, qui sont inhérentes aux machines à condensation et qui n'existent point dans les machines sans condensation, agissent comme un surcroît de résistances passives, et il est clair que s'il fallait tirer d'une grande profondeur la quantité d'eau froide qui dépasse celle qui est nécessaire pour l'alimentation des chaudières, la somme des travaux résistants créés par la condensation pourrait égaler et même dépasser l'accroissement de travail résultant de cette condensation, sur le piston moteur. A cette limite, qu'il sera aisé de déterminer dans chaque cas particulier, les bénéfices de la condensation disparaissent, et il convient de la supprimer pour simplifier l'appareil et diminuer les chances de dérangement ainsi que les frais de premier établissement. Cependant il faut remarquer que ces considérations ne s'appliquent pas aux machines qui ont pour but principal d'élever de l'eau, comme les machines d'épuisement des mines ; dans ces machines, l'eau doit être élevée, qu'il y ait ou non condensation de la vapeur et, dans le cas de condensation, on peut considérer cette eau comme trouvée disponible à la surface du sol.

La question de la profondeur limite, de laquelle on peut tirer l'eau froide dans le but unique de condenser la vapeur, ne peut être résolue d'une manière générale et invariable et doit être examinée dans tous les cas particuliers où cette eau ne peut être prise qu'à une grande profondeur. Ainsi, par exemple, il peut arriver qu'en élevant 25 kilog. d'eau froide pour condenser chaque kilog. de vapeur, le travail nécessaire pour élever cette eau, plus celui qu'absorbera la pompe à air, soient équivalents au travail gagné par la condensation, et qu'en n'élevant que 15 à 18 kilog. d'eau froide par kilog. de vapeur, ce qui relèvera un peu la tension dans le condenseur, la totalité du bénéfice de la condensation relativement au travail transmis au piston moteur, ne soit plus nécessaire pour subvenir à la dépense de travail nécessitée par la condensation dans ces dernières conditions.

APPAREIL DE CONDENSATION SANS POMPE A AIR.

M. Letoret de Mons, a pris, en 1842, un brevet d'invention pour un appareil de condensation dans lequel le condenseur est débarrassé des produits liquides et gazeux qui tendent à s'y accumuler, à l'aide d'un excédant de tension de la vapeur dans l'appareil, sur la tension atmosphérique extérieure. C'est le principe d'évacuation de la machine de Newcomen appliqué à une capacité autre que le cylindre moteur, ce qui évite les graves inconvénients attachés à l'injection directe de l'eau froide dans le cylindre. Cette disposition n'a été appliquée, jusqu'à présent, qu'aux machines à simple effet et à traction directe qui servent à l'épuisement des mines, et elle paraît difficilement applicable aux machines à double effet et à mouvement de rotation continu, à cause de la durée, relativement considérable, d'une opération complète d'évacuation du condenseur.

La figure 33, pl. 7, offre les lignes primitives d'une machine d'épuisement munie de cet appareil.

La maîtresse tige des pompes employées pour élever l'eau de la mine est directement attachée à la tige M du piston moteur, et cette maîtresse tige doit être assez pesante pour descendre sous l'action de son propre poids en refoulant l'eau dans les colonnes d'ascension de ces pompes.

A est la soupape d'admission de la vapeur dans le cylindre.

B   —   d'équilibre.

E est un clapet de retenue pour empêcher l'air extérieur et l'eau expulsée de rentrer dans le condenseur N.

Pendant la course montante du piston moteur, la soupape A est ouverte, la soupape d'équilibre B fermée, et le robinet D d'injection d'eau froide, ouvert.

La vapeur venant de la chaudière soulève le piston, et la face supérieure de ce piston n'éprouve que la faible tension qui dépend du degré de vide qui se fait dans le condenseur, par l'injection d'eau froide. Quand le piston est au sommet de sa course, ou avant si l'on travaille à détente, la soupape d'admission se ferme; puis, avant le commencement de la course descendante, l'injection d'eau froide dans le condenseur est suspendue et la soupape B s'ouvre. La vapeur peut alors passer librement d'une région du cylindre dans l'autre par la colonne d'équilibre O, les deux faces du piston ne sont plus soumises qu'à des tensions égales, et ce piston redescend par l'action du poids de tout l'appareil d'épuisement qui est attaché à sa tige. Pendant cette descente, la vapeur, qui était au début à une tension supérieure à la tension atmosphérique, a pénétré dans le condenseur en conservant une partie de cet excédant de tension et en a chassé, par la soupape E, tous les produits liquides et gazeux d'une condensation, puis a passé elle-même, en petite quantité, par cette soupape, jusqu'à ce que sa tension se fût abaissée jusqu'à une atmosphère. Quand cette opération d'expulsion est terminée, la soupape E se referme d'elle-même, et la condensation peut se continuer lentement dans l'appareil par le seul effet du contact de la vapeur avec les parois du condenseur et de tout le reste de la capacité qui la contient, mais sans injection d'eau froide. Enfin, un peu avant que le piston arrive au bas de sa course, on ferme la soupape d'équilibre pour que la dernière partie de cette course ne s'accomplisse qu'avec une vitesse progressivement ralentie par le coussin de vapeur que l'on crée ainsi sous le piston.

Quel que soit l'intervalle de repos que l'on veuille laisser entre deux coups de piston, le robinet d'injection d'eau froide ne doit s'ouvrir qu'un peu avant la soupape d'admission de la vapeur, afin que les parois du cylindre moteur ne soient pas trop longtemps en contact avec la vapeur à basse température qui demeure dans ce cylindre pendant la condensation et qui les refroidirait outre mesure si le robinet s'ouvrait, par exemple, pendant la course descendante à l'instant où l'opération d'évacuation est terminée. L'expérience a démontré qu'il se produisait dans le cylindre une condensation considérable à l'époque de l'admission de la vapeur nouvelle, quand le robinet d'injection d'eau froide était ouvert trop tôt, et que le refroidissement général qui en résultait pouvait obliger à conserver dans le cylindre, à la fin de la course montante du piston, un plus grand excès de tension sur la tension atmosphérique, pour opérer convenablement l'évacuation du condenseur. Du reste, on peut toujours réaliser, par tâtonnement sur les appareils établis, les meilleures conditions de fonctionnement des soupapes.

Un appareil de condensation fondé sur un semblable principe d'évacuation du condenseur, ne peut évidemment fonctionner que lorsque la vapeur motrice conserve, à la fin de la course montante du piston, une tension notablement supérieure à la pression atmosphérique. En effet, il faut que cette vapeur, après avoir subi un accroissement de volume lorsque la soupape d'équilibre à été soulevée, et une condensation partielle par suite du refroidissement qu'elle éprouve dans la colonne d'équilibre et dans le condenseur, conserve un excès de tension sur la tension atmosphérique, suffisant pour chasser d'abord l'eau de condensation puis, à sa suite, les produits gazeux et enfin s'échapper elle-même en petite quantité par le clapet de décharge E, afin que le condenseur soit parfaitement débarrassé de tous les produits liquides et gazeux de la précédente condensation.

Cette obligation de conserver à la vapeur, à la fin de la course pendant laquelle celle-ci produit son travail, un grand excès de tension sur la pression atmosphérique, empêche de pousser la détente, dans ce genre de machine, aussi loin qu'on le fait dans d'autres machines d'épuisement munies d'une pompe à air; mais cet inconvénient, dans la plupart des circonstances, est plus apparent que réel, parce qu'on ne peut introduire une grande détente dans les machines d'épuisement qu'à des conditions d'établissement très-onéreuses, dont il sera question plus loin, et que les exploitants acceptent rarement. Cependant si l'on tenait à apporter une grande économie dans la consommation de combustible, il faudrait bien avoir recours à ces grandes détentes et renoncer à l'emploi de l'appareil de condensation dont il s'agit.

Les meilleures règles à observer dans l'établissement de ces appareils ne sont point encore entièrement connues, quoique l'on en ait déjà construit un fort grand nombre en Belgique, mais il est possible, cependant, de présenter, sur les dimensions qu'il convient de leur donner, quelques considérations rationnelles dont la plupart ont déjà reçu la sanction de l'expérience.

Le condenseur, à la fin de la période d'évacuation des produits de la condensation, contient de la vapeur à la tension atmosphérique et la petite quantité de produits gazeux qui étaient contenus dans l'eau qui a fourni cette vapeur ; il en résulte que l'injection d'eau froide, pour condenser cette vapeur et celle qui arrivera pendant la course montante du piston moteur, n'est plus favorisée par le vide du condenseur, comme dans les autres appareils, et qu'il faut accélérer cette injection par une charge d'eau. On obtient ce résultat en plaçant le réservoir d'eau froide à deux ou trois mètres au-dessus du condenseur.

Le condenseur contenant périodiquement de la vapeur qui se maintient pendant quelques instants à la température de 100°, conserve une température moyenne supérieure à la température des condenseurs ordinaires, de sorte que le vide s'y fait plus difficilement que dans ceux-ci et qu'il est encore plus important de prendre toutes les mesures propres à accélérer la condensation dès le début. Pour cela, il faut que le tuyau d'injection fournisse la plus grande quantité possible d'eau froide à l'instant où il s'ouvre et que cette eau, s'épanouissant sous forme de gerbe dans le condenseur, en arrose toutes les parois internes et fasse l'effet d'une pluie abondante dans toute sa capacité, afin de multiplier ses points de contact avec la vapeur ; l'expérience a prouvé qu'il était très-important d'observer cette règle. Le vide initial étant obtenu, on peut ralentir la venue d'eau froide jusqu'à la fin de la course montante du piston moteur, époque à laquelle on la supprime.

Les produits gazeux de la condensation qui proviennent, en très-grande partie, de l'eau froide injectée dans le condenseur, sont constamment maintenus dans cette capacité par l'arrivée continuelle de la vapeur à une tension supérieure à la leur, de sorte que ces produits ne se répandent pas dans toute la capacité disponible et qu'ils sont entièrement emportés avec l'eau de condensation par le torrent de vapeur qui traverse le condenseur immédiatement après l'ouverture de la soupape d'exhaustion. Les produits gazeux ne tendent donc à s'accumuler dans aucune partie de l'appareil, ni à former obstacle à la condensation ; aussi toute autre disposition spéciale pour en purger la machine est inutile, et il ne faut point de réniflard comme celui que l'on trouve au bas du cylindre des machines de Newcomen ; il serait plus nuisible qu'utile, et ne servirait qu'à faire perdre en partie, ou en totalité, l'excédant de tension qui est indispensable pour l'évacuation du condenseur et à favoriser la diffusion des gaz dans le reste de l'appareil.

La quantité de vapeur à $1^{atm.}$ à condenser après chaque opération

d'évacuation du condenseur, étant proportionnelle à la capacité totale
de la machine et de l'appareil de condensation, il faut évidemment,
sous ce point de vue, que cette capacité totale soit la plus petite possible, et comme la capacité du cylindre est une constante qui dépend du
travail à effectuer et de la tension initiale de vapeur que l'on a adoptée,
et que, d'autre part, la capacité de la colonne d'équilibre et celle qui
reste comprise entre le piston au sommet de sa course et le couvercle
du cylindre, sont sans influence directe sur la tension du condenseur
où sont confinés tous les produits de la condensation, il en résulte
que, théoriquement et sous ce point de vue, la colonne d'équilibre et
l'espace compris entre le couvercle et le piston à la fin de sa course,
doivent être réduits aux plus faibles dimensions possibles. On obtient
ainsi deux avantages, le premier est la réduction du volume de vapeur
à condenser, le second un moindre agrandissement du volume de la
vapeur qui vient de produire son travail, au moment de l'ouverture de
la soupape d'équilibre, et un moindre abaissement dans la tension de
cette vapeur, ce qui permettrait, à l'occasion, de pousser la détente
un peu plus loin. Mais, d'un autre côté, en diminuant outre mesure
la section de la colonne d'équilibre et l'ouverture de sa soupape, on
augmente la faible différence de tension qui existe entre les deux faces
du piston pendant sa descente et on diminue la vitesse pendant cette
période du mouvement; puis on augmente la difficulté du passage de
la vapeur du cylindre dans le condenseur pendant la course montante
et, par suite, la contre-pression du piston. Ces deux inconvénients ne
deviendraient sensibles que pour de très-petites sections et nous pensons, après examen attentif de quelques appareils de cette espèce, que
l'on se placera dans de bonnes conditions de fonctionnement en donnant à la colonne d'équilibre $\frac{1}{8}$ du diamètre du piston ou, plus généralement, une section égale à $\frac{1}{25}$ de celle du piston, en adoptant la même
section pour la soupape d'équilibre, en faisant très-court le tuyau de
communication entre la colonne d'équilibre et le condenseur, et en
poussant la course du piston moteur jusqu'au point le plus rapproché
possible du couvercle supérieur, sans risquer toutefois de le heurter
pour le moindre retard dans la fermeture de la soupape d'admission,
ou pour la moindre surélévation de la tension dans les chaudières.
Peut-être trouverait-on encore bénéfice à descendre au-dessous de la

limite de section fixée ci-dessus pour la colonne d'équilibre, dans les machines puissantes où la vitesse du piston est faible?

Quant au condenseur, la diminution de sa capacité apporte bien une réduction dans la quantité totale de vapeur à condenser, mais, en même temps, elle produit un accroissement dans la tension qui s'y établira, parce qu'il doit, quelle que soit cette capacité, contenir tous les produits liquides et gazeux d'une condensation. Il faut donc chercher s'il est plus avantageux de lui donner de grandes que de petites dimensions.

Supposons que ce condenseur ait une capacité déterminée et qu'il s'y établisse, pendant la condensation, une certaine tension ; celle-ci se composera, comme dans les condenseurs ordinaires, de la tension de la vapeur à la température des eaux de condensation, plus la tension que les produits gazeux apportés par ces eaux établiront dans la portion du condenseur qui restera disponible. Si l'on suppose maintenant que l'on double la capacité de ce condenseur, on ne doublera pas la quantité de vapeur à $1^{atm\cdot}$ qui doit être condensée et qui restera dans l'appareil tout entier composé du cylindre, de la colonne d'équilibre et du condenseur ; de sorte que si l'on emploie, après l'agrandissement de ce condenseur, la même quantité d'eau froide par kil. de vapeur à condenser, afin d'avoir même température des eaux de condensation et même tension des vapeurs restantes, la quantité de produits liquides et gazeux ne sera point doublée, tandis que ceux-ci s'établiront dans un espace double. Il y aura donc, par suite de cet agrandissement du condenseur, une diminution dans la partie de la tension générale, qui est due à la présence des gaz. Ce raisonnement s'applique à tous les accroissements de capacité que l'on voudra supposer, mais il faut observer que s'ils sont d'autant plus avantageux qu'ils sont plus considérables, ils ne doivent jamais attendre la limite à laquelle l'abaissement de tension des vapeurs qui doivent balayer le condenseur, deviendrait assez grand, à l'instant où elles pénètrent dans ce condenseur, pour qu'elles fussent incapables de chasser, par le clapet E, les eaux de condensation et, à leur suite, la totalité des produits gazeux de la condensation précédente.

Nous pourrons donc poser la règle qui suit :

Dans les appareils de condensation où l'évacuation du condenseur est effectuée à l'aide d'un excès de tension que la vapeur conserve dans

*l'intérieur de l'appareil, le condenseur doit être le plus grand possible,
à la condition que sa capacité ne dépasse pas la limite à laquelle cette
vapeur, avant l'ouverture de la soupape d'équilibre, ne possède plus
la tension suffisante pour chasser dans l'atmosphère la totalité des produits liquides et gazeux de la condensation précédente.*

Il est clair, d'après cela, que le condenseur sera d'autant plus grand
que la tension de la vapeur motrice, à la fin de la course montante du
piston, sera plus considérable, toutes choses égales d'ailleurs.

On n'a point fait, jusqu'à présent, d'expériences bien concluantes
pour déterminer l'abaissement de tension que la vapeur subit, quand
elle pénètre dans le condenseur, par suite du refroidissement et de la
dilatation brusque qu'elle y éprouve avant l'injection d'eau froide; de
sorte que l'on ne connaît pas, avec précision, l'excès de tension qu'elle
doit conserver sur la pression atmosphérique, avant de pénétrer dans
ce condenseur, suivant la capacité de celui-ci, pour en chasser les produits de la condensation; mais l'expérience a prouvé que dans les
appareils existants, lorsque la colonne d'équilibre a une section
approximativement égale à celle qui dérive de la règle que nous avons
admise ci-dessus, et que la capacité du condenseur est de deux à trois
fois le volume des eaux de condensation, compté à raison de 25 à
30 kilog. d'eau froide à 10° ou 12° par kilog. de vapeur à condenser,
l'évacuation se fait convenablement lorsque la tension de la vapeur
sous le piston moteur, à la fin de sa course, l'emporte encore d'une
demie à une atmosphère sur la pression atmosphérique. Dans ces
conditions, la tension dans le condenseur, après la condensation,
s'abaisse jusqu'à un huitième d'atmosphère environ, mais ce maximum
d'abaissement n'a lieu que vers la fin de l'opération; le réchauffement
des parois du condenseur, par suite de leur contact avec de la vapeur
à 100°, nuit à la rapidité de la condensation dès le début, et il serait
très-utile d'injecter une grande quantité d'eau froide à cette époque de
l'opération, pour faire disparaître ou, au moins, pour atténuer l'inconvénient que nous venons de signaler, sans que, toutefois, la quantité
totale d'eau injectée, pendant toute la durée d'une condensation, dépas-
sât la proportion normale de 25 à 30 kilog. par kilog. de vapeur.

Ce maximum d'abaissement de la tension n'est pas encore celui que
l'on devrait obtenir d'après la température des eaux de condensation

et la quantité de produits gazeux qu'elles apportent dans l'appareil, ce qui permet de supposer qu'en général la forme de ces condenseurs n'est pas suffisamment appropriée au mode d'évacuation des produits de la condensation ; ils sont presque toujours trop larges et pas assez longs. La forme allongée semble se prêter davantage à l'expulsion complète des produits gazeux par l'action d'un courant de vapeur qui arrive par un orifice relativement assez étroit. Ainsi, pour agrandir rationnellement le condenseur N de la figure 33, il vaudrait mieux, probablement, le prolonger sous le même diamètre que de l'élargir, sauf à le coucher horizontalement s'il descendait trop bas pour que l'on se débarrassât aisément des eaux de condensation. Les condenseurs trop larges peuvent être traversés dans la partie centrale par le courant de vapeur et conserver, dans les angles et sur le pourtour, des produits gazeux qui augmentent la tension pendant la condensation suivante.

Les avantages que présente ce mode d'évacuation du condenseur sont assez importants. Les produits de la condensation sont rejetés dans l'atmosphère sans dépense spéciale de travail. L'appareil ne renferme point de piston dont la garniture se dérange et oblige à des chômages pour cause de réparation ; qualité précieuse pour les exploitations de houille dans lesquelles les machines d'épuisement ne peuvent cesser de fonctionner, sans grave dommage, que pendant un temps très-court. Le poids de vapeur à condenser y est constant, quelle que soit la tension initiale de la vapeur sous le piston moteur ; ce qui permet de n'employer qu'une quantité constante d'eau froide pour la condensation, lorsque les mines s'approfondissent et que l'on est obligé d'augmenter la puissance des machines par accroissement de la tension initiale de la vapeur, pour élever la même quantité d'eau à une plus grande hauteur. Ce dernier avantage est d'autant plus grand que les mines sont plus profondes, parce que, à partir d'une certaine profondeur qu'il serait facile de déterminer, la totalité des eaux élevées par les machines d'épuisement peut devenir insuffisante pour condenser dans de bonnes conditions, et que la diminution du poids de vapeur à condenser recule cette limite à laquelle on manquera de la quantité d'eau nécessaire pour opérer convenablement cette condensation.

Les machines d'épuisement avec condenseur et pompe à air pourraient, du reste, offrir le même avantage dans les mêmes conditions de tension de la vapeur à la fin de la course du piston moteur; il suffirait pour cela de placer un reniflard sur la colonne d'équilibre; ce reniflard laisserait échapper de la vapeur à l'instant de l'ouverture de la soupape d'équilibre et les deux faces du piston moteur ne seraient soumises qu'à une tension d'une atmosphère, pendant sa descente. Le volume de vapeur à une atmosphère, ainsi réservé au condenseur, serait encore moindre que dans le cas précédent, parce qu'il serait limité à la soupape d'exhaustion, tandis que dans celui-ci, il doit être compté jusqu'au clapet de décharge E, et, de plus, le condenseur n'étant plus réchauffé périodiquement, la condensation y serait continue et plus parfaite avec la même quantité d'eau froide pour un poids donné de vapeur.

Le condenseur de M. Letoret n'a pas été appliqué jusqu'à présent aux machines à mouvement de rotation continu, ni même à toute autre machine dans laquelle les coups de piston se succèdent sans repos et ne durent qu'un instant; voici pourquoi : Avant d'injecter l'eau froide dans le condenseur, pour y créer le vide partiel destiné à accroître l'effet utile de la vapeur motrice sur le piston, il faut que la décharge de vapeur ait chassé par le clapet E tous les produits liquides et gazeux de la précédente condensation, et cette première partie de l'opération ne se fait pas rapidement, surtout à cause de l'inertie des produits liquides; de plus, la condensation s'y opère moins aisément au début que dans les appareils où le vide, dans le condenseur, est continu; la plus grande partie, ou même la totalité de la course du piston moteur pourrait donc être effectuée avant que le vide se fît dans le condenseur, ce qui rendrait l'appareil inutile. C'est donc à la lenteur inhérente au mode d'évacuation de ce condenseur, qu'il doit d'être impropre à d'autres usages que celui auquel il a servi dans les machines d'épuisement actuelles.

La pompe à air, dans certaines circonstances spéciales, par exemple quand on peut disposer d'un volume d'eau considérable et qu'il existe une galerie d'écoulement à 9 ou 10 mètres en contre-bas de la machine motrice, pourrait encore être remplacée, très-avantageusement, par la disposition suivante, dont les lignes primitives sont tracées dans la figure 34, pl. 8.

A est un condenseur ordinaire ;

B une capacité de forme quelconque, munie, à sa partie supérieure, d'une petite bâche de décharge et d'un clapet C, noyé dans l'eau de la bâche ; en d'autres termes, munie d'un reniflard ;

Z une colonne d'eau d'une hauteur dépendante du degré de raréfaction que l'on veut obtenir dans le condenseur ;

D un réservoir d'eau ;

E et F des soupapes de forme quelconque, manœuvrées par la machine.

Si l'on ouvre la soupape E et que l'on ferme la soupape F, le niveau s'élèvera dans la capacité B, et le mélange de gaz et de vapeur qui s'y trouve, sera chassé par le clapet C. A l'instant où il ne restera plus de produits gazeux dans la capacité, la soupape E se fermera, la soupape F s'ouvrira, le niveau baissera en B, et il s'échappera par le pied de la colonne Z une quantité d'eau telle, que la différence de niveau entre xy et mn, conjointement avec la tension du mélange de gaz et de vapeur, qui passera du condenseur dans la capacité B, fasse équilibre à la tension atmosphérique. Quand le condenseur A est ainsi débarrassé d'une partie des produits gazeux et de la totalité des produits liquides qui s'y étaient accumulés, la soupape F se referme, la soupape E se rouvre et les produits gazeux qui ont passé dans la capacité B, sont de nouveau expulsés par le clapet C.

Cet appareil n'est évidemment qu'une pompe à air ordinaire, dans laquelle le piston aspirant et foulant serait remplacé par deux colonnes d'eau fonctionnant alternativement ; l'une K, pour chasser les produits gazeux par le reniflard ; l'autre Z, pour appeler les produits liquides et gazeux dans la pompe, par aspiration, et pour débarrasser l'appareil des eaux de condensation et des eaux du réservoir D, qui sont entrées dans la capacité B pour prendre la place des gaz expulsés. Le clapet de retenue x est évidemment indispensable, comme dans les pompes à air à cylindre plongeur.

Les conditions de fonctionnement d'un semblable appareil sont extrêmement faciles à déterminer.

Si l'on veut obtenir une tension régulatrice d'un dixième d'atmosphère dans le condenseur, lorsque la tension atmosphérique équivaut à une colonne d'eau de 10^m33, il faut évidemment que la différence de niveau entre la surface xy de l'eau de condensation, à la fin de la période d'aspiration, et l'horizontale mn passant par l'orifice inférieur de sortie, soit de $10^m333 - \dfrac{10^m333}{10} = 9^m2997$, et qu'en même temps la capacité qui reste libre au-dessus de la surface xy soit telle, qu'elle contienne le mélange d'air et de vapeur qui doit être expulsé, sans que la tension de ce mélange dépasse un dixième d'atmosphère, exactement comme dans la pompe à air à piston. Pour une autre pression atmosphérique, la différence de niveau entre xy et mn serait différente.

On ferait varier à volonté le degré de vide obtenu en augmentant, ou en diminuant, la hauteur de la colonne Z, ou plutôt en faisant varier le niveau mn, à l'aide d'une hausse mobile I ; mais la dépense d'eau pour produire l'évacuation du condenseur croîtrait avec l'abaissement de tension que l'on voudrait réaliser.

Quant à la dépense totale d'eau, elle se composerait d'abord de l'eau directement injectée dans le condenseur pour opérer la condensation, puis d'un volume emprunté au réservoir D, suffisant pour prendre dans la capacité B, la place des gaz expulsés ; en un mot, le volume total d'eau dépensée serait égal à la totalité du volume engendré par le piston d'une pompe à air qui remplacerait l'appareil, et ce volume s'écoulerait par l'orifice inférieur de la colonne Z.

Cet appareil présenterait tous les avantages de la pompe à air et quelques-uns qui lui sont propres. Possibilité d'employer la vapeur motrice à une tension initiale quelconque et de la détendre jusqu'à une limite très-reculée ; vide permanent dans le condenseur et injection continue d'eau froide, ce qui le rend applicable à toute espèce de machine ; absence de piston et, par suite, diminution des chances de chômage, comme dans l'emploi de l'appareil de M. Letoret. Mais il exigerait beaucoup d'eau et la possibilité de se débarrasser de ces eaux à plusieurs mètres au-dessous de la machine motrice.

Si l'on voulait réduire la dépense d'eau froide à la quantité qui est nécessaire pour la condensation, il faudrait relever, avec une pompe, une partie des eaux qui s'échappent par le pied de la colonne Z et les reverser dans le réservoir D. Le volume qu'il faudrait ainsi élever serait évidemment égal à celui que ce réservoir doit fournir pour qu'il prenne la place des gaz dans la capacité B.

Si l'on manquait d'une galerie d'écoulement au niveau *mn*, il faudrait relever, jusqu'au niveau d'un canal de fuite établi à la surface du sol, la totalité des eaux qui s'écoulent par le pied de la colonne Z. Dans ces conditions, la pompe à air devrait être préférée, à moins que l'on n'attachât un grand prix à la sûreté de fonctionnement, qui nous semble bien supérieure dans cet appareil.

Les circonstances dans lesquelles il nous paraît applicable sont, par exemple, celles d'établissement d'une machine d'épuisement sur le penchant d'un coteau pour tirer un grand volume d'eau d'une faible profondeur, ce volume devant être élevé jusqu'au niveau du condenseur pour les besoins de la condensation, afin de ne point employer une pompe spéciale pour n'en élever qu'une partie jusqu'à ce niveau. Dans de telles conditions, une petite galerie d'écoulement en contrebas du condenseur serait aisée à établir.

Nous pourrions encore citer quelques autres circonstances dans lesquelles il y aurait avantage à l'établir, mais le lecteur les reconnaîtra aisément lorsqu'elles se présenteront.

Nous n'insistons pas, non plus, sur les meilleures dimensions à lui donner pour obtenir un degré de vide déterminé; l'identité parfaite de son rôle avec celui d'une pompe à air rend cette étude superflue, et les théories développées dans le cours de ce chapitre y sont rigoureusement applicables.

RAPPORT DE LA COURSE AU DIAMÈTRE

DES PISTONS.

La longueur de course des pistons, relativement à leur diamètre, ne peut pas être déterminée d'une manière absolue et invariable. Elle dépend de considérations théoriques dont les unes conduisent à des conclusions contraires à celles qui résultent de l'adoption des autres, et aussi de considérations pratiques et de convenance locale, très-variées.

Si l'on considère la question au point de vue du refroidissement des cylindres et de la condensation de vapeur correspondante, on trouve, à l'aide des éléments de mathématiques, que de tous les cylindres de même capacité, celui qui présente le minimum de surface de refroidissement a un diamètre égal à sa hauteur, et, comme le travail d'un volume de vapeur est constant, quelle que soit la forme de la capacité qui le reçoit, il en résulterait qu'en faisant abstraction des espaces nuisibles et de l'épaisseur des pistons, ceux-ci devraient avoir une course égale à leur diamètre.

Si on la considère au point de vue des pertes occasionnées par les espaces nuisibles, les pistons devraient avoir un petit diamètre, et la course la plus longue possible, le volume engendré par ces pistons dans l'unité de temps demeurant constant; parce qu'alors le volume des espaces nuisibles est moindre, relativement à la capacité totale du cylindre et que les pertes dont ils sont la cause se renouvellent moins souvent.

Si on la considère relativement au frottement des pistons, le diamètre devrait être le plus grand possible et la course très-petite, parce que, pour un même volume engendré ou un même travail produit, en supposant la même pression de la garniture contre les parois du cylindre par unité de surface, la pression contre ces parois ne serait, par exemple, que doublée pour un diamètre double, tandis que le chemin parcouru serait réduit au quart, ce qui diminuerait de moitié le travail absorbé par le frottement. Il est vrai que la hauteur des garnitures augmente en même temps que le diamètre des pistons, mais jamais dans la même proportion, de sorte qu'il reste toujours un bénéfice en faveur des grands diamètres, sous ce point de vue.

Si on la considère sous le rapport des fuites de vapeur autour des pistons, ceux-ci devraient avoir le plus petit diamètre et la plus longue course possible, pour le même volume engendré dans l'unité de temps; parce que les pistons d'un petit diamètre, pendant cette unité de temps, offriraient moins de périmètre et, probablement, moins d'ouvertures pour le passage de la vapeur.

Au point de vue de la pratique, les courses trop longues, relativement au diamètre, obligent à l'emploi de manivelles de trop grand rayon, de trop longues bielles, et elles augmentent l'espace nécessaire au placement de la machine ainsi que les frais de construction.

Les courses trop petites, surtout dans les machines puissantes, présentent l'inconvénient de multiplier outre mesure le nombre de révolutions de la manivelle et de fatiguer tous les organes très-lourds à mouvement alternatif, en renouvelant trop fréquemment les changements de direction de ce mouvement et les fortes pressions qui en résultent sur les points d'appui, pendant les rapides modifications de vitesse; puis elles augmentent, dans une proportion considérable, la contre-pression des pistons, parce qu'elles ne laissent que peu de temps à la vapeur qui a produit son travail, pour s'échapper du cylindre.

Entre toutes ces influences, si peu concordantes et de natures si diverses, les constructeurs ont été obligés de consulter les exigences pratiques pour éviter les inconvénients des courses trop longues ou trop petites, et ils ont, assez généralement, adopté un demi pour rapport du diamètre à la course, ou, en d'autres termes, une course égale au double du diamètre. Mais cette règle n'est pas très-rigoureuse et ils s'en écartent, sans inconvénient bien constaté, toutes les fois qu'ils ont des raisons de convenance ou d'économie pour le faire. Ainsi, dans les machines puissantes, lorsque la vitesse du piston n'est pas très-grande, ils font souvent la course plus petite que le double du diamètre du piston, et il existe un grand nombre de ces machines dont les pistons ne fournissent qu'une course égale à une fois ou une fois et demie leur diamètre. Dans les petites machines, la course du piston relativement à son diamètre est extrêmement variable et dépend surtout du nombre de révolutions que l'on veut obtenir directement sur l'arbre du volant ; cette course varie, suivant les convenances, depuis une jusqu'à quatre fois le diamètre du piston. On ne trouve jamais ces longues courses relatives, dans les machines puissantes, elles y sont plus souvent inférieures au double du diamètre.

VITESSE DES PISTONS.

La vitesse moyenne des pistons, comme le rapport de leur diamètre à leur course, est assez variable. Les pistons de la plupart des machines construites par Watt avaient une vitesse moyenne d'environ un mètre par seconde. Cette règle a été observée pendant longtemps par les constructeurs qui sont venus après lui; mais, dans ces derniers temps, on n'a pas craint d'augmenter cette vitesse dans des proportions considérables, toutes les fois que l'on a eu besoin d'un mouvement de rotation rapide. Ainsi, la vitesse moyenne des pistons de locomotives a été portée jusqu'à quatre mètres et même au delà, par seconde, sans que l'on y ait trouvé d'autre inconvénient grave qu'un accroissement notable de la contre-pression. Les constructeurs modernes adoptent assez volontiers une vitesse moyenne de 1^m50 par seconde pour les machines puissantes, et pour les petites machines légères appliquées à des travaux qui exigent un mouvement rapide, ils vont jusqu'à trois mètres, même dans le cas de courses plus petites que le double du diamètre du piston.

L'un des avantages principaux des grandes vitesses est de diminuer toutes les dimensions des appareils pour la même production de travail, et, par suite, les frais d'établissement; ce qui, en l'absence de toutes raisons théoriques, suffirait pour expliquer la préférence que l'industrie semble accorder aujourd'hui aux machines de cette catégorie. D'un autre côté, l'adoption d'une grande vitesse a permis, dans beaucoup de circonstances, d'augmenter, dans d'énormes proportions et sans autres frais que ceux d'une chaudière supplémentaire, la puissance de certaines machines qui étaient devenues insuffisantes pour les besoins d'anciennes usines dont les chefs n'avaient pas prévu le développement lors de l'établissement des appareils moteurs.

La question du mouvement de la vapeur à son entrée dans les cylindres et à sa sortie, dont nous nous occuperons un peu plus loin, aidera à faire comprendre l'influence de la vitesse des pistons sur l'effet utile que peuvent fournir les machines motrices.

DIMENSIONS DES CONDUITS DE VAPEUR,

DES ORIFICES D'ENTRÉE DANS LES CYLINDRES

ET DES ORIFICES DE SORTIE.

Les principes généraux qui doivent guider le constructeur dans la recherche des dimensions des conduits de vapeur sont les suivants :

1° Les résistances et différences de pression qu'ils créent, doivent être les plus faibles possibles et, dans aucun cas, ne mettre obstacle à la marche des machines ;

2° On doit éviter les contours brusques, les étranglements, les renflements et tout ce qui peut être la cause de frottements et de diminution de vitesse ou de tension de la vapeur.

Ces règles sont d'abord applicables aux ouvertures d'entrée de la vapeur dans les cylindres et aux ouvertures de sortie. Théoriquement, elles doivent être les plus grandes possibles, afin qu'il y ait le moins possible de différence entre les tensions de la vapeur dans la chaudière et dans le cylindre, au moins quand les circonstances du travail l'exigent ; et afin que la vapeur, qui a produit son travail, se rende plus aisément dans l'atmosphère ou dans un condenseur et ne crée derrière le piston que la moindre contre-pression possible. Cependant, on ne peut les agrandir outre mesure, parce que l'on y trouve plusieurs inconvénients pratiques. Les soupapes, ou tiroirs, qui recouvrent ces ouvertures et en règlent le fonctionnement, deviennent trop difficiles à manœuvrer quand ils sont trop grands et ils présentent plus de chances de fuites ; puis, ils augmentent l'étendue des espaces nuisibles qui s'emplissent inutilement de vapeur à chaque coup de piston. On peut cependant, à l'aide de quelques artifices de distribution dont il sera question plus loin, diminuer les pertes dues à l'existence de ces espaces nuisibles, mais on ne peut jamais les faire disparaître entièrement.

Les constructeurs placés entre ces deux écueils, les trop grandes et les trop petites ouvertures, ont consulté principalement l'expérience et ont adopté les dimensions qui ont semblé, dans la pratique, fournir des résultats satisfaisants.

Pour les machines à grande vitesse de piston, comme les machines locomotives, ils donnent moyennement aux ouvertures d'entrée et de sortie de la vapeur une section d'environ un dixième de la section du piston.

Pour les machines ordinaires, dans lesquelles la vitesse du piston est d'environ 1^m50 par seconde, la section des ouvertures varie entre un vingtième et un trentième de la section du piston.

Nous ferons observer que les larges ouvertures sont utiles, bien plus au point de vue de la diminution de la contre-pression derrière le piston, qu'à celui du maintien sur le piston, du côté où se produit le travail, d'une pression peu inférieure à celle qui existe dans la chaudière, et que, si ces ouvertures, au lieu de servir successivement à l'entrée et à la sortie de la vapeur, étaient plus multipliées, de façon que les unes fussent consacrées à l'admission et les autres à la sortie, les premières pourraient, sans grave inconvénient, avoir une section beaucoup plus petite que celle des secondes ; nous le prouverons tout à l'heure par des calculs sur le mouvement de la vapeur dans les machines.

Quant aux conduits que parcourt la vapeur qui se rend de la chaudière dans le cylindre, il n'y a de limite à l'agrandissement de leur diamètre que celle qui est imposée par l'emplacement dont on dispose, et surtout par la condensation qui, dans ces tuyaux, est proportionnelle à leur longueur et à leur diamètre. Comme la condensation peut être considérablement diminuéè par un bon système d'enveloppes peu conductrices de la chaleur, il serait possible de les faire très-larges, sans que les pertes de vapeur dues à cette condensation, fussent bien importantes ; mais le bénéfice de pression que l'on obtiendrait ainsi sur le piston, serait peu considérable, et les constructeurs se contentent assez généralement de leur donner un diamètre égal à un cinquième du diamètre du piston, ou une section égale à un vingt-cinquième de celle de ce piston, quand la vitesse est comprise entre 1 et 2 mètres. Pour des vitesses plus grandes, cette section peut être un peu augmentée, de même qu'elle peut être un peu diminuée pour des vitesses plus petites. De plus, ce conduit doit, autant que possible, avoir une pente continue du cylindre à la chaudière, afin que l'eau qui provient de la condensation retourne par son poids dans cette dernière, sans préjudice des précautions à prendre dans l'établissement de la prise de vapeur, pour que la quantité d'eau emportée de la chaudiére à l'état liquide, soit la plus faible possible. Cette disposition ne peut pas toujours être adoptée, par exemple dans les locomotives où les cylindres sont placés nécessairement plus bas que la prise de vapeur, mais il est bon de se conformer à cette règle toutes les fois que rien ne s'y oppose, parce que l'eau entraînée dans le cylindre en forte proportion, peut y occasionner de graves accidents.

Les considérations applicables au conduit d'échappement dans l'atmosphère ou dans un condenseur, sont un peu différentes. On n'a plus alors à craindre les fâcheux effets de la condensation, puisque la vapeur qui le parcourt a produit son travail, et le résultat le plus important à obtenir consiste dans l'abaissement le plus rapide possible, de la pression dans le cylindre d'où s'échappe cette vapeur. Il n'y a guère que les machines locomotives dans lesquelles on empêche la tension de baisser trop rapidement dans le cylindre, en diminuant la section de l'extrémité du conduit d'échappement, parce que, dans ces machines, le jet de vapeur à la sortie doit produire le tirage nécessaire à la combustion dans le foyer ; dans toutes les autres machines, les résistances à l'échappement doivent être réduites au minimum.

Pour arriver à ce résultat, il ne faut pas perdre de vue que les résistances que la vapeur éprouve à son mouvement dans les tuyaux de conduite, sont à peu près de même nature que les résistances opposées au mouvement de l'air dans les mêmes circonstances ; c'est-à-dire qu'elles sont proportionnelles à la longueur de ces tuyaux, qu'elles croissent quand ils présentent des étranglements et des renflements et décroissent quand le diamètre augmente. Il faut donc que depuis l'orifice de sortie du cylindre jusqu'au point où il débouche dans l'atmosphère ou dans un condenseur, le tuyau d'échappement ait un grand diamètre, qu'il soit le plus court possible, que sa section soit partout la même, qu'il n'ait point de coudes ou, au moins, que ces coudes soient arrondis pour atténuer les pertes de force vive qu'ils occasionnent.

Dans les applications, la section du tuyau d'échappement, en vertu de ces considérations, est plus grande que celle de l'orifice par lequel la vapeur sort du cylindre, mais il n'y a pas grand avantage à l'augmenter outre mesure au delà de cette limite. Les constructeurs lui donnent assez généralement 0,1 à 0,2 de plus qu'à l'orifice d'échappement sur le cylindre, et l'expérience a prouvé que sous ces dimensions, combinées avec plus ou moins d'avance à l'échappement, la résistance, ou contre-pression du piston, pouvait être suffisamment diminuée.

DISTRIBUTION DE LA VAPEUR.

Quoiqu'il ne doive être question dans cet ouvrage que de théorie des machines à vapeur et que nous n'ayons pas le projet d'y examiner les différents appareils qui servent à faire pénétrer la vapeur dans le cylindre, tantôt d'un côté du piston, tantôt de l'autre, et à lui ouvrir périodiquement une issue dans l'atmosphère ou dans un condenseur, après qu'elle a produit son travail, nous croyons qu'il est indispensable d'entrer dans quelques détails relatifs à un mode de distribution qui est devenu d'un usage presque universel dans les machines à mouvement de rotation continu, parce que l'étude attentive qui a été faite des meilleures conditions de fonctionnement de cet appareil, a éclairé d'une assez vive lumière les phénomènes qui s'accomplissent pendant la marche des machines et a montré de quelle façon d'autres appareils quelconques, employés dans le même but, devaient fonctionner pour que l'on retirât de la vapeur employée le plus grand travail possible. Nous voulons parler du tiroir ou glissière, qui, depuis une vingtaine d'années, a reçu successivement des modifications qui constituent, suivant nous, une partie des plus importants progrès que l'art du constructeur de machines à vapeur ait reçu de notre temps.

(Fig. 35, pl. 8.) Dans un très-grand nombre de machines, le cylindre à vapeur porte latéralement une large nervure saillante à l'extérieur et dans laquelle on a ménagé trois canaux ; l'un A débouche dans la partie supérieure du cylindre ; un autre B, dans la partie inférieure, et le troisième C est mis en communication avec le tuyau de décharge de la vapeur, sur le côté de la nervure ; les entrées de ces trois canaux qui ont une forme rectangulaire allongée, sont dans une surface parfaitement dressée, constituant ce que l'on nomme la *table* du tiroir, et portent elles-mêmes le nom de *lumières*. n et z sont les lumières d'introduction ; C la lumière d'échappement. Les orifices des canaux A et B, dans le cylindre, portent aussi le nom de lumières. La table porte le tiroir K, espèce de caisse renversée, en fonte, liée à une tige qui sert à lui imprimer un mouvement de va-et-vient. Ce tiroir est placé dans une *boîte* fixée au cylindre, qui est mise à volonté en communication avec la chaudière par l'ouverture D. La largeur intérieure du tiroir, perpendiculairement au plan du dessin, est égale à la longueur des lumières dans le même sens, et la partie frottante mn, que l'on nomme *bride*, a, seule, des dimensions qui doivent être déterminées d'après les conditions auxquelles la distribution doit satisfaire ; les deux autres rebords frottants du tiroir n'ont que la largeur suffisante pour établir un contact convenable avec la table, et pour empêcher la vapeur de passer entre les surfaces frottantes.

Lorsque les organes de la machine sont dans la position indiquée par la figure, la vapeur, qui afflue constamment dans la boîte, pénètre dans le cylindre par la lumière B et pousse le piston de bas en haut. Pendant ce temps, la vapeur qui emplissait le cylindre à la fin de la course de haut en bas, sort de ce cylindre par le tuyau A, passe sous le tiroir, puis dans le tuyau de décharge, par la lumière C. Si l'on suppose que, par une combinaison mécanique quelconque, le tiroir soit déplacé et poussé de la position mz dans la position $m'z'$, à la fin de la course du piston, le même phénomène se reproduira en sens inverse et ce piston fournira sa course de haut en bas.

Pour produire ce mouvement du tiroir, il suffirait évidemment de relier l'extrémité de la tige de ce tiroir avec celle d'un levier dont l'autre extrémité serait alternativement frappée par des *tocs*, ou *taquets*, placés sur le tige du piston ; mais, dans la plupart des machines, on remplace ce mode de communication de mouvement, trop brusque, par un excentrique circulaire calé sur l'arbre du volant, une bielle et, quand c'est nécessaire, un ou plusieurs leviers, lorsque la bielle ne peut agir directement sur la tige du tiroir.

Dans le principe, la longueur *mn* de la bride devait être exactement égale à la largeur des lumières *n* et *z*, et les brides devaient recouvrir exactement les deux lumières à l'instant où le piston moteur arrivait à l'une ou à l'autre extrémité de sa course. Dans ces conditions, le milieu de la course du tiroir, dans l'un ou l'autre sens, correspondait à la fin de la course du piston, abstraction faite des petites différences dues à l'obliquité des bielles; les deux mouvements étaient combinés, comme le seraient les chemins parcourus par les extrémités de deux bielles placées sur un même arbre et dont les bagues embrasseraient des excentriques dont les rayons d'excentricité, projetés sur un plan perpendiculaire à l'arbre, feraient un angle droit, ces extrémités se mouvant dans des directions rectilignes parallèles du même côté de l'arbre.

Dans une telle combinaison, dès que le piston commencera sa course rétrograde, le tiroir démasquera très-rapidement la lumière par laquelle la vapeur doit pénétrer dans le cylindre et celle qui doit livrer passage à la vapeur qui s'échappe, parce que la bielle fait alors, à peu près, un angle droit avec le rayon d'excentricité et que c'est l'instant où la vitesse, à son extrémité, atteint son maximum; puis, les lumières d'entrée et de sortie resteront presque entièrement ouvertes pendant une bonne partie de la course du piston et se refermeront rapidement à la fin de cette course.

Nous ferons remarquer, cependant, que le milieu de la course du tiroir ne correspond pas à l'instant où le rayon d'excentricité fait un angle droit avec la ligne des *points morts*, à cause de la longueur limitée de la bielle et des variations de son obliquité relativement à cette ligne. On peut s'en assurer à l'aide de la figure 36, pl. 9. ON étant le rayon d'excentricité, le chemin parcouru par l'extrémité de la bielle sera M'N' = MN; mais lorsque ce rayon aura décrit un angle de 90° et sera arrivé dans la position OB, la bielle occupera la position AB, son extrémité A sera à une certaine distance du point C, milieu de la course, et le rayon devra décrire encore l'angle BOD pour que la moitié de cette course soit accomplie; l'autre moitié sera fournie par le mouvement angulaire DOM du rayon.

Il est facile de calculer les deux angles correspondants aux deux moitiés de la course; C étant le milieu de M'N', la distance CO est égale à la longueur de la bielle CD, et le triangle COD est isocèle; de plus, on connaît le rayon OD, de sorte que les trois côtés du triangle étant connus, on peut trouver l'angle a. Lorsque la longueur de la bielle est très-grande, on peut négliger les effets de son obliquité relativement à la direction CO; dans ce cas, chaque demi-course correspond à un mouvement angulaire de 90°, et les chemins parcourus, à chaque instant, par l'extrémité de la bielle, sont égaux aux projections sur la direction CO, des arcs décrits par l'extrémité N du rayon d'excentricité.

Revenons maintenant au mouvement du tiroir :

Les deux positions extrêmes du tiroir représentées dans la fig. 35, correspondent évidemment à une course totale de cet organe, égale au double de la largeur de la bride ou de la lumière, et cette course ne peut être plus petite sans que l'on perde une partie de la surface disponible des lumières qui ne seraient plus, en aucun instant, entièrement découvertes par les brides. Une augmentation de course ne produit pas les mêmes inconvénients.

Lorsque les brides ont, comme nous venons de le supposer, la même largeur que les lumières, de façon que celles-ci soient exactement fermées quand le tiroir est au milieu de sa course et le piston à l'extrémité de la sienne, on rencontre un assez grave inconvénient pratique : quelle que soit la précision que l'on ait apportée au montage des pièces de communication de mouvement entre l'excentrique et le tiroir, il y a toujours un peu de jeu, surtout quand elles sont fatiguées par un service prolongé; le tiroir soumis par-dessus à l'action de la vapeur venant de la chaudière, et par-dessous en communication avec l'atmosphère ou avec le vide d'un condenseur, est fortement appuyé sur la table qui le supporte et développe un frottement considérable. Il en résulte, par suite du jeu des pièces ou de leur flexion, surtout quand la bielle n'agit sur le tiroir que par l'intermédiaire de leviers, que le tiroir reste en arrière de la position qu'il devrait occuper théoriquement; d'un côté, il ne démasque pas assez tôt la lumière qui doit donner accès à la vapeur dans le cylindre, et le piston, entraîné par la manivelle et le volant, commence sa course en faisant le vide dans

la capacité qui devrait recevoir la vapeur; de l'autre côté, la lumière
reste ouverte, en communication avec la boîte du tiroir au lieu de
l'être avec le tuyau d'échappement, et la vapeur est refoulée par
le piston dans la chaudière. (La figure 35-*a* indique la position du
tiroir au commencement de la course de bas en haut du piston, et la
figure 35-*b*, sa position au commencement de la course suivante.)

Il est évident qu'il résulte d'une semblable condition de fonctionnement, une résistance considérable au commencement de chaque course
du piston, jusqu'à l'instant où la lumière d'admission se démasque.
Dans les machines locomotives où la communication de mouvement
entre l'excentrique et le tiroir est toujours très-simple, on a quelquefois constaté des retards de 4 à 5 millimètres dus à cette cause. On
remédie à ce fâcheux effet, en donnant, dans le montage, une *avance*
correspondante au tiroir, ce qui se fait en calant l'excentrique de
manière à produire dans la position du tiroir une *avance linéaire* de
4 à 5 millimètres; il suffit, pour cela, de placer le rayon d'excentricité
dans une position telle que, lorsque la manivelle du piston est à son
point mort, le tiroir ait parcouru 4 à 5 centimètres de plus que la
moitié de sa course; c'est ce qu'on nomme l'*avance angulaire* de l'excentrique. Cette simple modification qui consiste en une diminution
de l'angle que fait le rayon d'excentricité avec le rayon de la manivelle
du piston, dans le sens du mouvement, suffit pour augmenter d'une
manière très-remarquable la puissance des machines et la vitesse
qu'elles sont susceptibles de prendre.

On a ensuite trouvé, par expérience, qu'il ne suffisait pas d'apporter
cette modification aux machines pour en obtenir les meilleurs résultats
possibles, surtout lorsque le piston doit se mouvoir avec une grande
vitesse. La vapeur qui remplit le cylindre, quand le piston achève une
course et commence son mouvement rétrograde, ne peut pas s'échapper instantanément dans l'atmosphère; la lumière ne s'ouvre point
instantanément et ne laisse passer que successivement la vapeur qui
se détend dans le cylindre à mesure que le piston s'avance contre elle
et que l'espace qu'elle peut y occuper, diminue; il en résulte une
contre-pression qui absorbe, en pure perte, une partie du travail que
la vapeur venant de la chaudière produit sur l'autre face de ce piston,
et qu'il faut réduire autant que possible. On a été conduit, pour remé-

dier à cet inconvénient, à augmenter encore l'avance du tiroir en augmentant l'avance angulaire de l'excentrique, de manière à faire commencer le dégagement de la vapeur un peu avant la fin de la course du piston; de telle sorte que lorsqu'il commence sa course rétrograde, une grande partie de la vapeur soit déjà sortie du cylindre. On a obtenu du même coup une avance à l'admission, de manière que la vapeur, qui subit toujours une condensation plus ou moins considérable lorsqu'elle commence à pénétrer dans le cylindre, a pu atteindre toute sa pression au moment où le piston recommence sa course. L'avance à l'admission doit être très-faible dans les machines à grande vitesse, et presque nulle dans les machines à petite vitesse, parce que cette avance constitue une résistance à la fin de la course qui s'achève, et que, dans les machines à petite vitesse, la perte de pression, pour faire pénétrer la vapeur dans le cylindre malgré une très-petite ouverture de la lumière d'admission, est très-faible; mais l'avance à l'échappement doit être d'autant plus considérable que la vitesse du piston est plus grande, et, dans tous les cas, elle doit l'emporter sur l'avance à l'admission, parce qu'il est d'une importance capitale, dans toutes les machines, d'amoindrir le plus rapidement possible la contre-pression.

Pour satisfaire à cette double condition, on cale l'excentrique dans la position qui est nécessaire pour produire l'avance linéaire à l'échappement que l'expérience a montré être la meilleure, et l'on réduit à la limite convenable l'avance à l'admission en élargissant la bride du tiroir; on arrive ainsi à ce que l'on nomme le *recouvrement extérieur* des lumières quand le tiroir est au milieu de sa course (fig. 37, pl. 9).

Les figures 38 et 39 indiquent les positions du tiroir à la fin de chaque course du piston ou au commencement de la course suivante.

Les figures 40 et 41, les positions du tiroir aux limites de sa course, à l'instant où il va recommencer sa course rétrograde et avant que le piston arrive au milieu de la sienne, à cause de l'avance angulaire de l'excentrique.

L'excédant de largeur de la bride sur la largeur des lumières d'admission, est égal à la différence des parties de ces lumières découvertes pour l'admission et pour l'échappement dans les figures 38 et 39, et l'amplitude totale de la course du tiroir est égale au double de la largeur de la bride.

Avec une course moindre, les lumières ne se découvriraient jamais entièrement, ni pour l'admission ni pour l'échappement. Une course plus longue n'aurait d'autre inconvénient que de faire recouvrir plus ou moins, par la bride, la lumière d'échappement, à la fin de chaque course du tiroir, à moins que l'on n'augmentât la distance des lumières, ce qui obligerait à l'emploi d'un tiroir plus long et plus difficile à manœuvrer, mais on y trouverait l'avantage de découvrir plus rapidement ces lumières et de les laisser entièrement ouvertes pendant l'excursion des rebords des brides au delà des bords des lumières, et de les fermer plus vite.

On ne s'est pas contenté dans l'application de l'avance et du recouvrement aux machines à mouvement rapide, de les porter jusqu'aux limites nécessaires pour obtenir les effets importants que nous venons de signaler, on les a poussé plus loin pour obtenir directement des effets de détente que nous allons essayer de faire comprendre.

Le tiroir se mouvant de gauche à droite, par exemple, arrive au milieu de sa course (fig. 37) avant que le piston qui se meut en sens inverse, soit arrivé à l'extrémité de la sienne, ce qui n'a lieu que lorsque le tiroir occupe la position indiquée par la figure 38 ; donc, depuis l'instant qui précède le milieu de la course où le bord b de la bride affleure le bord a de la lumière, il y a suppression de l'entrée de la vapeur dans le cylindre par le conduit M et, par suite, détente en vase clos dans le cylindre ; puis, avant la fin de la même course du piston, pendant que le bord c de la bride passe en n, la vapeur contenue dans le cylindre se dégage partiellement par la lumière d'échappement, et il y a détente en vase ouvert jusqu'à la fin de la course. La détente en vase clos commence évidemment d'autant plus tôt avant la fin de cette course du piston, que le recouvrement extérieur ab est plus considérable, et c'est pour atteindre ce résultat que l'on augmente souvent ce recouvrement au delà de la limite correspondante à la différence des avances linéaires à l'admission et à l'échappement.

Pendant la période de détente en vase clos que nous venons de signaler, la lumière O, par laquelle s'échappe la vapeur du précédent coup de piston, est encore ouverte ; mais, à partir de l'instant où la détente commence en vase ouvert jusqu'à l'instant où la bride d découvre la lumière O, c'est-à-dire le long d'un chemin égal au recouvrement extérieur, la vapeur derrière le piston se trouve sans issue et se comprime; puis ce piston achève sa course contre de la vapeur à la tension qui existe dans la chaudière, pendant la courte période correspondante à la petite avance à l'admission.

Lorsque l'on veut conserver les bénéfices du recouvrement extérieur et que, pour la vitesse du piston, l'avance nx à l'échappement est trop considérable, l'avance à l'admission demeurant très-petite ou nulle, il faut donner à la bride du recouvrement intérieur; la distance intérieure kc des bords des deux brides devient alors mz (figures 37 et 38), plus petite que la distance des lumières. Il est évident que ce recouvrement intérieur ne doit jamais aller jusqu'au point où la lumière d'admission se découvrant au commencement de la course du piston, la lumière d'échappement soit encore couverte en cet instant, car le piston s'avancerait contre de la vapeur qui n'aurait point d'issue, et la contre-pression deviendrait considérable pendant la première partie de cette course. Un autre effet du recouvrement intérieur, comme on le voit par les figures 37 et 38, est de hâter la fermeture de la lumière par laquelle la vapeur se rend dans le tuyau d'échappement et d'augmenter la longueur de la période de compression de cette vapeur derrière le piston.

Lorsqu'on a déterminé par des considérations de vitesse du piston, de longueur de course de ce piston et de grandeur des lumières, la quantité d'avance linéaire que l'on veut obtenir à l'admission et à l'échappement, ainsi que le degré de détente fixe, on règle l'amplitude de la course totale du tiroir et la distance des lumières extrêmes, de façon qu'elles puissent être découvertes le plus possible sans que les brides, aux limites de leur course, obstruent la lumière centrale; puis, d'après la longueur adoptée des avances linéaires, on partage la course du tiroir en deux parties, dont la première sera toujours plus grande que la seconde, et l'on trouve l'avance angulaire de l'excentrique, correspondante, à l'aide du tracé suivant :

Soient (fig. 36) :

$M'N' = MN$, la course totale du tiroir, égale au double du rayon
        d'excentricité OM;

$NN' = MM'$, la longueur de la bielle employée ;

M'Z la partie de la course du tiroir qui doit être fournie depuis le
    commencement de la course du piston jusqu'à la fin de la
    course de ce tiroir ;

N'Z l'autre partie de la course du tiroir.

Si on suppose que O soit l'axe de rotation de la manivelle du piston
en même temps que celui de l'excentrique, et que la bielle de ce piston
soit dirigée dans le même sens que celle du tiroir, il suffira de tracer
du point Z, comme centre, avec un rayon égal à la longueur de la bielle
du tiroir, un petit arc qui coupera la circonférence en y ; yO sera la
position du rayon d'excentricité, et OM la position correspondante
du rayon de la manivelle qui sera à son point mort, en cet instant.
L'angle BOy sera l'avance angulaire correspondante à l'avance linéaire
du tiroir, et il suffira d'augmenter un peu cet angle pour parer aux
inconvénients de la flexion et du jeu des pièces de communication de
mouvement.

Quelles que soient les directions relatives de la bielle du piston et
de la bielle du tiroir, et quelle que soit la nature de la communication
de mouvement entre cette dernière et le tiroir, cette communication
doit satisfaire à la même combinaison relative des mouvements du
piston et du tiroir que ci-dessus.

Nous n'avons pas examiné, dans cette analyse sommaire des diverses
applications que l'on a faites du tiroir, les effets si variés qui résultent
de la combinaison de certaines avances avec différentes valeurs des
recouvrements intérieurs et extérieurs, mais nous allons décrire une
épure à l'aide de laquelle ces effets, dans toutes les circonstances imaginables, apparaissent avec la plus grande évidence.

Épure de M. Fauveau.

On doit à M. Fauveau, ingénieur de la marine en France, un procédé très-simple, par lequel on peut se rendre compte de toutes les circonstances de la distribution de vapeur opérée par un tiroir, quels que
soient la longueur des brides, leur écartement et celui des lumières.

Supposons d'abord que les bielles du piston et du tiroir aient une
très-grande longueur, de façon que l'on puisse négliger l'influence de
l'obliquité de leurs diverses positions relativement à la ligne des points

morts. Les chemins parcourus à chaque instant par les extrémités de ces bielles seront représentés aussi, à chaque instant, *par les projections, sur cette ligne des points morts, des arcs parcourus par le manneton de la manivelle ou par le centre de figure de l'excentrique.* Supposons encore que le rayon de la manivelle et le rayon d'excentricité, projetés sur un plan perpendiculaire à leur axe commun de rotation, fassent un angle droit, c'est-à-dire qu'il n'y ait point d'avance angulaire, ou bien, ce qui revient au même, que ces rayons se projettent l'un sur l'autre, mais transmettent le mouvement dans deux directions perpendiculaires ; c'est le cas que nous avons admis dans la fig. 42, pl. 10, et soient :

AB la course totale du piston, égale au double du rayon de la manivelle ;

DC la course totale du tiroir, égale au double du rayon d'excentricité du plateau excentrique ;

AB sera la direction de la ligne des points morts de la manivelle et, en même temps, CD la direction de la ligne des points morts de l'excentrique.

Partageons maintenant les deux circonférences concentriques, décrites par le rayon de la manivelle et le rayon d'excentricité, en trente-deux parties égales, de $11°\text{-}15'$ chacune (un plus grand nombre fournirait un résultat encore plus exact, mais le degré de précision ainsi obtenu sera suffisant), et menons des rayons à tous les points de division.

Au commencement de la course du piston, le manneton de la manivelle sera à son point mort B et, en même temps, le rayon de l'excentrique dans sa position OE de maximum d'action, le tiroir ayant fourni exactement la moitié de sa course.

Lorsque les deux rayons auront fait un premier mouvement angulaire de $11°\text{-}15'$, le piston aura parcouru le chemin Bz et le tiroir le chemin zx, projections des arcs décrits sur les lignes respectives des points morts.

Pour un deuxième mouvement angulaire semblable, le piston parcourra le chemin zm et le tiroir, le chemin yn.

Pour un troisième, le piston passera de m en p et le tiroir de q en s, et ainsi de suite.

Il résultera évidemment, des points B, x, n, s, g, h, k, etc., etc., ainsi déterminés pour toute la durée d'un tour, une courbe fermée BCAD qui sera une ellipse, mais dont la nature géométrique importe peu au constructeur.

Cette courbe représentera exactement les positions du tiroir pour des points déterminés de la course du piston. Ainsi, quand le piston aura parcouru un chemin total égal à BF, il ne restera plus au tiroir à parcourir que le chemin ki dans le sens du mouvement commencé; quand le piston sera au milieu O de sa course, le rayon de l'excentrique sera à son point mort C, et quand le piston sera arrivé en t, le tiroir aura parcouru, en sens inverse du mouvement précédent, le chemin lu. Les mêmes phénomènes se reproduiront sur l'autre moitié de la courbe pendant que le piston se mouvera de A en B.

Si l'excentrique présentait une certaine avance angulaire, par exemple de trois angles de 11°-15', quand la manivelle du piston est arrivée à son point mort B, il ne resterait plus au tiroir que le chemin B'C' à parcourir pour achever sa course dans le sens suivant lequel elle est commencée, lorsque le piston commencera la sienne. La courbe serait alors modifiée.

Pour un chemin Bz parcouru par le piston, le tiroir passerait de z' en x', puis décrirait les chemins $y'n'$, $q's'$, pendant que le piston se mouverait de z en m et de m en p, et ainsi de suite. On obtiendrait ainsi, en continuant le tracé, une autre ellipse B'E'F'G', dont le grand axe serait incliné et qui représenterait, comme la précédente, les positions du tiroir correspondantes à celles du piston.

Le tiroir serait arrivé à la fin de sa course quand le piston serait en H; au milieu de la course du piston, le tiroir aurait parcouru, en sens inverse de son mouvement jusqu'en h', le chemin CE', et toutes les autres positions du tiroir, relativement à celles du piston, se trouveraient comme ci-dessus, en les rapportant à la nouvelle courbe.

Voici maintenant l'application que l'on peut faire de ces courbes théoriques.

Supposons le cas du tiroir primitif, sans avance ni recouvrement, et soient : A''B'' la largeur des lumières égale à la longueur de la bride qui couvre exactement ces lumières au commencement de la course du piston, et la course totale du tiroir B″D′ égale à CD et double de la largeur de la lumière.

On tracera sur les grands axes A″A^{vⅲ} et B″B^{vⅲ}, deux ellipses égales à l'ellipse BCAD, et en faisant mouvoir parallèlement à elle-même entre ces deux courbes, une ligne de longueur A″B″, cette ligne indiquera, pour chaque point de la course du piston, la position correspondante de la bride du tiroir sur la table des lumières.

Ainsi, au commencement de la course du piston, la bride couvre exactement la lumière; quand le piston a parcouru le chemin Bz, la bride occupe la position A‴B‴ et a découvert la lumière de la quantité B‴6 ; quand le piston est en m, la bride occupe la position A^{ⅳ}B^{ⅳ} et a découvert la lumière de la quantité B^{ⅳ}7, et ainsi de suite jusqu'au milieu de la course où la bride occupe la position DB^{vⅰ} et a découvert entièrement la lumière. Au delà de ce point, les mêmes phénomènes se reproduisent symétriquement.

Si la bride avait présenté un recouvrement, il eût suffi de tracer les grands axes des deux ellipses à une distance égale à la longueur de cette bride et dans la position correspondante à la position de ses bords relativement à la lumière, au commencement de la course du piston. Une ligne égale à la distance des deux axes, se mouvant parallèlement à elle-même entre les ellipses parallèles, eût donné, comme plus haut, les positions de la bride correspondantes aux positions du piston, et il eût été possible de lire en quelque sorte sur la figure les degrés successifs de l'ouverture de la lumière pendant toute la durée d'une course de ce piston.

Le même procédé peut être appliqué simultanément à l'autre bride du tiroir pour se rendre, à la fois, compte des conditions d'échappement et d'admission de la vapeur; mais, en général, on peut se contenter du tracé pour une seule bride, parce que les deux brides accomplissant les mêmes fonctions successivement, on peut reconnaître les positions simultanées des deux brides par le rapprochement des positions diamétralement opposées d'une seule. Ainsi, par exemple, quand la bride M a passé de A″B″ en A‴B‴, découvrant la lumière d'admission de la quantité B‴6, la bride N occupe la position C‴D‴ et a découvert la lumière d'échappement de la quantité D‴m‴ ; mais cette position C‴D‴ est symétrique de la position C″D″ que la bride occupera à son tour et le découvrement $C''m'' = D'''m'''$. On peut donc, en supposant que les deux brides partent à la fois, de la position d'admission, de droite à gauche, et de la position pour l'échappement, de gauche à droite et à l'autre extrémité des grands axes des ellipses, lire, sur un seul tracé, la marche des deux brides. Pour les personnes auxquelles ces considérations sont peu familières, il vaudra peut-être mieux faire l'épure complète.

Si le tiroir dont il est question, avait reçu une avance à l'admission et à l'échappement, égale à celle que nous avons admise dans le tracé théorique, c'est-à-dire que la bride M, au commencement de la course du piston, partît de la position $E''F''$, l'avance à l'admission étant $B''E'' = BB'$, il n'y aurait qu'à reporter sur cette partie de la figure, deux courbes à axe incliné, entièrement semblables à la courbe $B'E'F'G'$ et semblablement inclinées dans le même sens ; la position de la bride, aux points correspondants de la course du piston, serait donnée par les mouvements de la ligne $E''F''$, parallèlement à elle-même entre ces deux courbes parallèles à axe incliné.

Les mêmes courbes, en modifiant leur distance d'après la longueur de la bride, indiqueraient toutes les phases du mouvement d'un tiroir qui aurait reçu la même avance et qui aurait la même course totale, mais dont les brides auraient une longueur quelconque et se mouveraient sur des lumières d'une largeur aussi quelconque.

Dans les applications, les bielles n'ont point une longueur excessive ou infinie, comme nous l'avons supposé ci-dessus ; leur longueur la plus ordinaire est d'environ cinq fois le rayon de la manivelle, mais cependant on s'écarte souvent de ce rapport lorsque les circonstances l'exigent. Cette limitation de longueur ne permet pas, quand on veut de l'exactitude dans les résultats, de représenter les chemins parcourus à l'extrémité de ces bielles, par les projections des arcs parcourus sur la ligne des points morts, de sorte que le tracé des courbes qui précèdent est entaché d'une erreur due à l'obliquité effective des bielles sur cette ligne ; mais l'épure peut être faite de manière à tenir compte de cette obliquité variable.

(Fig. 43, pl. 11). Supposons que la course du piston soit CB ; que la course du tiroir soit **DE**; que la longueur de la bielle du piston soit égale à quatre fois le rayon de la manivelle; enfin, que le rayon d'excentricité du plateau excentrique OC coïncide avec le rayon BO de la manivelle, au départ du piston, et que la bielle de cet excentrique soit assez longue pour que l'on puisse négliger l'obliquité de certaines de ses positions relativement à la ligne des points morts.

On fera, à part, l'épure des chemins successifs que parcourt l'extrémité de la bielle du piston pour chacun des seize angles égaux que la manivelle décrit dans un demi-tour, lorsque cette bielle a quatre fois la longueur de la manivelle, et l'on trouvera ainsi les chemins 1,2; 2,3; 3,4; 4,5, etc., successivement parcourus par le piston pendant que la manivelle décrit des angles égaux. On joindra ensuite par des droites $g2$, $h3$, $i4$, etc., les positions correspondantes du piston et du manneton de la manivelle après chaque mouvement angulaire constant; puis on projettera sur la direction AB, les arcs décrits pendant les mêmes mouvements angulaires, par le centre de figure de l'excentrique, et les intersections de ces lignes de projections avec les lignes $g2$, $h3$, $i4$, fourniront les points B, z, n, m, etc., de la courbe qu'il faudra substituer à l'ellipse du tracé précédent.

Si l'on voulait tenir, en même temps, compte de l'obliquité variable de la bielle de l'excentrique, il faudrait faire, pour cet exentrique, la même épure particulière que pour le piston, et porter sur la direction DE, les seize chemins successifs parcourus par l'extrémité de la bielle, pour les seize mouvements angulaires égaux qui constituent une course entière du tiroir, puis mener, par les points de division, des parallèles à CB; les intersections de ces parallèles avec les lignes $g2$, $h3$, $i4$, etc., formeraient les points successifs de la courbe fermée dont la forme ne serait plus elliptique comme dans l'hypothèse des bielles infinies.

Dans la plupart des machines, la bielle de l'excentrique est assez longue pour que l'on puisse, sans erreur sensible dans le tracé, la considérer comme infinie.

Si le tiroir avait reçu la même avance que dans le cas précédent, et partait de la position A au commencement de la course du piston, on trouverait les points successifs de la courbe à axe incliné qu'il faudrait substituer à la précédente, en déterminant les intersections successives des lignes m'A, $n'x$, $z'y$, qp, parallèles à CB, avec les directions AB, $g2$, $h3$, $i4$, prolongées quand ce sera nécessaire.

L'usage de ces courbes rectifiées est absolument le même que celui des courbes théoriques dont nous avons d'abord parlé, mais, très-souvent, les praticiens se contentent de ces dernières.

Nous donnerons, comme exemple d'une application de ce genre, le règlement adopté pour la distribution des machines locomotives à voyageurs du chemin de fer du Nord, que nous empruntons à l'ouvrage de MM. le Châtelier, Flachat, Petiet et Polonceau, sur les machines locomotives; ce sont des machines à grande vitesse de pistons.

(Fig. 44, pl. 12). Les éléments de la distribution sont les suivants :

Course du piston . . . . 0^{m}560
Course du tiroir. . . . . 0^{m}110
Écartement des bords extérieurs des lumières extrêmes. 0^{m}196
Écartement des bords intérieurs des lumières extrêmes. 0^{m}116
Recouvrement extérieur des brides . . . . 0^{m}024
Recouvrement intérieur . . . . 0^{m}001
Avance linéaire à l'admission . . . . 0^{m}005
Avance linéaire à l'échappement . . . . 0^{m}028

L'avance linéaire à l'échappement devrait être moindre pour des machines dont le piston se mouverait moins vite, ce qui augmenterait le recouvrement intérieur.

Les avances linéaires ci-dessus, d'après le tracé géométrique de la communication de mouvement et sans tenir compte du jeu des pièces, sont obtenues à l'aide d'une avance angulaire de l'excentrique, égale à 30°.

Si l'on applique à ces éléments le tracé des courbes que nous avons indiqué, en supposant que le tiroir M se meuve dans le sens indiqué par la flèche, au commencement d'une course de piston, on trouve :

1° Que l'introduction de la vapeur commence un instant avant que le piston soit arrivé à l'extrémité de sa course pour reprendre son mouvement rétrograde;

2° Que la vapeur est introduite pendant une portion de la course du piston égale à zx, et que la lumière d'admission n'est jamais entièrement découverte, parce qu'en la découvrant davantage, la bride recouvrirait une trop grande partie de la lumière centrale;

3° Que la détente a lieu en vase clos pendant que le piston parcourt le chemin xd;

4° Que l'échappement et la détente en vase ouvert commencent lorsque le piston n'a plus à parcourir que le chemin dy.

Si l'on observe le mouvement de l'autre bride pendant la même période, on voit :

5° Que la lumière d'échappement est ouverte partiellement, pendant que le piston passe de H en K ; entièrement, pendant qu'il passe de K en N; puis, qu'elle est entièrement fermée quand le piston a parcouru le chemin total $A''x'$;

6° Que, pendant la portion de course $x'g$, il y a compression de la vapeur derrière le piston, en vase clos, et que, pendant le petit reste de la course gy', le piston s'avance contre de la vapeur en libre communication avec la chaudière.

Pendant une course du piston, le tiroir achève sa course dans le sens suivant lequel elle est commencée, puis fournit une partie de la course en sens inverse, et il faut connaître l'amplitude de chacun de ces mouvements qui correspondent ensemble à un demi-tour d'excentrique, pour déterminer la position du rayon de cet excentrique qui fournira les deux mouvements déterminés.

Le recouvrement extérieur, quand le tiroir est au milieu de sa course, est de 0^m024, et l'avance à l'admission de 0^m005; ce tiroir a donc dépassé de 0^m029 le milieu de sa course, quand le piston commence la sienne. Or, la course entière du tiroir est de 0^m110 et la moitié de 0^m055; donc, pendant le demi-tour d'excentrique correspondant à un coup de piston, ce tiroir doit parcourir 0^m026 dans le sens du mouvement commencé et 0^m084 en sens inverse.

La compression qui a lieu, par suite de l'interruption de l'échappement avant la fin de la course, est favorable à l'économie de vapeur, lorsqu'elle n'est pas exagérée, parce qu'il y a toujours au delà de la limite de course des pistons, un espace nuisible qui doit être inutilement rempli de vapeur à la tension qui existe dans la chaudière. En remplissant d'avance cet espace nuisible, par la compression de la vapeur qui reste dans le cylindre à l'instant où l'échappement est fermé, on réduit la dépense générale de vapeur dans une proportion plus considérable que le travail résistant derrière le piston ne s'en trouve augmenté; c'est un fait d'expérience.

La détente, ainsi produite par avance et recouvrement, est la détente fixe des locomotives. On la pousse généralement jusqu'à un tiers et même jusqu'à moitié de la course; mais alors les tiroirs prennent de très-grandes dimensions, parce qu'il faut écarter les lumières extrêmes pour que la bride ne recouvre pas trop la lumière centrale à la fin de la course de ces tiroirs, et ils deviennent difficiles à manœuvrer. Puis on est exposé à ce que l'un des cylindres soit fermé à l'accès de la vapeur lorsque la manivelle de l'autre cylindre est dans le voisinage de son point mort, et, dans ce cas, le moment de la pression de vapeur sur le piston de ce dernier cylindre devient insuffisant pour commencer le mouvement. Lorsque la détente fixe est réglée à moitié, il faut, presque toujours, aider à la mise en train, en agissant avec une pince sur les roues de la machine ou du tender.

Nous n'entrerons ici dans aucun détail sur les autres appareils de distribution à détente fixe ou variable, ou sans détente; les considérations qui leur sont relatives sont plutôt du domaine de la géométrie que de celui de la mécanique, et nous n'avons parlé du tiroir ordinaire que pour éclairer le mécanicien sur certaines conditions générales de distribution qui sont favorables à l'effet utile que l'on peut tirer de la vapeur, et auxquelles il convient de se conformer, quelle que soit la nature des appareils employés.

Pour compléter, dans la mesure du possible, les notions que nous venons d'exposer sur la convenance de certains modes de distribution, il est nécessaire de présenter quelques considérations sur les lois qui concernent le mouvement de la vapeur dans les machines.

MOUVEMENT DE LA VAPEUR

DANS LES MACHINES.

ÉCOULEMENT DE LA VAPEUR.

Lorsque de la vapeur à une tension quelconque, dans un vase, s'écoule dans l'atmosphère ou dans une autre capacité, la vitesse d'écoulement dépend de la différence qui existe entre la tension de cette vapeur et celle du milieu dans lequel elle se précipite.

On admet, généralement, que l'écoulement des gaz et celui des vapeurs sont soumis aux mêmes lois, et le peu d'expériences comparatives qui ont été faites à ce sujet, ont fourni la preuve que l'on pouvait, sans grave erreur, les assimiler et leur appliquer les mêmes formules, sauf à modifier les coefficients de résistance qui semblent être plus considérables pour les vapeurs que pour les gaz, et en particulier, pour la vapeur d'eau. On explique cet accroissement de résistance, ou cette diminution dans la vitesse théorique de la vapeur employée dans nos machines ordinaires, par la présence d'une certaine quantité d'eau à l'état liquide qui augmente, à la fois, et la densité moyenne du fluide qui s'écoule et les résistances qu'il éprouve à son mouvement le long des parois des tuyaux. Quand la vapeur est sèche ou surchauffée, on retombe très-probablement dans le cas des gaz permanents.

Nous adopterons cette dernière hypothèse dans ce qui va suivre; car il ne peut être question que d'approximations, dans des recherches théoriques sur le mouvement de la vapeur dans les machines.

La formule ordinaire qui sert à calculer la vitesse d'écoulement des gaz est, comme on le sait :

$$v = \sqrt{2gh};$$

h est la hauteur d'une colonne liquide, ayant la densité du gaz qui s'écoule et qui exercerait sur l'orifice de sortie une pression égale à la différence des pressions effectives exercées sur les deux faces de cet orifice.

Représentons par :

P la pression par mètre carré que la vapeur exerce d'un côté de l'orifice;

P' la pression par mètre carré du milieu dans lequel pénètre la vapeur qui traverse cet orifice;

p le poids du mètre cube de vapeur dans la capacité d'où elle s'échappe;

V le volume d'un kilog. de cette vapeur.

La hauteur h de la colonne génératrice de la vitesse est égale à $\dfrac{P}{p}$, puisque chaque mètre de hauteur pèse p; pour le cas où l'écoulement aurait lieu dans le vide absolu. Pour l'écoulement dans un milieu à la pression P', la hauteur génératrice de la vitesse ne sera que $\dfrac{P - P'}{p}$. La formule deviendra donc :

$$v = \sqrt{2g \frac{P - P'}{p}},$$

et pourra se résoudre à l'aide de tables dans lesquelles la densité de la vapeur sera donnée par le poids du mètre cube aux diverses tensions.

Si les tables de densité, au lieu du poids d'un mètre cube de vapeur, donnaient le volume d'un kilog. de cette vapeur aux diverses tensions, la formule pourrait être modifiée en conséquence.

En effet, le poids p d'un mètre cube de vapeur est égal à un mètre cube divisé par le volume que présente un kilog. de cette vapeur, et l'on a $p = \dfrac{1}{\mathrm{V}}$.

Si on substitue cette valeur dans l'expression qui précède, on obtient :

$$v = \sqrt{2\,g\,\mathrm{V}\,(\mathrm{P} - \mathrm{P}')}.$$

En appliquant la première formule à de la vapeur à $3^{\text{atm}}\cdot50$ s'écoulant dans l'atmosphère, on trouve :

$$v = \sqrt{19,62,\ \frac{36165 - 10333}{1^{\text{kil}}\cdot 85}} = 520 \text{ mètres.}$$

Si l'écoulement avait lieu dans une capacité où le vide aurait été fait jusqu'à un dixième d'atmosphère, on aurait :

$$v = \sqrt{19,62\frac{36165 - 1033}{1^{\text{kil}}\cdot 85}} = 611 \text{ mètres.}$$

C'est par ce procédé qu'ont été calculées les vitesses théoriques d'écoulement de la vapeur à diverses tensions, dans l'atmosphère et dans un milieu à un dixième d'atmosphère, consignées dans le tableau A, page 298, colonnes 6 et 8. Les éléments de ces calculs sont inscrits dans les colonnes 1, 2 et 3.

On peut, à l'aide de ces vitesses, calculer la durée du dégagement de la vapeur enfermée dans une capacité invariable et s'écoulant dans un milieu à la tension atmosphérique ou à toute autre tension.

Supposons que l'on ait un vase de $1^{\text{m}3}$ de capacité, rempli de vapeur à la tension de 5 atmosphères. Si on ouvre un orifice ménagé dans la paroi du vase, la vapeur s'écoulera, et avant que celle qui reste dans ce vase ait pris la tension du milieu dans lequel se fait l'écoulement, elle prendra successivement toutes les tensions comprises entre 5 atmosphères et la tension du milieu. Ainsi, par exemple, la tension dans le vase étant de 5 atmosphères au commencement de l'opération, ne sera plus que de $4^{\text{atm}}\cdot75$ au bout d'un temps plus ou moins long, suivant la grandeur de l'orifice de sortie.

Or, 1^{m3} de vapeur à 5 atmosphères pèse . . . . 2^k5682

$\quad\quad 1^{m3}$ — $4^{atm}\cdot75$ . . . . 2^k4514

Le poids de vapeur écoulée, pour passer de 5 atmosphères

à $4^{atm}\cdot75$, sera donc de. . . . . 0^k1168

Le volume de cette vapeur se compose d'une série de volumes à des densités différentes ; mais on peut, sans grave erreur, leur supposer une densité constante égale à la moyenne des densités à 5 atmosphères et à $4^{atm}\cdot65$; c'est-à-dire un poids de :

$$\frac{2,5682 + 2,4514}{2} = 2^{kil}\cdot5098 \text{ par mètre cube.}$$

Le volume des $0^{kil}\cdot1168$ écoulés, sera donc de :

$$\frac{0,1168}{2,5098} = 0^{m3}0465.$$

Pour une nouvelle diminution de tension de $0^{atm}\cdot25$, il s'échapperait un nouveau poids de vapeur dont on trouverait le volume de la même manière, et ainsi de suite, jusqu'à ce que la tension dans le vase se fût abaissée jusqu'à devenir égale à celle du milieu dans lequel la vapeur s'écoule.

C'est par cette méthode qu'ont été calculés les chiffres contenus dans les colonnes 4 et 5 du tableau A. On voit que pour passer de la tension 5 atmosphères à la tension atmosphérique, il faut qu'il s'échappe du vase environ $1^{m3}4737$ de vapeur qui passe successivement par toutes les tensions comprises entre 5 atmosphères et 1 atmosphère, et que, pour abaisser la tension dans le vase jusqu'à un dixième d'atmosphère, le volume total qui doit s'écouler est de $3^{m3}6580$.

Après l'écoulement, il reste dans le vase 1^{m3} de vapeur à 1 atmosphère dans le premier cas, et 1^{m3} de vapeur à $0^{atm}\cdot1$ dans le second.

On suppose évidemment, dans ces calculs, que la vapeur est sèche et qu'il n'y a point de condensation intérieure pendant la détente, ce qui n'est pas exact, comme nous l'avons vu ; mais il ne s'agit ici que d'approximations.

Si l'orifice de sortie avait une section de $0^{m2}01$, la durée de l'écoule-

PRESSION en ATMOSPHÈRES. (1)	PRESSION en KILOGRAMMES par MÈTRE CARRÉ. (2)	POIDS au mètre cube DE VAPEUR aux pressions indiquées. (3)	DIFFÉRENCES de poids du mètre cube de vapeur entre deux pressions successives. (4)	VOLUME du poids de VAPEUR ÉCOULÉ, rapporté à la PRESSION MOYENNE. (5)	VITESSES D'ÉCOULEMENT aux diverses pressions dans un milieu à $\frac{1}{10}$ d'atmosphère. (6)	VITESSES MOYENNES d'une pression à la suivante, écoulement DANS UN MILIEU à $\frac{1}{10}$ d'atmosphère. (7)	VITESSES D'ÉCOULEMENT dans L'ATMOSPHÈRE aux diverses pressions. (8)	VITESSES MOYENNES d'une pression à la suivante, écoulement DANS L'ATMOSPHÈRE. (9)	DURÉE DE L'ÉCOULEMENT pour passer d'une pression à la suivante : orifice de 0m.q01. EN SECONDES, DANS UN MILIEU à $\frac{1}{10}$ d'atmosphère. (10)	DANS L'ATMOSPHÈRE. (11)
Atmosphères.	Kilogrammes.	Kilogrammes.	Kilogrammes.	Mètres cubes.	Mètres.	Mètres.	Mètres.	Mètres.		
5,00	51665	2,5682			622		562			
			0,1168	0,0403		621		558	0,0073	0,0083
4,75	49082	2,4514			620		554			
			0,1169	0,0489		618,5		551,5	0,0079	0,0088
4,50	46499	2,3343			617		549			
			0,1170	0,0544		616		547,5	0,0083	0,0094
4,25	43916	2,2173			615		546			
			0,1213	0,0602		614,5		541,5	0,0091	0,0103
4,00	41332	2,0962			614		537			
			0,1203	0,0392		613		533,5	0,0095	0,0110
3,75	38849	1,9787			612		530			
			0,1298	0,0631		611,5		525	0,0103	0,0120
3,50	36366	1,8549			611		520			
			0,1213	0,0674		610		516	0,0114	0,0130
3,25	33783	1,7336			609		512			
			0,1224	0,0732		606,5		507	0,0120	0,0144
3,00	30999	1,6110			604		502			
			0,1237	0,0790		602,5		495	0,0138	0,0161
2,75	28416	1,4873			601		488			
			0,1239	0,0870		599		480	0,0143	0,0181
2,50	25833	1,3634			597		472			
			0,1238	0,0968		595		463	0,0162	0,0209
2,25	23249	1,2376			593		454			
			0,1264	0,1075		591		440,5	0,0181	0,0244
2,00	20686	1,1112			589		427			
			0,1276	0,1218		587		410,5	0,0207	0,0296
1,75	18183	0,9836			585		394			
			0,1300	0,1413		582		368,5	0,0243	0,0383
1,50	15600	0,8536			579		343			
			0,0787	0,0961		575,5		322,5	0,0166	0,0297
1,35	13049	0,7749			572		302			
			0,0795	0,1080		569		272	0,0189	0,0397
1,20	12400	0,6956			566		242			
			0,0537	0,0819 total.		564		210	0,0143	0,0383
1,10	11360	0,6419			562		178			
			0,0537	0,0875 —— 1,4737		559,5		89	0,0136	0,0581
1,00	10353	0,5882			557		0			
			0,0547	0,0975		554			0,0173	
0,90	9300	0,5335			551					
			0,0558	0,1105		548			0,0201	
0,80	8966	0,4777			545					
			0,0563	0,1232		541			0,0231	
0,70	7233	0,4214			537					
			0,0571	0,1492		532			0,0272	
0,60	6199	0,3643			527					
			0,0573	0,1707		520,5			0,0327	
0,50	5166	0,3070			514					
			0,0590	0,2126		504,5			0,0421	
0,40	4133	0,2490			495					
			0,0602	0,2717		480			0,0566	
0,30	3100	0,1878			465					
			0,0294	0,1884		455			0,0402	
0,25	2583	0,1584			445					
			0,0302	0,2107		419,5			0,0502	
0,20	2066	0,1282			394					
			0,0308	0,2730		358,5			0,0761	
0,15	1550	0,0974			319					
			0,0313	0,2800		158,5			0,2433	
0,10	1033	0,0659			0					
				Total. 3m,5080					0m,8776 Durée totale.	0m,4416 Durée totale.

ment, dans les deux cas que nous avons admis ci-dessus, pourrait être déterminée approximativement par la méthode suivante :

On supposerait que la vitesse d'écoulement, pendant que la vapeur passe d'une tension à la suivante, a une valeur moyenne entre les vitesses correspondantes aux tensions extrêmes qui correspondent à cette période, puis on calculerait le temps nécessaire pour que le volume moyen, correspondant à la même période, s'écoulât par l'orifice donné.

Ainsi à 5 atmosphères, la vitesse d'écoulement dans l'atmosphère est de . . . . 562 mètres.
A $4^{atm.}75$, elle est de . . . . 554 —
Vitesse moyenne. . . . 558 mètres.

Le volume de vapeur qui doit s'écouler pendant cette période, est de $0^{m3}0465$; on aura donc 558^m. $0^{m2}01$. $t = 0^{m3}0465$; d'où $t = 0,0083$ seconde.

C'est ainsi qu'ont été déterminés les chiffres contenus dans les colonnes 7, 9, 10 et 11 du tableau A.

La durée approximative de l'écoulement dans l'atmosphère serait de $0'',4416$;

Dans un milieu à un dixième d'atmosphère, elle serait de $0'',8776$.

Nous avons complétement négligé dans ces calculs, la contraction de la veine fluide, dont le coefficient, pour le cas des gaz et des orifices en mince paroi, est d'environ 0,65, mais dont la valeur, pour le cas d'écoulement de la vapeur d'eau, n'a pas encore été déterminée.

MOUVEMENTS RELATIFS DU PISTON ET DU TIROIR.

D'après ce que nous avons dit précédemment de ces mouvements relatifs, lorsqu'on suppose les bielles infinies et le tiroir sans avance ni recouvrement, le commencement de la course du piston correspond au milieu de la course du tiroir et réciproquement, de sorte que, quelle que soit la combinaison de leviers qui lie la bielle de l'excentrique au tiroir, cette bielle doit se trouver au point de maximum d'action et de vitesse transmise, quand la manivelle du piston est à son point mort, pour ce cas particulier.

Lorsque le mouvement de rotation est uniforme, la vitesse à l'extrémité de chaque bielle, qui se meut en ligne droite, varie entre 0 et un maximum qui est égal à la vitesse propre du manneton de la manivelle ou du centre de figure de l'excentrique, et ce maximum de vitesse est à la vitesse moyenne, dans le rapport de la demie circonférence au diamètre, ou comme 1,57 : 1.

Le mouvement du tiroir est donc très-rapide lorsque celui du piston est très-lent; puis ces deux mouvements se modifient en sens inverse jusqu'au milieu de la course du piston, de façon que le tiroir reste très-ouvert pendant que le piston possède sa plus grande vitesse; condition très-favorable à la marche de la machine.

Pour donner une idée nette du mouvement de la vapeur dérivant d'un tel mode de fonctionnement de ces deux organes essentiels d'une machine, nous avons inscrit dans le tableau B, page 302, les mouvements absolus du piston et du tiroir par arc de 5°, dans l'hypothèse où les bielles auraient une longueur infinie.

Comme il est aisé de le comprendre, à l'aide d'un coup d'œil jeté sur la fig. 36, pl. 9, les chemins parcourus par les extrémités de ces bielles, depuis le commencement d'une course dans l'une ou l'autre direction, sont égaux à la différence entre le rayon d'excentricité et le cosinus de l'angle décrit depuis le commencement de la course, de sorte qu'une table de cosinus naturels peut fournir directement tous les éléments d'un semblable tableau.

Nous en tirerons d'abord une première conséquence assez remarquable, dans l'hypothèse de distribution que nous avons admise, et qui suppose des largeurs de lumières égales à la moitié de la course totale du tiroir.

La vitesse du piston, dans une machine quelconque à pression constante, et la vitesse de passage de la vapeur par la lumière d'admission, sont en raison inverse des sections de ce piston et de la portion de lumière découverte.

Or, de 25° à 30°, par exemple, le piston parcourt 0,0201 de sa course.

(B)

Mouvement absolu du piston et du tiroir par arcs de 5° en 5°, dans l'hypothèse où les bielles auraient une longueur infinie.

| ANGLES. | MOUVEMENT DU PISTON A PARTIR DU POINT MORT. | | MOUVEMENT DU TIROIR A PARTIR DU MILIEU DE LA COURSE. |
	RAPPORT DU CHEMIN PARCOURU A LA COURSE TOTALE.	CHEMIN PARCOURU PENDANT QUE LA MANIVELLE DÉCRIT l'arc de 5° d'un NUMÉRO AU SUIVANT.	FRACTION DE SA COURSE TOTALE après chaque angle de 5°.
0°	0,0000	0,0000	0,0000
5°	0,0019	0,0019	0,0436
10°	0,0076	0,0057	0,0868
15°	0,0172	0,0096	0,1294
20°	0,0302	0,0130	0,1710
25°	0,0469	0,0167	0,2113
30°	0,0670	0,0201	0,2500
35°	0,0905	0,0235	0,2868
40°	0,1170	0,0265	0,3214
45°	0,1465	0,0295	0,3535
50°	0,1786	0,0321	0,3830
55°	0,2132	0,0346	0,4095
60°	0,2500	0,0368	0,4330
65°	0,2887	0,0387	0,4531
70°	0,3290	0,0403	0,4698
75°	0,3706	0,0416	0,4829
80°	0,4132	0,0426	0,4924
85°	0,4564	0,0432	0,4981
90°	0,5000	0,0436	0,5000
95°	0,5436	0,0432	au delà, mouvement rétrograde suivant la même loi.
100°	0,5868	0,0426	
105°	0,6294	0,0416	
110°	0,6710	0,0403	
115°	0,7113	0,0387	
120°	0,7500	0,0368	
125°	0,7868	0,0346	
130°	0,8214	0,0321	
135°	0,8535	0,0295	
140°	0,8830	0,0265	
145°	0,9095	0,0235	
150°	0,9330	0,0201	
155°	0,9531	0,0167	
160°	0,9698	0,0130	
165°	0,9828	0,0096	
170°	0,9924	0,0057	
175°	0,9981	0,0019	
180°	1,0000	0,0000	

Si on la représente par L et la section du piston par S, celui-ci aura engendré dans cette période, un volume égal à 0,0201. S. L.

Pendant la même période, l'ouverture de la lumière, dont la largeur totale n'est que moitié de la course du tiroir, sera 0,2113 de la section entière, pour l'angle de 25°, et 0,2500, pour l'angle de 30°; soit une section moyenne de $\dfrac{0,2113 + 0,2500}{2} = 0,2306$ de la section entière que nous désignerons par s.

Si on représente encore par x le chemin parcouru par la veine de vapeur traversant la lumière dans cette période, on aura l'équation :

$$x.\ 0,2306.\ s = 0,0201.\ \text{S. L} ;$$

$$\text{d'où } x = \frac{0,0201}{0,2306} \times \frac{\text{SL}}{s}. = 0,087\ \frac{\text{SL}}{s}.$$

Pour le mouvement angulaire de 50° à 55°, le chemin x parcouru par la veine fluide traversant la lumière serait :

$$x = \frac{0,0346}{0,3961} \times \frac{\text{SL}}{s} = 0,087\ \frac{\text{SL}}{s}.$$

On trouvera le même résultat pour tous les mouvements angulaires de 5°, donc :

Lorsque les bielles sont très-longues et qu'il n'y a ni avance ni recouvrement du tiroir, la vitesse d'introduction de la vapeur dans le cylindre, est constante pendant toute la durée de la course.

Quant à la valeur absolue de cette vitesse, elle peut être déterminée en fonction de la vitesse moyenne du piston et des sections des lumières et du piston, en choisissant un point de la course de ce dernier où sa vitesse absolue est connue :

Soient : V la vitesse moyenne d'un piston ;

      S sa section ;

      v la vitesse d'introduction de la vapeur ;

      s la section totale de la lumière d'introduction.

D'après ce que nous avons dit, ci-dessus, le maximum de vitesse du piston au milieu de sa course, sera 1,57 fois la vitesse moyenne. En cet instant, la lumière est entièrement découverte et on aura :

$$v.\ s = 1,57\ \text{V. S}; \text{ d'où } v = 1,57.\ \text{V}\frac{\text{S}}{s},$$

et cette vitesse sera la même pendant toute la course, d'après ce que nous avons démontré ci-dessus.

En supposant au piston une vitesse moyenne de 1^m50 par seconde et aux lumières une section égale à $\frac{1}{25}$ de celle du piston, la vitesse constante d'introduction de la vapeur, serait de :

$$v = 1^m50 . 1,57 . 25 = 58^m87.$$

Dans l'hypothèse d'une vitesse moyenne de 3^m50 et d'une section des lumières égale à $\frac{1}{10}$ de celle du piston, la vitesse d'introduction serait :

$$v = 3^m50 . 1,57 . 10 = 54^m95.$$

Sous ce point de vue, les machines locomotives à grande vitesse se trouvent donc replacées dans les conditions des machines fixes ordinaires.

Dans le cas de tiroirs à recouvrements, fonctionnant avec une avance plus ou moins considérable, la vitesse d'introduction n'est plus constante. La lumière d'admission étant déjà ouverte en partie, au commencement de la course du piston, la vitesse d'entrée de la vapeur dans le cylindre, y est moindre, en cet instant, que dans le cas précédent ; puis, cette lumière commençant à se refermer avant le milieu de la course, la vitesse augmente à partir de ce point, d'une manière continue jusqu'à la suppression complète de l'admission, qui a lieu avant la fin de cette course.

La vitesse d'introduction de la vapeur dans les cylindres, quelle qu'elle soit, exige une pression génératrice qui peut être déterminée à l'aide des formules :

$$v = \sqrt{2\,g\,\frac{P-P'}{p}}, \text{ ou } v = \sqrt{2\,g\,V\,(P-P')},$$

que nous avons trouvées plus haut.

Supposons, par exemple, que cette vitesse soit de 60^m et que la tension dans la boîte du tiroir soit de $3^{atm.}$, ou $31000^{kil.}$ par mètre carré.

Nous aurons $v = 60^m$, $P = 31000^{kil.}$ et $p = 1^{kil.}611$.

Ce qui donnera $P' = P - p\,\dfrac{v^2}{2g} = 31000 - 1,611.\dfrac{3600}{19,62} = 30705^{kil.}$;

d'où $\dfrac{30705}{10333} = 2^{\text{atm}} 97$.

La différence des tensions dans la boîte du tiroir et dans le cylindre, ne serait donc que de $0^{\text{atm}} 03$, abstraction faite de l'influence des résistances passives qui l'augmenteraient dans une proportion plus ou moins considérable.

Si la tension dans la boîte du tiroir n'était que de $1^{\text{atm}} 20$; soit $12400^{\text{kil.}}$ par mètre carré; p serait égal à $0^{\text{kil.}} 6956$ et l'on trouverait :

$$P' = 12400 - 0,6956 \frac{3600}{19,62} = 1^{\text{atm}} 187 ;$$

la perte de pression ne serait donc plus que $0^{\text{atm}} 013$.

Dans les instants où la vitesse d'introduction s'élève à 120^{m} par seconde, comme cela arrive un peu avant la fermeture de la lumière d'admission quand le tiroir a du recouvrement, la perte de pression, en supposant la tension dans la boîte du tiroir égale à 3^{atm}, serait encore peu considérable.

En effet, on aurait alors : $P' = 31000 - 1,611 \dfrac{14400}{19,62} = 29820^{\text{kil}}$,

ou $2^{\text{atm}} 88$; ce qui porterait la perte de tension à $0^{\text{atm}} 12$.

Les pertes de tension causées par l'étranglement des lumières à l'admission, sont donc généralement assez faibles et, sous ce point de vue, la diminution de section des lumières, pourvu qu'elle ne soit point exagérée, a peu d'influence sur l'effet utile des machines, d'autant plus que l'on peut obtenir la même pression dans le cylindre avec de petites qu'avec de grandes lumières, en augmentant la tension de la vapeur dans la chaudière, ce qui est toujours possible jusqu'à certaine limite. L'expérience confirme, du reste, ce résultat et, dans la plupart des machines en marche normale, la section des lumières est indirectement diminuée par la fermeture partielle des soupapes modératrices placées en avant de la boîte du tiroir; on augmente ainsi la différence de tension entre la chaudière et le cylindre et l'on se réserve la faculté d'augmenter, *momentanément*, la puissance de la machine, en ouvrant davantage le modérateur, et sans augmenter l'activité de la combustion dans le foyer. Ce mode de fonctionnement présente encore un autre avantage sur lequel nous reviendrons plus tard.

Les différences des tensions dans la boîte du tiroir et dans le cylindre s'établissent toujours aux dépens de celle du cylindre, parce que l'on peut considérer la première comme à peu près invariable. Il en résulte que l'avance, même avec recouvrement, est aussi favorable à l'admission, parce qu'elle facilite l'introduction de le vapeur au commencement de la course et que, plus tard, lorsque la vitesse d'introduction augmente, la tension de la vapeur qui occupe la capacité du cylindre, diminue et qu'il se produit une véritable détente utile avant la fermeture définitive de la lumière ; de sorte qu'en réalité on détend davantage par ce procédé, que ne semblerait l'indiquer le moment précis de la suppression d'entrée de la vapeur.

CONTRE-PRESSION DU PISTON.

D'après ce que nous venons de voir, les dimensions des lumières d'admission de la vapeur dans le cylindre des machines, n'ont qu'une assez faible influence sur la tension qui s'établit dans ce cylindre, abstraction faite des résistances passives au mouvement de la vapeur et de la condensation, et les sections de ces orifices, généralement adoptées, ne seraient point un obstacle à l'adoption de vitesses du piston, bien supérieures à celles que l'on a coutume de lui donner ; d'autant plus que les effets d'une vitesse trop grande ou de lumières trop étroites, peuvent être neutralisés par un accroissement de pression dans la chaudière, et que la détente qui se produit dans ce cylindre, quand on ferme progressivement l'orifice d'admission et lorsque la vitesse d'entrée augmente, ne sert qu'à tirer un plus grand effet utile de la vapeur dépensée. Mais il n'en est plus de même des lumières d'échappement ; les dimensions de celles-ci doivent être très-grandes pour faciliter la sortie de la vapeur et diminuer la contre-pression, comme nous le verrons tout à l'heure. Il en résulte que si, dans les applications, on a trouvé un grand bénéfice à élargir les lumières qui servaient à la fois à l'entrée et à la sortie de la vapeur, ce n'est pas parce qu'on a facilité l'entrée, mais parce qu'on a diminué, dans une proportion considérable, les résistances à la sortie.

Si, quand la vapeur a produit son travail et qu'elle va à l'échappement, elle était subitement transformée en liquide incompressible de même densité, il suffirait que le piston exerçât contre elle une très-faible pression pour l'expulser, même avec les dimensions ordinaires des lumières, parce que l'ouverture moyenne de l'orifice de sortie, dans toutes les machines, est, *au moins*, aussi considérable que l'ouverture moyenne de l'orifice d'entrée, et que, comme pour l'admission, un excédant d'une petite fraction d'atmosphère sur la tension du milieu dans lequel afflue le fluide qui s'échappe, serait suffisant pour produire des vitesses de sortie qui seraient, tout au plus, égales aux vitesses d'entrée. Dans ce cas, les vitesses du piston et d'échappement de la vapeur seraient en raison inverse des sections de ce piston et de l'orifice de sortie. Mais il n'en est pas ainsi : le volume qui s'écoule pendant la période d'échappement, est bien plus considérable que celui qui est engendré par le piston. En effet, au moment où la lumière s'ouvre, le cylindre est rempli de vapeur à une tension plus ou moins considérable, mais toujours notablement supérieure à la tension à peu près invariable du milieu dans lequel elle doit passer ; or, cet excès de tension ne disparaît pas immédiatement par le fait seul de l'ouverture du cylindre, elle s'abaisse successivement et la vapeur se détend; de sorte que la vitesse de celle-ci, pendant l'échappement, est à chaque instant égale à celle qui correspond à la différence des tensions dans le cylindre et dans le milieu qui la reçoit. La contre-pression du piston est donc aussi, à chaque instant, égale à la tension de la vapeur pendant cette détente dont la durée peut être assez longue.

Quand on donne de l'avance à l'échappement, la détente en vase ouvert dont il est question, produit encore contre le piston un travail utile, tant qu'il continue à se mouvoir dans le sens du mouvement commencé, jusqu'au point où la compression de la vapeur de l'autre côté, si l'on a supprimé la sortie avant la fin de la course, est devenue égale à la tension de celle qui se détend, ou jusqu'à l'instant de l'admission de la vapeur de cet autre côté, si l'on a, en même temps, donné de l'avance à l'admission.

Pour faire comprendre, dans la mesure du possible, la loi suivant laquelle s'opère cette détente et le mode de variation de la contre-pression qui en résulte, nous avons formé le tableau C, page 308, des contre-pressions théoriques qui seraient exercées contre un piston en chacun

C. — Section maxima de l'ouverture de sortie, 0m²,02.

ANGLE depuis le commencement de l'ouverture. (1)	FRACTION de la lumière ouverte après chaque angle de 5°. (2)	PARTIE OUVERTE de la lumière ayant une section totale de 0m,02. (3)	SECTION MOYENNE pour chaque angle de 5°. (4)	VOLUME DE VAPEUR écoulé dans l'atmosphère. (5)	DURÉE de l'écoulement dans l'atmosphère. (6)	VITESSE MOYENNE de sortie dans l'atmosphère. (7)	TENSIONS SUCCESSIVES, écoulement dans l'atmosphère. (8)	VOLUME DE VAPEUR écoulé dans un milieu à ¹/₁₀ d'atmosphère. (9)	DURÉE de l'écoulement dans un milieu à ¹/₁₀ d'atmosphère. (10)	VITESSE MOYENNE en sortie dans un milieu à ¹/₁₀ d'atmosphère. (11)	TENSIONS SUCCESSIVES, écoulement dans ¹/₁₀ d'atmosphère. (12)
		métre carré.	métre carré.	métres cubes.	secondes.	métres.	atmosphères. 5,000	métres cubes.	seconde.	métres.	atmosphères. 5,000
0°	0,0000	0,000000	0,000872	0,01216	0″025	538,00	4,875	0,01334	0″025	621,00	4,875
5°	0,0872	0,001744	0,002008	0,03637	0″025	537,91	4,872	0,04034	0″025	620,53	4,812
10°	0,1736	0,003472	0,004324	0,06014	0″025	534,49	4,765	0,06689	0″025	617,34	4,350
15°	0,2588	0,005176	0,006008	0,08174	0″025	544,28	4,175	0,09271	0″025	614,73	4,083
20°	0,3420	0,006840	0,007646	0,10219	0″025	530,59	3,800	0,11792	0″025	612,05	3,770
25°	0,4226	0,008452	0,009226	0,11930	0″025	517,11	3,310	0,14036	0″025	607,88	3,194
30°	0,5000	0,010000	0,010756	0,13440	0″025	498,99	2,946	0,16134	0″025	600,60	2,725
35°	0,5736	0,011472	0,012164	0,14380	0″025	472,45	2,550	0,18019	0″025	593,10	2,260
40°	0,6428	0,012856	0,013498	0,13030	0″025	443,90	2,167	0,19776	0″025	586,16	1,920
45°	0,7070	0,014140	0,014730	0,14830	0″025	401,17	1,833	0,21237	0″025	577,40	1,456
50°	0,7660	0,015320	0,015830	0,14190	0″025	357,53	1,570	0,22440	0″025	564,56	1,164
55°	0,8190	0,016380	0,016830	0,12800	0″025	296,04	1,535	0,23302	0″025	531,78	0,913
60°	0,8660	0,017320	0,017722	0,10430	0″025	254,88	1,198	0,23833	0″025	536,08	0,697
65°	0,9062	0,018124	0,018458	0,05870	0″025	121,05	1,070	0,23909	0″025	519,86	0,345
70°	0,9396	0,018792	0,019084	0,04240	0″025	89,80	1,030	0,23736	0″025	497,88	0,468
75°	0,9658	0,019316	0,019506	0,01470	0″008		1,000	0,23234	0″025	477,30	0,541
80°	0,9848	0,019696	0,019810					0,22044	0″025	445,15	0,255
85°	0,9962	0,019924	0,019962					0,20096	0″025	402,55	0,205
90°	1,0000	0,020000	0,019962					0,17891	0″025	358,50	0,173
95°	0,9962	0,019924	0,019810					0,10305	0″025	208,12	0,148
100°	0,9848	0,019696	0,019506					0,07729	0″025	158,50	0,140
105°	0,9658	0,019316	0,019084					0,07550	0″025	″	″
110°	0,9396	0,018792	0,018458					0,07314	0″025	″	″
115°	0,9062	0,018124	0,017722					0,07022	0″025	″	″
120°	0,8660	0,017320	0,016830					0,03082	0″0116	″	0,100
125°	0,8190	0,016380									
				Total. 1mc,47270	Total. 0″383			Total. 3mc,65800	Total. 0″6116		

des points de sa course, dans l'hypothèse où l'on négligerait le mouvement propre de ce piston, et où les pressions qu'il supporterait, seraient égales à celles que la vapeur exercerait contre les parois d'une capacité invariable dans laquelle elle se détendrait par suite d'une ouverture pratiquée dans la paroi.

Nous avons supposé : que le volume utile du cylindre était de 1^{m3}, ce que l'on peut réaliser avec un diamètre de 0^m86 et une course de piston égale à 1^m73 ; que la vitesse de rotation de la manivelle était uniforme et que celle-ci faisait $33\frac{1}{3}$ tours par minute, ce qui entraîne $66\frac{2}{3}$ courses du piston dans le même temps ; que la section de la lumière de sortie était de $0^{m2}02$; que la vapeur partait d'une pression initiale de 5 atmosphères, pour s'échapper dans l'atmosphère, ou pour passer dans un condenseur où l'on maintiendrait une tension d'un dixième d'atmosphère ; enfin, que les bielles étaient infinies et qu'il n'y avait ni avance, ni recouvrement.

Le piston fournissant $66\frac{2}{3}$ courses par minute, la durée de chacune sera de $0,90$ de seconde, et si l'on partage la circonférence que décrit le manneton de la manivelle en 36 arcs de 5°, le temps nécessaire pour un mouvement angulaire de 5°, sera de $\dfrac{0''90}{36} = 0''025$, ou un quarantième de seconde.

La colonne 1 du tableau indique les mouvements angulaires de 5° successivement accomplis en un quarantième de seconde.

La colonne 2, la fraction découverte de la lumière d'échappement après chaque mouvement angulaire. Les chiffres de cette colonne ont été déterminés à l'aide du tableau B, en observant que la lumière s'ouvrant entièrement pour un angle total de 90°, il suffit, pour trouver la fraction découverte après chaque mouvement angulaire, de doubler le chiffre du tableau B qui indique la fraction de la course totale parcourue en cet instant, puisque la course est double de la largeur totale de la lumière et que, par suite, les fractions de la course doivent équivaloir à la moitié des fractions de la lumière totale, découvertes.

La colonne 3 indique la surface effective de la partie découverte de la lumière, qui a une section totale de $0^{m2}02$, après chaque mouvement angulaire. Les chiffres de cette colonne ont été trouvés en multipliant tout simplement par $0^{m2}02$, les chiffres abstraits de la deuxième colonne.

La colonne 4 renferme les sections moyennes de l'orifice de sortie pendant la durée du mouvement angulaire correspondant. Elles ont été déterminées en prenant la moyenne des deux sections correspondantes au commencement et à la fin de ce mouvement angulaire, lesquelles sont inscrites dans la troisième colonne.

La colonne 5 indique les volumes de vapeur qui s'écoulent pendant la durée des mouvements angulaires correspondants, lorsque cet écoulement a lieu dans l'atmosphère, et voici comment ils ont été déterminés :

Pendant le premier mouvement angulaire, à partir du point mort de la manivelle du piston, la section moyenne de l'orifice de sortie de la vapeur est de $0^{m2}000872$. D'après le tableau A, colonne 9, la vitesse moyenne d'écoulement dans l'atmosphère, entre la tension de 5 atmosphères et celle de $4^{atm}.75$, est de 558 mètres; donc, le volume qui s'écoulera en un quarantième de seconde par l'orifice donné, sera :

$$0^{m2}000872 . 558 \tfrac{1}{40} = 0^{m3}01216.$$

Comme ce volume est inférieur au volume $0^{m3}0465$ (tableau A, colonne 5), qui doit s'écouler pour que la tension soit abaissée jusqu'à $4^{atm}.75$, il restera un volume de $0^{m3}0465 - 0^{m3}01216 = 0^{m3}03434$ qui devra passer par l'orifice de sortie pendant le deuxième mouvement angulaire, avec la vitesse de 558 mètres par seconde. L'ouverture de sortie est alors de $0^{m2}002608$, et le temps t, nécessaire pour cet écoulement, sera :

$$0^{m2}002608 . 558^m . t = 0^{m3}03434;$$
$$\text{d'où } t = 0,0236 \text{ seconde.}$$

Comme la durée de ce mouvement angulaire est de $0''025$, il restera avant la fin, $0''0250 - 0''0236 = 0''0014$ pour l'écoulement de la vapeur à une tension inférieure à $4^{atm}.75$, laquelle possède, d'après le tableau A, une vitesse moyenne de 556^m5 par seconde.

Le volume de cette vapeur qui s'écoulera pendant ces 0,0014 de seconde, sera $0^{m2}002608 . 556,5 . 0''0014 = 0^{m3}00203$.

Ainsi, pendant ce deuxième mouvement angulaire, il s'écoulera un volume de $0^{m3}03434$ à la vitesse moyenne de 558 mètres, et un volume de $0^{m3}00203$ avec la vitesse moyenne de 556^m5 ; soit en totalité un volume de $0^{m3}03637$; c'est le second chiffre de la colonne 5. Il restera alors un volume de $0^{m3}0489$ (tableau A) — $0^{m3}00203 = 0^{m3}04687$ qui devra s'écouler en tout ou en partie pendant le troisième mouvement angulaire, avec la vitesse de 556^m5 et par un orifice de $0^{m2}004324$. Nous espérons que les calculs que nous venons de faire et qui ont servi à déterminer deux valeurs successives des volumes inscrits dans la colonne 5, suffiront pour faire comprendre toute la suite des opérations qu'il a fallu effectuer pour compléter cette colonne 5. Pour vérifier l'exactitude des résultats, il suffit de comparer la somme des volumes écoulés d'après la colonne 5 du tableau C, à cette somme d'après la colonne 5 du tableau A ; ces volumes, dans le cas de détente jusqu'à la pression atmosphérique, sont effectivement de $1^{m3}4727$ dans les deux cas.

La colonne 6 indique la durée constante de chaque mouvement angulaire de $5°$, laquelle est d'un quarantième de seconde, ou $0''025$.

La colonne 7 indique les vitesses moyennes de sortie de la vapeur pendant chaque période. Ces vitesses ont été déterminées par la méthode suivante :

Pendant la première période, la vitesse a été constamment de 558 mètres, comme nous l'avons vu ci-dessus.

Pendant la deuxième, elle a été de 558 mètres pendant $0''0236$ et de 556^m5 pendant $0''0014$, d'après le calcul que nous avons fait pour trouver les volumes écoulés. D'autre part, la durée de cette dernière vitesse a été de $\dfrac{0,0014}{0,025} = \dfrac{1}{18}$ environ de la durée totale de la période, et la différence des vitesses est de 1^m50 ; il suffira donc de retrancher de 558 mètres le dix-huitième de 1^m50, pour avoir la vitesse moyenne, soit $558 - \dfrac{1,5}{18} = 557^m91$.

C'est le second chiffre de la colonne 7, et c'est par ce procédé que les autres ont été calculés. On voit que tous les éléments nécessaires au calcul des valeurs inscrites dans la colonne 7, doivent avoir été déterminés dans les opérations relatives aux valeurs insérées dans la colonne 5.

La colonne 8 indique les tensions moyennes de la vapeur pendant les périodes correspondantes, et voici la méthode que nous avons suivie pour les déterminer :

A chaque vitesse d'écoulement dans l'atmosphère, correspond une certaine tension génératrice; les colonnes 1 et 8 du tableau A indiquent les vitesses et les tensions correspondantes de quart en quart d'atmosphère, de sorte que, pour les vitesses comprises entre celles de la colonne 8, on aura des tensions comprises entre les tensions correspondantes de la colonne 1.

Ainsi, au commencement de la première période d'échappement, la tension de la vapeur est de 5 atmosphères. Pendant la durée de cette période, la tension moyenne sera celle qui correspond à une vitesse de 558 mètres, c'est-à-dire, d'après le tableau A, comprise entre 5 atmosphères et $4^{atm.}75$. Entre ces limites peu écartées, on peut supposer les tensions proportionnelles aux vitesses.

A 5 atmosphères, la vitesse est de 562 mètres.

A $4^{atm.}75$, elle est de 554 mètres.

Donc si, pour une différence de pression de $0^{atm.}25$, la différence des vitesses est de 8 mètres, pour une vitesse de 562—558=4 mètres, la différence de tension ne sera que la moitié, soit $0^{atm.}125$. La tension correspondante à la vitesse de 558 mètres sera donc de :

$$5^{atm.} — 0^{atm.}125 = 4^{atm.}875.$$

C'est ainsi qu'ont été déterminées les tensions successives renseignées dans la colonne 8.

Les colonnes 9, 10, 11 et 12 ont été calculées exactement comme les colonnes 5, 6, 7 et 8; seulement, comme l'écoulement y est supposé avoir lieu dans un milieu à un dixième d'atmosphère, les vitesses successives d'écoulement, nécessaires aux opérations, ont été prises dans les colonnes 6 et 7 du tableau A.

On voit, par ce tableau, que lorsque le dégagement de la vapeur se fait dans l'atmosphère, la tension derrière le piston ne s'est abaissée jusqu'à la tension atmosphérique que lorsque la manivelle de ce piston a décrit un angle de 75° à 80° depuis le commencement de la course, c'est-à-dire, d'après le tableau B, lorsque le piston a fourni environ les 0,37 de sa course totale.

Lorsque le dégagement se fait dans un condenseur où la tension n'est que d'un dixième d'atmosphère, il se prolonge jusqu'à 125°, époque à laquelle le piston a fourni, environ, les 0,78 de sa course.

Ces résultats ne sont encore que des limites inférieures, car nous avons entièrement négligé le mouvement propre du piston qui augmente les volumes qui doivent s'écouler aux tensions moyennes successives que nous avons indiquées; puis nous n'avons tenu aucun compte des contractions de veine fluide au passage par les lumières, ni des frottements dans le tuyau de décharge, ni des pertes dues aux coudes; résistances sur lesquelles on ne possède que de très-vagues notions, mais qui n'en ont pas moins une valeur essentiellement positive.

Les contre-pressions pratiques seraient donc plus considérables que celles qui sont indiquées pour les mouvements angulaires successifs de 5°, et, à cause du mouvement propre du piston, elles ne s'abaisseraient jamais jusqu'à la tension du milieu dans lequel la vapeur se dégage.

On peut calculer la contre-pression moyenne du piston rapportée à sa course entière, à l'aide des tensions successives consignées dans le tableau.

En prenant, dans le tableau B, les chemins successifs parcourus par le piston pour chaque mouvement angulaire de 5°, et, dans le tableau C, les tensions correspondantes à ces chemins, puis faisant le produit des unes par les autres, on obtiendra des produits proportionnels aux travaux résistants qui correspondent à chaque mouvement angulaire. La somme de ces produits, pour l'échappement dans l'atmosphère, est de 0,82 pour les 0,37 de la course du piston. Dans le cas d'échappement dans un milieu à $0^{atm}1$, la somme est de 0,69 pour les 0,78 de la course du piston.

Donc, si l'on représente par x la contre-pression moyenne du piston, exprimée en atmosphères, on aura :

1° Pour le cas de dégagement dans l'atmosphère :

$$0,82 + 1^{atm}.\ 0,63 = x\ .\ 1;\ \text{d'où}\ x = 1^{atm}.45.$$

2° Pour le cas de dégagement dans un milieu à $0^{atm}1$:

$$0,69 + 0^{atm}1\ .\ 0,22 = x\ .\ 1;\ \text{d'où}\ x = 0^{atm}.71.$$

Si l'on évalue les contre-pressions moyennes correspondantes aux portions de la course pendant lesquelles la tension de la vapeur qui s'échappe est supérieure à celle du milieu dans lequel elle passe, on trouve :

Pour l'écoulement dans l'atmosphère :

$$0,82 = x.\ 0,37\ ;\ \text{d'où } x = 2^{\text{atm}}.22.$$

Pour l'écoulement dans un milieu à $0^{\text{atm}}.1$:

$$0,69 = x.\ 0,78\ ;\ \text{d'où } x = 0^{\text{atm}}.81.$$

On peut encore tirer d'une inspection attentive de ce tableau plusieurs enseignements utiles, quoiqu'il ne représente que d'une manière très-imparfaite la succession des phénomènes qui s'accomplissent, lorsque la vapeur s'échappe en réalité d'une machine.

Si, la vitesse du piston demeurant la même, on diminuait l'amplitude des courses pour en augmenter le nombre, la contre-pression moyenne serait très-notablement augmentée ; d'où l'on peut tirer cette conséquence :

La vitesse moyenne du piston demeurant constante, la contre-pression moyenne est d'autant plus grande que la course est plus petite.

Les machines à longue course doivent donc fournir plus d'effet utile que les machines à petite course, toutes choses égales d'ailleurs.

La valeur considérable de la contre-pression, pendant la première partie de la course, montre d'une manière évidente qu'il y a grand avantage à donner de l'avance à l'échappement. Par exemple, si, dans la machine qui nous a servi à former le tableau C, l'excentrique du tiroir avait commencé à découvrir la lumière d'échappement pendant 30° avant la fin de la course du piston, ce piston, au commencement de son mouvement rétrograde, n'aurait plus trouvé qu'une contre-pression de $2^{\text{atm}}.946$ au lieu de $5^{\text{atm}}.$, dans le cas d'écoulement dans l'atmosphère. Pendant toute la durée de cet échappement prématuré, ce piston eût été poussé dans la direction de son mouvement, par une pression décroissante de $5^{\text{atm}}.$ à $2^{\text{atm}}.946$, et il n'y aurait eu de travail résistant pendant cette période, que si la fermeture prématurée de l'échappement de l'autre côté eût amené une compression supérieure à $2^{\text{atm}}\ 946$. De plus, à partir de $2^{\text{atm}}.946$, la contre-pression eût encore diminué plus rapidement que ne l'indique le tableau, parce que la vapeur aurait trouvé la lumière d'échappement plus découverte, pendant les mouvements angulaires qui correspondent à la première partie de la course du piston.

L'accroissement de vitesse du piston et la diminution de section des lumières agissent identiquement comme la diminution de course et produisent des accroissements très-rapides de la contre-pression. Dans les machines à détente et dans les machines à basse pression sans détente, la contre-pression moyenne est bien inférieure à ce qu'elle est dans les machines où la vapeur conserve une haute tension jusqu'à la fin de la course, parce que cette tension ne disparaît pendant l'échappement, que lorsque le piston a déjà parcouru une partie plus ou moins considérable du chemin qu'il doit parcourir dans le cylindre.

Si les lois de l'écoulement de la vapeur étaient parfaitement connues, ainsi que les phénomènes de contraction et de frottement dans les conduits, on pourrait, une fois pour toutes, calculer les contre-pressions moyennes correspondantes à certaines vitesses de piston, à certaines amplitudes de course, à certaines sections des lumières et conduits d'échappement, à certaines avances à l'échappement, à certaines tensions initiales de la vapeur et à certaines tensions du milieu dans lequel s'opère l'échappement ; en un mot, on pourrait composer, à force de patience et par des méthodes analogues à celles que nous avons employées ci-dessus, des tableaux dans lesquels le praticien pourrait trouver, au moins très-approximativement, la valeur de la contre-pression moyenne, dans les conditions qu'il a adoptées pour l'établissement d'une machine ; mais on est loin d'avoir accompli ce progrès, et tout ce que l'on possède aujourd'hui de renseignements sur la valeur pratique des contre-pressions a été recueilli à l'aide de diagrammes tracés par l'indicateur de Watt. Malheureusement encore, ces diagrammes correspondent le plus souvent à des conditions de distribution de vapeur, inconnues ou grossièrement appréciées, et il est difficile d'avoir une confiance entière en leur exactitude. Cependant, comme il est indispensable, dans l'état actuel de la science des machines à vapeur, de leur substituer des renseignements plus rationnels, nous allons indiquer quelles sont, *approximativement*, les contre-pressions moyennes que l'on peut adopter *à priori* dans les calculs ;

ces chiffres résultent de l'examen attentif d'une assez grande quantité de diagrammes dont nous avons pu avoir connaissance.

Nous avons supposé la section des lumières de sortie de la vapeur, égale à un vingt-cinquième de la section du piston, point d'avance à l'échappement, la vitesse moyenne du piston comprise entre 1 et 2 mètres, sa course égale au double du diamètre, et enfin, les machines d'une puissance d'environ cinquante chevaux, et les tuyaux d'échappement courts et sans étranglements.

TENSION DE LA VAPEUR à la fin DE LA COURSE DU PISTON.	VITESSE MOYENNE DU PISTON PAR SECONDE.	CONTRE-PRESSION MOYENNE, l'échappement ayant lieu dans l'atmosphère.	CONTRE-PRESSION MOYENNE, l'échappement ayant lieu dans un milieu à $0^{atm}.1$.
	métres.	atmosphére.	atmosphéres.
	2,00	1,60	0,80
$5^{atm}.00$	1,50	1,40	0,55
	1,00	1,30	0,40
	2,00	1,50	0,60
$4^{atm}.00$	1,50	1,35	0,45
	1,00	1,25	0,35
	2,00	1,35	0,50
$3^{atm}.00$	1,50	1,27	0,38
	1,00	1,20	0,25
	2,00	1,30	0,40
$2^{atm}.00$	1,50	1,22	0,32
	1,00	1,15	0,25
	2,00		0,34
$1^{atm}.00$	1,50		0,26
	1,00		0,20
	2,00		0,32
$0^{atm}.75$	1,50		0,24
	1,00		0,18
	2,00		0,25
$0^{atm}.50$	1,50		0,20
	1,00		0,15

Dans les machines locomotives, où la vitesse moyenne des pistons est portée jusqu'à $3^{atm}.50$ et au delà, mais où la section des lumières d'échappement s'élève d'un dixième à un treizième de la section du piston, la contre-pression moyenne atteint parfois deux et demie atmosphères, en tenant compte de la compression qui résulte de la fermeture de l'échappement avant la fin de la course.

Il y a plusieurs observations importantes à présenter sur l'usage qu'il convient de faire de ce tableau.

Quelques-uns, seulement, des chiffres qu'il contient, ont été déterminés par expérience, les autres l'ont été par intercalation un peu arbitraire et en se basant sur des considérations relatives aux conditions de marche qui devaient amener des accroissements ou des diminutions dans la contre-pression. Nous ne pouvons nous dissimuler qu'ils présentent, en général, un certain degré d'incertitude, et le seul avantage que nous prétendions leur attribuer, c'est que leur emploi dans le calcul des machines est bien préférable à la méthode empirique actuelle des constructeurs, qui ne tiennent aucun compte de l'excès de la contre-pression sur la tension du milieu dans lequel se fait l'échappement de la vapeur, ni de la vitesse du piston, ni des sections des lumières d'échappement, ni de la puissance de la machine, et qui se contentent de multiplier le travail théorique évalué dans ces conditions, par un coefficient d'effet utile qui est réputé tenir compte de toutes les résistances nuisibles et dont la valeur varie de 0,40 à 0,60 au gré du mécanicien. Une semblable méthode est évidemment vicieuse et conduit, à chaque instant, à d'énormes erreurs; inconvénient qu'une évaluation, même approximative, de la contre-pression correspondante au cas dans lequel on se place, diminue dans une proportion considérable.

Les chiffres consignés dans le tableau C et déterminés pour des machines de force moyenne (environ cinquante chevaux), dans lesquelles la course est double du diamètre du piston et dont les lumières d'échappement ont une section égale à environ un vingt-cinquième de la section du piston, doivent être modifiés dans la plupart des circonstances.

En donnant une avance convenable à l'échappement, on peut diminuer notablement la contre-pression moyenne et adopter des chiffres inférieurs à ceux du tableau, surtout quand la vapeur conserve une haute tension jusqu'au moment où l'échappement commence, comme dans les machines à haute pression sans détente. L'avance est moins favorable dans les machines où la détente est poussée très-loin.

Si l'on fait les lumières plus grandes ou plus petites que celles que nous avons supposées, les chiffres de contre-pression peuvent être diminués ou augmentés.

Si la course est égale à plus, ou à moins de deux fois le diamètre du piston, la contre-pression devient moins ou plus grande que nous ne l'avons supposée, parce que l'échappement a plus ou moins de temps pour s'accomplir et que, dans les machines à longue course, la détente en vase ouvert qui constitue la contre-pression pendant une partie de la course, peut être achevée bien avant la fin de cette course, de manière à ne laisser d'excès de pression dans le cylindre, pendant la plus grande partie du temps, que ce qui est nécessaire pour produire l'évacuation correspondante au mouvement de ce piston.

Pour même vitesse moyenne de piston, même rapport entre les sections du piston et des lumières, la contre-pression doit être plus grande dans les petites machines que dans les appareils d'une grande puissance, parce que la durée des oscillations y est moindre. Au point de vue de cette contre-pression, l'effet de la diminution de puissance avec les diminutions de course qu'elle comporte, est le même que celui de la diminution de course sans diminution de puissance. On pourrait donc adopter des chiffres de contre-pression un peu supérieurs à ceux du tableau, pour des machines de peu de force, et inférieurs, pour des machines très-puissantes qui font peu d'oscillations par minute à cause de la longueur de la course. Les grosses machines d'épuisement des mines se trouvent dans ce dernier cas.

L'évaluation *à priori* de la contre-pression des pistons est, dans toutes les circonstances, fort difficile à faire avec exactitude, et cette partie de la science des machines à vapeur laisse beaucoup à désirer.

Cependant elle est indispensable au calcul de ces machines et il est temps que l'attention des constructeurs se porte sur cet élément essentiel de l'appréciation de la puissance des appareils moteurs, avant leur construction, sous peine de n'arriver jamais à des résultats prévus avec un certain degré de précision.

VALEUR DU COEFFICIENT D'EFFET UTILE.

Nous avons donné, dans un chapitre précédent, la définition du coefficient d'effet utile, et nous avons dit le sens de cette définition suivant les conditions dans lesquelles la puissance pratique des machines était mesurée ; il ne nous reste donc plus qu'à indiquer, approximativement, sa valeur en diverses circonstances.

Les résistances passives d'une machine à vapeur, depuis le piston jusqu'à l'arbre du volant, sont : le frottement du piston ; le frottement des axes qui relient entre elles toutes les pièces de la communication de mouvement ; celui des coulisseaux qui servent à diriger certaines pièces en ligne droite, quand il y en a ; celui des tiroirs, des plateaux excentriques ; la résistance d'autres appareils de distribution de la vapeur quand on n'emploie pas les tiroirs ; la résistance des pompes alimentaires des chaudières, celle de la pompe à eau froide nécessaire à l'alimentation de la machine, quand il faut tirer cette eau d'une certaine profondeur, et la résistance de la pompe à air, dans les machines à condensation munies de cette pompe.

Si on applique le calcul à l'évaluation du travail qui est nécessaire pour vaincre toutes ces résistances et si, d'autre part, on compare le travail transmis par la vapeur au piston, au travail pratique mesuré directement sur l'arbre du volant à l'aide d'un frein dynamométrique, lorsque l'on ne tire l'eau froide que d'une faible profondeur, on trouve qu'il est difficile de porter à plus de 15 *à* 20 *p. c.* du travail transmis au piston, la partie de ce travail qui est absorbée par les résistances passives dans la plupart des machines sans pompe à air ; ce qui porte le coefficient d'effet utile à 0,85 ou 0,80. Dans les machines munies d'une pompe à air, on peut évaluer moyennement la perte à 20 *ou* 25 *p. c.* ce qui réduit le coefficient à 0,80 ou 0,75, et, quand ces machines sont à deux cylindres ce qui augmente les résistances passives, ce coefficient ne peut guère s'élever au-dessus de 0,70. Cependant nous devons observer que les pertes ne croissant pas proportionnellement à la puissance des machines, elles doivent être, relativement au travail absolu de la vapeur sur le piston, plus considérables dans les petites machines que dans les grandes ; de sorte qu'en adoptant les chiffres ci-dessus pour les machines de puissance moyenne, ils pourront être un peu augmentés pour les petits appareils, et un peu diminués pour les machines d'une grande puissance.

Les pertes, dans quelques circonstances, sont bien moindres que celles que nous venons d'indiquer ; par exemple, dans les machines à simple effet et à traction directe qui servent à l'épuisement des mines. Dans ces appareils, les frottements se réduisent pour ainsi dire à celui du piston dans le cylindre, et toutes les autres pièces frottantes, à peu d'exceptions près, doivent être considérées comme faisant plutôt partie de l'outil, ou du système de pompes, que de la machine motrice ; puis l'eau nécessaire à l'alimentation de ces machines, est prise à leur niveau et ne doit pas être élevée spécialement pour cette alimentation. On ne peut donc guère, dans un cas semblable, porter à plus de 10 *p. c.* les résistances passives inhérentes à l'appareil moteur pris isolément. Néanmoins, comme il règne toujours un certain degré d'incertitude sur la portion réelle du travail absolu de la vapeur, qui sera utilisée dans une machine quelconque, les constructeurs ont la louable habitude de faire une part très-large aux résistances passives, afin d'éviter les mécomptes ; mais il ne faut pas exagérer cette précaution et construire des machines beaucoup trop puissantes pour l'usage auquel on les applique, parce qu'on peut ainsi augmenter, outre mesure, les frais d'établissement, et être forcé de ne faire marcher que sous de faibles pressions, des appareils qui fourniraient plus d'effet utile en fonctionnant sous des pressions plus élevées, ce qui augmente la dépense journalière de vapeur et, par conséquent, de combustible.

CALCUL DES MACHINES A VAPEUR.

Avec l'aide des principes qui ont été successivement démontrés et des principaux résultats d'expérience que nous avons signalés, dans le cours de cet ouvrage, le calcul des dimensions et des principales circonstances du mouvement des machines à vapeur, devient extrêmement simple. Nous allons, pour le montrer, faire quelques applications dans des conditions de marche assez variées et dans l'hypothèse où les machines ne présenteraient pas une complication inusitée dans la communication du mouvement du piston à l'arbre du volant, où les dimensions des ouvertures d'échappement de la vapeur seraient d'environ $\frac{1}{25}$ de la section du piston et où les conduits de décharge de cette vapeur dans l'atmosphère, ou dans un condenseur, seraient courts et de section uniforme au moins égale à celle des ouvertures d'échappement sur le cylindre.

Nous ne faisons aucune réflexion sur le tuyau d'amenée de la vapeur au cylindre, parce que l'on peut toujours obtenir dans ce cylindre la tension sous laquelle on a résolu de marcher, en élevant la tension dans la chaudière jusqu'à une limite convenable, à moins de rétrécissement exagéré de ce tuyau, ou à moins que l'on n'ait que des chaudières ne présentant qu'une résistance insuffisante.

Machines sans détente ni condensation. —Déterminer les dimensions du cylindre et les principales circonstances du mouvement du piston d'une machine de 50 chevaux mesurés sur l'arbre du volant, dans les conditions suivantes :

Pression de la vapeur sur le piston pendant toute la course. $4^{atm.}$;

Vitesse moyenne du piston. . . . . $1^m 50$;

La course du piston sera double de son diamètre.

D'après le tableau inséré dans le chapitre qui concerne les contre-pressions, la contre-pression moyenne, dans le cas dont il s'agit, serait d'environ $1^{atm.}35$, et le coefficient d'effet utile, de 0,80, d'après le chapitre qui précède.

Le travail par seconde serait de 75. 50 $= 3750^{km.}$;

La pression, par mètre carré sur le piston, de

$$10333^k . \ 4 = 41332^{kil.};$$

Et la contre-pression moyenne, par mètre carré, de

$$10333. \ 1,35 = 13949^{kil.}.$$

S désignant la course du piston, on aura :

$$S. \ 0,80 \ (41332 - 13949) \ 1^m 50 = 3750^{km.};$$
$$\text{d'où } S = 0^{m2}1141.$$

Le diamètre d sera donné par la formule $0,785 \ d^2 = S = 0^{m2}1141$;

$$\text{d'où } d = 0^m 383.$$

La course du piston sera de $2.0^m 383 = 0^m 766$.

Le nombre de courses par minute, de $\dfrac{60''. \ 1^m 50}{0^m 766} = 117,50$,

et le nombre de tours de volant, de $\dfrac{117,50}{2} = 58,75$.

Si la vitesse du piston n'était que d'un mètre par seconde, la contre-pression ne serait que de $1^{atm.}25$, ou 12916 kilog. par mètre carré, et l'on aurait :

$$S. \ 0,80 \ (41332 - 12916) \ 1^m = 3750^{km.};$$
$$\text{d'où } S = 0^{m2}1650, \text{ et } d = 0^m 4584 ;$$

La course serait de $2.0^m 4584 = 0^m 9168$.

Le nombre de courses par minute, de $\dfrac{60''.1}{0,9168} = 65,43$,

et le volant ferait $\dfrac{65,43}{2} = 32,715$ tours.

Machines à condensation sans détente. — Nous adopterons la même puissance que ci-dessus et les mêmes vitesses moyennes; nous supposerons la tension sur le piston de 3 atmosphères seulement, ou 31000 kilog. par mètre carré, et le vide fait, dans le condenseur, jusqu'à $0^{atm.}1$.

Le coefficient d'effet utile est alors 0,75, et la contre-pression d'environ $0^{atm.}38$ pour une vitesse moyenne de 1^m50, et de $0^{atm.}25$ pour une vitesse moyenne de 1 mètre, soit 3926 kilog. et 2583 kilog. par mètre carré.

Nous aurons, pour une vitesse de piston de 1^m50 :

$$S . 0,75 \, (31000 - 3926) \, 1^m50 = 3750^{km.};$$
$$\text{d'où } S = 0^{m2}1231, \text{ et } d = 0^m396.$$

Course : $2 . 0^m396 = 0^m792$; nombre de courses $\dfrac{60 . 1^m50}{0,792} = 113,63$;

Tours de volant : 56,81 par minute.

Pour une vitesse de piston d'un mètre, nous aurions :

$$S . 0,75 \, (31000 - 2583) \, 1^m = 3750^{km.};$$
$$\text{d'où } S = 0^{m2}1754, \text{ et } d = 0^m473.$$

La course serait de 0^m946; le nombre de ces courses de 63,42, et le volant ferait 31,71 tours par minute.

Dans toutes ces applications, pour connaître la distance entre les fonds des cylindres, il faut ajouter, à la course, la hauteur des deux espaces nuisibles et l'épaisseur des pistons.

Pour déterminer les dimensions de la pompe à air et du condenseur de la machine de cinquante chevaux dont le piston possède une vitesse de 1^m50 par seconde et dans laquelle le vide est fait dans le condenseur jusqu'à $0^{atm.}1$, on peut adopter la méthode suivante :

Nous supposerons l'espace nuisible équivalent à une hauteur de cylindre de 0^m05; le volume d'eau froide disponible pour la condensation, de 25 litres, ou 25 kilog. par kilog. de vapeur à condenser; la pompe, de la forme aspirante élévatoire et disposée de façon que la tension n'y soit pas plus élevée que dans le condenseur; enfin, nous supposerons encore que le volume théorique de vapeur qui passe dans le condenseur, doive être augmenté de 20 pour cent, à cause des fuites, de l'eau chaude emportée de la chaudière et de la condensation dans le cylindre.

Le volume de vapeur qui passe dans le condenseur à chaque décharge, sera de :

$$0^{m2}1231 \ (0^m792 + 0^m05) = 0^{m3}104 ;$$
$$\text{soit pour deux décharges, } 0^{m3}208.$$

Ajoutons 20 pour cent, ou $0^{m3}0416$; le volume total de vapeur à condenser sera de $0^{m3}2496$.

Le volume de 1 kilog. de vapeur à 3 atmosphères étant de $0^{m3}6175$, le poids à condenser, en deux opérations, sera de :

$$\frac{0,2496}{0,6175} = 0^{kil.}4042.$$

A 3 atmosphères, la chaleur totale de 1 kilog. de vapeur est, d'après les tables, de $647^{cal.}2$. Si l'on suppose la température de l'eau froide de $10°$, la température des eaux de condensation sera, d'après la formule A, page 238 :

$$t' = \frac{0^{kil.}4042 \ . \ 647,2 + 10^{kil.}11 \ . \ 10°}{0,4042 + 10,11} = 34°49.$$

$10^{kil.}11$ est le poids d'eau froide employée à la condensation, ou $25 \ . \ 0^{kil.}4042$.

A la température de $34°49$, la tension de la vapeur est d'environ $0^{m}041$ de mercure, et le volume des eaux de condensation qui pèsent $0^{kil\cdot}4042 + 10^{kil\cdot}11$, sera à peu près de $0^{m3}010514$.

La formule B, page 239, donnera alors pour capacité utile de la pompe à air :

$$V'' = 0{,}010514 + \frac{0{,}010514}{18}\left(\frac{1 + 0{,}00367{.}34°49}{1 + 0{,}00367{.}10°}\right)\frac{0{,}76}{0{,}076 - 0{,}041} = 0^{m3}0243.$$

La capacité du cylindre étant de $0^{m3}104$, le rapport entre les deux capacités sera $= 0{,}0243 : 0{,}104 = 1 : 4{,}28$. C'est à peu près le rapport ordinaire empiriquement adopté par les constructeurs.

Comme la vitesse du piston, dans le cas dont il s'agit, est assez grande et les condensations successives assez précipitées, nous adopterons pour capacité du condenseur, d'après les règles que nous avons posées précédemment, cinq fois le volume des eaux de condensation, ou $5{.}0^{m3}010514 = 0^{m3}05257$. C'est à peu près la moitié de la capacité du cylindre à vapeur.

Machines à détente sans condensation. — La pression de la vapeur sur le piston, dans ces machines, n'étant plus constante pendant toute la course, on ne peut plus suivre la même marche que ci-dessus, et il faut, en général, appliquer deux fois les formules de détente pour arriver à un résultat qui tienne compte de l'influence des espaces nuisibles. Voici une méthode qui nous semble assez rationnelle :

On calcule, sans tenir compte des espaces nuisibles, le diamètre d'un piston qui, en une seule course, recevrait, à pression pleine et à détente, tout le travail qui doit être produit en une minute, puis on partage cette course imaginaire en courses partielles d'une longueur dépendante du rapport que l'on veut conserver entre la course et le diamètre du piston. Après ce premier calcul, dans lequel on n'a tenu aucun compte des espaces nuisibles, on en fait un second en conservant la même course, en assignant la hauteur des espaces nuisibles dont on veut tenir compte, et on trouve un autre diamètre un peu plus grand que le premier, pour le même travail dans une course. Cette rectification du premier calcul ne conduit pas à une assez grande modification dans le diamètre du piston, pour que le rapport entre la course et ce diamètre, soit très-sensiblement altéré. Voici un exemple :

Déterminer les dimensions du cylindre et les principales circonstances du mouvement d'une machine de cent chevaux mesurés sur l'arbre du volant; elle doit fonctionner dans les conditions suivantes :

Pression initiale de la vapeur sur le piston, 5 atmosphères ou 51665 kilog. par mètre carré.

Détente jusqu'à trois fois le volume de la vapeur à pression pleine, y compris les espaces nuisibles.

La vitesse moyenne du piston sera de 1^m50, et le rapport du diamètre à la course, approximativement de $\frac{1}{2}$.

Quoique les pertes par frottement soient un peu plus considérables dans les machines à détente que dans les autres, nous adopterons néanmoins le coefficient d'effet utile 0,80, parce que la machine est puissante.

Le travail utile, par minute, sera de $75.100.60 = 450000^{km.}$.

Le travail absolu sur le piston, de $\dfrac{450000}{0,80} = 562500^{km.}$.

La course par minute, de $60.1^m50 = 90$ mètres.

La contre-pression moyenne, d'après le chapitre précédent, sera de $1^{atm.}52$.

La formule A, page 102, donnera alors :

$$S.90^m \left[\frac{51665}{3}(1 + \log. 3.2,3026) - 15706 \right] = 562500^{km.};$$

$$\text{d'où } S = 0^{m2}306, \text{ et } d = 0^m624.$$

La course serait de $2.0,624 = 1^m248$; le nombre de courses

$$\text{de } \frac{90}{1,248} = 72,12,$$

et le travail par course, de $\dfrac{562500}{72,12} = 7801^{km.}$.

Supposons maintenant que l'espace nuisible soit équivalent à une hauteur de cylindre de 0^m05, que l'on conserve la même course 1^m248, et que le travail doive être encore de $7801^{km.}$ par course; la formule B, page 102, donnera :

$$S\,(1,248+0,05)\left[\frac{51665}{3}\,(1+\log.\,3.2,3026)\right]$$
$$-\,S\,(15706.1,248+51665.0,05)=7801^{\mathrm{km}\cdot};$$
$$\text{d'où } S = 0^{\mathrm{mq}}3166, \text{ et } d = 0^{\mathrm{m}}633.$$

On aurait, du reste, même course et même nombre de tours du volant que ci-dessus.

Dans cette détente, jusqu'à trois fois le volume de la vapeur à pression pleine, la détente commencerait à $\dfrac{1^{\mathrm{m}}248+0,05}{3}=0^{\mathrm{m}}4326$ du fond du cylindre, et le chemin parcouru à pression pleine par le piston ne serait que de $0^{\mathrm{m}}4326-0^{\mathrm{m}},05=0^{\mathrm{m}}3826$. Cette détente commencerait donc à $\dfrac{0,3826}{1,248}=\dfrac{1}{3,26}$ de la course du piston.

Machines à détente et condensation. — La marche à suivre pour calculer les dimensions du cylindre, est absolument la même que ci-dessus, et nous prendrons pour exemple une machine de cent chevaux fonctionnant sous la tension initiale de 5 atmosphères ou 51000 kilog. par mètre carré, le piston ayant une vitesse moyenne de $1^{\mathrm{m}}50$, le vide étant fait dans le condenseur jusqu'à $0^{\mathrm{atm}\cdot}1$, et la détente ayant lieu jusqu'à cinq fois le volume de la vapeur à pression pleine, espace nuisible compris.

Le coefficient d'effet utile, à cause de la pompe à air, ne sera ici que de 0,75 ; de sorte que le travail absolu de la vapeur sur le piston devra être par minute, de $\dfrac{100.75.60}{0,75}=600000^{\mathrm{km}\cdot}$.

La formule A, page 102, donnera alors :

$$S\,.\,90\left[\frac{51000}{5}\,(1+\log.\,5.2,3026)-2273^{\mathrm{kil.}}\right]=600000^{\mathrm{km}\cdot};$$
$$\text{d'où } S = 0^{\mathrm{mq}}4793, \text{ et } d = 0^{\mathrm{m}}782.$$

La contre-pression moyenne, 2273 kilog., que nous avons adoptée, correspond à $0^{\mathrm{atm}\cdot}22$, qui est à peu près la contre-pression que l'on obtient dans ces circonstances.

La course du piston serait alors de $2.0,782 = 1^m564$; le nombre de courses par minute, de $\dfrac{90}{1,564} = 57,54$, et le travail par course de $\dfrac{600000}{57,54} = 10428^{km.}$.

Si l'on fait maintenant le second calcul, en supposant un espace nuisible de 0^m06, la formule B, page 102, donnera :

$$S (1,564 + 0,06) \left[\frac{51000}{5} (1 + \log. 5.2,3026) \right]$$
$$- S (51000.0,06 + 2273.1,564) = 10428^{km.};$$
$$\text{d'où } S = 0^{m2}4998, \text{ et } d = 0^m798.$$

Même course et même nombre de tours de volant que ci-dessus. Dans cette machine, la portion de course à pression pleine est de $\dfrac{1^m564 + 0,06}{5} - 0,06 = 0^m265$,

et la détente commence à $\dfrac{0,265}{1,564} = \dfrac{1}{5,90}$ de la course.

Pour déterminer les dimensions de la pompe à air et du condenseur de cette machine, on suivrait la même marche que précédemment.

Le volume de vapeur à condenser, en deux opérations, est de :

$$0^{m2}4998 (0^m265 + 0^m06) 2 = 0^{m3}3249.$$

Ajoutons 25 pour cent, à cause des interruptions dans la dépense de la chaudière, ce qui augmente la quantité d'eau chaude emportée par la vapeur ; soit $0^{m3}0812$. Le volume total à condenser, sera de $0^{m3}4061$, et le poids de $\dfrac{0,4061}{0,6175} = 0^{kil.}658$.

Le poids d'eau froide à 10°, à 25 kilog. par kilog. de vapeur, sera de $25 . 0,658 = 16^{kil.}45$, ce qui portera le volume des eaux de condensation à $0^{m3}017$.

La température des eaux de condensation sera, comme dans l'exemple précédent, de 34°49, puisque nous employons la même quantité d'eau pour condenser le même poids de vapeur à la même tension, et la tension correspondante de la vapeur sera de 0^m041 de mercure.

La formule B, page 259, donnera alors pour capacité utile de la pompe à air :

$$V'' = 0,017 + \frac{0,017}{18}\left(\frac{1 + 0,00367.34°49}{1 + 0,00367.10°}\right)\frac{0,76}{0,076-0,041} = 0^{m3}040$$

environ.

Dans les machines où la détente est aussi prolongée, la pompe à air se calcule généralement pour produire un vide plus parfait que celui que nous avons adopté ; il est convenable, alors, d'abaisser ce vide jusqu'à un quatorzième d'atmosphère, ou 0^m054 de mercure.

Le volume de la pompe à air serait alors :

$$V'' = 0,017 + \frac{0,017}{18}\left(\frac{1 + 0,00367.34°49}{1 + 0,00367.10°}\right)\frac{0,76}{0,054-0,041} = 0^{m3}077.$$

De plus, si la position de cette pompe était telle que l'eau de condensation s'y élevât plus haut que dans le condenseur à la fin de l'aspiration, elle devrait encore être agrandie d'une quantité correspondante à la différence nécessaire des tensions qui s'établirait entre elle et le condenseur.

Les dimensions du condenseur se détermineraient d'après les règles que nous avons posées dans le chapitre de la condensation.

Lorsque des machines doivent surmonter des résistances variables, comme, par exemple, dans l'extraction de la houille par les appareils à bobines et à molettes, elles doivent être calculées pour emporter la charge et vaincre les résistances dans le moment où le travail de ces résistances est le plus grand. Dans les autres instants, ces machines ne développent pas toute leur puissance, et l'on diminue, à l'aide d'une soupape modératrice, la pression sur le piston.

Nous devons aussi faire remarquer que toutes les machines que nous venons de calculer, ne développent le travail qui a servi de base aux calculs, que quand elles fonctionnent dans les conditions de pression de vapeur et de vitesse du piston que nous avons adoptées. En faisant varier ces deux éléments du travail, ce qui est toujours possible, on ferait en même temps varier, entre des limites indéterminées, le travail transmis par ces machines aux outils pour lesquelles elles seraient construites, à la condition que les chaudières fussent toujours capables de fournir la quantité de vapeur correspondante aux conditions de marche adoptées.

La plupart des constructeurs donneraient aux machines dont nous venons de calculer les principaux éléments dans des circonstances de fonctionnement déterminées, des dimensions un peu supérieures à celles qui résultent de nos calculs, mais nous sommes convaincus que, sous de telles dimensions, ces machines, construites avec le soin et le degré de précision dans les ajustements, que les bons mécaniciens savent apporter aujourd'hui dans leurs œuvres, pourraient transmettre à l'arbre du volant les quantités de travail que nous avons indiquées. Tout agrandissement dans la course ou le diamètre du piston, n'aurait pour effet que d'augmenter la sécurité du constructeur et de parer aux inconvénients de quelque grave défaut dans l'ajustement des pièces ou dans la détermination des sections des conduits de vapeur.

Si l'on voulait connaître *a priori* la consommation probable de combustible pendant la marche d'une de ces machines, la question serait facile à résoudre. Prenons pour exemple la machine de cent chevaux à détente et condensation.

La consommation de vapeur, par tour de volant, est de $0^{kil.}658$. Le nombre de courses est de 57,54 par minute, ce qui correspond à 28,77 tours de volant dans le même temps.

Le poids de vapeur qu'elle consommera par heure, sera donc de :

$$0,658.28,77.60 = 1135^{kil.}80.$$

Si l'on emploie une chaudière capable de fournir 7 kilog. de vapeur par kilog. de houille, il faudra $\dfrac{1135,80}{7} = 162^{kil.}9$ de houille par heure ; soit $1^{kil.}629$ par cheval et par heure.

On trouverait, pour les autres machines, une consommation plus

considérable; mais, dans tous les cas, la pompe alimentaire de la
chaudière doit pouvoir, au besoin, fournir au moins le double de la
quantité d'eau qui correspond à la dépense de vapeur calculée, afin
d'être en mesure de relever le niveau de l'eau pendant la marche. En
temps ordinaire, l'injection de cette pompe se règle à l'aide d'un robinet placé sur le tuyau d'aspiration, de manière à maintenir constant le
niveau dans la chaudière.

Machines à simple effet. — Les machines à simple effet sont aujour-
d'hui appliquées à divers usages; au soulèvement des marteaux-pilons
dans les forges, à l'épuisement des mines et à plusieurs autres opérations qu'il serait trop long d'énumérer. Le calcul de leurs dimensions
principales se fait par des méthodes analogues à celles que nous avons
employées pour les machines à double effet, mais leurs conditions de
fonctionnement sont généralement moins variables que celles de ces
dernières et sont plus directement dépendantes de la nature des opérations à effectuer. Nous allons, comme exemple, calculer les dimensions
principales et les circonstances du mouvement d'une machine d'épuisement à simple effet, à traction directe, à détente et à condensation ;
les considérations particulières que nous appliquerons à ce genre de
machine, mettront sur la voie des considérations dont il faudrait tenir
compte si l'on appliquait la machine à simple effet à d'autres usages.

Les données de la question seront :

Eau à élever par heure à la hauteur de 600 mètres . . . 150^{m3}
Pression initiale de la vapeur sur le piston . . . . $4^{atm}.50$
Détente jusqu'à quatre fois le volume de vapeur à pression pleine,
espace nuisible de 0^m10, compris ;
Vide du condenseur . . . . $0^{atm}.10$

Dans les machines d'épuisement, la vitesse du piston de l'appareil
moteur doit être subordonnée à la vitesse que les pistons des pompes
destinées à élever l'eau, peuvent recevoir sans danger pour ces dernières. Or, d'après les enseignements de l'expérience, les pistons des
pompes qui constituent les appareils actuels d'épuisement ne peuvent
prendre, sans danger, une vitesse supérieure à 1 mètre environ par
seconde, pendant l'ascension, ni supérieure à 0^m60 environ pendant la
descente, ou pendant le refoulement. Plus loin, nous en dirons les mo-

tifs, dans le chapitre de la régularisation de la vitesse des machines par les masses en mouvement.

La vitesse du piston de la machine motrice sera de 1 mètre en montant, de 0^m60 en descendant; soit en moyenne, pour les deux courses, de 0^m80 par seconde, ou de 48 mètres par minute.

Si l'on donne 3^m50 de course au piston, ou 7 mètres pour l'oscillation complète, le nombre d'oscillations par minute sera de $\dfrac{48}{7} = 6,857$, dans l'hypothèse où il n'y aurait point de repos entre elles.

Dans l'application, on laisse un intervalle entre les coups de piston, et une semblable machine ne pourrait fournir, avec sécurité pour l'appareil, plus de six oscillations par minute; de sorte que la durée du mouvement serait de $\dfrac{6.7^m}{0^m80} = 52,50$ secondes, et il resterait 7,5 secondes pour les six intervalles de repos.

D'autre part, dans ces machines, les pertes inhérentes à l'appareil moteur peuvent être portées à 10 pour cent du travail absolu transmis au piston, et les pertes relatives à l'appareil d'épuisement, à 20 pour cent environ du même travail; soit un coefficient général d'effet utile égal à 0,70.

La puissance utile, développée par la machine, dans les conditions que nous venons de poser, sera de :

$$150000^{kil.} . \ 600^m = 90000000^{km.} \text{ par heure ;}$$

$$\text{soit } \frac{90000000^{km.}}{270000^{km.}} = 333,33 \text{ chevaux.}$$

Le travail absolu transmis au piston, pendant les courses de bas en haut, sera de :

$$\frac{333,33}{0,70} = 476,186 \text{ chevaux ;}$$

ou $2142850^{km.}$ par minute, et $357142^{km.}$ par course de bas en haut.

En supposant le vide dans le condenseur, de $0^{atm.}1$, la contre-pression serait d'environ $0^{atm.}20$, parce que la tension, au moment de l'échappement, ne serait que de $\dfrac{4^{atm.}5}{4} = 1^{atm.}125$ environ.

La formule B, page 102, donnerait alors :

$$S\,(3^m50 + 0^m10)\left[\frac{46498^k}{4}(1 + \log.\ 4.2,3026)\right]$$
$$- S\,(2066^{kil.}.3^m50 + 46498.0^m10) = 357142^{km.};$$
$$\text{d'où } S = 4^{m2}0602,\ \text{et } d = 2^m28.$$

La détente commencerait lorsque le piston aurait parcouru :

$$\frac{3^m50 + 0^m10}{4} - 0^m10 = 0^m80;$$

soit à $\dfrac{0,80}{3,50} = \dfrac{1}{4,375}$ de la course.

***

Si l'on voulait arriver au même résultat avec une machine sans détente, fonctionnant sous une tension constante de $2^{atm.}50$, et avec condensation jusqu'à la même limite de tension dans le condenseur, on
aurait :

$$S\,(25852^{kil.} - 2376^{kil.})\,3^m50 = 357142^{km.};$$
$$\text{d'où } S = 4^{m2}35,\ \text{et } d = 2^m36.$$

La contre-pression, dans ce cas, serait d'environ $0^{atm.}23$, ou 2376 kil.
par mètre carré.

***

Pour trouver la capacité utile de la pompe à air, on suivrait la
même marche que précédemment.

Supposons que l'on emploie 25 kilog. d'eau à 10°, pour condenser
chaque kilog. de vapeur.

La chaleur totale d'un kilog. de vapeur à $2^{atm.}50$, est de 645 calories ;

La chaleur totale d'un kil. de vapeur à $\dfrac{4,50}{4} = 1^{atm.}125 = 638,9$ calories.

Premier cas, machine à détente. — Le volume de vapeur à $1^{atm.}125$,
qui remplit le cylindre après la détente, est de $4^{m2}06.3^m60 = 14^{m3}62$.

Si on l'augmente de 25 pour cent, pour pertes de toute nature, on
aura $14,62 + \dfrac{14,62}{4} = 18^{m3}275$.

A $1^{atm}.125$ le volume de 1 kilog. de vapeur est de $1^{m3}50$ environ ; le poids de vapeur à condenser sera donc de :

$$\frac{18,275}{1,5} = 12^{kil.}18,$$

et le poids d'eau froide employée à la condensation, de :

$$12,18 \cdot 25 = 304^{kil.}50.$$

Le volume total des eaux de condensation, sera donc de :

$$12^{kil.}18 + 304^{kil.}50 = 316^{kil.}68 = 0^{m3},31668 ; \text{ soit } 0^{m3}317.$$

La température t' des eaux de condensation (formule A, page 238), sera :

$$t' = \frac{12,18 \cdot 638°9 + 304,50 \cdot 10}{317} = 34°17.$$

A cette température correspond une tension d'environ 0^m040 de mercure, et la formule B, page 239, donnera pour capacité utile de la pompe à air :

$$V'' = 0^{m3}317 + \frac{0^{m3}317}{18}\left[\frac{1+0,00367 \cdot 34°17}{1+0,00367 \cdot 10°}\right]\frac{0,76}{0,076 - 0,040} = 0^{m3}742.$$

Si, comme on le fait généralement en semblables circonstances, la pompe à air était calculée pour faire le vide jusqu'à un quatorzième d'atmosphère, ou 0^m054 de mercure, la capacité utile de la pompe serait de :

$$V'' = 0^{m3}317 + \frac{0,317}{18}\left[\frac{1 + 0,00367 \cdot 34°17}{1 + 0,00367 \cdot 10°}\right]\frac{0,76}{0,054 - 0,040} = 1^{m3}461.$$

Deuxième cas, machine sans détente. — Le volume de vapeur à 2^{atm} 50, qui emplit le cylindre à la fin de la course, est de $4^{m2}35 \cdot 3^m60 = 15^{m3}66$.

Ajoutant 25 pour cent, le volume à condenser sera de :

$$15,66 + \frac{15,66}{4} = 19^{m3}825.$$

Le volume de 1 kilog. de vapeur à $2\frac{1}{2}$ atmosphères, est de $0^{m3}73$;

Le poids de vapeur à condenser sera donc de : $\dfrac{19,825}{0,73} = 27^{kil.}16$;

Le poids d'eau froide de 27,16 . 25 $=$ 679 kilog.;
Et volume des eaux de condensation de :

27,16 $+$ 679 kilog. $=$ 706$^{kil.}$16 $=$ 0^{m3}706 en nombre rond.

La température de ces eaux sera :

$$t' = \frac{27,16 \cdot 645 + 679 \cdot 10}{706,16} = 34°42.$$

A cette température correspond une tension de 0^{m}041 de mercure.
Le volume de la pompe à air sera donc de :

$$V'' = 0^{m3}706 + \frac{0,706}{18}\left[\frac{1 + 0,00367 . 34°42}{1 + 0,00367 . 10°}\right]\frac{0,76}{0,076 - 0,041} = 1^{m3}625$$

Quand les machines sont sans détente, comme dans ce cas, la
pompe à air est rarement calculée pour faire le vide jusqu'à une limite
inférieure à un dixième ou un onzième d'atmosphère.

———————

La capacité du condenseur, dans ces deux machines, se détermine-
rait d'après les règles que nous avons exposées dans le chapitre spécial consacré à cette partie des machines à vapeur.

RÉGULARISATION

DE LA

VITESSE DES MACHINES

RÉGULARISATION DE LA VITESSE DES MACHINES
PAR LES MASSES EN MOUVEMENT.

Dans la plupart des circonstances, le mouvement rectiligne alternatif de la tige du piston des machines à vapeur est transformé en mouvement circulaire continu, à l'aide d'une bielle et d'une manivelle, avec ou sans balancier intermédiaire entre cette tige et la bielle, et l'arbre qui porte la manivelle transmet par engrenage le travail qu'il reçoit.

Si l'engrenage calé sur l'arbre de la manivelle éprouvait, à sa circonférence, une résistance constante, inhérente à la nature de l'ouvrage que l'on effectue, et si l'on faisait abstraction de l'influence de la vitesse acquise de toutes les pièces de l'appareil, la puissance appliquée au manneton de la manivelle, ou l'effort exercé par la bielle, devrait changer de valeur à chaque instant pour emporter cette résistance. Les deux forces devraient être, dans toutes les positions de la manivelle, en raison inverse de leurs bras de levier, ce qui rendrait énormes les variations de la puissance, car elle devrait prendre successivement toutes les valeurs comprises entre un *minimum* qui aurait lieu quand la bielle et la manivelle font un angle droit, et un *maximum*

égal à l'infini qui deviendrait indispensable lorsque ces deux pièces
se trouvent dans la même direction rectiligne passant par l'axe de
rotation, ou lorsque le centre du manneton de la manivelle passe par
les *points morts* ; et encore cette valeur infinie serait-elle insuffisante
pour franchir ces points:

Si maintenant, pour rentrer dans la réalité, on ne fait plus abstraction de l'inertie des pièces de l'appareil, et si l'on admet que le travail
total transmis par la bielle à la manivelle, dans un tour complet, soit
égal au travail uniformément absorbé par la résistance pendant le même
temps, on pourra constater deux effets. Tant que le bras de levier de
la puissance sera plus long qu'il n'est nécessaire pour que cette puissance fasse équilibre à la résistance, le travail moteur, dû à l'action de
la puissance, l'emportera sur le travail de la résistance; il y aura
accélération de vitesse dans toutes les pièces de l'appareil, et elles
mettront en magasin, sous la forme de force vive, tout l'excédant du
travail moteur sur le travail résistant. Quand le bras de levier de la
même puissance sera devenu assez court pour que le moment de la
résistance l'emporte sur celui de cette puissance, il y aura diminution
dans la vitesse des organes mécaniques et restitution du travail qu'ils
avaient emmagasiné par leur inertie pendant la période précédente.
A la fin du tour, les travaux moteur et résistant ayant été rigoureusement égaux, les organes auront repris exactement la vitesse qu'ils pos-
sédaient au commencement de ce même tour, et le mouvement pourra
se continuer indéfiniment de cette façon, sans que l'influence du passage de la manivelle aux points morts, se traduise autrement que par
une diminution dans la vitesse des organes mécaniques.

Mais le travail que ces organes doivent ainsi successivement emmagasiner, puis restituer, est indépendant de leurs masses et ne dépend
que de l'importance du travail transmis par la puissance au point
d'application de la résistance, et des valeurs diverses que l'intensité
absolue de la puissance peut avoir dans les positions successives de la
manivelle, tout en produisant, par tour, un travail moteur égal au
travail résistant; il en résulte que, moins les organes mécaniques auront de masse, plus leur vitesse devra augmenter pour emmagasiner
la différence, entre le travail moteur et le travail résistant, dans les
périodes où le premier l'emporte sur le second, et plus elle devra di-

minuer dans la période inverse, pour restituer ce même travail. Ainsi, dans une machine d'une puissance déterminée dont la manivelle fait un certain nombre de tours par minute, les variations de la vitesse, pendant un tour, seront d'autant plus considérables que les pièces dont cette machine est formée seront plus légères.

Généralement, les pièces qui entrent dans la composition d'une machine à vapeur n'ont pas une masse suffisante pour emmagasiner et restituer ces différences entre le travail moteur et le travail résistant pendant les périodes où elles se manifestent, sans que leur vitesse augmente ou diminue dans une proportion incompatible avec la bonne exécution d'un ouvrage quelconque, et il faut ajouter à l'appareil une masse plus ou moins considérable, bien équilibrée dans toutes ses positions autour d'un axe de rotation et dont l'unique fonction est de venir en aide aux autres organes, dans l'emmagasinement et la restitution du travail, de façon que ces deux opérations s'accomplissent sans que le système général ait à augmenter ou à diminuer beaucoup de vitesse. Cette masse additionnelle est le *volant* que l'on trouve dans presque toutes les machines à vapeur et dont l'influence sur le degré de régularité que l'on obtient dans la vitesse de rotation de l'arbre de la manivelle, l'emporte assez sur celle des autres organes de l'appareil, pour que l'on néglige généralement cette dernière, dans les appréciations relatives à la grandeur de la masse à mettre en mouvement pour obtenir un degré d'uniformité déterminé dans la vitesse.

Avant de nous occuper de la masse que doit présenter un volant pour que la vitesse de l'arbre de la manivelle ne varie qu'entre des limites assignées d'avance, nous procéderons à la recherche des quantités de travail qu'il doit successivement emmagasiner, puis restituer, suivant la puissance de la machine et suivant le mode d'action de la vapeur sur le piston, et, dans cette recherche, nous admettrons que le travail de la résistance au mouvement de l'arbre de la manivelle est constant et que la bielle a une longueur infinie. Cette dernière hypothèse simplifiera la question en nous dispensant de tenir compte du changement qui a lieu dans la direction de la puissance, lorsque cette bielle n'a qu'environ cinq fois la longueur de la manivelle, comme dans la plupart des cas de la pratique, et nous permettra de considérer l'action de la puissance comme constamment parallèle à la ligne des points morts de la manivelle. Quant à l'influence de cette supposition purement théorique sur les résultats que nous obtiendrons, elle sera peu importante, vu la faible obliquité effective de cette pièce sur la ligne des points morts, dans l'application. Du reste, les coefficients de régularité dont il sera question plus tard, tiennent implicitement compte des erreurs insignifiantes, au point de vue de la pratique, qui peuvent résulter de l'emploi de cette simplification dans les bases du calcul.

TRAVAIL QUE LE VOLANT DOIT EMMAGASINER,

PUIS RESTITUER, QUAND IL EST PLACÉ SUR L'ARBRE DE LA MANIVELLE D'UNE MACHINE A SIMPLE EFFET SANS DÉTENTE.

(Figure 45, pl. 12.) Soient :

b le rayon de la manivelle;

r le rayon de l'engrenage auquel on suppose la résistance constante, appliquée;

Q l'intensité de cette résistance;

F la puissance d'intensité constante, effectivement transmise au manneton de la manivelle, parallèlement à la ligne des points morts AB.

Puisque la machine est à simple effet, la puissance F n'agit sur la manivelle que pendant un demi-tour, et la résistance Q agit tangentiellement à l'engrenage pendant le tour entier; de sorte que le travail de la puissance, pendant ce demi-tour, doit égaler le travail de la résistance pendant la révolution complète, pour que la vitesse de l'appareil soit la même au commencement et à la fin de cette révolution.

On aura donc d'abord : $Q.\, 2\,\pi\, r = F.\, 2\, b.$

Si on tire de cette équation la valeur du moment constant de la résistance, on trouve :

$$Q\, r = F\, \frac{b}{\pi}\, ;$$

ce qui signifie qu'il y a équilibre entre la puissance et la résistance qui sont supposées constantes, lorsque le bras de levier ox de la puissance est égal à $\dfrac{1}{\pi}$ du rayon de la manivelle.

On voit de plus que, dans le cas dont il est question, il y a deux positions symétriques de la manivelle, OM et OM', dans lesquelles cet équilibre existe ; que de M en M' il y a excès du travail moteur sur le travail résistant, emmagasinement de cet excès et augmentation de vitesse, et que de M' en M, c'est le travail résistant qui l'emporte sur le travail moteur d'une quantité qui doit être égale à l'excédant du travail moteur pendant la période précédente, d'où résulte la restitution intégrale du travail emmagasiné, et une diminution de vitesse égale à l'accélération qui s'était produite.

Or $\dfrac{b}{\pi} = 0{,}31835.\,b$, et si l'on désigne par a l'angle que la manivelle fait avec la ligne des points morts, quand elle passe par une de ses deux positions d'équilibre, il vient :

$$b.\ sin.\ a = 0{,}31835.\ b,\ \text{ou}\ sin.\ a = 0{,}31835.$$

Ce *sinus* naturel correspond à un angle de $18°\text{-}33'$.

La manivelle, pendant la période d'excédant du travail moteur sur le travail résistant, décrit donc un angle de :

$$180° - 2.18°\text{-}33' = 142°\text{-}54' = 8574'.$$

Pendant ce temps, le travail de la résistance est évidemment égal à :

$$Q\,2\,\pi\,r\,\frac{142°\text{-}54'}{360°} = Q\,2\,\pi\,r\,\frac{8574'}{21600'} = Q.2\,\pi\,r.0{,}39694.$$

Le travail moteur, durant la même période, a été égal à :

$$F.2.no = F.2\,b\ cos\ 18°\text{-}33' = F\,2\,b.0{,}94805.$$

D'autre part, nous avons vu plus haut que $Q\,2\,\pi\,r = F\,2\,b$. Nous pourrons donc exprimer la différence entre le travail moteur et le travail résistant, pendant que la manivelle passe de la position OM à la position OM', par

$$Q.2\,\pi\,r\,(0{,}94805 - 0{,}39694) = 0{,}551.Q.2\,\pi\,r\,;$$

d'où le résultat général qui suit :

Dans les machines à vapeur à simple effet, sans détente et à mouvement de rotation continu, la quantité de travail que les pièces de l'appareil doivent successivement emmagasiner, puis restituer, lorsque le travail de la résistance est constant, s'élève aux 0,551 du travail effectif transmis à l'arbre de la manivelle dans un tour.

La vitesse de rotation de l'arbre qui porte la manivelle croît d'une manière continue, mais non uniforme, pendant que cette manivelle passe de OM en OM', et décroît pendant qu'elle passe de OM' en OM, de sorte que OM' est la position de celle-ci correspondante au maximum de vitesse angulaire, et OM sa position correspondante à la plus faible vitesse.

TRAVAIL QUE LE VOLANT DOIT EMMAGASINER,

PUIS RESTITUER, DANS LES MACHINES A DOUBLE EFFET, SANS DÉTENTE.

(Figure 46, pl. 12.) Nous conserverons aux lettres F, Q, b, r, a, la même signification que ci-dessus.

Dans ces machines, la bielle agit sur le manneton de la manivelle pendant toute la durée de chaque révolution ; par traction, pendant un demi-tour, et par pression, pendant l'autre demi-tour ; ces deux parties du tour entier étant séparées par la ligne des points morts AB.

Nous aurons d'abord, par suite de l'égalité des travaux moteur et résistant, pendant une révolution :

$$Q.2\,\pi\,r = F.4b.$$

Si l'on tire, de cette équation, la valeur du moment constant de la résistance, on trouve :

$$Q\,r = F\,\frac{2\,b}{\pi}.$$

Ce qui signifie qu'il y a équilibre entre la puissance et la résistance, toutes les fois que la manivelle prend une position dans laquelle le bras de levier de la puissance, ou OC, est égal à $\dfrac{2}{\pi}$ du rayon de cette manivelle.

Il y a donc quatre positions, OM, OM′, OM″, OM‴, dans lesquelles cet équilibre existe. De OM en OM′, le travail moteur l'emportera sur le travail résistant; de OM′ en OM″, le travail résistant l'emportera de la même quantité sur le travail moteur, et les deux mêmes phénomènes se reproduiront de OM″ en OM‴ et de OM‴ en OM. La plus grande vitesse angulaire de l'arbre de la manivelle aura donc lieu quand celle-ci passera par les positions OM′ et OM‴, et la plus petite, lorsqu'elle se trouvera dans les directions OM et OM″.

Si on cherche maintenant la différence des travaux moteur et résistant, entre deux positions d'équilibre, par exemple de OM en OM′, on trouve successivement :

$$OC = b\,\frac{2}{\pi} = 0,63670.\ b = b.\ sin.\ a;\ \text{d'où}\ sin.a = 0,63670;$$

ce sinus naturel correspond à un angle de 39°-33′.

Le travail résistant qui est produit pendant la période indiquée, est donc égal à :

$$Q.2\,\pi\,r\,\frac{180° - 2.39°\text{-}33′}{360°} = Q.2\,\pi\,r\,\frac{6054′}{21600′} = Q.2\,\pi\,r.\ 0,28028.$$

Le travail moteur correspondant à la même période a pour valeur :

$$F.\ 2.\ MC = F.\ 2.\ b.\ cos.\ 39°\text{-}33′ = F.\ 2.\ b.\ 0,77107.$$

D'autre part, nous avons vu que

$$Q.\ 2\,\pi\,r = F.\ 4b;\ \text{d'où}\ F.\ 2b = \frac{Q.2\,\pi\,r}{2};$$

la différence entre le travail moteur et le travail résistant, pendant que la manivelle passe de OM en OM′, sera donc :

$$Q.2\,\pi\,r\left(\frac{0,77107}{2} - 0,28028\right) = 0,106.\ Q.2\,\pi\,r.$$

D'où le principe suivant :

Dans les machines à vapeur à double effet, sans détente et à mouvement de rotation continu, le travail que les organes de l'appareil doivent successivement emmagasiner, puis restituer, quand le travail de la résistance est constant, est égal aux 0,106 du travail effectif

*que la puissance transmet à l'arbre de la manivelle pendant chaque
révolution.*

TRAVAIL QUE LE VOLANT DOIT EMMAGASINER,

PUIS RESTITUER, DANS LES MACHINES A DOUBLE EFFET, A DEUX CYLINDRES,
DONT LES PISTONS TRANSMETTENT LE MOUVEMENT A DEUX MANIVELLES
CALÉES A ANGLES DROITS AUX EXTRÉMITÉS D'UN MÊME ARBRE, SANS DÉ-
TENTE ET A MOUVEMENT DE ROTATION CONTINU.

Dans les machines de cette espèce, la puissance est partagée en
deux parties égales qui agissent, chacune, dans un cylindre particulier,
afin que la différence entre les travaux moteur et résistant, entre deux
positions d'équilibre des manivelles, soit moindre, et que l'on puisse,
avec de plus petites masses, régulariser suffisamment la vitesse angulaire de l'arbre de ces manivelles.

(Figure 47, pl. 13.) Soient OM et OM' les deux manivelles calées à
angle droit sur l'arbre O, AB la ligne des points morts, et désignons
toujours les mêmes quantités par les mêmes lettres que précédemment.

Lorsque les deux manivelles occupent les positions OE et OH, l'une
est à son point mort, et la puissance $\frac{F}{2}$ qui la sollicite, n'a point de
bras de levier ; l'autre est à son point de maximum d'action, et la seconde moitié $\frac{F}{2}$ de la puissance totale a, pour bras de levier, le rayon
de la manivelle tout entier.

Si on suppose que les manivelles, partant simultanément de ces positions OE et OH, décrivent un angle de 45° et passent dans les positions ON et ON', on pourra remarquer que les projections, sur la
direction OH, des petits arcs successivement décrits par le point E,
sont plus grandes que les projections, sur la même direction, des
petits arcs égaux décrits par le point H, parce que les premiers font
avec cette direction OH des angles plus petits que ceux qu'elle fait
avec les seconds ; donc, pendant ce mouvement de 45°, le bras de

levier de la manivelle OE augmentera plus que celui de la manivelle OH ne diminuera; de sorte qu'il y aura accroissement continu dans la somme de ces bras de levier, et comme les forces $\frac{F}{2}$, qui agissent à l'extrémité de chacun d'eux, sont constantes, il y aura accroissement continu dans la somme des moments de ces forces. L'effet inverse se produira pendant que les manivelles décriront l'angle de 45° suivant; puis ainsi de suite, alternativement, pour chaque angle de 45°.

Ainsi, les manivelles seront dans une position de maximum d'action, quand elles feront, avec la ligne des points morts, des angles de 45°, et dans une position de minimum d'action, toutes les fois que l'une ou l'autre traversera la ligne des points morts; de sorte qu'il y aura, par tour, quatre positions de maximum et quatre positions de minimum d'action, et comme, en passant de l'une de ces positions à la suivante, elles passent nécessairement par une position d'équilibre avec la résistance, il en résulte qu'elles se trouveront huit fois dans une position d'équilibre, pendant chaque révolution.

Commençons par déterminer les positions d'équilibre.

Soient OM et OM' les deux manivelles dans une position d'équilibre, et a l'angle qu'elles forment avec les positions de départ OE et OH.

Nous aurons successivement :

$$Q.\, 2\,\pi\,r = 2\frac{F}{2}.\,4\,b,\text{ comme dans l'emploi d'une seule manivelle,}$$

$$\text{et } Q\,r = \frac{F}{2}\frac{4\,b}{\pi}.$$

Il y aura donc équilibre entre les puissances et la résistance, quand la somme des bras de levier des puissances $\frac{F}{2}$ sera égale à $\frac{4\,b}{\pi}$, ou à $\frac{4}{\pi}$ du rayon des manivelles.

Or, le bras de levier de l'une des puissances est $Ox = b.\,sin.\,a$; celui de l'autre est $Oz = b.\,cos.\,a$; donc on devra avoir l'équation :

$$b.\,sin.\,a + b.\,cos.\,a = \frac{4\,b}{\pi},\text{ ou } sin.\,a + cos.\,a = \frac{4}{\pi}.$$

Si on remplace, dans cette équation, $cos.\,a$ par $\sqrt{1 - sin.^2\,a}$, et si on la résout par rapport à $sin.\,a$, on trouve :

$$Sin.\,a = 0,6367 \pm \sqrt{(0,6367)^2 - 0,31027}.$$

ce qui donne $sin.\,a = 0,6367 \pm 0,3084.$

$$\text{et } sin.\,a = \begin{cases} 0,3283. \\ 0,9451. \end{cases}$$

Ces deux sinus naturels correspondent à des angles de 19°-10′ et de 70°-50′ ; de sorte que les manivelles seront dans une position d'équilibre, toutes les fois que l'une fera, avec la ligne des points morts, et l'autre, avec une perpendiculaire à la ligne des points morts, un angle de 19°-10′, ou un angle de 70°-50′.

Soient OM, OM′ et OS, OS′ deux positions successives d'équilibre ; en passant de l'une à l'autre, les deux manivelles décriront un angle de 70°-50′ — 19°-10′ = 51°-40′ = 3100′. Pendant ce mouvement, il y aura excès du travail moteur sur le travail résistant et accroissement de vitesse dans l'appareil. Pour passer de cette seconde position d'équilibre, à la suivante OM′, OM″, les manivelles n'auront à décrire qu'un angle de 2. 19°-10′ = 38°-20′, et, pendant cette seconde période, le travail résistant l'emportera sur le travail moteur d'une quantité égale à l'excès de celui-ci dans la période précédente, et il y aura diminution de vitesse ; puis les mêmes phénomènes se reproduiront pour des angles alternativement décrits, de 51°-40′ et de 38°-20′.

Il suffira donc de chercher la différence entre le travail moteur et le travail résistant, pendant l'une ou l'autre de ces périodes alternatives ; nous choisirons les passages des positions OM, OM′, aux positions OS, OS′.

L'angle décrit pendant cette période étant de 51°-40′, ou de 3100′, le travail résistant qui lui correspond sera de :

$$Q.\,2\,\pi\,r\frac{3100'}{21600'} = 0,14352.\ Q.\,2\,\pi\,r.$$

Pendant ce temps, le travail moteur sera de :

$$\frac{F}{2}\,CD + \frac{F}{2}\,C'D' = F.\,CD, \text{ parce que } C'D' = CD.$$

Or, CD $= b.\,cos\,19°-10 — b.\,cos\,70°-50′$, ce qui fournira pour valeur de ce travail moteur, F b (cos 19°-10′ — cos 70°-50′) = F b (0,9451 — 0,3283) = F b. 0,6168.

Et comme, d'autre part, $Q\,2\,\pi\,r = F\,.\,4b$; d'où $F\,b = \dfrac{Q\,.\,2\,\pi\,r}{4}$, on trouvera, pour différence entre le travail moteur et le travail résistant, pendant les périodes d'excédant du premier :

$$Q\,.\,2\,\pi\,r\left(\frac{0{,}6168}{4} - 0{,}14352\right) = Q\,.\,2\,\pi\,r\,.\,0{,}0106.$$

C'est, comme on le voit, *dix* fois moins que lorsqu'on n'emploie qu'un seul cylindre pour produire le même travail.

On tire de là, le principe suivant :

Dans les machines à vapeur à double effet, sans détente, à mouvement de rotation continu et à deux cylindres dont les pistons agissent sur deux manivelles calées à angle droit sur le même arbre, le travail que les organes de l'appareil doivent successivement emmagasiner, puis restituer, quand le travail de la résistance est constant, est égal aux 0,0106 du travail effectif que la puissance transmet à l'arbre des manivelles pendant chaque révolution.

Cette faible quantité de travail, tantôt en excès, tantôt en défaut sur le travail de la résistance, explique pourquoi, dans certaines circonstances, on a pu se passer de placer un volant sur l'arbre des manivelles des machines de cette espèce.

TRAVAIL QUE LE VOLANT DOIT EMMAGASINER,

PUIS RESTITUER, DANS LES MACHINES A DOUBLE EFFET, SANS DÉTENTE ET A TROIS CYLINDRES DONT LES PISTONS AGISSENT SUR TROIS MANIVELLES PLACÉES SUR UN MÊME ARBRE DE FAÇON QUE LEURS PROJECTIONS, SUR UN PLAN PERPENDICULAIRE A L'ARBRE, PARTAGENT UNE CIRCONFÉRENCE EN TROIS PARTIES ÉGALES, OU FASSENT ENTRE ELLES DES ANGLES DE 120 DEGRÉS.

Disons d'abord que, dans cette circonstance, l'une, au moins, des trois manivelles, doit être représentée par un coude formé en un point quelconque de l'arbre qui porte les deux autres.

Avant de procéder à la recherche des quantités de travail à emmagasiner et à restituer dans ce cas, nous démontrerons un théorème préliminaire qui facilitera singulièrement cette recherche.

(Fig. 48, pl. 13.) Soient OA, OB, OC les trois manivelles faisant entre elles des angles de 120°, dans une position quelconque, et KK' la ligne des points morts.

Les bras de levier des puissances qui agissent sur ces manivelles, seront Ax et Cz d'un côté de la ligne des points morts, et By de l'autre côté.

Si on prolonge CO jusqu'en D et qu'on abaisse Dn perpendiculaire sur la ligne des points morts, on aura évidemment $Dn = Cz$.

Joignons le point D au point B, puis menons nh parallèle à DB : hB sera égal à Dn, ce qui donnera $Cz = hB$.

D'autre part, DB, corde d'un arc de 60°, est égal au rayon ; donc le côté opposé nh du même parallélogramme est aussi égal au rayon des manivelles, et comme l'angle AOB est de 120° et l'angle DBO de 60°, ensemble 180°, DB est parrallèle à AO ainsi que nh. Il en résulte que les triangles AOx et nhy ont leurs côtés parallèles, les hypothénuses égales, et sont égaux ; de sorte que $Ax = yh$ et qu'il vient, en définitive,

$$Cz + Ax = hB + hy = By.$$

Ce qui signifie que, quelle que soit la position des trois manivelles, la somme des bras de levier, de part et d'autre de la ligne des points morts, sera la même ; il en résulte qu'en observant les variations du bras de levier de la manivelle qui se trouve seule d'un côté de cette ligne, on connaîtra les variations de la somme des bras de levier des deux manivelles qui se meuvent de l'autre côté.

Ce principe posé, en observant que la puissance se partage ici en trois parties $\frac{F}{3}$ qui sont égales et invariables, on reconnaîtra aisément, à l'inspection de la figure 49, pl. 13, que les trois manivelles se trouvent dans une position de *maximum* d'action, quand l'une quelconque d'entre elles traverse le diamètre perpendiculaire à la ligne des points morts, et dans une position de *minimum* d'action, lorsque l'une quelconque traverse la ligne des points morts. Or, ces manivelles passent, évidemment, de l'une à l'autre de ces positions pour chaque mouvement angulaire de 50°; donc, pendant une révolution, elles se trouvent six fois dans une position de *maximum* des moments des puissances, six fois dans une position de *minimum* et douze fois dans une position d'équilibre entre les puissances et la résistance.

Soient OM, OM', OM″ les trois manivelles dans la première position d'équilibre qu'elles occupent, après que la manivelle OM a traversé la ligne des points morts AB; on aura successivement :

$$Q . 2\,\pi\,r = 5\,\frac{F}{3}\,4b;\ \text{d'où}\ Q\,r = \frac{F}{3}\cdot\frac{6\,b}{\pi};$$

ce qui signifie qu'il y a équilibre entre les puissances et la résistance, toutes les fois que la somme des bras de levier de ces puissances est égale à $\dfrac{6\,b}{\pi}$, ou à b. 1,9101.

On doit donc avoir, dans cette position d'équilibre :

$oy + ox + oz = 1{,}9101.\ b$ ou, d'après le théorème démontré :
$$2.\ oy = 1{,}9101.\ b,\ \text{et}\ oy = 0{,}95505.\ b.$$

Si a est l'angle que la manivelle OM″ fait alors avec la direction perpendiculaire à la ligne des points morts, on aura :

$$oy = b\ cos\ .a = 0{,}95505.\ b;\ \text{d'où}\ cos.\ a = 0{,}95505.$$

Ce cosinus naturel correspond à un angle de 17°-15′, ou de 1055′.

La manivelle OM fait alors, avec la ligne des points morts, un angle de 12°-45′, et la manivelle OM′ un angle de 50°+12°-45 = 42°-45′, avec la direction perpendiculaire à cette ligne.

Les trois manivelles se trouveront dans la position d'équilibre suivante, lorsque la manivelle OM″ arrivera en ON″ où elle reprend un bras de levier égal à *oy*; c'est-à-dire que, pour passer de la première position d'équilibre à la seconde, il faudra un mouvement angulaire de deux fois 17°-15′ ou de 34°-30′, et, pendant cette période, il y a excédant du travail moteur sur le travail résistant et accroissement de vitesse, parce que la somme des moments des puissances à été constamment supérieure au moment de la résistance. Les deux manivelles OM et OM′ occupent alors les positions ON et ON′, et l'angle que fait ON avec la direction perpendiculaire à la ligne des points morts, est de 90° — 34°-30′ — 12°-45′ = 42°-45; de sorte qu'il ne lui reste à parcourir qu'un angle de $42°\text{-}45' - 17°\text{-}15' = 25°\text{-}30'$, pour qu'elle ait un bras de levier égal à oy, et pour que l'ensemble des manivelles se retrouve dans une position d'équilibre.

Pendant le passage de la seconde à la troisième position d'équilibre, le travail résistant l'emportera sur le travail moteur et la vitesse de l'appareil décroîtra, puis les mêmes phénomènes se reproduiront indéfiniment, pour des mouvements angulaires successifs de $34°\text{-}30'$ et de $25°\text{-}30$, l'emmagasinement du travail ayant lieu pendant les premiers et la restitution de ce travail, pendant les seconds.

Cherchons maintenant la différence entre le travail moteur et le travail résistant pendant l'une de ces périodes, par exemple pendant que les manivelles passent des positions OM, OM', OM'', aux positions ON, ON', ON''.

Le mouvement angulaire étant de $34°\text{-}30'$, ou de $2070'$, le travail résistant sera Q. $2 \pi r \dfrac{2070'}{21600'} = 0,09583$. Q. $2 \pi r$.

Pendant le même temps, le travail moteur sera :

$$\frac{F}{3} \, 2.\,\text{OD} + \frac{F}{3}\,\text{BC} + \frac{F}{3}\,\text{GH}, \text{ ou, comme BC} = \text{GH},$$

$$\frac{F}{3}\,(2.\,\text{OD} + 2.\,\text{BC}) = \frac{2\,F}{3}\,(\text{OD} + \text{BC}).$$

Mais OD $= b.\ sin\ 17°\text{-}15' = 0,29654.\ b$,
et BC $= b.\ cos\ 12°\text{-}45 - b.\ cos\ 47°\text{-}15 = b\ (0,97534 - 0,67880) = 0,29654.\ b$.

La valeur du travail moteur sera donc de :

$$\frac{2\,F\,b}{3}\,(2.\ 0,29654) = 2\,F\,b.\ 0,19769\,;$$

Et comme Q. $2 \pi r = 4\,Fb$, ou $2\,Fb = \dfrac{Q.\ 2\,\pi\,r}{2}$, la différence entre le travail moteur et le travail résistant, sera :

$$Q.\ 2\,\pi\,r \left(\frac{0,19769}{2} - 0,09583\right) = 0,003.\ Q.\ 2\,\pi\,r.$$

D'où le principe suivant :

Dans les machines à vapeur à double effet, sans détente, à mouve-

ment de rotation et à trois cylindres, dont les pistons agissent sur trois manivelles placées sur un même arbre, de façon que leurs projections sur un plan perpendiculaire à l'axe de cet arbre, fassent entre elles des angles de 120°, le travail que les organes de l'appareil doivent successivement emmagasiner, puis restituer, lorsque le travail de la résistance est constant, est égal aux 0,005 du travail effectif transmis à l'arbre des manivelles pendant une révolution.

TRAVAIL QUE LE VOLANT DOIT EMMAGASINER,

PUIS RESTITUER, DANS LES MACHINES A DÉTENTE, A UN SEUL CYLINDRE, AVEC OU SANS CONDENSATION.

La méthode que nous avons employée, jusqu'à présent, pour déterminer les positions d'équilibre des manivelles, dans les machines dont les pistons reçoivent, de la vapeur, un effort approximativement constant pendant toute la course, pourrait être appliquée, avec quelques modifications, à la recherche des positions d'équilibre de ces manivelles, dans les machines à détente, mais les expressions des angles que font ces organes avec la ligne des points morts, dans ces circonstances, sont assez compliquées, surtout dans le cas des manivelles multiples. Pour les machines à deux cylindres, par exemple, l'équation qui fournit les angles, lorsqu'il y a équilibre entre la puissance et la résistance, est une équation complète du troisième degré, et sa résolution exige des connaissances mathématiques supérieures à celles qui constituent les éléments dont nous avons résolu de nous servir exclusivement. C'est pour cela que nous allons substituer à ce procédé, une méthode de tâtonnement qui nous semble extrêmement féconde et qui, appliquée dans d'autres circonstances que celles que nous adopterons, permettrait de résoudre encore certains problèmes de régularisation de la vitesse des machines, inabordables, même avec l'aide du calcul infinitésimal.

On ne peut résoudre d'une manière générale la question du travail à emmagasiner et à restituer dans les machines à détente, parce qu'il varie, non-seulement avec la puissance des appareils, comme dans les exemples précédents, mais encore avec la tension initiale de la vapeur, avec le chiffre de la détente, avec la valeur de la contre-pression et avec quelques autres circonstances sur lesquelles nous appellerons l'attention lorsqu'il en sera temps. Tout ce qu'il est possible de faire est de déterminer ce travail, par une opération spéciale, dans chaque catégorie de machines, par exemple dans les machines dont le piston reçoit la même tension initiale de la vapeur, pendant la même fraction de la course, et éprouve la même contre-pression par unité de surface, et dont les espaces nuisibles sont la même fraction du volume de vapeur dépensée à la tension de la chaudière. Comme, dans ce cas, c'est toujours la même fraction du travail moteur dans un tour, qui doit être emmagasinée puis restituée, nous pourrons déterminer cette fraction dans un cas particulier et, une fois trouvée, elle servira pour tous les cas semblables. Nous serons ainsi beaucoup plus intelligibles qu'en exposant une méthode générale applicable aux machines d'une même catégorie et le résultat obtenu aura la même valeur.

Supposons qu'une machine à détente jusqu'à trois fois le volume primitif de la vapeur, fonctionne sous la tension initiale de cinq atmosphères, sans condensation ; que la course du piston soit de 2^m04 et sa section de un mètre carré ; que les espaces nuisibles soient équivalents à une longueur de cylindre égale à 0^m06, c'est-à-dire qu'ils représen-

tent $\dfrac{0,06}{2,04} = \dfrac{1}{34}$ du volume engendré par le piston ; que la contre-pression du piston soit moyennement de $1^{atm.}33$, mais seulement de $1^{atm.}10$ à la fin de la course, après avoir diminué uniformément pendant toute la durée de cette course ; et enfin que le coefficient d'effet utile soit 0,82.

(Fig. 50 pl. 13). Soient :

OH $= 1^m02$ le rayon de la manivelle et la direction de la ligne des points morts ;
Rq $= 2^m04$ la course du piston, ou 2OH ;
TI $= 0^m06$ la hauteur de l'espace nuisible ;
RI $= 5. 10333^{kil.}$ la tension initiale de la vapeur.

Si l'on admet que la détente se fasse suivant la loi de Mariotte, le travail théorique produit sur le piston pendant une course, pourra être déterminé par la formule B (page 102),

$$S (L + C)\left[\frac{P(Z + C)}{L + C}(1 + \log \frac{L + C}{Z + C} 2,3026)\right] - (P' L + PC),$$

dans laquelle : $P = 31663^{kil.}$; $S = 1^{m2}$; $Z = 0^m64$; $L = 2^m04$; $C = 0^m06$; $P' = 1^{atm} 33 = 13777^{kil.}$.

Ces valeurs, substituées dans l'expression, donnent un travail de $44693^{km.}$.

Comme la perte est de $0,18$ du travail théorique, ou $0,18 . 44693 = 8044^{km.}$, le travail effectivement transmis à l'arbre du volant, sera de :

$$44693 - 8044 = 36649^{km.}.$$

Le travail de la résistance, ou $Q \pi r$, dans un demi-tour, étant de $36649^{km.}$, le moment constant de cette résistance sera :

$$Qr = \frac{36649}{3,1415} = 11666 ;$$

Et dans toutes les positions de la manivelle où le moment de l'effort effectif qui lui est transmis, sera de 11666, il y aura équilibre entre la puissance et la résistance.

Si l'on admet encore que le travail absorbé par le frottement, depuis le piston jusqu'à l'arbre de la manivelle, soit constant, on pourra considérer l'effort correspondant comme une contre-pression constante qui s'exerce contre ce piston et qui aura pour valeur :

$$\frac{8044^{km.}}{2^m04} = 3943^{kil.}.$$

D'autre part, la contre-pression de la vapeur à l'échappement étant moyennement de $1^{atm.}35$ ou $13777^{kil.}$, et de $1^{atm.}1$ ou $11366^{kil.}$ à la fin de la course, il en résulte que, dans l'hypothèse d'un décroissement uniforme, elle aurait pour valeur, au commencement de la course :

$$\frac{11366 + x}{2} = 13777^{kil.} ; \text{ d'où } x = 16188^{kil.}.$$

Dans la figure RIVSnqR qui représente le travail absolu de la vapeur sur une des faces du piston, à pression pleine jusqu'en VJ et à détente jusqu'en nq, on pourra donc retrancher deux zones; l'une RLpq, rectangulaire, représentera le travail absorbé par le frottement; l'autre LKmp, trapezoïdale, représentera le travail absorbé par la contre-pression de la vapeur; et le surplus KIVSnmK représentera le travail effectivement transmis à l'arbre de la manivelle.

En négligeant l'obliquité de certaines positions de la bielle relativement à la ligne des points morts, les longueurs KI, DE, Sy, nm, etc., représenteront les efforts réels transmis au manneton de la manivelle, en chacun des points qu'il occupera sur la demi-circonférence qu'il parcourt, et on observera que les projections des chemins parcourus par ce manneton, sur la ligne des points morts, et les chemins parcourus par le piston, depuis le commencement de la course, sont égaux.

Or, les pressions effectives IK, DE, etc., sont aisées à calculer en tous les points de la course. Ainsi, au commencement, la pression IK $= 51665 - 3943 - 16188 = 31534^{kil.}$. A la fin de la course,

$$mn = \frac{51665}{3} - 3943 - 11366 = 2913^{kil.}.$$ En tous les autres points,

cette pression effective se calculera d'après la loi très-simple de variation, que nous avons admise.

Lorsque le piston a parcouru un chemin DI $= 0^{m}0687$, le bras de levier de la manivelle est AB. La pression effective est alors $51665 - 3943 - 16024 = 31698^{kil.}$, et AB $= \sqrt{(1,02)^2 - (0,0687)^2} = 0^{m}368$. Le moment de cet effort est de $31698 \cdot 0,368 = 11665$, quantité presqu'égale au moment moyen de 11666.

Pour un millimètre de course du piston, en deçà ou au delà de cette position, on trouve moins ou plus que ce moment moyen. On peut donc considérer la position OB de la manivelle, comme une position d'équilibre.

Au delà de cette limite, pendant un mouvement angulaire considérable, le moment effectif l'emporte sur le moment moyen et ce n'est que lorsque la manivelle est arrivée en OC que l'on retrouve une seconde fois l'égalité entre ces moments.

Dans cette position, le bras de levier de la puissance effective est CC' $= 1^{m}0057$, et cette puissance est représentée par Sy dont la valeur calculée est de $11615^{kil.}$; le moment est donc de $11615 \cdot 1,0057 = 11671$.

Au delà et en deçà, les écarts du moment moyen sont plus considérables.

Quant au chemin parcouru par le piston, il est alors HC' = RZ = 1ᵐ02 + 0ᵐ170 = 1ᵐ190.

Le tableau suivant indique les écarts, dans le voisinage des deux points d'équilibre.

| COURSE DU PISTON. | PRESSION CORRESPONDANTE DE LA VAPEUR. | FRACTION DE LA PUISSANCE | | PUISSANCE EFFECTIVE. | BRAS DE LEVIER CORRESPONDANT. | MOMENT | | DIFFÉRENCE entre le moment de la puissance et le moment de la résistance moyenne, aux environs des points où il y a équilibre. |
		DÉTRUITE PAR LA COMPRESSION	ABSORBÉE PAR LE FROTTEMENT.			DE LA PUISSANCE.	DE LA RÉSISTANCE MOYENNE.	
Mètres.	Kil.	Kil.	Kil.	Kil.	Mètres.			
0,0685	51665	16025	3943	51697	0,367	11632	11666	— 34
0,0687	51665	16024	3943	51698	0,368	11665	11666	— 1
0,0691	51665	16025	3943	51699	0,369	11696	11666	+ 30
1,185	29048	13386	3943	11719	1,0065	11795	11666	+ 129
1,190	28932	13374	5943	11615	1,0057	11671	11666	+ 5
1,191	28909	13372	5943	11594	1,0055	11657	11666	— 9

Il semble, *à priori*, que les tâtonnements nécessaires pour trouver ces positions d'équilibre, doivent être très-longs et entraîner la détermination d'une multitude de valeurs de la contre-pression et de la pression de la vapeur sur toute la longueur de la course, mais il n'en est rien ; quand on a fait l'un de ces tâtonnements, on connaît approximativement les positions de la manivelle autour desquelles il faut faire les nouveaux tâtonnements pour une détente différente.

Ainsi, par exemple, si la détente se faisait jusqu'à quatre fois le volume primitif de la vapeur, dans le cylindre dont il s'agit, le premier point d'équilibre serait plus voisin du point H que le point B, et le premier tâtonnement se ferait autour d'une position comprise entre OH et OB, mais plus voisine de OB ; le second point d'équilibre se trouverait en avant de la position OC. Pour une détente plus petite que trois fois le volume primitif, les tâtonnements se feraient au delà des positions OB et OC. Du reste, il faut observer qu'il suffit d'effectuer une fois l'opération pour chaque catégorie de machines, et que les positions d'équilibre déterminées pour une machine fonctionnant dans de certaines conditions de pression initiale, de contre-pression, de détente et d'espaces nuisibles, sont les mêmes pour toutes les machines qui fonctionnent dans les mêmes conditions, quelles que soient leur puissance et la longueur de course du piston; de sorte qu'il serait bon de faire ces tâtonnements, une fois pour toutes, sur des machines à détente de toutes les catégories et de former un tableau des positions d'équilibre dans chacune.

Revenons à la machine pour laquelle les positions d'équilibre de la manivelle, nous sont connues.

On a d'abord $1^m02. \ sin.a = 0^m368$; d'où $sin.a = 0,36078$;

Ce sinus naturel correspond à un angle de 21°-09';

Puis $1^m02. \ cos.a' = 1^m0057$; d'où $cos.a' = 0,98598$;

Ce cosinus correspond à un angle de 9°-36';

Donc l'angle COC' sera de 90° — 9°-36' = 80°-24'.

Le mouvement angulaire de la manivelle, entre ses deux positions d'équilibre, sera de 180° — 21°-09' — 80°-24' = 78°-27' = 4707 minutes.

Le travail résistant total, dans un tour, étant de $2.36649^{km} = 73298^{km}$. la partie correspondante à ce mouvement angulaire, sera de :

$$73298^{km}. \ \frac{4707'}{21600'} = 15973 \text{ kilogrammètres.}$$

Pendant la même période du mouvement, le travail moteur, transmis à l'arbre de la manivelle, sera égal à la différence entre le travail produit à pression pleine et à détente jusqu'au deuxième point d'équilibre, et le travail à pression pleine jusqu'au premier de ces points.

Ce dernier travail est égal à :

$$\frac{31554^{kil.} + 31698^{kil}}{2} \ 0^m0687 = 2172^{km}.$$

L'évaluation du premier exige l'emploi de la formule de détente rappelée ci-dessus, dans laquelle les désignations générales prennent les valeurs suivantes :

$$P = 51665^{\text{kil.}}; \quad P' = \frac{16024 + 13374}{2} = 14699^{\text{kil.}};$$

$$L = 1^m02 + 0^m170 = 1^m190; \quad Z = 0^m64; \quad C = 0^m06.$$

Ce qui donne $\dfrac{L + C}{Z + C} = 1{,}786$, et $\dfrac{Z + C}{L + C} = \dfrac{1}{1{,}786}$;

En substituant ces valeurs dans la formule, on trouve :

$$36539 \text{ kilogrammètres,}$$

dont il faut soustraire $3943^{\text{kil.}}.1^m190 = 4692^{\text{km.}}$, travail absorbé par les frottements dont la formule ne tient pas compte, ce qui réduit le travail moteur à :

$$36539 - 4692 = 31847 \text{ kilogrammètres.}$$

Le travail moteur effectif, entre les deux points d'équilibre, sera donc de :

$$31847 - 2172 = 29675 \text{ kilogrammètres,}$$

et comme, pendant le même temps, le travail résistant a été de 15973 kilogrammètres, la différence qui devra être emmagasinée, sera de :

$$29675 - 15973 = 13702 \text{ kilogrammètres.}$$

Or, le travail total, dans un tour, est de 73298 kilogrammètres, le rapport sera donc $\dfrac{13702}{73298} = 0{,}188$.

Les variations du travail moteur étant les mêmes dans toutes les machines de cette catégorie, nous pourrons donc poser le principe qui suit :

Dans les machines à un cylindre, à détente jusqu'à trois fois le volume à pression pleine, sans condensation, avec espaces nuisibles d'un trente-quatrième du volume engendré par le piston, fonctionnant sous une tension initiale de 5 atmosphères avec contre-pression moyenne de $1^{\text{atm.}}33$, le travail que les organes de l'appareil doivent successivement emmagasiner, puis restituer, est approximativement égal aux 0,188 du travail effectif transmis à l'arbre de la manivelle pendant une révolution.

Pour une autre pression initiale, une autre contre-pression moyenne, une autre valeur relative des espaces nuisibles et une autre détente, il faudrait évaluer, par la même méthode, la différence entre les travaux moteur et résistant, entre les points d'équilibre.

Si la pression et la contre-pression de la vapeur se manifestaient suivant une loi tout à fait empirique, reconnue seulement à l'aide de l'indicateur de Watt, on pourrait évidemment tenir compte de ces variations, quelles qu'elles fussent, dans l'application de la méthode que nous venons d'exposer ; ce qui serait tout à fait impossible dans l'emploi d'une méthode de calcul quelconque, analogue à celle que nous avons expliquée aux machines sans détente, laquelle présente des causes d'erreur dont nous n'avons pas tenu compte ; par exemple, l'hypothèse d'une contre-pression constante, tandis qu'en réalité elle est variable, surtout dans les machines à grande vitesse.

TRAVAIL QUE LE VOLANT DOIT EMMAGASINER,

PUIS RESTITUER, DANS LES MACHINES A DÉTENTE, A DEUX CYLINDRES,

AVEC OU SANS CONDENSATION.

Pour simplifier nos recherches et parce qu'elles peuvent être faites sur une machine d'une puissance quelconque, nous choisirons le même exemple que ci-dessus, et nous supposerons que la machine à un seul cylindre est transformée en machine de même puissance à deux cylindres ayant, chacun, une section moitié de celle du cylindre unique. La pression initiale de la vapeur, sa détente, la valeur relative des espaces nuisibles, la contre-pression moyenne et la loi de décroissement de cette contre-pression seront supposées les mêmes, ainsi que les pertes par frottement ; parce que si, dans les machines à deux cylindres, le nombre des organes mécaniques est plus considérable, ce qui augmente le frottement, les vibrations et les pertes de travail qui en résultent, sont moindres, parce qu'il y a moins d'irrégularité dans la transmission de ce travail.

(Figure 51, pl. 14). Dans le cas dont il s'agit, il suffit d'examiner les relations qui existent entre le travail moteur et le travail résistant, pendant un quart de tour, c'est-à-dire pendant que la manivelle OH décrit l'angle droit HON et que la manivelle ON décrit l'angle droit NOx, parce que les mêmes phénomènes se reproduisent périodiquement, pour chaque mouvement angulaire semblable.

Toutes les pressions représentées par les distances des points de la ligne mixte IVSD″S′ à la ligne Rq, qui représente la course des pistons, égale à 2^{m}04, seront exactement la moitié des pressions trouvées dans le cas précédent, parce que les pistons n'ont que la moitié de la section du piston unique que nous avions adopté, et il en sera de même des contre-pressions de la vapeur à l'échappement et du frottement.

Le moment de la résistance relativement à l'arbre des manivelles, sera, comme précédemment, de 11666, et lorsque les deux manivelles, partant simultanément des positions OH et ON, passeront par des positions dans lesquelles la somme des moments des efforts effectifs qu'elles reçoivent de la puissance, sera égale à 11666, il y aura équilibre entre la puissance et la résistance moyenne.

Or, on trouve, par des tâtonnements analogues à ceux que nous avons décrits précédemment, que cet équilibre se produit deux fois pendant le quart de tour :

1° Quand le bras de levier de la manivelle OB est de 0^{m}59, et le chemin parcouru par le piston correspondant, de 0^{m}188, et quand le bras de levier de la manivelle OD est de 0^{m}832, et le chemin parcouru par le piston correspondant, de 1^{m}02 + 0^{m}59 = 1^{m}61 ;

2° Quand le bras de levier de la manivelle OC est de 1^{m}0002, et le chemin parcouru par le piston correspondant, de 0^{m}820, et quand le bras de levier de la manivelle OE est de 0^{m}200, et le chemin parcouru par le piston correspondant de 2^{m}0202.

Nous avons consigné dans le tableau ci-contre tous les éléments de l'opération qui conduit à ce résultat. On y voit que, pour des courses de pistons un peu plus grandes, ou un peu plus petites, que celles que nous avons indiquées, la somme des moments des efforts effectifs devient notablement plus grande, ou plus petite, que le moment moyen de la résistance.

COURSE DU PISTON		PRESSION DE LA VAPEUR CORRESPONDANTE A LA POSITION		FRACTION DE LA PUISSANCE			PUISSANCE EFFECTIVE CORRESPONDANTE A LA POSITION		BRAS DE LEVIER CORRESPONDANT		MOMENT TOTAL DE LA PUISSANCE.	MOMENT DE LA RÉSISTANCE MOYENNE.	DIFFÉRENCE.
				DÉTRUITE PAR LA CONTRE-PRESSION		ABSORBÉE PAR LE FROTTEMENT POUR LES DEUX MANIVELLES.							
POUR LA PREMIÈRE MANIVELLE.	POUR LA DEUXIÈME MANIVELLE.	DE LA PREMIÈRE MANIVELLE.	DE LA DEUXIÈME MANIVELLE.	POUR LA PREMIÈRE MANIVELLE.	POUR LA DEUXIÈME MANIVELLE.		DE LA PREMIÈRE MANIVELLE.	DE LA DEUXIÈME MANIVELLE.	DE LA PREMIÈRE MANIVELLE.	DE LA DEUXIÈME MANIVELLE.			
Mètres.	Mètres.	Kil.	Kil.	Kil.	Kil.	Kil.	Kil.	Kil.	Mètres.	Mètre.			
0,196	1,621	25832	10757	7862	6178	1971	15999	2608	0,601	0,824	11764	11666	+ 98
0,188	1,610	25832	10828	7872	6191	1971	15989	2666	0,590	0,832	11651	11666	— 15
0,185	1,605	25832	10860	7875	6197	1971	15986	2692	0,585	0,835	11599	11666	— 67
0,815	2,019	20666	8697	7131	5708	1971	11564	1018	0,999	0,205	11761	11666	+ 95
0,820	2,0202	20549	8693	7125	5707	1971	11453	1015	1,0002	0,200	11658	11666	— 8
0,824	2,021	20450	8689	7120	5705	1971	11359	1013	1,001	0,196	11568	11666	— 98

Nous pourrons maintenant procéder, comme ci-dessus, à l'évaluation de la différence entre les travaux moteur et résistant, entre les deux points d'équilibre.

Pour le premier point : $1^m02. \; sin.a = 0^m59$;

$$\text{d'où } sin.a = \frac{0,59}{1,02} = 0,57843 ;$$

ce sinus naturel correspond à un angle de 35°-20'.

Pour le deuxième point : $1,02. \; sin.a' = 1^m0002$;

$$\text{d'où } sin.a' = \frac{1,0002}{1,02} = 0,98050 ;$$

ce sinus correspond à un angle de 78°-45'.

Le mouvement angulaire, entre les deux points d'équilibre, est donc de :

$$78°\text{-}45' - 35°\text{-}20' = 43°\text{-}25' = 2605'.$$

Le travail de la résistance, qui est de 73298 kilogrammètres pour un tour, ou pour un mouvement angulaire de 360°, sera donc, entre ces points d'équilibre, de $73298 \; \dfrac{2605'}{21600'} = 8839$ kilogrammètres.

Quant au travail moteur, pendant la même période, il sera :

Sur la première manivelle : Égal à la différence entre le travail à pression pleine et à détente, le long d'un chemin de 0^m820 parcouru par le piston correspondant, et le travail à pression pleine le long d'un chemin de 0^m188.

$$\text{Ce dernier est égal à } \frac{15767^{kil.} + 15989^{kil.}}{2} \; 0^m188 = 2985^{km.}$$

Pour déterminer le premier, il faut appliquer la formule de détente dont nous avons déjà fait usage et dans laquelle les désignations générales auront les valeurs suivantes :

$$P = 51665^{kil.} ; \; P' \frac{16188 + 15744}{2} = 15966^{kil.} ; \; L = 0^m820$$

$$Z = 0^m64 ; \; C = 0^m06 ; \; S = 0^m25.$$

La substitution de ces valeurs numériques, dans la formule, donne

14262 kilogrammètres, et comme cette formule ne tient pas compte de la perte par frottement, il faudra retrancher de ce résultat :

$$1971^{kil.} \cdot 0^m820 = 1616^{km.};$$

ce qui réduit le travail à $14262 - 1616 = 12646^{km.}$

Le travail transmis à cette manivelle, entre les deux points d'équilibre, sera donc de :

$$12646 - 2985 = 9661 \text{ kilogrammètres.}$$

Sur la deuxième manivelle : Le travail sera la différence entre les travaux à pression pleine et à détente sur le deuxième piston, pour des courses de 1^m610 et de 2^m0202.

La formule ci-dessus servira encore à trouver ces travaux.

Pour la course de 1^m610, on aura :

$$P = 51665^{kil.}; \quad P' = \frac{16188 + 12382}{2} = 14285^{kil.}; \quad L = 1^m610;$$

$$Z = 0^m64; \quad C = 0^m06; \quad S = 0^{m2}5.$$

Pour la course de 2^m0202, on aura :

$$P = 51665^{kil.}; \quad P' = \frac{16188 + 11414}{2} = 13801^{kil.}; \quad L = 2^m0202;$$

$$Z = 0^m64; \quad C = 0^m06; \quad S = 0^{m2}5.$$

La substitution de ces valeurs donne :

Pour le premier cas, 20715 kilogrammètres.

Pour le deuxième cas, 22287 kilogrammètres.

Le travail absorbé par le frottement, dans les deux cas, est de :

$1971^{kil.} \cdot 1^m610 = 3173^{km.}$, et de $1971^{kil.} \cdot 2^m0202 = 3982^{km.}$,
ce qui réduit les travaux ci-dessus à $20715 - 3173 = 17542^{km.}$,

$$\text{et } 22287 - 3982 = 18305^{km.}$$

Différence : $18305 - 17542 = 763^{km.}$, travail effectif transmis à la deuxième manivelle.

La totalité du travail transmis aux deux manivelles, sera donc :

$$9661^{km.} + 763^{km.} = 10324^{km.};$$

et comme, pendant le même temps, le travail de la résistance a été
de 8839 kilogrammètres, l'excédant du travail moteur sera de :

$$10324 - 8839 = 1485 \text{ kilogrammètres.}$$

Le travail total, pendant une révolution, étant de 73298$^{km.}$ le rapport sera de $\dfrac{1485}{73298} = 0,022$;

d'où le principe suivant :

*Dans les machines à deux cylindres, à détente jusqu'à trois fois le
volume primitif de la vapeur, sans condensation, avec espaces nuisibles
d'un trente-quatrième du volume engendré par chaque piston dans une
course, fonctionnant sous une tension initiale de 5 atmosphères avec
contre-pression moyenne de $1^{atm}.33$, le travail que les organes de
l'appareil doivent successivement emmagasiner, puis restituer, est
égal, approximativement, aux 0,022 du travail effectif transmis à
l'arbre de la manivelle pendant une révolution.*

Si le moment de la résistance variait pendant la marche des machines, les mêmes procédés de recherche de la différence entre les
travaux moteur et résistant, et des positions d'équilibre, pourraient
permettre de résoudre toutes les questions relatives aux quantités de
travail que les organes mécaniques doivent successivement emmagasiner et restituer, pourvu que les lois des variations de la puissance et de
la résistance fussent connues. Nous recommandons vivement ces méthodes élémentaires aux praticiens et nous espérons qu'il s'en trouvera
un assez patient pour faire de semblables tâtonnements, dans toutes
les conditions de fonctionnement des machines, qui peuvent se présenter dans la pratique, et qu'il voudra bien publier le tableau des
résultats qu'il aura obtenus.

POIDS DES VOLANTS.

Nous venons d'exposer diverses méthodes élémentaires à l'aide desquelles on peut déterminer, aussi approximativement que la pratique

l'exige, les quantités de travail que les organes des machines doivent successivement recueillir sous la forme de force vive, puis restituer pour venir en aide à la force motrice lorsqu'elle est insuffisante pour emporter les résistances. Toutes les pièces mobiles d'une machine accomplissent cette fonction dans la mesure de leurs masses et de la vitesse qu'elles peuvent recevoir d'après la manière dont elles sont liées les unes aux autres ; mais leur influence est très-faible relativement à celle de l'organe spécial affecté uniquement à cette fonction et qui porte le nom de volant. Dans ce volant lui-même, l'influence de la jante massive qu'on lui donne, l'emporte de beaucoup sur celle des bras et du moyeu ; aussi, dans les appréciations qui concernent le degré de régularité que l'on peut obtenir dans des conditions de fonctionnement données, on ne tient généralement compte que du poids de cette jante. Cette façon d'envisager la question est évidemment incomplète et ne devrait fournir que des résultats grossièrement approximatifs, mais les graves causes d'erreurs qu'elle comporte se trouvent indirectement annulées par les coefficients pratiques de régularité que l'on a déterminés en établissant le rapport qui existe, dans les machines qui fonctionnent avec une vitesse suffisamment régulière, entre le poids de la jante du volant et le degré de régularité obtenu, et en négligeant, dans cette comparaison de deux faits pratiques correspondants, l'influence de la masse de tous les autres organes des appareils.

D'autre part, pour évaluer rigoureusement la force vive d'une jante de volant qui se meut avec une vitesse déterminée, il faudrait faire usage de ce que l'on nomme, en mécanique, les moments d'inertie ; mais, dans ce cas particulier, les divers éléments de la masse de la jante ne sont pas à des distances de l'axe de rotation, assez différentes pour que l'on commette une notable erreur en les supposant, tous, placés à une distance de cet axe, moyenne entre la plus grande et la plus petite, c'est-à-dire à la distance du centre de figure de la section de la jante, à l'axe de rotation ; dans cette hypothèse, la force vive s'évalue comme dans le mouvement en ligne droite.

Ceci posé, représentons par :

A la fraction du travail moteur qui doit être successivement emmagasinée, puis restituée ;

P le poids de la jante du volant ;

R le rayon moyen de ce volant ;

V la vitesse moyenne de la jante, comptée d'après le rayon et le nombre
de tours qu'elle fait par minute ;

v' le maximum de vitesse de cette jante ;

v sa vitesse minima ;

m le nombre de tours de la manivelle par minute ;

m' le nombre de tours du volant par minute ;

N la puissance effective de la machine sur l'arbre de la manivelle, en
chevaux ;

n la limite des variations de vitesse qui se produiront dans la machine,
ou le *coefficient de régularisation* dépendant de la nature de l'ouvrage exécuté.

Le travail à emmagasiner et à restituer sera :

$$A \cdot Q\, 2\, \pi\, r.$$

Le maximum de force vive sera $\dfrac{Pv'^2}{2g}$, et le minimum $\dfrac{Pv^2}{2g}$;

La différence de ces forces vives sera égale à $A \cdot Q\, 2\, \pi\, r$;

$$\text{d'où } A \cdot Q\, 2\, \pi\, r = \frac{P}{2g}\,(v'^2 - v^2).$$

D'autre part, la différence entre la plus grande et la plus petite vitesse de la jante, ne doit pas dépasser la n^{me} partie de la vitesse V,
moyenne des deux vitesses v' et v, ce qui donne :

$$v' - v = \frac{V}{n}, \text{ et } \frac{v'+v}{2} = V ; \text{ d'où } v'^2 - v^2 = \frac{2\,V^2}{n}.$$

Si on substitue cette valeur dans l'expression ci-dessus, on obtient :

$$A \cdot Q\, 2\, \pi\, r = \frac{PV^2}{gn} ;$$

$$(1) \quad \text{d'où } P = \frac{A \cdot g \cdot n \cdot Q\, 2\, \pi\, r}{V^2}.$$

La vitesse moyenne V est égale à $\dfrac{2\,\pi\,R\,m'}{60}$, et V^2 à $\dfrac{4\,\pi^2\,R^2\,m'^2}{3600}$.

Le travail exprimé en chevaux est :

$$\frac{Q \cdot 2\,\pi\,r \cdot m}{60'' \cdot 75^{km}} = N; \text{ d'où } Q \cdot 2\,\pi\,r = \frac{4500 \cdot N}{m}.$$

En substituant ces valeurs dans l'équation (1), elle devient :

$$P = \frac{A \cdot g \cdot n \cdot 4500 \cdot N \cdot 3600}{4\,\pi^2\,R^2 \cdot m \cdot m'^2},$$

et, après les opérations numériques :

$$P = \frac{4025295 \cdot N \cdot n \cdot A}{m\,R^2\,m'^2} \cdot \quad (B)$$

Expression qui peut donner le poids de la jante du volant pour régulariser la vitesse jusqu'à une limite déterminée, dans tous les cas possibles.

La seule difficulté que puisse présenter le calcul du poids du volant, dans une circonstance quelconque, est donc inhérente à la détermination de la fraction A que nous avons trouvée plus haut dans des conditions assez variées, et au sujet de laquelle nous avons exposé une méthode de recherche qui peut servir à la déterminer dans d'autres circonstances.

La limite n des variations de vitesse que l'on peut laisser se produire sans inconvénient dans les machines, change avec la nature des ouvrages qu'elles servent à exécuter. Dans la plupart des cas, il suffit que la plus grande vitesse ne s'écarte pas de la plus petite, de plus d'un quinzième à un vingtième de la vitesse moyenne; ce qui donne à n un valeur égale à 15 ou 20. Dans d'autres circonstances, par exemple dans les filatures, où la nature du travail exige une vitesse très-régulière, on donne à n une valeur qui s'élève jusqu'à 35 ou 40.

Il serait probablement très-utile de déterminer par l'observation directe, le maximum d'irrégularité que l'on pourrait laisser subsister suivant la nature des différentes opérations industrielles que l'on effectue avec l'aide des machines ; on arriverait ainsi à donner toujours, aux volants, le minimum de poids qu'ils puissent avoir, sans inconvénients pratiques, dans chaque cas particulier, ce qui réduirait au minimum les pertes de travail par frottement dont ils sont la source. Les constructeurs, jusqu'à présent, se tiennent, sans grand discernement, dans les limites que nous venons d'indiquer ci-dessus.

Applications. — Déterminer le poids de la jante du volant d'une machine à vapeur de la puissance effective de quarante chevaux, pour régulariser le mouvement au point que la plus grande vitesse ne diffère de la plus petite que d'un dix-huitième de la vitesse moyenne. L'arbre de la manivelle fait vingt tours par minute, le volant est monté sur cet arbre, et son rayon moyen est de 2^m50.

1° La machine étant supposée à simple effet, sans détente.

2° La machine étant supposée à double effet, sans détente.

3° La machine étant supposée à deux cylindres, sans détente.

4° La machine étant supposée à trois cylindres, sans détente.

5° La machine étant supposée à détente jusqu'à trois fois le volume primitif de la vapeur, à un seul cylindre, et fonctionnant dans les conditions que nous avons admises plus haut.

6° La machine étant supposée à détente jusqu'à trois fois le volume primitif de la vapeur, à deux cylindres conjugués, et fonctionnant dans les conditions également admises pour l'exposition de notre méthode de tâtonnement.

Dans toutes ces applications, $N = 40$, $n = 18$, $m = 20$, $m' = 20$, $R = 2,50$; ce qui donne pour tous les cas :

$$P = A.\,57964.$$

Dans le premier cas, $A = 0,551$; dans le deuxième, $A = 0,106$; dans le troisième, $A = 0,0106$; dans le quatrième, $A = 0,003$; dans le cinquième, $A = 0,188$; dans le sixième, $A = 0,022$.

Donc, pour régulariser la vitesse jusqu'à la même limite, dans ces différentes machines de même puissance et dans lesquelles les arbres des manivelles font le même nombre de tours dans le même temps, le poids du volant serait :

Dans la première,	$0,551 \cdot 57964 =$	31938 kilog. ;
Dans la deuxième,	$0,106 \cdot 57964 =$	6144 kilog. ;
Dans la troisième,	$0,0106 \cdot 57964 =$	614 kilog. ;
Dans la quatrième,	$0,003 \cdot 57964 =$	174 kilog. ;
Dans la cinquième,	$0,188 \cdot 57964 =$	10897 kilog. ;
Dans la sixième,	$0,022 \cdot 57964 =$	1275 kilog.

Si le volant était placé sur un arbre tournant plus vite que l'arbre de la manivelle, m' augmenterait et l'on obtiendrait le même degré de régularité avec des volants beaucoup moins lourds. On voit, par la formule, que le poids du volant est inversement proportionnel au carré du nombre de tours que celui-ci fait par minute.

Dans les troisième, quatrième et sixième cas ci-dessus, on se dispense souvent d'employer le volant, les autres organes de la machine peuvent régulariser suffisamment le mouvement.

On supprime également le volant dans les locomotives, parce que la masse totale de la machine avec sa chaudière, en fait l'office et contribue à réaliser une vitesse presque invariable, quand les conditions de la locomotion ne changent pas.

Il y a quelques appareils dans lesquels la vitesse, pendant la durée d'un coup de piston, n'a pas été, jusqu'à présent, régularisée par l'action d'un volant ordinaire, parce que ces appareils ne contenaient point d'arbre possédant un mouvement de rotation continu; parmi eux, les plus importants sont ceux qui servent à l'épuisement des mines. Le volant est alors remplacé par des masses considérables animées d'un mouvement alternatif de va-et-vient, produisant, dans une certaine mesure, l'effet du volant à mouvement de rotation. Nous allons présenter sur cette application particulière de notre théorie générale, quelques considérations qui mettront en évidence les raisons pour lesquelles, en Belgique, on a essayé en vain d'introduire une grande détente dans ces machines.

RÉGULARISATION DE LA VITESSE

PAR LES MASSES EN MOUVEMENT, DANS LES MACHINES D'ÉPUISEMENT
A DÉTENTE.

Un grand appareil d'épuisement se compose aujourd'hui, quelle que soit la profondeur du puits, d'une pompe aspirante élevatoire, nommée aussi soulevante, qui élève l'eau du fond à une hauteur de 15 à 30 mètres, puis d'une série de pompes foulantes à cylindres plongeurs.

élevant l'eau, chacune, à une hauteur de 45 à 60 mètres. Ces dernières pompes, excepté celle qui reçoit directement l'eau de la pompe élevatoire, n'ont que peu ou point d'aspiration, les bâches qui reçoivent l'eau des pompes inférieures pour la livrer aux pompes supérieures étant placées sur les mêmes traverses que ces dernières. Du haut en bas du puits règne une longue tige verticale, qui porte le nom de *maîtresse tige* ou de *grand tirant*, à laquelle on a attaché, de distance en distance, les pistons des pompes foulantes, et qui est elle-même solidement fixée à la tige du piston de la machine motrice à simple effet, dont l'axe coïncide avec l'axe de cette maîtresse tige. La communication de mouvement de la tige du piston moteur aux pistons des pompes, présente ainsi le maximum de simplicité et de perfection théorique possible.

Lorsque la vapeur pousse le piston de la machine motrice de bas en haut, celui-ci emporte avec lui la maîtresse tige, élève l'eau par aspiration et par soulèvement direct au-dessus du piston, dans la colonne de la pompe élevatoire, et, en même temps, fait sortir les cylindres plongeurs des corps de pompes foulantes, dont chacun s'emplit d'eau prise dans la bâche voisine. Pendant la descente du piston moteur, le poids seul de la maîtresse tige refoule l'eau dans les colonnes d'ascension de ces pompes foulantes, et chacune verse cette eau dans la bâche placée à sa partie supérieure ; le piston à clapet de la pompe élevatoire redescend dans l'eau immobile pendant cette course.

D'après ce mode de fonctionnement, le travail de la vapeur, pendant la course de bas en haut, doit suffire pour élever l'eau dans la colonne de la pompe élévatoire et pour élever la maîtresse tige dont le poids est assez considérable pour surmonter pendant sa descente : 1° le poids statique de toutes les colonnes d'eau qui poussent les cylindres plongeurs de bas en haut ; 2° les résistances qui s'opposent au mouvement de cette eau dans les tuyaux qui la contiennent ; 3° tous les frottements des tiges, pistons et autres pièces frottantes en mouvement pendant cette course. La communication entre les chaudières et le cylindre est interrompue pendant la course de haut en bas, et il y a alors équilibre des tensions sur les deux faces du piston moteur. Nous avons suffisamment décrit ce genre d'appareil à traction directe, dans cet ouvrage, pour qu'il soit inutile d'insister ici plus longtemps sur les diverses particularités qui le concernent.

Lorsque la vapeur agit sous le piston à pression constante pendant toute la course, ou plutôt pendant presque toute la course, parce qu'il faut, dans tous les cas, que la vitesse acquise disparaisse à la fin de cette course à l'aide d'une diminution de pression sous le piston, on peut modérer à volonté la vitesse d'ascension de la maîtresse tige et régler la marche de l'appareil, de manière à l'approprier à la nature de l'opération que l'on exécute, en évitant, dans les pompes, les chocs et les coups de bélier qui résultent de la fermeture trop brusque des clapets. Mais, quand on veut introduire la détente au delà d'une certaine limite, on remarque que ces coups de bélier se produisent avec une intensité compromettante pour l'existence de ces pompes, et l'on se trouve en face d'un obstacle invincible à l'amélioration du mode de fonctionnement de la vapeur, au point de vue de l'économie du combustible ; aucune machine en Belgique n'a été montée, jusqu'à présent, dans des conditions telles qu'une détente un peu prolongée y fut possible (1).

Voici pourquoi : Dans les machines à tension constante, la vitesse d'ascension du piston et la durée de la course peuvent être modifiées à volonté, parce que la tension de la vapeur, en tous les points de cette course, est suffisante pour emporter la charge ; mais, dans la détente, cette vitesse et cette durée de la course ne sont plus à la disposition du mécanicien, elles ont une valeur directement dépendante de la détente adoptée et qui, pour cette détente, est invariable. En effet, le travail à pression pleine et à détente, dans une course, est *rigoureusement* égal au travail de toutes les résistances utiles et passives pendant cette course, et comme ce dernier est très-approximativement constant pendant le soulèvement de la maîtresse tige, tandis que le premier, par le fait de la détente, est bien plus considérable au commencement qu'à la fin de l'opération, il en résulte que, jusqu'en un certain point, nommé *point d'équilibre*, la puissance l'emporte sur les résistances, d'une

____

(1) On achève en ce moment, au charbonnage du grand Hornu, la pose d'une machine d'épuisement à traction directe, construite pour réaliser une longue détente dans les conditions qui seront exposées plus loin. Cette machine est l'œuvre de M. Brialmont, directeur des ateliers de Seraing.

quantité déterminée, et qu'au delà de ce point ce sont celles-ci qui
deviennent prépondérantes; de telle sorte que, sans le travail emmagasiné par l'inertie de toutes les masses en mouvement, le point
d'équilibre ne serait pas dépassé. La puissance, jusqu'au point
d'équilibre, l'emporte donc, *à chaque instant, d'une quantité déterminée* sur les résistances et produit, dans les masses en mouvement,
des accélérations de vitesse qui dépendent, aussi à chaque instant, de
l'excédant qu'elle possède sur ces résistances et de la grandeur de ces
masses, mais qui, pour un appareil déterminé et une détente donnée,
ont une valeur invariable. La durée de cette partie de la course, qui
est essentiellement dépendante de ces accélérations, est donc également
invariable. Les mêmes considérations s'appliquent aux diminutions de
vitesse, au delà du point d'équilibre; les résistances l'emportant à
chaque instant d'une quantité déterminée sur la puissance, le ralentissement de la vitesse en chaque point, se trouve invariablement fixé,
ainsi que la durée de cette période de l'opération. D'un autre côté,
l'excédant de la puissance motrice sur les résistances, jusqu'au point
d'équilibre, produira des accroissements de vitesse d'autant plus considérables que les masses mises en mouvement seront plus faibles, et
les décroissements de vitesse seront, pour les mêmes raisons, plus
rapides; la durée de la course sera donc d'autant plus petite que les
masses seront moins considérables, et que la puissance l'emportera
davantage sur les résistances pendant la première période du mouvement. Ainsi, nous pourrons poser le principe suivant :

*Dans les machines d'épuisement à simple effet sans détente, la
durée d'un coup de piston et son maximum de vitesse peuvent être
réglés au gré du mécanicien et appropriés à la nature particulière
des pompes d'épuisement. Dans les machines d'épuisement à simple
effet et à détente, la durée d'un coup de piston et le maximum de
vitesse qu'il reçoit de la vapeur, sont invariables pour un appareil et
une détente donnés, et ne peuvent être changés que par une modification dans le chiffre de la détente ou dans la grandeur des masses
mises en mouvement. La durée sera d'autant plus petite et le maximum de vitesse d'autant plus grand, que la vapeur agira par expansion pendant une plus grande partie de la course du piston et que les
masses mises en mouvement seront plus faibles.*

Avant d'examiner les inconvénients pratiques qui résultent d'une course trop rapide du piston et d'une tension trop faible de la vapeur sous ce piston à la fin de la course qui n'a pu être achevée qu'à l'aide de la vitesse acquise des masses au mouvement, il est nécessaire de présenter quelques considérations sur le mode de fonctionnement des soupapes ou clapets ordinaires des machines d'épuisement. Les clapets des systèmes généralement employés se soulèvent d'une assez grande quantité pour ouvrir le plus possible un large passage à l'eau aspirée ou refoulée, et lorsque la vitesse du courant qui traverse leurs ouvertures, est éteinte, ils ne retombent pas instantanément sur leurs siéges. Si l'eau, dans laquelle ils sont plongés, peut trouver une issue pour retourner en arrière, ce mouvement se produira, de façon que le clapet se fermera sous l'influence de ce courant contraire qui se sera propagé jusqu'à la partie supérieure de la colonne que ce clapet est destiné à soutenir, et cette fermeture instantanée arrêtera, aussi instantanément, le courant descendant ; il en résultera un choc violent du clapet sur son siége et une énorme pression de l'eau contre les parois intérieures des tuyaux, en un mot, *un coup de bélier* semblable à celui que l'on produit, avec moins de danger, dans les machines qui portent le nom de bélier hydraulique, parce que là, au moins, il y a, près de la soupape qui se ferme, une autre soupape qui peut se soulever pour laisser passer une partie de l'eau ainsi brusquement arrêtée dans son mouvement, ce qui rend moins rapide l'absorption de tout le travail emmagasiné par l'inertie du liquide.

Or, ce mouvement de recul de l'eau peut se produire dans le tuyau d'aspiration et dans la colonne de refoulement dans les circonstances suivantes : Dans le tuyau d'aspiration, lorsque le piston, après avoir achevé sa course d'aspiration, peut revenir rapidement en arrière sous l'influence d'une forte pression que la maîtresse tige exerce sur lui pour redescendre, et se trouve brusquement arrêté dans ce mouvement de retour par la fermeture du clapet. Dans la colonne de refoulement, lorsque le cylindre plongeur, après une descente un peu trop rapide, s'arrête avant que la vitesse de l'eau dans la colonne de refoulement soit éteinte, ce qui arrive surtout quand le diamètre de cette colonne est beaucoup plus petit que celui du piston ; l'eau, dans ce cas, continue à s'élever en vertu de la vitesse acquise, en se déversant par le haut de la colonne, fait le vide dans le corps de pompe, absolument comme un piston qui se mouverait de bas en haut dans cette colonne, et rouvre le clapet d'aspiration qui laisse rentrer de l'eau dans ce corps de pompe. A l'instant où la vitesse acquise s'éteint, les deux clapets sont ouverts, il y a libre communication entre la bâche qui contient la provision d'eau destinée à l'alimentation de la pompe et la colonne refoulée, et il se produit une chute de toute la colonne pendant la fermeture des deux clapets. Le coup de bélier qui en résulte est alors bien plus fort au clapet de refoulement qu'au clapet d'aspiration, à cause de la faible hauteur de la colonne comprise entre ces deux clapets, laquelle agit seule sur le clapet d'aspiration. Nous avons fréquemment constaté cet effet et l'accroissement notable dans le rendement des pompes, qui en résulte, au point d'élever ce rendement au-dessus du volume théorique correspondant au diamètre et à la course des pistons, lorsque la descente de la maîtresse tige est rapide et que les colonnes d'ascension de l'eau sont étroites; mais il ne se produit pas aux vitesses ordinaires et avec de larges colonnes d'ascension dans lesquelles l'eau ne prend qu'une faible vitesse.

Ce coup de bélier au clapet de refoulement est complétement indépendant de la détente; il ne dépend que de la vitesse de descente de la maîtresse tige et du diamètre des colonnes d'ascension, et il peut, dans tous les cas, être singulièrement affaibli par de bonnes dispositions de clapets; par exemple, à l'aide de soupapes ne s'ouvrant que très-peu et se fermant rapidement aussitôt que la vitesse ascensionnelle de l'eau est éteinte. Dans la pompe aspirante élevatoire qui est au bas du puits, le coup de bélier se produit au clapet d'aspiration qui sert en même temps de clapet de retenue pendant la descente du piston, lorsque la maîtresse tige, arrivée au sommet de sa course, fait rapidement un retour en arrière en abandonnant à son propre poids, avec tous les clapets ouverts, la colonne d'eau correspondante à la hauteur totale de cette pompe. Il en résulte une chute de cette colonne jusqu'au moment où les clapets se ferment, et, en ce moment, un coup de bélier violent sur le clapet d'aspiration et de retenue, s'il s'est fermé avant les clapets du piston. Si les clapets du piston se ferment les premiers, c'est la tige de ce piston qui reçoit le choc, en même temps que les parois des tuyaux et du corps de pompe.

Il arrive, très-fréquemment, que les clapets soient brisés par ces chocs et ils ont parfois occasionné la rupture des tuyaux dans le voisinage de ces clapets. Il y a longtemps que l'on s'est efforcé, en Angleterre, de construire des soupapes d'une forme mieux appropriée que celle du clapet ordinaire, au genre de service auquel elles sont consacrées, surtout au point de vue de la chute des colonnes lorsqu'elles ne sont plus soutenues par les pistons, afin d'éviter, au moins en partie, ces coups de bélier qui deviennent d'autant plus énergiques et plus dangereux que les pompes ont un plus grand diamètre et que les colonnes d'eau sont plus élevées. La disposition qui semble jusqu'à présent avoir le mieux réussi, consiste à substituer au grand clapet ordinaire qui se soulève d'une quantité considérable, une multitude de petits clapets dont chacun se soulève peu et dont l'ensemble offre, pour le passage de l'eau, une somme de sections au moins équivalente à la section de la colonne dans laquelle ils sont placés. Les figures 52 et 53, pl. 14 et 15, indiquent la disposition de deux soupapes de ce genre, dont l'invention est due à M. John Hosking, de Gateshead, et dont le succès, paraît-il, a été très-satisfaisant ; la première est garnie d'une grande quantité de petits clapets ordinaires, et la seconde de simples anneaux en caoutchouc souple, s'appuyant sur une espèce de grillage assez serré pour que la bande élastique ne se déprime pas à l'endroit des ouvertures sous l'influence d'une forte pression. La largeur des ouvertures que recouvrent ces anneaux est à peu près égale à leur épaisseur. Nous ne pensons pas qu'il soit nécessaire de faire une description détaillée de ces dispositions, qui sont suffisamment expliquées par les figures.

L'avantage de ces soupapes est de réduire presque à rien la chute des colonnes d'eau avant de se fermer et, comme tous ces clapets se ferment rarement en même temps, la faible vitesse en retour acquise par la colonne pendant la fermeture, s'éteint progressivement et sans produire les coups de bélier si fréquents dans l'emploi du clapet ordinaire. Il est vrai que l'eau, en traversant toutes ces petites ouvertures, doit éprouver un peu plus de résistance qu'en passant par une grande ouverture de même section, mais l'inconvénient est faible comparativement aux avantages. On a construit de ces soupapes, avec anneaux de caoutchouc, ayant 1 mètre de diamètre et soutenant une colonne d'eau de 38 mètres de hauteur, qui fonctionnaient sans chocs, et qui ont été trouvées, après une année de service, en aussi bon état que le jour de la pose.

Revenons maintenant à l'influence de la détente sur la marche des pompes et examinons comment cette détente, qui n'a point d'action sur le clapet de retenue placé au pied des colonnes d'eau élevées par refoulement, en a une énorme sur le clapet d'aspiration, tant des pompes foulantes que de la pompe élevatoire, au point d'être radicalement empêchée par les coups de bélier qu'elle peut occasionner sur ces clapets. Pour rendre cette démonstration plus claire, nous remplacerons les raisonnements généraux par une analyse attentive des phénomènes qui s'accomplissent, pendant la durée d'une course montante, dans une machine déterminée, où la détente est suffisamment prolongée pour que les faits que nous avons à signaler se prononcent avec une intensité qui ne laisse aucun doute sur leur existence.

Supposons, par exemple, qu'il s'agisse d'élever du fond à la partie supérieure d'un puits de mine de 500 mètres de profondeur, $0^{m3}400$ d'eau par coup de piston, dans les conditions suivantes :

Tension initiale de la vapeur sur le piston moteur . . . . $4^{atm}.00$
Course du piston moteur et des pistons des pompes . . . . 3^m50
Hauteur à laquelle l'eau est élevée par la pompe aspirante élevatoire. . 20^m00
Hauteur à laquelle elle est élevée par la série des pompes foulantes. . 480^m00
Hauteur de chaque jeu foulant. . . . . 48^m00
Nombre de pompes foulantes . . . . $10,00$
Hauteur de l'espace nuisible sous le piston moteur, au bas de sa course . 0^m10

Détente de la vapeur à un septième de la course; elle commence donc après $\dfrac{3^m50}{7} = 0^m50$ de chemin parcouru, mais en réalité, à cause de l'espace nuisible de 0^m10, la détente n'a lieu que jusqu'à $\dfrac{3^m50 + 0,10}{0^m50 + 0,10} = 6$ fois le volume de la vapeur à la tension initiale de 4 atmosphères.

Nous admettrons à priori un coefficient d'effet utile, en eau élevée, de 0,687, que l'on peut aisément obtenir dans les machines de cette espèce, une contre-pression de 0,21 d'atmosphère, et un excédant du poids de la maîtresse tige sur le poids de la colonne élevée par refoulement, égal à un huitième du poids de cette colonne, selon la coutume d'un grand nombre de constructeurs.

Enfin, pour ne pas entrer dans des considérations sur le rendement des pompes, inutiles dans le cas qui nous occupe, nous supposerons qu'elles élèvent le volume d'eau théorique et qu'elles ont le même diamètre du haut en bas du puits.

Comme conséquences des données que nous venons de poser, nous trouverons successivement :

Diamètre des pompes, $0,785\, d^2 . 3^m50 = 0^{m3}400$; d'où $d = 0^m40$;
Poids de la colonne refoulée, $0,785\, (0,40)^2 . 480^m. 1000 = 60288^{km.}$;

Poids de la colonne soulevée par la pompe inférieure :

$$0,785\, (0,40)^2 . 20^m.1000 = 2512 \text{ kilog. ;}$$

Poids effectif de la maîtresse tige avec tout l'attirail de pistons qui y sont attachés, $60288 + \dfrac{60288}{8} = 67824$ kilog. ;

Le travail utile en eau élevée, étant de $400^{kil.} . 500^m = 200000^{km.}$ par course, le travail théorique de la vapeur sur le piston moteur, contre-pression déduite, devra être de $\dfrac{200000^{km.}}{0,687} = 290910^{km.}$;

Les résistances utiles et passives, uniformes pendant la levée du piston, seront donc de $\dfrac{290910}{3^m50} = 83117^{kil.}$.

Sur ces 83117 kilog., 67824 seront employés à soulever la maîtresse tige, 2512 à soutenir la colonne de la pompe élevatoire, et le surplus, 12781 kilog., à surmonter les frottements de tous les pistons, y compris le piston à vapeur, à vaincre la résistance que l'eau éprouve à se mouvoir dans la colonne de la pompe élevatoire et à faire équilibre au vide plus ou moins parfait qui se produit sous les pistons des pompes pendant l'aspiration.

Si nous admettons que la détente s'accomplira suivant la loi de Mariotte, nous trouverons la surface du piston moteur, par la formule :

$$S (L + C) \left[\frac{P (Z+C)}{L+C} \left(1 + log \frac{L+C}{Z+C} 2,3026\right) \right]$$
$$- S (P'. L + PC) = 290910^{km.}$$

$$L = 3^m50 ; Z = 0^m50 ; C = 0^m10 ; P = 41332^{kil.} ; P' = 2168^{kil.}$$

La section S, tirée de cette expression, est égale à $5^{m2}0612$; ce qui correspond à un diamètre de 2^m53.

La position du piston, lorsque la vapeur fera précisément équilibre aux résistances, sera déterminée par la proportion suivante, dans laquelle x représente la distance de ce piston, en cet instant, au fond du cylindre :

$$x : 0^m60 = 5^{m2}0612 . 41332^{kil.} : 83117^{kil.} + 2168^k. 5^{m2}0612 ;$$
$$\text{d'où } x = 1^m33.$$

Comme cette distance comprend l'espace nuisible, le piston sera arrivé au point d'équilibre, lorsqu'il aura parcouru un chemin de $1^m33 - 0^m10 = 1^m23$.

Nous avons représenté, dans la figure 54, pl. 15, les valeurs successives de la pression sur le piston et celle de la résistance qu'il éprouve pendant son mouvement. CEG est la courbe des tensions pendant la détente, et $BN = EF = MH$ la résistance totale qui se compose des 83117 kilog. de résistances utiles et passives et de $5^{m2}0612 . 2168^{kil.} = 10972^{kil.}$ de contre-pression ; total 94089 kilog.

La surface ABHGECA représente le travail absolu de la vapeur sur la face inférieure du piston, et le rectangle équivalent NBHM, le travail résistant uniforme qui absorbe, dans une course, la totalité de ce travail moteur. On voit que jusqu'à la position d'équilibre EF, il y a un excédant considérable de travail moteur, et un excédant égal de travail résistant depuis cette position jusqu'à la fin de la course, et qu'en ce dernier instant, la pression totale de la vapeur, sous le piston, n'est plus que de 34865 kilog., dont 10972 kilog. sont annulés par la contre-pression ; effort bien insuffisant pour soutenir la maîtresse tige qui n'a pu s'élever jusqu'en ce point qu'à l'aide de la vitesse acquise pendant la première partie de sa course.

Les excédants du travail moteur sur le travail résistant, jusqu'au point d'équilibre, étant transformés en force vive, ou travail emmagasiné par l'inertie de toutes les masses en mouvement, et les excédants du travail résistant sur le travail moteur, au delà de ce point, occasionnant la restitution d'une partie équivalente du travail emmagasiné, il est facile de calculer le travail moteur et le travail résistant produit jusqu'en un point quelconque de la course du piston, et de trouver la vitesse que possèdent toutes les masses en mouvement, lorsque le piston se trouve dans cette position.

Nous avons représenté, dans le tableau suivant, page 380, toutes les phases d'une opération, dans trois hypothèses : 1° lorsque le poids de la maîtresse tige, avec son attirail de pistons, est réduit aux 67824 kil. nécessaires pour opérer le refoulement de l'eau dans les colonnes des pompes foulantes ; cette masse, ajoutée aux 2512 kilog. d'eau qui se meuvent dans la colonne de la pompe élévatoire, constitue une masse totale en mouvement, de 70336 kilog. ; 2° dans l'hypothèse où l'on ajouterait à cette maîtresse tige une masse de 30000 kilog., équilibrée par une masse égale de 30000 kilog., placée à l'extrémité d'un balancier à bras égaux, ce qui constituerait une masse totale en mouvement de 130336 kilog.; 3° dans l'hypothèse où les masses additionnelles seraient de 300000 kilog. de chaque côté de contrebalanciers à bras égaux, ce qui constituerait une masse totale en mouvement de 670336 kilog., en négligeant le poids des contrebalanciers.

La première colonne représente les chemins parcourus par le piston depuis le commencement de sa course.

La deuxième, le travail moteur jusqu'au point de la course indiqué par la première. Ce travail a été calculé, pour chaque point, à l'aide de la formule qui nous a servi à trouver le diamètre du piston, en remplaçant L par ses valeurs successives indiquées par la première colonne. Ces points ont été pris de 0^m30 en 0^m30 pendant la détente, plus le point d'équilibre, qui est caractéristique et où la vitesse de la maîtresse tige atteint son maximum.

La troisième représente le travail résistant qui correspond au chemin parcouru et à la résistance uniforme de 83117 kilog.

La quatrième représente la différence entre les travaux moteur et résistant jusqu'au point correspondant, ou le travail que les masses en mouvement ont emmagasiné.

Les cinquième, septième et neuvième, les vitesses acquises par

CHEMIN PARCOURU PAR LE PISTON DEPUIS LE COMMENCEMENT DE LA COURSE.	TRAVAIL MOTEUR, contre-pression DÉDUITE.	TRAVAIL RÉSISTANT.	TRAVAIL EMMAGASINÉ.	VITESSE ACQUISE DE LA MAITRESSE TIGE.	DURÉE DU MOUVEMENT D'UN POINT A L'AUTRE DE LA COURSE, EN SECONDE.	VITESSE ACQUISE DE LA MAITRESSE TIGE.	DURÉE DU MOUVEMENT D'UN POINT A L'AUTRE DE LA COURSE, EN SECONDE.	VITESSE ACQUISE DE LA MAITRESSE TIGE.	DURÉE DU MOUVEMENT D'UN POINT A L'AUTRE DE LA COURSE, EN SECONDE.
1	2	3	4	5	6	7	8	9	10
mètres.	km.	km.	km.	mètres.		mètres.		mètres.	
0,50 à pression pleine.	99113	41558	57555	4,007	0,249	2,938	0,340	1,298	0,769
0,80	146720	66493	80227	4,731	0,068	3,469	0,093	1,552	0,210
1,10	179610	91429	88181	4,960	0,063	3.637	0,085	1,607	0,195
1,25 point d'équilibre.	191300	102233	89067	4,985	0,026	3,656	0,035	1,615	0,070
1,40	206410	118226	88184	4,961	0,034	3,657	0,046	1,608	0,104
1,70	224042	141191	82851	4,808	0,061	3,525	0,085	1,557	0,188
2,00	240077	166146	75951	4,542	0,064	3,330	0,087	1,471	0,198
2,30	253314	190917	62397	4,172	0,069	3,059	0,094	1,551	0,213
2,60	268131	219259	48872	3,693	0,076	2,708	0,103	1,196	0,235
2,90	274723	240948	33775	3,070	0,088	2,251	0,120	0,994	0,272
3,20	285703	268293	17410	2,204	0,113	1,616	0,154	0,714	0,349
3,50	290910	290910	0	0	0,272	0	0,570	0	0,840
				Poids de la masse en mouvement. 70535 k.	1"183 Durée totale de la course.	Poids de la masse en mouvement. 150336	1"610 Durée totale de la course.	Poids de la masse en mouvement. 670356 k.	5"643 Durée totale de la course.

les masses en mouvement pour emmagasiner les différences entre les
travaux moteur et résistant, jusqu'au point d'équilibre, et les vitesses
conservées après restitution d'une partie de la force vive, au delà de
ce point. Ces vitesses ont été calculées par la formule ordinaire

$$\frac{PV^2}{2g}$$ pour les trois masses de 70335$^{\text{kil.}}$, 150336$^{\text{kil.}}$ et 670336$^{\text{kil.}}$.

Les sixième, huitième et dixième colonnes représentent les durées
du passage du piston d'un point de la course indiqué par la première
colonne, au suivant, dans les trois hypothèses, et la durée totale de ces
courses. Les chiffres consignés dans ces colonnes ont été déterminés
en supposant que le piston, en passant d'une position à la suivante,
possède une vitesse égale à la moyenne de ses deux vitesses effectives
au commencement et à la fin de cette période de son mouvement. Cette
méthode, exacte quand le mouvement est uniformément accéléré,
comme pendant le travail à pression pleine, est inexacte quand les
accroissements ou les décroissements de vitesse ne sont plus uniformes ; mais nous avons pris les points si rapprochés les uns des autres,
et il y a si peu de différence entre les vitesses extrêmes des périodes
successives, que l'erreur que nous avons pu commettre, en adoptant
ce procédé élémentaire, sera sans influence sensible sur le résultat
final ; d'autant plus que, de part et d'autre du point d'équilibre, elle
se produit en sens inverse.

On voit qu'en ne donnant à la maîtresse tige, dans les conditions de
détente adoptées, que le poids strictement nécessaire pour le refoulement de l'eau, elle serait emportée comme une flèche par l'impulsion
de la vapeur, et fournirait en 1″183, sa course de 3^{m}50. Avec une
charge additionnelle de 60000$^{\text{kil.}}$ répartie entre la maîtresse tige et
les contrepoids, la durée d'une course ne serait encore que de 1″610.
Il est évident que, dans de semblables conditions d'aspiration pour les
pompes, l'eau aspirée ne pourrait suivre les pistons dans leur mouvement ascensionnel et qu'il resterait un espace vide plus ou moins
considérable entre la surface de l'eau affluente et ces pistons, de sorte
que la maîtresse tige étant arrivée au sommet de sa course en vertu de
sa vitesse acquise et n'étant plus que très-faiblement soutenue par la
tension de la vapeur sous le piston moteur, retomberait sous l'influence

de la plus grande partie de son poids, et qu'à l'instant où le vide des
corps de pompes aurait disparu par la rentrée des pistons, elle serait
brusquement arrêtée dans sa chute, ce qui ne manquerait pas de produire violemment la fermeture du clapet d'aspiration et une secousse
désastreuse dans tout l'appareil d'épuisement.

Les formules qui concernent la vitesse d'écoulement de l'eau sous
une charge donnée, indiquent bien que cette eau, pénétrant dans le
vide du corps de pompe, pourrait suivre le piston dans sa course,
même à une vitesse supérieure à 4^m ou 5^m par seconde, mais il faut
observer que ces formules ne sont applicables qu'à un écoulement établi et continu ; que, dans les pompes, l'inertie du liquide que l'on
prend à l'état de repos, la résistance propre aux clapets et le frottement, produisent un retard considérable, et il ne serait nullement
étonnant que dans le cas d'une course accomplie en $1''185$, cette course
fut presque entièrement achevée avant que l'eau aspirée eût pu commencer à pénétrer dans le corps de pompe. Du reste, l'expérience a
démontré que dans les appareils d'épuisement dont les pompes ont des
clapets d'aspiration un peu étroits et une petite hauteur d'aspiration,
ce qui ralentit la vitesse d'introduction du liquide dans les corps de
pompes, le mouvement de recul de la maîtresse tige et le coup de bélier
au clapet d'aspiration devenaient très-prononcés, même aux vitesses
ordinaires inférieures à 1^m par seconde, et que ces inconvénients
s'aggravaient très-rapidement à mesure que l'on essayait de détendre la
vapeur un peu plus que le strict nécessaire pour anéantir la vitesse
d'ascension de la maîtresse tige à la fin de sa course.

Le mouvement de recul peut produire dans la pompe élevatoire, des
effets différents suivant que le corps de pompe s'est empli d'eau à la
suite du piston ou qu'il est resté partiellement vide. S'il est plein d'eau,
le coup de bélier se produit sur la soupape d'aspiration lorsqu'elle se
ferme la première pendant la descente de la colonne, et sur les clapets
du piston si ce sont ces derniers qui retombent sur leurs siéges avant
la soupape d'aspiration. S'il reste du vide sous le piston, celui-ci redescend avec la colonne qu'il porte et produit un choc sur la soupape d'aspiration quand il rencontre la surface du liquide inférieur ; mais si,
avant cette rencontre, la maîtresse tige a été arrêtée dans sa chute par
les pistons des pompes foulantes supérieures qui ont, les premiers, fait

disparaître le vide de leurs corps de pompes, le choc se produit sur la tige de la pompe élevatoire ét aggrave les coups de bélier dans les pompes foulantes.

On peut se rendre compte, approximativement, de la violence de ces chocs à l'aide des considérations suivantes :

L'effort de la vapeur sous le piston, à la fin de sa course, n'est que de $34865^{kil.}$ dont 10972 sont équilibrés par la contre-pression ; il reste donc un effort de bas en haut, de $23893^{kil.}$, pour soutenir une maîtresse tige qui pèse $67824^{kil.}$, une colonne d'eau de $2512^{kil.}$ et pour faire équilibre au vide plus ou moins parfait qui existe sous les onze pistons de 0^m40 de diamètre attachés à la maîtresse tige, si l'eau n'a pas suivi ces pistons dans leur course. En supposant la tension derrière ces pistons, abaissée jusqu'à 0,2 atmosphère, ils tendront à rentrer dans les corps de pompes sous un effort de $0^{atm.}8$, soit $1038^{kil.}$ pour chaque piston, ou $11418^{kil.}$ pour les onze. La masse de $67824^{kil.} + 2512^{kil.} = 70336^{kil.}$ sera donc sollicitée de haut en bas par une force de :

$$67824 + 2512 + 11418 - 23893 = 57861^{kil.},$$

et descendra jusqu'à l'instant du coup de bélier, avec une vitesse uniformément accélérée qui serait les $\dfrac{57861}{70336} = 0,82$ de celle que prendrait un corps tombant librement dans l'espace, en négligeant l'influence des frottements.

Lorsque la masse totale en mouvement pendant la chute, est de $130336^{kil.}$ et surtout de $670336^{kil.}$, la force qui sollicite cette masse de haut en bas, reste constante, et les accélérations de vitesses ne sont plus que les $\dfrac{57861}{130336} = 0,44$, ou les $\dfrac{57861}{670336} = 0,086$ de celles qui sont le résultat de l'action de la pesanteur sur un corps entièrement libre.

Ce ralentissement de la vitesse de chute, à mesure que les masses en mouvement sont plus considérables, permettrait encore à l'eau de monter dans le corps de pompe à une certaine hauteur après la fin de la course des pistons, et diminuerait la hauteur de la chute ainsi que les inconvénients qui en sont la conséquence, s'il se produisait un vide sous ces pistons pendant leur montée.

Le plus grave danger que présente l'introduction d'une grande détente, consiste donc dans la trop courte durée de la course des pistons et dans l'existence d'un grand espace vide sous ces pistons, qui en est la conséquence. Jusqu'à présent, aucun autre moyen que les masses en mouvement n'a été employé pour y porter remède, et la masse de 670336$^{kil.}$ dont l'action sur la vitesse et la durée de la course a été calculée ci-dessus, n'est pas beaucoup trop considérable pour porter la durée de cette course jusqu'à la limite au-dessous de laquelle un appareil de cette espèce ne peut fonctionner avec sécurité, au moins lorsqu'on emploie les systèmes de soupapes ou de clapets qui sont aujourd'hui généralement en usage et qui, suivant nous, sont la partie la plus défectueuse des appareils d'épuisement.

On pourrait réduire notablement cette énorme masse en plaçant les contrepoids, qui sont destinés à équilibrer la partie du poids de la maîtresse tige qui excède 70336$^{kil.}$, à l'extrémité de balanciers dont le bras de leur côté serait plus long que celui qui se trouve du côté de la maîtresse tige, comme on le fait dans le Cornwall, parce qu'alors ces contrepoids se meuvent plus vite que la maîtresse tige et peuvent, avec moins de masse, emmagasiner plus de travail que lorsqu'ils ne reçoivent que la vitesse de cette dernière.

Supposons, par exemple, que les balanciers qui portent les contrepoids aient un bras de 7^m de longueur du côté de ceux-ci, et de 5^m du côté de la maîtresse tige; que le *maximum* de vitesse de la maîtresse tige soit de 1^{m}615 comme ci-dessus; que le travail emmagasiné en cet instant soit toujours de 89067$^{km.}$, et représentons par P$'$ le poids des contrepoids.

La vitesse des contrepoids sera de $\frac{7}{5}$ 1^{m}615 = 2^{m}261.

La partie de la maîtresse tige qu'ils équilibreront sera de $\frac{7}{5}$ P$'$, et l'on aura :

$$\mathrm{P}' \frac{(2,261)^2}{2\,g} + \mathrm{P}' \frac{7 \cdot (1,615)^2}{5 \cdot 2\,g} + \frac{70336^{kil.}(1,615)^2}{2\,g} = 89067^{km} ;$$
$$\text{d'où } \mathrm{P}' = 178485^{kil.}.$$

Le poids de la maîtresse tige sera donc de $\frac{7}{5}$ 178485$^{kil.}$ + 70336$^{kil.}$ = 320212$^{kil.}$.

Et la masse totale en mouvement pèsera 320212 + 178485 =

498695$^{kil.}$, au lieu de 670536$^{kil.}$, en négligeant les balanciers des contrepoids.

Nous ne possédons que fort peu de renseignements pratiques sur les machines ainsi organisées pour permettre une grande détente. Le seul exemple que nous connaissions est celui de la machine de *consolidated mines* décrite par M. Combes dans son *Traité d'exploitation des mines*.

Cet appareil, pour élever une colonne d'eau qui pèse 26718$^{kil.}$ du haut en bas du puits, est munie d'une maîtresse tige qui pèse 83000$^{kil.}$ environ, d'un énorme balancier qui pèse 25000$^{kil.}$, pour relier le piston moteur à la maîtresse tige, et d'une somme de contrepoids s'élévant à 55000$^{kil.}$, dont 45000$^{kil.}$ à l'extrémité de balanciers qui ont leur plus long bras du côté de ceux-ci; soit une masse totale en mouvement de 163000$^{kil.}$, plus le poids de la colonne d'eau de la pompe élévatoire, en négligeant comme ci-dessus le poids des balanciers à contrepoids. Cette machine est à détente, à peu près jusqu'à la limite que nous avons adoptée.

La masse totale que nous aurions à mettre en mouvement, en observant le même rapport entre le travail à fournir et la grandeur des masses régulatrices, serait, en se rappelant que la colonne d'eau totale à élever, dans le cas qui nous occupe, pèse 62800$^{kil.}$;

$$163000 : x = 26716 : 62800$$
$$\text{d'où } x = 383154 \text{ kilog.}$$

Nous avons trouvé 498695 kilog. pour une vitesse moyenne d'ascension de $\dfrac{5^{m}50}{3''643} = 0^{m}96$ par seconde et une vitesse maxima de $1^{m}615$.

Si nous nous placions, approximativement, dans les conditions adoptées pour la machine de consolidated mines, les contrepoids pèseraient :

$$P' + \frac{7}{5} P' + 70336 = 383154 \text{ kilog.}$$

$$\text{d'où } P' = 150341 \text{ kilog.}$$

et la maîtresse tige pèserait $70336 + \frac{7}{5} \, 150341 = 252813$ kilog.

Dans ces conditions, le maximum de vitesse V, qui serait atteint au point d'équilibre, serait de :

$$\frac{130341\left(\frac{7}{5}V\right)^2}{2\,g} + \frac{252813\,V^2}{2\,g} = 89067 \text{ kilogrammètres.}$$

$$\text{d'où } V = 1^m 84.$$

La durée de la course serait alors, approximativement, de :

$$3''643\,\frac{1^m 615}{1^m 84} = 3''20,$$

et la vitesse moyenne d'ascension, de $\dfrac{3^m 50}{3''20} = 1^m 10$.

Nous ne pensons pas que l'on puisse dépasser sans danger cette vitesse moyenne dans nos appareils tels qu'ils sont organisés.

Les considérations qui précèdent nous mettent tout naturellement sur la voie des modifications qu'il faudrait introduire dans nos systèmes de pompes pour réaliser, sans danger, une détente plus ou moins considérable dans les machines motrices. Il faudrait évidemment, pour éviter de laisser un espace vide dans les pompes, en fonctionnant avec une vitesse supérieure à celle que nous avons indiquée ci-dessus et sans mettre en mouvement des masses aussi considérables : 1° de très-larges et très-courtes communications entre les bâches et les corps de pompes ; 2° des bâches très-élevées, afin de faire entrer l'eau dans les pompes sous une charge assez forte, au lieu de l'y appeler par aspiration, et des soupapes s'ouvrant sous le moindre effort et offrant à l'eau le plus large passage possible. A l'aide de ces modifications, on pourrait introduire la détente dans nos machines jusqu'à une limite bien plus reculée que celle que l'on a pu atteindre jusqu'aujourd'hui, mais que nous n'oserions pas essayer d'assigner, à cause de l'incertitude qui règne encore sur la moindre durée possible de l'emplissage des corps de pompe pendant le soulèvement des pistons.

Les grandes masses, en ralentissant la vitesse des pistons et en assurant ainsi l'emplissage des corps de pompes, ne mettent cependant point entièrement à l'abri des coups de bélier au clapet d'aspiration, parce qu'à la fin de la course, dans les machines à grande détente, la tension de la vapeur, sous le piston moteur, est bien loin d'être suffisante pour soutenir la maîtresse tige pendant que le clapet d'aspiration se fermé et que cette maîtresse tige redescend en refoulant l'eau dans la bâche jusqu'à ce que le clapet soit fermé, ce qui produit un choc ; mais elles empêchent ce choc d'être aussi violent, parce que le mouvement en arrière étant bien plus lent que dans le cas où la masse dont il faut vaincre l'inertie, est faible, le clapet peut retomber en partie par son poids et réduire ainsi, dans une proportion plus ou moins considérable, l'amplitude du mouvement de recul.

Il est encore probable, d'autre part, que si l'on remplaçait nos larges clapets qui se soulèvent si haut, par des systèmes de soupapes analogues aux soupapes anglaises que nous avons citées, ce mouvement de recul disparaîtrait presque entièrement, surtout si ces soupapes étaient organisées pour que les ouvertures qui livrent passage à l'eau, se fermassent brusquement sous l'action de l'élasticité de la matière qui constitue les parties mobiles, lorsque l'écoulement a cessé.

Le volant, si l'on trouvait un bon moyen pratique de rendre son mouvement solidaire de celui de la maîtresse tige, serait bien préférable à ces énormes masses qui s'équilibrent de part et d'autre des balanciers à contrepoids actuels, pour opérer de longues détentes.

Supposons qu'un volant ordinaire de 6 mètres de diamètre moyen, soit placé sur un arbre portant, en même temps, un pignon de 1 mètre de diamètre, engrenant avec une crémaillère fixée au flanc de la maîtresse tige sous le cylindre moteur, ou bien que ce pignon soit remplacé par une large poulie sur laquelle s'enroulent en sens inverse deux forts câbles en fils de fer qui se rattachent à la maîtresse tige, l'un en dessous, l'autre au-dessus de la poulie. Dans ces conditions, la maîtresse tige ne pourra se mouvoir sans communiquer au volant, un mouvement de rotation dans l'un ou l'autre sens et, réciproquement, le volant ne pourra tourner sans faire mouvoir la maîtresse tige.

Admettons encore que le maximum de vitesse de la maîtresse tige ne doive pas dépasser 1^{m}84, comme dans le cas d'une masse de 383154 kilog. mise en mouvement dans notre machine, et que cette maîtresse tige n'ait que le poids de 67824 kilog. strictement nécessaire pour opérer le refoulement.

Les masses en mouvement seront 67824, plus le poids de la colonne de la pompe élevatoire, qui est de 2512 kilog., plus le poids P de la jante du volant dont nous négligerons les autres parties.

La vitesse à la jante, lorsque la maîtresse tige possédera la vitesse de 1^m84, sera de $1,84 . 6 = 11^m04$, et l'on aura :

$$\frac{P (11,04)^2}{2 g} + \frac{70336^{kil.} (1^m84)^2}{2 g} = 89067 \text{ kilogrammètres} ;$$

$$\text{d'où } P = 13000^{kil.}.$$

La masse à mettre en mouvement, dans ce cas, serait donc infiniment moindre que dans celui où l'on équilibre directement une partie du poids de la maîtresse tige.

Nous ferons observer, avant de terminer, que les fortes dimensions que l'on donne aux maîtresses tiges, dans les appareils d'épuisement où l'on a introduit les longues détentes, ne servent pas uniquement à augmenter la masse en mouvement, elles servent aussi à fournir à cet organe la résistance nécessaire pour résister aux efforts de traction qu'il supporte pendant sa course montante. Les diverses sections de cette maîtresse tige ne supportent pas alors, seulement, le poids de toute la partie de l'organe qui leur est inférieure, plus les résistances dues au frottement des pistons et au vide dans les corps de pompes ; elles supportent en même temps l'effort auquel est dû la vitesse accélérée qui se produit jusqu'au point d'équilibre ; cet excédant est aisé à déterminer.

Pour qu'un corps reçoive de bas en haut, par l'action d'une force, les mêmes accélérations de vitesse que celles que lui imprimerait la pesanteur s'il tombait librement de haut en bas, il faut que la force soit double de son poids, car la moitié en sera détruite par l'action de ce poids. L'excédant de la force sur le poids sera toujours proportionnel à la vitesse imprimée dans l'unité de temps et se trouvera par comparaison avec la vitesse qu'imprimerait la pesanteur.

Ainsi, dans la machine que nous avons calculée avec une maîtresse tige n'ayant que le poids de 67824 kilog. sans contrepoids, la résistance totale au mouvement est de 94089 kilog. pendant toute la course, et la tension de la vapeur, de 209189 kilog. au commencement de cette course ; la différence est donc de 115100 kilog., qui produisent, dans la masse en mouvement, une accélération de vitesse par seconde égale à :

$$9^m8088 \frac{115100}{70336} = 11^m29$$

à laquelle toutes les parties participent. Il en résulte que les diverses sections de la maîtresse tige supportent, chacune, le poids de toute la partie de cette tige qui se trouve dessous, plus les $\frac{11,29}{9,81} = 1,15$ de ce poids, plus les résistances que cette partie éprouve de la part du frottement des pistons qui y sont attachés, du vide dans les corps de pompes et de la colonne élevatoire. Cela porte l'effort longitudinal que supporte chaque section, à bien plus que le double du poids de la portion de maîtresse tige qui se trouve au-dessous de cette section.

Lorsque la maîtresse tige est équilibrée en partie, par exemple à l'aide de contrepoids placés à la surface, et que la vitesse d'ascension s'en trouve ralentie, les excédants de la tension longitudinale, sur le poids, sont moindres, mais le poids est plus considérable.

Dans le cas du volant, les plus grandes tensions se manifesteraient entre ce volant et le cylindre moteur, et la tension des autres parties de la maîtresse tige serait la même que celle qui aurait lieu pour une pression de vapeur qui ne produirait, sans volant, que les accélérations qui ont lieu sous l'action modératrice de ce volant.

Le principe des tensions longitudinales proportionnelles aux accélérations de vitesse, aux poids des parties inférieures et aux résistances utiles et nuisibles qui font obstacle au soulèvement de la maîtresse tige, étant posé, il sera facile de trouver l'effort qui tend à casser cet organe en un point quelconque de sa longueur, pour un système quelconque de contrepoids, donné.

RÉGULARISATION DE LA VITESSE

DES MACHINES PAR ACTION DIRECTE SUR LA SOURCE DU TRAVAIL MOTEUR.

Le volant, dont nous avons analysé les effets sur la marche des machines, ne sert qu'à empêcher la vitesse, pendant la durée d'une révolution, de s'écarter outre mesure d'une certaine vitesse moyenne qui a été déterminée d'après la nature du travail à effectuer; mais il faut, pour cela, que les travaux moteur et résistant soient égaux pendant cette révolution. Si le travail moteur transmis à l'arbre de la manivelle, l'emportait sur le travail résistant pendant chaque tour de cet arbre, le volant n'empêcherait pas l'accélération continue de vitesse qui résulterait de l'emmagasinement successif des excédants du travail moteur, après chaque révolution; et si c'était le travail résistant qui l'emportât sur le travail moteur, pendant chacune de ces mêmes révolutions successives, la vitesse du volant, ainsi que celle de tout l'appareil, serait progressivement ralentie jusqu'à ce que tout le travail, emmagasiné dans cet appareil, fût complétement absorbé par les excédants de travail résistant, et que la machine fût ramenée à l'état de repos.

Il y a cependant quelques circonstances dans lesquelles le volant sert, non-seulement à régulariser la vitesse dans un tour, mais encore à emmagasiner et à restituer des quantités considérables de travail, correspondantes à des différences entre les travaux moteur et résistant, qui se continuent pendant un certain nombre de tours successifs, non, cependant, au point que ce volant atteigne un degré de vitesse qui deviendrait menaçant pour les travailleurs ou pour les machines elles-mêmes, ou au point que sa vitesse devienne nulle. Les volants de laminoirs, par exemple, rendent ce genre de service; ils restituent, pendant le travail du fer et en diminuant progressivement de vitesse, le travail qu'ils avaient emmagasiné pendant la marche à vide de la machine motrice dont la puissance continue serait insuffisante pour subvenir à l'énorme consommation de travail qui se fait pendant le laminage.

Dans la plupart des autres cas, il est indispensable, pour la bonne exécution du travail que l'on effectue, de maintenir moyennement uniforme la vitesse des machines motrices; c'est-à-dire de les obliger à faire toujours le même nombre de tours dans le même temps. On emploie alors, en même temps que le volant, des appareils particuliers nommés *régulateurs* ou *modérateurs*, dont le mouvement est lié à celui de l'arbre du volant, et qui diminuent la section de l'ouverture que traverse la vapeur pour se rendre de la chaudière dans le cylindre, lorsque le mouvement s'accélère par suite de la suppression de quelques résistances ou d'une augmentation dans la tension de cette vapeur, et augmentent cette section, lorsque la vitesse, pour des causes inverses, diminue.

Enfin, dans quelques autres circonstances, il importe que la vitesse puisse être augmentée ou diminuée au gré du mécanicien, pour les besoins de certains genres d'opérations, par exemple, dans les machines de bateaux ou de navires, dans les machines d'épuisement des mines. Le modérateur se compose alors, tout simplement, d'une soupape conique, d'un robinet ou de tout autre obturateur que le mécanicien manœuvre à la main, pour régler la dépense de vapeur d'après le travail correspondant aux besoins du service. Dans les machines d'épuisement, ce modérateur sert à empêcher la vapeur d'agir à trop haute pression sur les pistons, afin que ceux-ci ne dépassent pas les limites de la course qui leur est assignée, et qui n'est pas rigoureusement déterminée dans les machines à simple effet que l'on applique à ce service, comme dans les machines à mouvement de rotation continu. Dans tous les cas, les chaudières sont supposées pouvoir fournir la quantité de vapeur nécessaire à la marche de l'appareil ainsi réglée directement par la main du mécanicien.

Nous ne nous occuperons ici que des appareils modérateurs dont le mouvement est solidaire de celui de la machine motrice, qui se trouve ainsi chargée de régler sa propre vitesse et de la maintenir entre des limites infranchissables déterminées d'après la nature des opérations qu'elle doit exécuter ; parce que ce sont les seuls dont les règles d'établissement soient dépendantes de certaines considérations théoriques auxquelles les mécaniciens ne peuvent rester étrangers.

Pendule conique ou régulateur à force centrifuge.

(Figure 55, pl. 16.) MN est un arbre vertical qui possède un mouvement de rotation qu'il reçoit de l'arbre du volant, par l'intermédiaire de la poulie, ou engrenage, Z ;

AB et AC, deux branches pouvant tourner autour du point A dans le plan qui les contient, et non autrement, et qui portent à leur extrémité des sphères plus ou moins pesantes ;

DI et DH, deux autres branches articulées, en I et H, aux deux premières, et en **D**, à un manchon qui peut se mouvoir verticalement sur l'arbre tournant **MN**.

La gorge de ce manchon est embrassée par les deux parties de la fourchette d'un levier qui a son point fixe en y et qui, à l'aide d'une communication de mouvement quelconque, peut ouvrir ou fermer une espèce de papillon placé dans le tuyau de communication de la chaudière avec le cylindre. Cet obturateur, qui ressemble à celui que l'on place dans les tuyaux de poêles ordinaires pour régler le tirage, se manœuvre sans grand effort et porte le nom de *soupape à gorge*.

Lorsque la machine motrice et le régulateur possèdent leur vitesse normale, les branches **AC** et **AB** ne tendent ni à se fermer ni à s'ouvrir en tournant autour du point **A** qui tourne avec elles. Lorsque le mouvement de la machine motrice et, par suite, celui du régulateur, s'accélère, la force centrifuge des boules augmente, ces boules s'écartent et soulèvent le manchon **D**, lequel emporte avec lui l'extrémité du levier à fourchette qui embrasse sa gorge. Ce mouvement de bas en haut à l'extrémité du levier doit fermer plus ou moins la soupape à gorge, diminuer la section de l'ouverture de passage de la vapeur et, par conséquent, la tension de cette vapeur dans le cylindre; d'où résulte un ralentissement immédiat dans la vitesse de l'appareil. Lorsque la vitesse diminue au delà de certaines limites, la force centrifuge des boules devient insuffisante pour maintenir l'écartement normal des branches **AB** et **AC**, ces branches se ferment plus ou moins et font descendre le manchon **D** avec l'extrémité du levier à fourchette. Ce mouvement doit augmenter la section de l'orifice de passage de la vapeur, augmenter la tension dans le cylindre et la vitesse, pourvu que la chaudière puisse fournir la quantité de vapeur nécessaire pour maintenir l'accroissement de dépense qui résulte de ce mouvement.

Supposons d'abord que le poids des branches de l'appareil et du manchon, soit équilibré à l'aide des pièces de la communication de mouvement, de façon que le mouvement du manchon devienne également facile dans les deux sens et que les parties de l'appareil conservent toutes les positions qu'on leur donne sans avoir de tendance à les quitter, lorsque les boules sont enlevées, et cherchons la vitesse de rotation des boules pour qu'elles ne tendent ni à faire monter ni à faire descendre le manchon lorsque tout l'appareil avec la communication de mouvement et la soupape à gorge, sont dans les positions qu'ils doivent occuper pendant la marche normale de la machine motrice.

La hauteur AE du triangle formé par les centres des boules et par le point A, se nomme la *longueur* du régulateur; désignons-la par l.

La distance EC de l'axe au centre des boules, se nomme le *rayon* du régulateur; désignons-le par r.

Soient encore : P le poids d'une boule ;

F la force centrifuge qu'elle développe en tournant.

On pourra, sans grave erreur, dans l'évaluation de la force centrifuge des boules, considérer toute leur masse comme concentrée à leur centre de figure.

Pour que ces boules ne tendent ni à fermer ni à ouvrir l'angle BAC, il faut évidemment que la résultante CO de leur poids P et de la force centrifuge F qu'elles développent, ait la direction AC d'un côté, et AB de l'autre.

Dans ce cas, les deux triangles AEC et CLQ sont semblables et donnent la proportion :

$$l : r = P : F;$$
$$\text{d'où } F = \frac{Pr}{l}.$$

Mais la force centrifuge a pour valeur, d'après la loi mécanique connue :

$$F = \frac{Pv^2}{gr},$$

v étant la vitesse absolue des boules; on aura donc :

$$\frac{P\,v^2}{gr} = \frac{P\,r}{l}; \text{ d'où } v^2\,l = g\,r^2 \quad (1).$$

D'autre part, si on désigne par t la durée d'une révolution, en secondes, la vitesse absolue v sera égale à :

$$\frac{2\,\pi\,r}{t}; \text{ ce qui donne } v^2 = \frac{4\,\pi^2\,r^2}{t^2}.$$

En substituant cette valeur dans l'équation (1), il vient :

$$\frac{4\,\pi^2\,r^2\,l}{t^2} = gr^2\,;\ \text{d'où}\ t = 2\,\pi\,\sqrt{\frac{l}{g}}.$$

Or, d'après la mécanique rationnelle, la durée de l'oscillation d'un pendule simple de longueur l, est égale à $\pi\,\sqrt{\dfrac{l}{g}}\,$; donc :

La durée d'une révolution du régulateur à force centrifuge, pendant la marche normale de la machine motrice, doit être le double de la durée de l'oscillation d'un pendule simple de même longueur.

C'est cette communauté de loi réglant la durée des révolutions de cet appareil et la durée des oscillations du pendule simple, qui a fait donner au régulateur le nom de *pendule conique*.

On sait, d'ailleurs, que les durées des oscillations des pendules simples sont inversement proportionnelles à leurs longueurs et que la longueur du pendule simple, qui ferait soixante oscillations par minute, est de 0ᵐ99384.

Il sera donc aisé de calculer le nombre d'oscillations que ferait un pendule simple d'une longueur égale à celle du pendule conique et, par suite, le nombre de révolutions que devra faire ce dernier.

Si la longueur l du pendule conique était de 0ᵐ70, on aurait d'abord, en désignant par n le nombre d'oscillations par minute que ferait le pendule de 0ᵐ70 de longueur :

$$60 : n = \sqrt{0,70} : \sqrt{0,99384}\,;\ \text{d'où}\ n = 71,52\ \text{oscillations}\,;$$

donc, le pendule conique devrait faire 35,76 révolutions par minute, pendant la marche normale de la machine motrice, et la communication de mouvement de l'arbre du volant à l'axe du pendule, devrait être organisée de façon que ce dernier fît 35,52 révolutions pendant que le volant ferait le nombre de tours correspondant à sa vitesse normale.

Ce résultat est tout à fait indépendant du poids des boules et de la longueur des branches AB et AC ; il ne dépend uniquement que de la distance du point A à la ligne passant par les centres de ces boules ; mais quand il s'agit de faire agir l'appareil sur la soupape régulatrice, lorsque la vitesse de la machine motrice augmente ou diminue d'une quantité déterminée, le poids des boules n'est plus quelconque et il doit être calculé.

Supposons qu'il faille un effort vertical p sur le manchon, pour manœuvrer dans un sens, ou dans l'autre, la communication de mouvement à la soupape à gorge, et que cet effort ait été déterminé directement par expérience.

p sera l'effort résultant de deux efforts p' dans les directions **DH** et **DI**, et ces trois efforts pourront être représentés par les côtés et la diagonale du parallélogramme DISH.

Désignons encore par :

C le côté **DH**; h la hauteur AD de l'appareil; a l'angle que fait le côté **DH** avec l'axe de rotation; a la partie AH des branches qui portent les boules; b la longueur AC de ces branches; enfin p'' l'accroissement de force centrifuge des boules pour commencer à soulever le manchon.

Pour que le mouvement ascensionnel du manchon soit prêt à commencer, il faut que le moment de l'effort p'' relativement au point A, ou p''. l, soit égal au moment de p' relativement au même point, ou à p'. AK; d'où :

$$p'' \, l = p' \, \mathbf{AK} = p' \, h \, . \, sin.a \, ;$$

mais $p : p' = 2 \, . \, \mathbf{DO} : \mathbf{C}$; et $\mathbf{DO} = \mathbf{C} \, . \, cos.a$; d'où $p : p' = 2\,\mathbf{C} \, . \, cos.a : \mathbf{C}$,

$$et \; p' = p \, \frac{1}{2.cos.a} \, .$$

Si on substitue cette valeur de p' dans l'équation ci-dessus, il vient .

$$p'' \, l = p \, \frac{h \, . \, sin.a}{2 \, . \, cos.a}, \; et \; p'' = \frac{p \, h \, . \, sin.a}{2\,l \, . \, cos.a} \, .$$

Nous avons trouvé précédemment pour valeur de la force centrifuge normale :

$$\mathbf{F} = \frac{\mathbf{P} \, v^2}{g \, r} = \frac{\mathbf{P}}{g \, r} \, . \, \frac{4 \, \pi^2 \, r^2}{t^2} = \frac{4 \, \mathbf{P} \, \pi^2 \, r}{g \, t^2} \, ; \, .$$

or, cette expression s'applique à toutes les durées t d'une révolution, tant que le pendule n'a pas changé de rayon r; de sorte que s'il y a accélération de vitesse et que le temps t d'une révolution devienne t' plus petit que t, la force centrifuge augmentée, F', sera exprimée par :

$$F' = \frac{4\,P\,\pi^2\,r}{g\,t'^2}.$$

La différence entre cette force centrifuge et la force centrifuge normale, doit être p'' ; ce qui donne $F' - F = p''$, et $F = F' - p''$.

Nous avons vu, d'autre part, que, dans le cas de la force centrifuge normale, on avait $P : F = l : r$; de sorte qu'en remplaçant, dans cette proportion, F par sa valeur ci-dessus, puis F' et p'' par leurs valeurs propres, on trouve successivement :

$$P : F' - p'' = l : r, \quad \text{et} \quad P : \frac{4\,P\,\pi^2\,r}{g\,t'^2} - \frac{p\,h\,.\,sin.a}{2\,l\,.\,cos.a} = l : r ;$$

$$\text{d'où } P = \frac{p\,h\,.\,sin.a\,.\,g\,t'^2}{2\,r\,.\,cos.a\,(4\,\pi^2\,l - g\,t'^2)}. \quad (2)$$

Supposons maintenant que l'accroissement de vitesse, avant que le manchon se mette en mouvement, ne doive pas dépasser la vitesse normale de plus de la n^{me} partie de cette vitesse normale, on aura :

$$t' = t - \frac{t}{n} = t\,\frac{n-1}{n}, \text{ et } t'^2 = t^2\,\frac{(n-1)^2}{n^2}.$$

Or, le temps d'une révolution normale a été trouvé de $2\,\pi\sqrt{\dfrac{l}{g}}$;

on aura donc $t'^2 = 4\,\pi^2\,\dfrac{l}{g}\,.\,\dfrac{(n-1)^2}{n^2}$, et si on substitue cette valeur

dans l'équation (2), elle devient :

$$P = \frac{p\,h\,.\,sin.a\,.\,g\,\dfrac{4\,\pi^2\,l\,(n-1)^2}{g\,n^2}}{2\,r\,cos.a\left[4\,\pi^2\,l - g\,\dfrac{4\,\pi^2\,l\,(n-1)^2}{g\,n^2}\right]}$$

et, toutes réductions faites,

$$P = p\,\frac{h\,.\,sin.a\,(n-1)^2}{2\,r\,cos.a\left[n^2 - (n-1)^2\right]}. \quad (A)$$

Lorsque la figure **AIDH**, formée par les branches articulées, est un losange, ce qui arrive assez souvent dans la pratique, cette expression générale peut être encore simplifiée. En effet, dans ce cas,

$$sin.a : cos.a = \text{OH} : \frac{h}{2}; \text{ d'où } \frac{sin.a}{cos.a} = \frac{2.\text{OH}}{h}.$$

d'autre part, $\text{OH} : r = a : b$; d'où $\text{OH} = \dfrac{ar}{b}.$

donc $\dfrac{sin.a}{cos.a} = \dfrac{2\,a\,r}{b\,h}$, et si on substitue cette valeur dans l'équation (A), elle devient :

$$\text{P} = p\,\frac{a}{b}\,\frac{(n-1)^2}{n^2-(n-1)^2}. \quad \text{(B)}$$

Il peut être commode, dans les applications, de remplacer le facteur $\dfrac{sin.a}{cos.a}$ de l'expression (A), par un autre facteur équivalent, fonction de longueurs que l'on peut mesurer directement sur l'appareil.

On a, d'après la figure, $\dfrac{sin.a}{cos.a} = \dfrac{\text{OH}}{\text{OD}} = \dfrac{\text{OH}}{h - \text{AO}}$;

Or $\text{AO} : l = a : b$, et $\text{OH} : r = a : b$; d'où $\text{AO} = \dfrac{al}{b}$ et $\text{OH} = \dfrac{ar}{b}$,

ce qui donne $\dfrac{sin.a}{cos.a} = \dfrac{a\,r}{h\,b - a\,l}$; de sorte qu'en substituant cette valeur à $\dfrac{sin.a}{cos.a}$ dans l'expression (A), elle devient :

$$\text{P} = p\,\frac{a\,h\,(n-1)^2}{2\,(h\,b - a\,l)\,[n^2 - (n-1)^2]}. \quad \text{(C)}$$

Si l'on voulait connaître le poids qu'il faudrait donner aux boules pour que le manchon commençât à descendre et la soupape à gorge à se fermer, lorsque le ralentissement de la vitesse est devenu égal à l'accroissement que nous avons supposé ci-dessus, la marche à suivre serait à peu près semblable.

p'', dans ce cas, au lieu de représenter l'excès de force centrifuge, représenterait l'excès du poids **P** sur ce qui est nécessaire pour que ces deux forces aient leur résultante dans la direction **AC**, et l'on aurait :

$$p'' \, r = p' \, . \, \mathbf{AK} = p' \, h \, . \, sin.a.$$

On aurait aussi, comme précédemment, $p' = p \, \dfrac{1}{2 \, . \, cos.a}$, ce qui donnerait $p'' = p \, \dfrac{h \, . \, sin.a}{2 \, r \, . \, cos.a}.$

La force centrifuge diminuée, serait toujours représentée par :

$$\mathbf{F}' = \frac{4 \, \mathbf{P} \, \pi^2 \, r}{g \, t'^2}.$$

L'équation d'équilibre serait alors :

$$\mathbf{P} - p'' : \mathbf{F}' = l : r \, ;$$

d'où : $\mathbf{P} - \dfrac{p \, h \, . \, sin.a}{2 \, r \, . \, cos.a} : \dfrac{4 \, \mathbf{P} \, \pi^2 \, r}{g \, t'^2} = l : r,$

et $\mathbf{P} = p \, \dfrac{h \, . \, sin.a \, . \, g \, t'^2}{2 \, r \, . \, cos.a \, (g \, t'^2 - 4\pi^2 \, l)}.$

Mais $t' = t + \dfrac{t}{n}$, puisque la durée d'une révolution est augmentée, et l'on a, d'après les mêmes considérations que ci-dessus :

$$t' = t \, \left(\frac{n+1}{n}\right) = 2 \, \pi \sqrt{\frac{l}{g}} \left(\frac{n+1}{n}\right) \text{ et } t'^2 = 4 \, \pi^2 \, \frac{l}{g} \, . \, \frac{(n+1)^2}{n^2}.$$

En reportant cette valeur dans l'équation ci-dessus, elle devient :

$$\mathbf{P} = p \, \frac{h \, . \, sin.a \, (n+1)^2}{2 \, r \, . \, cos.a \, [(n+1)^2 - n^2]}. \qquad \text{(D)}$$

Dans le cas où la figure **AIDH** serait un losange, on aurait, pour les mêmes raisons que précédemment :

$$\mathbf{P} = p \, \frac{a \, (n+1)^2}{b \, [(n+1)^2 - n^2]}. \qquad \text{(E)}$$

Et, dans l'expression (D), le rapport $\dfrac{sin.a}{cos.a}$ pourrait être remplacé par le rapport équivalent $\dfrac{a\ r}{h\ b - a\ l}$, pour les raisons déjà exposées, ce qui donnerait :

$$P = p\ \frac{a\ h\ (n + 1)^2}{2\ (h\ b - a\ l)\ [(n + 1)^2 - n^2]}. \qquad (G)$$

Supposons que le régulateur, dont nous avons calculé précédemment le nombre de tours pendant la marche normale de la machine motrice, ait les dimensions suivantes, dans la position de ses différentes parties, pour laquelle sa longueur est de 0^m70 :

$l = 0^m70;\ a = 0^m40;\ h = 0^m90;\ r = 0^m45$ et $b = \sqrt{l^2 + r^2} = 0^m832$;

de plus, que l'effort p, nécessaire pour faire mouvoir le manchon, soit de 10 kilog. et que la soupape à gorge doive commencer à agir lorsque l'accélération ou la diminution de vitesse atteint un vingtième de la vitesse normale ;

La formule (C) donnera, en faisant $n = 20$:

$$P = 35^{kil.}45, \text{ poids de chaque boule.}$$

La formule (G) donnera :

$$P = 38^{kil.}44.$$

Les boules doivent donc être plus pesantes pour empêcher les diminutions de vitesse que pour empêcher les augmentations équivalentes, et l'on pourrait, soit adopter le dernier poids, soit rendre le mouvement descendant du manchon un peu plus facile que le mouvement de bas en haut, en laissant aux branches mobiles du régulateur un léger excédant de poids, au delà de ce qui est nécessaire pour équilibrer les pièces de la communication de mouvement à la soupape à gorge.

Lorsque, par suite d'une certaine accélération de vitesse, les boules se sont un peu écartées, la force centrifuge nécessaire pour continuer à agir sur la soupape à gorge, devient plus grande, par suite de la diminution de longueur du pendule ; aussi le poids des boules, déter-

miné par les expressions ci-dessus, n'est qu'un minimum. Dans la
pratique, lorsque l'on a assigné la position que doivent prendre les
branches de l'appareil, pendant la marche normale de la machine motrice, position qui doit être choisie de façon que les branches puissent
s'ouvrir ou se fermer suffisamment pour fermer ou pour ouvrir complétement la soupape à gorge, on donne aux boules le poids calculé
d'après les formules qui précèdent et on les fait creuses ; puis on verse
dedans du plomb fondu ou toute autre matière lourde, jusqu'à ce que
l'on ait constaté par expérience que l'appareil fonctionne convenablement avec la charge des boules ainsi réglée par tâtonnement.

On emploie encore parfois d'autres appareils pour régler la tension
de la vapeur, dans les cylindres, par action sur la soupape à gorge.
Nous n'en citerons que deux : l'appareil à soufflets de M. Molinier et
un autre, et nous nous contenterons d'en exposer le principe.

(Fig. 56, pl. 16). L'appareil de Molinier se compose d'une cloison
fixe EH, percée d'une ouverture recouverte par un clapet et placée
entre deux soufflets, dont l'un O' chasse de l'air dans l'autre O. Le
soufflet O' est manœuvré par un arbre tournant x dont le mouvement
est solidaire de celui de la machine motrice. Le soufflet O porte un
tuyau muni d'un robinet z, un poids P, et peut agir sur un levier A
qui fait partie de la communication de mouvement à la soupape à gorge.
Les plate-formes $a\,b$ et $c\,d$ sont guidées par les montants M et N.

Lorsque la machine motrice possède sa vitesse normale, le soufflet O reçoit une certaine quantité d'air du soufflet O', et la plate-forme
$a\,b$ se maintient à un certain niveau, que l'on peut régler à volonté en
faisant varier l'ouverture du robinet z, de manière que ce niveau corres-
ponde la position normale de la soupape à gorge. Lorsque la vitesse
augmente, la capacité O reçoit plus d'air que le robinet n'en peut dé-
biter, la plate-forme $a\,b$ se soulève en fermant plus ou moins la soupape
modératrice et l'accélération de vitesse de la machine motrice dispa-
rait. Quand la vitesse diminue, le robinet z dépense plus d'air que
la capacité O n'en reçoit, la plate-forme descend et, sous l'influence
du poids P, la soupape modératrice s'ouvre davantage.

(Fig. 57, pl. 16.) L'autre appareil se compose d'un arbre horizontal OO. dont le mouvement est solidaire de celui de la machine motrice. Cet arbre porte deux engrenages : l'un A est fixe, l'autre B est fou. Ces deux roues engrènent avec une troisième C, folle, sur un arbre également horizontal qui, d'un côté, est relié à l'arbre OO par une espèce de douille n et, de l'autre, est articulé à une tige y qui fait partie de la communication de mouvement à la soupape modératrice.

La roue folle B reçoit le mouvement de la roue fixe A par l'intermédiaire de la roue folle C, qui est comme suspendue entre ces deux roues, mais, en même temps, elle est soumise à l'action d'un échappement avec balancier analogue à celui des pendules ordinaires. Cet échappement ne lui permet d'avancer que d'une dent, sous l'influence de la roue C qui pèse sur elle, à chaque oscillation du balancier, et la vitesse de rotation de l'arbre OO, pendant la marche normale de la machine motrice, est réglée de façon que la roue fixe A fasse précisément le même nombre de tours dans un temps donné que la roue B, dont la vitesse, ainsi réglée par les oscillations du balancier, demeure invariable, quelle que soit la vitesse de rotation de l'arbre OO.

Pendant la marche normale, les roues A et B, tournant en sens inverse avec la même vitesse, maintiennent l'arbre de la roue C dans la position horizontale, et cet arbre est sans action sur la soupape modératrice.

Lorsque la vitesse de la machine motrice et, par suite, celle de la roue A augmente, celle de B demeurant invariable, l'engrenage C s'élève sur la roue B et emporte avec lui l'arbre ny qui soulève la tige y et ferme plus ou moins la soupape régulatrice.

Lorsque la vitesse de l'arbre OO diminue, la roue B laisse descendre la roue C d'un côté, plus que la roue A ne la remonte de l'autre, et l'arbre ny s'abaisse en ouvrant davantage la soupape modératrice.

———————

Tous ces appareils régulateurs présentent, dans l'application, quelques inconvénients qui ne les empêchent pas, du reste, de fonctionner convenablement lorsqu'ils sont judicieusement construits. Le plus généralement employé est le régulateur à force centrifuge, qui ne présente presque aucune chance de dérangement et qui n'a d'autre défaut que d'osciller un peu trop autour de sa position normale, par suite des effets de force vive qui se produisent quand ses boules s'écartent ou se rapprochent,

ÉQUIVALENT MÉCANIQUE DE LA CHALEUR.

Il est impossible aujourd'hui dans un ouvrage, même élémentaire, sur les machines à vapeur, de passer sous silence une question d'une importance capitale et qui, depuis quelques années, est devenue le sujet des travaux d'un grand nombre de physiciens distingués ; nous voulons parler de la théorie de l'équivalent mécanique de la chaleur ou de l'équivalent calorifique du travail, ou, en termes plus précis, de la détermination de la quantité absolue de travail qu'une calorie peut produire et, réciproquement, du nombre de calories à laquelle une quantité de travail déterminée, peut donner naissance ; deux problèmes qui, en réalité, se réduisent à un seul.

L'attention des physiciens a été amenée sur ce sujet par la facilité avec laquelle, dans les appareils mécaniques et dans la plupart des circonstances ordinaires du mouvement des corps, le travail engendre la chaleur et celle-ci le travail.

Dès l'année 1800, Montgolfier avait déjà formulé ce principe, que le mouvement ne peut pas plus être anéanti que créé de rien et que la force et la chaleur sont des manifestations sous des formes différentes, des effets d'une seule et même cause ; ce qui revenait à attribuer les effets calorifiques à un mode particulier de mouvement des éléments

matériels des corps, mouvement qui se produisait à mesure que le
mouvement visible disparaissait et qui, réciproquement, pouvait reproduire ce dernier en disparaissant à son tour.

Dans ces derniers temps, un Anglais, M. Grove, a formulé ce principe d'une manière plus générale encore en l'étendant à toutes les
forces naturelles, et en attribuant une origine commune aux phénomènes de mouvement, de chaleur, d'électricité, de lumière, de magnétisme et d'affinité chimique. D'après ce physicien, chacune de ces
forces peut se transformer en l'une quelconque des autres, ou même
simultanément en plusieurs d'entre elles, suivant les circonstances dans
lesquelles les corps sont soumis à son action, et cette transformation
s'opère toujours en proportions définies et constantes.

Les exemples de cette relation mutuelle et intime de phénomènes
considérés jusqu'aujourd'hui comme radicalement différents, sont très-
nombreux, et nous en citerons quelques-uns.

Si on *électrise* une substance telle que le sulfure d'antimoine, elle
devient *magnétique* au moment de l'électrisation, puis *chaude* à un
degré plus ou moins élevé, suivant l'intensité de la force électrique.
Si cette intensité est portée au delà de certaines limites, le sulfure
devient lumineux ou la *lumière* est produite ; en même temps il se dilate et il y a production de *mouvement*, et enfin il se décompose et il y
a production *d'action chimique*.

Le mouvement que l'on détruit par le frottement peut produire de la
chaleur et de l'électricité ; cette électricité peut engendrer le magnétisme, la lumière, par l'étincelle électrique et l'affinité chimique ; puis
ce mouvement peut être reproduit à son tour par la chaleur que développe le frottement, par exemple, à l'aide d'une machine à vapeur.

L'étincelle lumineuse est produite par l'électricité, l'électricité par
le mouvement, le mouvement par la chaleur appliquée à l'eau dans une
machine à vapeur, cette chaleur par l'affinité chimique du carbone
avec l'oxygène de l'air ; ce carbone et cet oxygène ont été antérieure-
ment dégagés ou produits par des actions qu'il est difficile de découvrir, mais dont l'existence est certaine et dans lesquelles on retrouve-
rait, très-probablement, les effets combinés et alternatifs de la lumière,
de la chaleur, de l'affinité chimique, etc. C'est ainsi qu'en essayant de
ramener chaque force aux forces antécédentes, on se perd dans une

infinité de formes particulières et sans cesse changeantes que la force
a prises successivement, puis, arrivé à un certain point, on perd sa
trace, non pas parce qu'en ce point déterminé serait intervenue une
création véritable, mais parce que la dernière forme sous laquelle nous
avons pu l'atteindre, se résout elle-même en tant d'autres qui ont con-
tribué à la produire, que leur analyse échappe à nos sens et à nos
moyens d'épreuve.

On pourrait multiplier presqu'à l'infini les exemples de ces transfor-
mations d'un phénomène physique en un ou plusieurs autres, immédiatement ou indirectement, en choisissant arbitrairement le point de
départ, mais ce n'est pas ici la place de semblables développements.

Il résulte de cette théorie, si elle est exacte, que si un corps d'une
certaine masse et possédant une certaine vitesse, rencontre des obstacles à son mouvement, ce mouvement pourra se diviser et changer de
caractère, devenir de la chaleur, de l'électricité, de la lumière, etc., et
que si on pouvait rassembler la totalité des effets produits par la destruction de la force vive de ce corps, en les reconvertissant en travail
appliqué au même corps, celui-ci reprendrait, sous leur influence, sa
vitesse initiale.

Ce principe, présenté avec un tel caractère de généralité, est certainement propre à produire une profonde impression sur l'esprit, à sti-
muler le zèle des physiciens modernes et à provoquer tous leurs efforts,
en vue d'une démonstration directe et expérimentale; mais, jusqu'à
présent, il a été impossible d'arriver à rien de précis dans la détermination des équivalents de puissance; c'est-à-dire dans la détermination de la quantité d'électricité que peut produire une quantité donnée
de chaleur, de la quantité de lumière que peut produire une quantité
donnée d'électricité, etc.; on manque même, pour la plupart des cas,
d'une unité de mesure, et l'on est loin de pouvoir reproduire immédiatement l'un de ces phénomènes à l'aide d'un autre, dans des circonstances qui permettraient d'apprécier leur intensité respective et la
progression de la transformation, excepté peut-être pour la transformation du travail en chaleur et réciproquement; de sorte que cette
saisissante synthèse en est encore, comme démonstration, à l'état
rudimentaire, et qu'il est impossible de prévoir si jamais elle s'élèvera
à la hauteur d'un principe à l'abri de la discussion.

Mais s'il règne une grande obscurité sur la question présentée sous cet aspect grandiose, il n'en est plus tout à fait de même quand on ne l'envisage que sous une face, la conversion du travail en chaleur et réciproquement, parce que, dans ce cas, on possède l'unité de mesure du travail et celle de la chaleur et qu'il est moins difficile d'organiser des expériences propres à mettre le phénomène en évidence, dans des conditions favorables à une appréciation directe et rigoureuse, et surtout parce que l'on connaît déjà plusieurs faits physiques qui y sont relatifs et qui ont été analysés avec un rare degré de précision, dans ces dernières années. Cependant il y a encore des lacunes dans la somme des connaissances acquises, nécessaires pour tenter une solution définitive de la question et, comme nous le verrons ci-après, il reste encore à prouver que le principe énoncé est vrai, même dans ce cas restreint, et à déterminer la vraie valeur des équivalents réciproques.

Voici sur quel raisonnement s'appuient aujourd'hui les physiciens qui s'occupent de cette question, pour montrer qu'une calorie ne peut produire qu'une certaine quantité de travail et cette même quantité de travail ne produire qu'une calorie ou, en d'autres termes, pour prouver l'existence de ces deux équivalents dont l'un quelconque peut reproduire l'autre.

Ils admettent *à priori* et comme une chose évidente par elle-même, que si on emploie une certaine quantité de chaleur à dilater un corps quelconque pour lui faire produire une certaine quantité de travail, par exemple un gaz ou une vapeur, cette même quantité de travail, employée à comprimer ce gaz ou cette vapeur pour les ramener à l'état initial, devra à son tour produire le dégagement de la quantité de chaleur à laquelle elle a dû naissance et qui a fait prendre aux molécules la position d'écartement que l'on fait cesser par une action mécanique.

Ce principe admis, supposons que, pour une même quantité de chaleur, un corps A fournisse plus de travail qu'un corps B ; il faudra plus de chaleur pour produire le même travail par l'intermédiaire du corps B que par l'intermédiaire du corps A, et ce corps B, comprimé à l'aide d'un certain travail, reproduira plus de chaleur que le corps A n'en a exigé pour produire ce même travail, de sorte que si l'on emploie le travail du corps A à comprimer le corps B, celui-ci fournira une quantité de chaleur supérieure à celle que le corps A a reçue. Si maintenant cette chaleur augmentée est transmise à un nouveau corps A agissant sur un autre corps B, l'excédant de chaleur produit par ce dernier deviendra plus considérable que dans le premier cas, et ainsi de suite. Il y aurait donc ainsi, après chaque nouvelle opération et sans dépense nouvelle de chaleur, un excédant disponible que l'on pourrait employer à produire un travail quelconque ; en d'autres termes il y aurait création de chaleur par l'appareil lui-même, et cette chaleur créée pourrait être employée à produire du travail. Un appareil ainsi organisé réaliserait le *mouvement perpétuel*, puisqu'il serait producteur constant de travail sans nouvelle dépense de force motrice, et comme l'impossibilité du mouvement perpétuel est rigoureusement prouvée par l'analyse de tous les phénomènes naturels qui rentrent dans le domaine de la mécanique, les physiciens dont nous avons parlé ci-dessus, ont tiré du raisonnement qui précède la conséquence suivante, qui a été nettement formulée en 1842, pour la première fois, par le docteur Mayer d'Heilbronn :

La puissance motrice de la chaleur est indépendante de la nature des corps que l'on emploie pour la réaliser ; et il existe un maximum théorique de travail pour l'unité de chaleur.

Mais il faut observer que ce *maximum* de travail n'est jamais utilisé dans la pratique, pas plus que le *maximum* de travail d'une chute d'eau, puisqu'il y a dans tous les appareils qui servent à le transmettre, des résistances nuisibles et des dilatations qui ne sont point utilisées.

On ne peut s'empêcher d'avouer que ce raisonnement est spécieux, mais, jusqu'à présent, il lui manque, pour le mettre à l'abri de la discussion, la confirmation expérimentale du fait admis, que tout corps reproduit, pendant sa compression à l'aide d'une certaine quantité de travail, une quantité de chaleur égale à celle qui a été nécessaire pour le dilater et produire cette même quantité de travail. Car, si l'on est arrivé à constater, à peu près en toutes circonstances, le développement d'une plus ou moins grande quantité de chaleur quand on comprime brusquement un corps quelconque, on n'a pas encore mesuré la quantité de chaleur ainsi émise, avec beaucoup d'exactitude et dans des circonstances assez variées.

La plupart de ces idées avaient déjà été formulées, en 1824, par S. Carnot, mais sa conception différait en un point fondamental de celle des physiciens modernes. Suivant Carnot, lorsqu'un fluide élastique, à une certaine température et contenant une certaine quantité de chaleur, se dilate en produisant du travail et se refroidit en se dilatant, la quantité de chaleur contenue dans ce fluide ne varie pas, seulement une partie passe de l'état sensible à l'état latent, et lorsque, par une compression, on rétablit la température primitive, cette même partie de chaleur repasse de l'état latent à l'état sensible. De même, lorsque la chaleur du fluide passe dans un autre corps qui se dilate et produit du travail en se dilatant, Carnot suppose que ce travail est dû au passage de la chaleur du premier corps dans le second, mais que la somme de chaleur contenue dans ces deux corps est toujours la même.

Cette théorie était évidemment le résultat de l'opinion dominante à cette époque, sur la nature de la chaleur que l'on considérait comme un fluide ayant son existence propre et susceptible de produire du travail par son transvasement d'un corps dans un autre ou par sa transformation de l'état sensible à l'état latent; du reste, elle conduisait, aussi, directement à l'équivalent mécanique de la chaleur, quel que fût le corps sur lequel on fit agir cette chaleur pour lui faire produire du travail.

D'après les physiciens modernes, au contraire, lorsque le fluide élastique qui contient une certaine quantité de chaleur dépendante de sa nature et de sa température, se détend, en produisant du travail et en se refroidissant, il contient moins de chaleur qu'auparavant; une partie de sa chaleur s'est transformée en travail et n'existe plus sous forme de chaleur; et si on comprime le fluide de façon à reproduire la température primitive, le travail nécessaire pour la compression est transformé en chaleur et anéanti comme travail; en un mot, le travail et la chaleur qui l'a produit ne peuvent coexister, et l'un quelconque des deux n'est qu'une forme particulière de l'autre.

On voit, d'après l'exposé de ces deux théories, que si, après la détente du fluide élastique, on le condensait par refroidissement, il échaufferait plus d'eau par sa condensation d'après la première de ces théories que d'après la seconde.

Nous ajouterons que la plupart des expériences modernes tendent à donner raison à la dernière, et que les travaux récents de MM. Grove, Thompson, Joule, etc., en Angleterre; de MM. Mayer d'Heilbronn,

Clausius, etc., en Allemagne, et, en France, de MM. Person, Hirn du Logelbach, Regnault, Ch. Laboulaye, etc., viennent à l'appui de l'opinion qu'il y a disparition de chaleur pendant la production du travail.

Il faut ajouter que le travail dont il s'agit ici, est le travail total que produit la chaleur, c'est-à-dire que si, au lieu d'employer cette chaleur à produire un travail par l'intermédiaire d'un fluide élastique dans lequel les éléments matériels ne sont point liés les uns aux autres par l'attraction moléculaire, on l'employait à produire ce travail par l'intermédiaire d'un corps solide dans lequel existent ces tendances naturelles des éléments à se rapprocher et à s'opposer à l'écartement, le travail serait celui qui est nécessaire pour écarter les molécules et vaincre ces tendances naturelles, plus le travail transmis extérieurement à d'autres obstacles qui seraient vaincus en même temps. Il est vrai que, dans ce dernier cas, l'attraction moléculaire peut restituer, par traction sur des obstacles extérieurs, tout le travail qu'elle a exigé pour être vaincue et que, entre deux retours successifs du corps au même état, tout le travail dû à la chaleur peut être extérieur, comme dans le cas où l'on emploie un gaz parfait.

De la disposition naturelle des corps à perdre de la chaleur pour dilater les corps plus froids qui les environnent ou pour les mettre en mouvement, il résulte encore que, partout où il y a différence de température, il y a production de force motrice et que toutes les fois qu'un corps, contenant de la chaleur destinée à produire du mouvement utile, se trouve en présence d'autres corps à une température inférieure, le travail disponible dans la chaleur se dépense dans tous les sens, tandis qu'une partie seulement de ces corps environnants sont spécialement disposés pour le recueillir, de sorte que tout ce qui n'est pas communiqué à ces derniers est entièrement perdu.

Il faut donc, dans les appareils mécaniques, s'efforcer de ne mettre en contact avec les corps qui servent d'intermédiaire dans la production du travail par la chaleur, que des corps à la même température, de façon que toute la chaleur se transforme en mouvement utile sur les organes spécialement destinés à le recevoir; et, de plus, dans la mesure du possible, quand on ne peut satisfaire à cette condition d'égalité de température, disposer l'appareil de façon qu'il ne s'y produise aucune dilatation ni contraction qui ne soit utilisée. Cette dernière règle offre, dans la pratique, des difficultés jusqu'à présent insurmontables.

Nous allons maintenant exposer quelques-uns des raisonnements, ou expériences, qui ont été appliqués à la détermination de l'équivalent mécanique de la chaleur, dans diverses circonstances.

ÉQUIVALENT MÉCANIQUE

LORSQUE LA CHALEUR EST APPLIQUÉE A UN GAZ PERMANENT.

Le calcul qui suit est basé sur l'hypothèse qu'un même poids de gaz renferme toujours la même quantité de chaleur quand il est à la même température, de quelque façon qu'il ait été amené à cette température et à cette tension, c'est-à-dire qu'elles lui aient été communiquées pendant qu'il changeait de volume ou pendant que son volume demeurait invariable.

Supposons que l'on prenne 1 kilog. d'air à 0° et sous la tension de 0^m76 de mercure, ou de 10353 kilog. par mètre carré ; cet air occucupera un volume de $0^{m3}773$, puisque, d'après M. Regnault, le mètre cube pèse $1^{kil.}293$.

Si l'on élève la température de cet air de 1°, en le laissant se dilater de manière que sa tension demeure constante, son volume deviendra :

$$0^{m3}773 \ (1 + 0,003665) = 0^{m3}7758.$$

l'accroissement de volume sera donc de $0,7758 - 0,773 = 0^{m3}002833$, et le travail dû à cette dilatation sera :

$$10353 \ . \ 0,002833 = 29,273 \text{ kilogrammètres.}$$

Or, la capacité calorifique de l'air sous pression constante est de 0,2377, d'après M. Regnault ; il aura donc fallu transmettre à ce kilog. d'air, pour produire $29^{km.}273$ et élever sa température de 1°, une quantité de chaleur égale à 0,2377 calorie.

D'autre part, d'après quelques expériences fort indirectes de Dulong, auxquelles on ne peut avoir qu'une médiocre confiance, il paraîtrait que la capacité calorifique de l'air, à volume constant, serait de 0,1672, ou, en d'autres termes, que pour porter la température de ce kilog. d'air occupant le volume final de $0^{mc}7758$, de $0°$ à $1°$, le volume demeurant invariable, il faudrait une quantité de chaleur égalé à 0,1672 calorie.

Il résulte de ces deux données physiques, que l'échauffement d'un kilog. d'air de $0°$ à $1°$, avec production de travail, exige 0,2377 — 0,1672 = 0,0705 calorie de plus que dans le cas où l'accroissement de température est effectué sans production de travail ; c'est-à-dire que 0,0705 calorie ont disparu par suite de la production de $29^{km}273$; ce qui représente, par calorie, un travail de :

415 kilogrammètres.

Telle est la méthode proposée par M. Combes et quelques autres physiciens pour la détermination de l'équivalent mécanique de la chaleur dans le cas dont il s'agit ; mais le chiffre obtenu participe de l'incertitude qui existe sur la vraie valeur de la capacité calorifique de l'air à volume constant.

M. Laboulaye propose une autre méthode qui conduit à un résultat bien différeut. Il calcule comme plus haut le travail produit par l'élévation de température de $0°$ à $1°$, sous tension constante, et trouve également 29,273 kilogrammètres ; puis, admettant les résultats de quelques expériences de Dulong sur la chaleur que développe une compression déterminée sur les gaz, et d'une expérience de MM. Clément et Désormes sur l'abaissement de température due à la dilatation de ces gaz, expériences qui présentent aussi un certain degré d'incertitude, il calcule le travail que pourrait encore produire la portion des 0,2377 calorie qui n'ont pas disparu pendant la première opération et qui maintiennent l'air à une température supérieure, de $1°$, à la température primitive.

Il ne trouve, pour cette seconde partie du travail, que 0,59 à 2,36 kilogrammètres, ce qui porte le travail total dû à 0,2377 calorie à un chiffre total de 29,863 à 31,633 kilogrammètres ;

soit, par calorie, un travail de 125 à 132 kilogrammètres.

Comme moyen de vérification et comme procédé inverse pour déterminer la valeur des équivalents réciproques, il conviendrait évidemment de comprimer un gaz à l'aide d'une quantité de travail déterminée et de constater l'accroissement de température résultant de la compression. Il serait possible ainsi de déterminer la quantité de chaleur dégagée, à l'aide des résultats connus sur la chaleur spécifique du gaz et des substances qui sont en contact avec lui ; mais de semblables expériences n'ont point été faites jusqu'à présent, et elles présentent de très-grandes difficultés à cause du frottement des pistons ou autres obturateurs qu'il faudrait employer, ce qui ne permet pas d'évaluer très-exactement la portion du travail dépensé qui serait effectivement employée à produire la compression, et aussi à cause des pertes de chaleur par les parois des capacités employées.

ÉQUIVALENT MÉCANIQUE

Les physiciens considèrent généralement les corps solides comme formés de parties élémentaires matérielles réunies par des forces de cohésion plus ou moins énergiques que la chaleur peut détruire en partie ou en totalité ; ce qui constitue les effets de dilatation et de fusion, au moins pour les corps dont la constitution chimique n'est point altérée par cette chaleur.

Pour déterminer la quantité de travail dû à l'action d'une calorie sur de semblables corps, il faudrait évidemment connaître leur capacité calorifique ou la quantité de chaleur nécessaire pour élever de 1° la température de l'unité de poids, puis l'intensité des résistances que les parties matérielles élémentaires opposent à leur écartement par l'action de la chaleur, et finalement la grandeur de ces écartements sous l'action d'une quantité déterminée de chaleur ; phénomènes sur lesquels on n'a recueilli jusqu'à présent que d'assez vagues renseignements.

Il y a une température à laquelle les actions comparatives de la chaleur sur les corps solides sont susceptibles d'une appréciation au moins approximative ; c'est leur température de liquéfaction. Lorsque les corps solides entrent en fusion, la température à laquelle cette fusion commence, demeure invariable jusqu'à la fin de l'opération ; c'est-à-dire que tout le travail de la chaleur est utilisé et employé à désunir les parties élémentaires qui adhèrent fortement les unes aux autres ; aucune parcelle n'est absorbée pour produire une élévation de température.

Si la théorie de la constance de l'équivalent mécanique de la chaleur est exacte, il est clair que, quel que soit le métal, la même quantité de chaleur produira la même quantité de travail pendant la fusion, et c'est ce qui semble avoir lieu dans quelque cas où cette quantité de chaleur a pu être mesurée.

En admettant, ce qui semble assez plausible, que les efforts nécessaires pour désunir les parties élémentaires d'un corps solide ou pour opérer sa fusion, sont proportionnels aux efforts qu'il faut exercer sur ce corps, à la température ordinaire, pour l'allonger d'une quantité déterminée, il est évident qu'il faudra, pour le fondre, une quantité de chaleur proportionnelle à la résistance qu'il présente à l'allongement ou à l'écartement de ses parties élémentaires, et c'est ce qui se remarque dans quelques circonstances. Ainsi, d'après M. Person, il faut, approximativement, deux fois autant de chaleur pour fondre un barreau de zinc que pour fondre un barreau d'étain de même longueur et de même section, et des expériences directes ont montré que, sous la même charge, l'allongement du barreau de zinc n'est que la moitié de celui du barreau d'étain. Une barre de plomb, sous une charge donnée, s'allonge cinq fois autant que la même barre en zinc, et il faut, approximativement, cinq fois plus de chaleur pour fondre le zinc que pour fondre le plomb. Pour le zinc et le bismuth, le rapport des quantités de chaleur pour opérer la fusion est de 2,22 à 1, et l'on constate à peu près le même rapport entre leur résistance à l'allongement. Pour l'étain et le plomb, l'identité approximative des rapports existe également.

Ces résultats ne sont probablement pas fortuits, et quoiqu'ils n'indiquent en aucune façon la quantité de travail correspondante à l'action d'une calorie pendant la fusion, ils semblent avertir de l'existence d'une importante loi naturelle.

On a essayé de déterminer la quantité de travail qu'une calorie est capable de produire par l'intermédiaire d'un corps solide, en comparant l'effort nécessaire pour allonger le corps par dilatation, à celui qui est nécessaire pour l'allonger par traction, à l'aide de la capacité calorifique de ce corps, de la quantité dont il s'allonge sous un effort de traction donné et de sa dilatation cubique, qui sont les principaux éléments de la question à résoudre et qui sont connus pour un très-grand nombre des corps ; mais la difficulté de tenir rationnellement compte de la quantité de' chaleur qui n'est point employée à produire la dilatation et qui sert à élever la température du corps, est cause que l'on n'a obtenu, par ce procédé, que des renseignements très-vagues ; aussi, nous croyons qu'il faut attendre de nouveaux travaux dans cette voie avant de songer sérieusement à y découvrir la mesure véritable du rapport entre le travail et la chaleur employée à le produire, dans ces circonstances.

M. Laboulaye, en appliquant les données que nous venons de rappeler et qui sont connues pour un grand nombre de corps, a trouvé que le travail correspondant à une calorie appliquée à un corps solide, était moyennement de 144 kilogrammètres. Les corps qu'il a soumis à ce genre de calcul sont : le plomb, l'étain, le zinc, le cuivre, l'argent, l'or, la platine et le fer. Les chiffres extrêmes sont relatifs au plomb coulé, qui n'a fourni que 109 kilogrammètres, et au platine qui a donné 165 kilogrammètres.

Le même savant a tenté ensuite de résoudre le problème par expérience, mais en retournant la question. Il a cherché la quantité de travail qu'il fallait employer pour changer d'une manière définitive l'écartement des parties élémentaires d'un corps solide, au point de produire le dégagement d'une calorie, ou plutôt la quantité de travail capable de donner naissance à une calorie.

Pour cela, il a employé une sonnette à battre les pieux dont il élevait le mouton à une certaine hauteur, puis le laissait retomber sur un tronc de cône droit et creux en plomb, entièrement plongé dans l'eau. Le travail employé à déformer la masse de plomb était mesuré par le poids et la hauteur de chute du mouton, et la chaleur engendrée par l'anéantissement de ce travail pendant la déformation de la masse, était mesurée par l'élevation de la température du volume d'eau dans lequel cette dernière était plongée. Quelques précautions spéciales étaient prises pour empêcher les déperditions de chaleur, et pour tenir compte des pertes de force vive amenées par l'ébranlement des supports et de quelques autres causes d'erreurs.

Ces expériences ont fourni, moyennement, une dépense de 189 kilogrammètres pour produire une calorie.

Cet équivalent mécanique d'une calorie se rapproche beaucoup d'autres équivalents que M. Laboulaye a déterminés pour un grand nombre de substances dans son essai sur l'équivalent mécanique de la chaleur, mais il le considère encore comme trop considérable.

ÉQUIVALENT MÉCANIQUE

DE LA CHALEUR DÉVELOPPÉE PAR LE FROTTEMENT.

Il y avait à l'exposition universelle de 1855 un appareil imaginé par MM. Beaumont et Mayer, pour produire de la vapeur à l'aide de la chaleur qu'engendre le frottement. Cet appareil se composait, tout simplement, d'un arbre garni d'un cordage graissé, sur une certaine partie de sa longueur, et tournant dans un cylindre en cuivre placé au centre d'un réservoir d'eau, faisant ainsi office de chaudière.

D'après le rapport des commissaires de l'Institut, un travail de 8,50 chevaux transmis à cet arbre par la machine motrice, produisait $6^{kil.}56$ de vapeur à la pression ordinaire, par heure.

En supposant l'eau prise à 15°, la chaleur nécessaire pour cette vaporisation était de 6,56 $(637^{cal.} — 15^{cal.}) = 4080^{cal.}32$.

D'autre part, le travail de 8,50 chevaux par heure est de :

$$8,50 \cdot 75 \cdot 3600'' = 2295000 \text{ kilogrammètres};$$

Soit, pour la production d'une calorie, une dépense de :

$$\frac{2295000}{4080,32} = 560 \text{ kilogrammètres.}$$

Il est évident que, dans un appareil de cette espèce, les pertes de
chaleur par les parois de la capacité qui contenait la vapeur et les
pertes de travail par l'ébranlement de toutes ses parties constituantes,
devaient être considérables, et que le chiffre ci-dessus dépasse notablement celui qui résulterait de l'emploi intégral du travail à produire de
la chaleur et de l'application entière de cette chaleur à la production
de la vapeur. D'autres expériences que nous allons rapporter, le prou-
veront.

Nous ferons remarquer, à propos de cet appareil, que l'idée d'employer le frottement pour produire de la vapeur, quand même tout le
travail qu'absorbe le frottement pourrait être converti en chaleur, et
cette chaleur en travail, à l'aide de la vapeur formée, n'est pas plus
rationnelle que celle d'élever de l'eau à l'aide d'une pompe et d'une
roue hydraulique pour faire mouvoir une autre roue hydraulique.
Cela ne peut servir qu'à augmenter les pertes dans d'énormes proportions.

Les expériences les plus intéressantes qui aient été faites sur le développement de la chaleur par le frottement, sont celles de M. Hirn,
dont le compte rendu a été publié dans les bulletins de la Société industrielle de Mulhouse.

L'appareil dont M. Hirn s'est servi pour mesurer, à la fois, le travail absorbé par le frottement et la quantité correspondante de chaleur
engendrée, se composait de la partie supérieure d'un frein dynamométrique de Prony ; la seconde partie ou mâchoire inférieure, qui ne
sert qu'à développer de très-grands frottements sans effort transversal
effectif sur les arbres, quand on veut mesurer de grandes quantités de
travail, était supprimée, et le frottement n'était dû qu'au poids direct
de la partie conservée et, d'abord, parfaitement équilibrée dans la position horizontale, lorsque l'arbre tournant était au repos. Le coussinet
en bronze du frein, au lieu de reposer sur une poulie ou sur l'arbre
lui-même, comme dans les expériences qui n'ont d'autre but que la
mesure du travail, reposait sur un cylindre creux en fonte, solidement fixé sur l'arbre et fermé à ses extrémités.

Dans les cloisons en fer-blanc, qui formaient ces extrémités, on
avait ménagé deux ouvertures circulaires autour de l'arbre ; l'une pouvait recevoir un petit tuyau destiné à amener de l'eau froide dans le

tambour pendant les expériences, l'autre, dans la cloison opposée, devait reverser cette eau dans une petite bâche voisine, après quelques instants de séjour et après son élévation de température dans le tambour.

C'est d'après le poids de l'eau qui traversait ainsi le tambour pendant un temps déterminé, d'après l'élévation de sa température, et enfin d'après la quantité de kilogrammètres absorbés par le frottement pendant la même période, que le rapport entre le travail et le nombre correspondant de calories engendrées, était déterminé. Pour éviter, autant que possible, les pertes de chaleur par d'autres points de la masse échauffée que par la surface interne du tambour, on avait soin de régler le courant d'eau froide à basse température qui traversait ce dernier, de manière à maintenir les surfaces frottantes à une température très-voisine de celle de l'appartement même où se faisaient les expériences. De cette façon, il n'y avait de flux de chaleur que par la surface interne du tambour qui était en contact constant avec de l'eau à une température maintenue inférieure à celle de l'appartement.

Les résultats de ces expériences, qui ont été faites dans des conditions de vitesse et d'intensité absolue du frottement, très-variées, sont les suivants :

1° La quantité de chaleur développée par le frottement est constamment proportionnelle au travail absorbé par ce frottement ;

2° La quantité de travail qui donnait naissance à une calorie, lorsque les surfaces frottantes étaient graissées d'huile ou d'un autre corps gras, bien pur, était d'environ 365 kilogrammètres. Ce résultat a très-peu varié ;

3° Le suif chargé d'impuretés a fourni une calorie pour 356 kilogrammètres, et l'huile chargée d'émeri fin, une calorie pour 330 kilogrammètres ;

4° Le frottement a donné une calorie pour 315 kilogrammètres, lorsque les surfaces frottantes ont été rendues mates à l'aide d'huile et d'émeri, puis soigneusement essuyées pour arriver au contact immédiat et au glissement à sec des surfaces frottantes.

Ces expériences ont démontré, en outre, que la valeur absolue des coefficients de frottement, relative à des surfaces données glissant l'une sur l'autre avec interposition d'un enduit déterminé, n'était point cons-

tante, que la résistance due au frottement diminuait considérablement
à mesure que les graisses avaient été plus triturées entre les surfaces
frottantes et que leur température s'était plus élevée sous l'action du
frottement; de sorte que les coefficients donnés dans les tables de
M. Morin ne peuvent être rationnellement appliqués au calcul des
résistances passives d'une machine en état de fonctionnement régu-
lier.

M. Hirn a ensuite cherché la chaleur dégagée par la désagrégation
complète de la matière dans certaines circonstances et, pour cela, il a
mesuré la chaleur qui résulte de l'action d'un foret d'acier employé à
percer un barreau de fer.

La masse cylindrique de fer soumise à l'expérience était placée verticalement dans un vase plein d'eau destinée à mesurer la quantité de
chaleur dégagée. Cette masse pouvait tourner autour de son axe sous
l'action du foret qui tendait à l'emporter dans son propre mouvement
de rotation, mais elle était invariablement liée à un levier horizontal
et ne pouvait tourner sans lui; de sorte qu'en mesurant à l'extrémité
de ce levier, l'effort qu'il faisait pour tourner sous l'action du foret et
en comptant le nombre de tours de celui-ci, on avait tous les éléments
du calcul du travail employé à désagréger la matière. On voit que ce
levier n'était autre chose que le grand bras d'un frein dynamométrique
horizontal. La résistance du frottement y était remplacée par la résistance que le foret éprouvait à désagréger le fer.

La quantité de travail consommée pour amener le dégagement d'une
calorie, a été, dans ces circonstances, de 425 kilogrammètres. Quelques
précautions avaient été prises pour éviter les pertes de chaleur par
les parois du vase qui contenait l'eau employée à la mesure de la
quantité de chaleur produite.

Dans toutes ces expériences relatives à des phénomènes qui se sont
accomplis sous l'action de mouvements de rotation très-rapides, il se
produisait, sans nul doute, des vibrations plus ou moins énergiques
absorbant une certaine quantité de travail qui, de cette façon, n'était
pas employée à échauffer l'eau qui servait à mesurer la chaleur engendrée, et, probablement aussi, quelques pertes de chaleur qu'il est toujours si difficile d'empêcher; de sorte que, très-probablement, les
quantités de travail, indiquées ci-dessus comme donnant naissance à

une calorie, sont trop considérables, mais malheureusement dans une mesure parfaitement inconnue.

———

D'autres expériences ont été faites par M. Joule sur les effets du frottement des particules mobiles qui constituent les liquides. M. Joule a suspendu à une corde un poids qui, en descendant, faisait tourner une roue à ailettes entièrement plongée dans l'eau ; l'agitation qui en résultait dans la masse liquide, engendrait des frottements, et les frottements de la chaleur, en quantité mesurée par l'élevation de la température du liquide.

Ces expériences ont fourni, moyennement, une dépense de $434^{km.}$ par calorie ; mais, là encore, il était impossible que tout le travail dû à la descente du poids fut employé à produire de la chaleur ; les résistances propres de l'appareil, les mouvements communiqués aux parois du vase par l'agitation du liquide, devaient en absorber une partie plus ou moins considérable, et ce chiffre de $434^{km.}$ est, sans doute, trop grand.

Il est évident, du reste, que suivant la méthode que l'on appliquera à la recherche de l'équivalent mécanique de la chaleur, s'il existe, on arrivera à des résultats qui seront en deçà, ou au delà de sa valeur véritable.

Si on le cherche en produisant de la chaleur à l'aide d'un travail mécanique, les pertes inévitables de travail qui ne produira pas de chaleur, seront causes que l'on arrivera à un équivalent mécanique trop élevé.

Si on le cherche en produisant du travail à l'aide de la chaleur, les pertes de chaleur, aussi inévitables que celles de travail, conduiront à une estimation trop faible de cet équivalent.

La valeur effective doit se trouver entre les deux.

Les résultats que nous venons d'exposer sur la production de la chaleur par les frottements, conduisent à de très-curieuses conséquences relativement aux effets généraux de cette résistance dans les machines à vapeur, et à son influence sur les coefficients d'effet utile relatifs à l'emploi de cette force motrice.

Admettons, par exemple, que le frottement du piston dans le cylindre d'une machine sans détente, engendre une calorie pour un travail de 250 kilogrammètres, parce qu'ici il n'y a point de chaleur perdue; cette calorie sera employée, toute entière, à échauffer le cylindre et la vapeur. Supposons encore que ce cylindre soit muni d'une chemise de vapeur qui empêche les pertes extérieures et suffit exactement à maintenir constante la température de la vapeur pendant son travail, abstraction faite de la surélévation de température que la chaleur due au frottement peut produire dans cette vapeur; et enfin, que le volume de vapeur saturée soit de 2^{m3} par cylindrée, sa tension de $5^{atm\cdot}$, que la contre-pression moyenne du piston soit de $0^{atm}35$, et que le frottement de ce piston absorbe les 0,05 du travail absolu de la vapeur, et cherchons l'accroissement de travail que peut produire la chaleur développée par le frottement, en dilatant la vapeur comme un gaz.

Cette valeur du travail anéanti par le frottement du piston, que les mécaniciens portent assez généralement à 0,05, est bien loin cependant d'être constante, et elle doit au contraire varier entre des limites fort écartées. Dans un même cylindre, elle est bien plus considérable quand la garniture est neuve et que les ressorts sont fortement bandés, que lorsque celle-ci a servi quelque temps et que ces ressorts ont perdu une partie de leur élasticité; elle doit être dépendante du plus ou moins de soin que l'on apporte à graisser cette garniture, et de la température ainsi que de la qualité intrinsèque des huiles; elle doit être plus grande, relativement au travail absolu, dans les machines à détente que dans les machines sans détente, parce que, dans les premières, la pression de la garniture et sa hauteur doivent être réglées comme si la tension initiale se maintenait pendant toute la course; et enfin, elle dépend encore du degré de perfection apporté dans l'alézage du cylindre.

La valeur véritable serait probablement fort difficile à déterminer dans chaque cylindre particulier, car on ne pourrait considérer la résistance qu'apporterait le piston au glissement dans le cylindre froid, comme égale à la résistance qu'il présente au mouvement pendant la marche normale de la machine. Quoi qu'il en soit, nous supposerons que, dans le cas dont il s'agit, la valeur de cette résistance est de 0,05 du travail absolu dans le cylindre.

Les données principales du problème sont :

Tension de la vapeur, 3^{atm} ou $31000^{kil.}$ par mètre carré ;

Contre-pression du piston, $0^{atm.}35$ ou $3716^{kil.}$ par mètre carré ;

Volume de $1^{kil.}$ de vapeur à $3^{atm.}$, $0^{m3}617$;

Poids des 2^{m3} de vapeur à $3^{atm.}$, $\dfrac{2}{0,617} = 3^{kil.}24$;

Capacité calorifique de la vapeur d'eau, d'après M. Regnault, $0,475$.

Le travail absolu de la vapeur saturée sur le piston serait, dans une course, de 2^{m3} $(31000 - 3716) = 54568^{km.}$;

Le travail absorbé par le piston, de $54568 \cdot 0,05 = 2728^{km.}40$;

La chaleur produite par le frottement, de $\dfrac{2728,40}{250} = 10,91$ cal.

Pour élever de $1°$, la température des $3^{kil.}24$ de vapeur saturée, il faudrait $3,24 \cdot 0,475 = 1,54$ calorie ;

Les $10,91$ calories, engendrées par le frottement, élèveraient donc la température de la vapeur de $\dfrac{10,91}{1,54} = 6,1$ degrés centigrades ;

Les 2^{m3} de vapeur passant de leur température à saturation, $133°91$, à $133°91 + 6°1 = 140°01$, prendraient, sans changer de tension, un volume de ;

$$2^{m3} \frac{1 + 0,00367 \cdot 140°01}{1 + 0,00367 \cdot 133°91} = 2^{m3}03051 \; ;$$

L'accroissement de volume, sous la tension de $3^{atm.}$, serait donc de :

$$0^{m3}03051 ,$$

Et l'accroissement de travail dû à la dilatation, de :

$$0^{m3}03051 \, (31000 - 3716) = 832^{km.} .$$

La chaleur développée par le frottement du piston restituerait donc :

$$\frac{832}{2728,40} = 0,305$$

du travail anéanti par ce frottement.

Dans les applications, l'effet de la chaleur que développe le frottement du piston, n'est pas de surchauffer la vapeur comme nous venons de le supposer, mais d'empêcher sa condensation, ce qui est également avantageux.

Dans les machines à détente, la quantité proportionnelle de travail restitué par la chaleur due au frottement, est encore plus considérable, parce que l'accroissement du volume de la vapeur produit du travail à pression pleine, comme ci-dessus, puis à détente ; mais il faut observer qu'alors la dilatation pendant la détente, sous l'action continue de la chaleur engendrée par le frottement, ne produit de travail que la quantité correspondante à l'accroissement de volume sous la tension qui existe à l'instant de chacun de ces accroissements par l'action du frottement, puis par la détente, jusqu'à la fin de la course ; ce qui réduit presque à zéro le travail à détente dû à la chaleur qui est développée pendant les dernières parties de cette course ; de sorte que les premières calories dues à ce frottement restituent plus de travail que les dernières.

Il y a encore, dans les machines, d'autres frottements qui restituent une partie du travail qu'ils ont absorbé. La chaleur engendrée par le frottement des tiroirs d'admission sert, comme celle qui est due au frottement du piston, à élever la température de la vapeur qui va produire son travail. La chaleur engendrée par le frottement du piston de la pompe à air, sert à élever la température des eaux de condensation, mais cet effet n'est utilisé que pour la partie de ces eaux qui doit être renvoyée dans la chaudière.

Le frottement du piston de la pompe à eau froide est nuisible ; il ne sert qu'à échauffer l'eau qui doit servir à la condensation et à élever la température et la tension dans le condenseur. La chaleur produite par le frottement de tous les axes, se dissipe dans le local qui renferme la machine.

Supposons maintenant qu'un atelier, destiné au travail de la fonte, consomme le travail de vingt-cinq chevaux, dont douze pour frottements des outils et treize pour tourner et forer le métal ; que la chaleur développée par le frottement soit d'une calorie pour $365^{km.}$, et que celle qui est engendrée par le forage et par l'action des tours, soit d'une calorie pour $425^{km.}$, résultats bruts obtenus directement par M. Hirn.

En dix heures de travail, les douze chevaux consacrés à surmonter les frottements produiront $\dfrac{12^{ch.} \cdot 75^{km} \cdot 60'' \cdot 60' \cdot 10^{h.}}{365^{km.}} = 88767$ cal.

Pendant le même temps, les treize chevaux, directement absorbés par le travail de la fonte, produiront :

$$\frac{13 \cdot 75 \cdot 60'' \cdot 60' \cdot 10^{h.}}{425} = 82588 \text{ calories.}$$

La chaleur totale émise pendant la journée, serait de 171355 calories, et elle pourrait élever de 0° à 20°, la température d'un poids P d'air, égal à :

$$P \cdot 0^{cal.}237 \cdot 20° = 171355^{cal.}; \text{ d'où } P = 34150^{kil.}.$$

Ces $34150^{kil.}$, pris à 0° sous 0m76 de mercure, présenteraient un volume de :

$$\frac{34150}{1^{kil} 293187} = 27186 \text{ mètres cubes.}$$

$0^{cal.}237$ est, d'après M. Regnault, la quantité de chaleur nécessaire pour élever de 1° la température d'un kilog. d'air.

Nous ne pensons pas qu'il soit nécessaire de montrer combien un semblable moyen de chauffage serait onéreux, s'il était organisé dans ce but tout spécial.

ÉQUIVALENT MÉCANIQUE DE LA CHALEUR

LORSQU'ELLE AGIT SUR UN LIQUIDE.

Les liquides se dilatent par la chaleur, comme les solides, et nous avons vu que l'eau, par exemple, en passant de la température zéro à la température de 97° 72, se dilatait dans le rapport de 1 à 1,042. La chaleur pourrait donc produire du travail par leur intermédiaire, mais, jusqu'à présent, on n'a pu recueillir aucun renseignement précis sur la grandeur des efforts qu'ils sont susceptibles de développer pendant leur accroissement de volume sous l'influence d'une augmentation de température, ni sur la quantité de travail que la chaleur qui sert à élever leur température, indépendamment de celle qui les dilate, pourrait produire. Leur incompressibilité presque totale, qui les fait résister aux pressions à peu près comme du sable, ne permet pas de mettre en jeu, lorsqu'on les comprime, des forces moléculaires qui résistent à la compression tout en permettant le rapprochement des éléments matériels qui les composent, et qui deviennent ainsi la source d'un développement de chaleur ; aussi les efforts énergiques auxquels on les a fréquemment soumis n'y ont pas déterminé d'accroissement sensible de température, et tout leur effet, transmis par la masse fluide sur laquelle ils étaient exercés, était, à peu près, intégralement transmis aux corps solides dont étaient formés les vases qui contenaient cette masse.

Mais si on ignore entièrement les effets dynamiques de la chaleur sur les liquides, tant qu'ils restent dans cet état, il n'en est plus de même lorsque la température à laquelle ils se réduisent en vapeur, est atteinte. On possède déjà sur le rapport qui existe entre la quantité de chaleur qu'on leur communique pour leur faire subir cette transformation, et le travail que cette chaleur peut produire, quelques renseignements qui manquent, il est vrai, du degré de précision qu'il serait si important d'atteindre dans une question de cette importance, mais qui sont néanmoins très-précieux et qui commencent à jeter quelques lueurs sur les principaux phénomènes qui s'accomplissent dans nos appareils à vapeur actuels.

ÉQUIVALENT MÉCANIQUE DE LA CHALEUR

DANS L'EMPLOI DE LA VAPEUR.

Les phénomènes physiques primordiaux dont la connaissance serait indispensable pour calculer *à priori* le travail que l'on pourrait obtenir d'une quantité déterminée de chaleur mise en action par l'intermédiaire

de la vapeur, sont encore, au moins pour quelques-uns, trop imparfaitement étudiés, pour qu'une telle évaluation puisse présenter un
haut degré de certitude. Aussi nous ne rapporterons pas les raisonnements, souvent très-profonds, à l'aide desquels cette évaluation *à priori*
a été tentée, et nous attendrons pour cela que les éléments qui forment
la base de ces raisonnements aient été mis à l'abri de toute contestation
par des expériences spéciales parfaitement appropriées à leur but.
Mais nous procéderons de la manière inverse, en indiquant les résultats d'expériences destinées à constater directement la quantité de chaleur qui disparaît lorsqu'un poids donné de vapeur produit un travail
déterminé. Ces expériences faites par M. Hirn sur les machines qui
ont servi à constater les effets des chemises de vapeur et de la surchauffe, dont nous avons rendu compte, sont intéressantes au plus haut
degré, et si elles ne résolvent pas entièrement, et définitivement, la question, à cause de l'impossibilité d'atteindre, dans les conditions où elles
ont été faites, le degré de précision qui est indispensable dans une question de cette nature, elles n'en fournissent pas moins des indications
générales d'une grande importance pour la science des machines à
vapeur, et donnent la clef d'un certain nombre de phénomènes inex-
pliqués jusqu'aujourd'hui. Ces expériences ont été faites sur des machines à détente et condensation ; les seules qui soient appropriées à
ce genre de recherches, comme nous allons le voir.

Dans ces machines, la vapeur agit à pleine pression pendant une
partie de la course du piston et, pendant ce temps, il y a libre communication entre la chaudière et le cylindre ; puis, pendant le reste de la
course, la vapeur isolée de la source de chaleur travaille à l'aide de sa
chaleur constituante.

Pendant le travail à pression pleine, la vapeur qui pénètre dans le
cylindre à la suite du piston, à une densité invariable, c'est-à-dire en
conservant ses éléments matériels les uns à la même distance des
autres, ne produit par elle-même aucun travail sur le piston, elle n'est
que le communicateur du travail qui se produit ailleurs, exactement
comme un piston et sa tige sont les communicateurs du travail transmis
au balancier et non les producteurs de ce travail. Le travail effectif se
produit dans la chaudière, en tous les points de la masse liquide où se
forme la vapeur ; c'est en ces points que la chaleur dilate l'eau, pro-

duit sur elle une véritable détente sous une tension et sous une température à peu près constantes, mais avec une énorme diminution de densité, et repousse dans tous les sens la masse de vapeur déjà formée qui ne devient ainsi qu'un simple intermédiaire entre le point réel où se produit le travail effectif et le piston qui le reçoit. On n'a pas pu constater directement si, aux points où l'eau se transforme en vapeur, en surmontant les résistances qui s'opposent à cet accroissement de son volume, la consommation de chaleur était supérieure à celle qui reste dans cette vapeur après qu'elle est formée, et lorsqu'elle est devenue un instrument passif de transmission du travail ; il faudrait évidemment, pour cela, connaître certains éléments de la question qui nous sont tout à fait inconnus. Ainsi on ignore la quantité réelle de chaleur qui pénètre dans la chaudière et celle qui se dissipe dans l'atmosphère après avoir traversé cette chaudière et le massif de maçonnerie qui l'environne ; on ne connaît que celle qui reste dans la vapeur formée et qui a été déterminée avec tant d'exactitude par M. Regnault.

Quoi qu'il en soit, il est difficile d'admettre que dans cette dilatation avec production de travail, qui constitue la vaporisation, la chaleur ne se comporte pas de la même façon que pendant la détente dans le cylindre, lorsque la vapeur isolée de la source calorifique trouve dans sa propre chaleur la cause de sa dilatation et du travail qui en résulte ; de sorte que si les expériences démontrent qu'il y a dans le second cas, disparition d'une quantité de chaleur proportionnelle au travail produit, il devient extrêmement probable qu'il en est de même dans le premier ; que la chaleur nécessaire pour produire un poids donné de vapeur, est plus considérable que celle qui reste dans cette vapeur après sa formation et que l'excédant est également proportionnel au travail produit. La similitude des deux phénomènes autorise à conclure qu'ils doivent amener des conséquences semblables.

C'est cette disparition de chaleur, pendant la détente dans le cylindre, qui a été constatée par les expériences de M. Hirn dont nous allons rendre compte.

Les données de la question à déterminer par expérience étaient les suivantes :

1° La quantité effective de chaleur contenue dans la vapeur à l'instant où commençait la détente ;

2° La quantité absolue de travail produit pendant cette détente ;

3° La quantité de chaleur qui a disparu pendant l'opération.

Pour déterminer la quantité effective de chaleur contenue dans la vapeur avant sa détente, M. Hirn a admis les chiffres de M. Regnault sur la chaleur totale d'un kilogramme de vapeur.

Pour déterminer la quantité absolue de travail pendant la détente, il a employé l'indicateur de Watt ; puis, comme moyen de contrôle, il a déterminé, à l'aide du frein dynamométrique et des turbines dont nous avons parlé précédemment, le travail effectif transmis à l'arbre du volant, et l'a augmenté dans une proportion déterminée par le coefficient de perte qui lui a semblé le mieux représenter les effets des résistances passives jusqu'à cet arbre. Ces deux procédés ne pouvant fournir que des résultats approximatifs, il y a peut-être quelques erreurs dans les appréciations du travail absolu pendant la détente, mais elles sont inséparables de ce mode d'expérimentation et elles ne peuvent, dans tous les cas, être bien considérables.

Pour constater la disparition de la chaleur pendant la détente, M. Hirn mesurait avec tout le soin et les précautions imaginables, le poids et la température de l'eau froide employée à la condensation, le poids de vapeur condensée et la température ainsi que le poids des eaux de condensation. Il est clair que s'il n'y avait pas de perte de chaleur pendant la détente, toute la quantité de chaleur contenue dans la vapeur avant la détente, devrait se retrouver dans les eaux de condensation et que ce que l'on trouve en moins dans celles-ci représente la perte. De plus, afin de tenir compte de la fraction de la perte de chaleur dépendante du refroidissement normal des capacités qui contenaient la vapeur, il a déterminé directement cette fraction à l'aide de la quantité de vapeur qui se condensait dans l'appareil pendant qu'il ne fonctionnait pas ; puis il a mesuré, par un procédé particulier, la quantité d'eau liquide emportée par la vapeur, afin d'en tenir également compte.

Dans les expériences faites avec de la vapeur surchauffée, les pertes de chaleur par refroidissement de l'appareil ne pouvant être mesurées par la condensation d'une certaine quantité de vapeur, il a assimilé ces pertes à celles qui avaient lieu dans la marche avec vapeur saturée, en les supposant, dans les deux cas, proportionnelles aux différences de température entre la vapeur et l'air extérieur. Du reste, les pertes de chaleur à travers les parois de l'appareil sont si faibles relativement aux pertes qui résultent du travail à détente, que les erreurs commises dans l'appréciation des premières n'auraient qu'une influence insensible sur l'évaluation des secondes.

Nous rapportons, dans le tableau ci-après, les résultats ainsi obtenus avec tout le soin que pouvaient comporter des expériences faites sur une aussi grande échelle et dont le lecteur pourra trouver tous les détails dans les mémoires originaux de M. Hirn, insérés dans les bulletins de la Société industrielle de Mulhouse.

ESPÈCE DE MACHINE. MACHINE A 1 CYLINDRE sans chemise de vapeur, 1 C. MACHINE A 2 CYLINDRES avec chem. de vapeur, 2 C.	DÉTENTE.	PRESSION DANS LA CHAUDIÈRE. En atmosphères.	PRESSION DANS LE CYLINDRE AVANT LA DÉTENTE. En atmosphères.	TRAVAIL PRATIQUE en chevaux.	Travail produit dans le cylindre pendant la détente, pour chaque calorie qui a disparu, ou équivalent mécanique de la chaleur.
					kilogrammètres.
1e exp. 1 C. sans surchauffe.	1 à 3,4	4,50	3,35	102	151
2e exp. 1 C. avec surchauffe à 240°.	1 à 3,4	4,50	3,85	130	126
3e exp. 1 C. avec surchauffe à 240°.	1 à 5,2	4,50	3,62	94	177
4e exp. 2 C. sans surchauffe	1 à 4,3	3,75	3,70	102	159
5e exp. 2 C. avec surchauffe à 213°.	1 à 4,3	3,75	5,70	107	204
6e exp. 2 C. sans surchauffe.	1 à 4,3	3,75	3,70	102	173
7e exp. 2 C. avec surchauffe à 235°.	1 à 4,3	3,75	3,70	109	275
8e exp. 2 C. Vapeur directe, surchauffée à 214°, enveloppe vide.	1 à 4,3	3,75	3,70	88	120
9e exp. 2 C. Vapeur directe, surchauffée à 225°. Enveloppe pleine de vapeur saturée à 3atm.,75. . .	1 à 4,3	3,75	3,70	102	165
					Moyenne. 172

Il résulte de ces expériences que la disparition de chaleur pendant la détente, a varié de 1 calorie pour un travail de 120^{km}, à $1^{cal.}$ pour un travail de 275^{km}; la moyenne a été de $1^{cal.}$ pour 172^{km}. Si un semblable procédé de détermination de l'équivalent mécanique de la chaleur conduisait à des résultats nécessairement exacts, la conséquence naturelle qu'il faudrait tirer de ces expériences serait que l'équivalent mécanique de la chaleur n'est pas constant; mais on comprend que, dans un pareil mode d'expérimentation, les erreurs possibles aient pu produire de semblables écarts de part et d'autre de la valeur moyenne, et nous admettons qu'ils ne sont point, d'une manière décisive, défavorables à l'opinion des physiciens qui soutiennent la constance absolue de l'équivalent.

Quoi qu'il en soit, ces expériences ont prouvé, d'une manière irrécusable, le fait de la disparition de la chaleur pendant le travail de la détente, et il n'y a d'incertitude que sur l'importance réelle de cette disparition.

Lorsqu'on laisse arriver, dans le condenseur, la vapeur avant sa détente, on retrouve dans les eaux de condensation toute la chaleur constitutive de la vapeur; ce qui s'explique par les considérations que nous avons présentées plus haut pour démontrer que toute la chaleur qui a pu être anéantie par le travail à pression pleine, l'a été dans la chaudière même, les chiffres de M. Regnault sur la chaleur totale de la vapeur, représentant la chaleur que cette vapeur peut céder à l'eau froide qui la condense et non la chaleur qui a été employée à la former, en même temps qu'à produire le travail mécanique nécessaire pour vaincre les résistances qui s'opposaient à sa formation.

Acceptons provisoirement comme exact le résultat moyen des expériences de M. Hirn, c'est-à-dire la disparition de 1 calorie pour $172^{km.}$ pendant la détente, et cherchons les conséquences qui en résultent relativement à la loi d'abaissement de la tension pendant cette détente, dans l'hypothèse où elle s'opérerait dans un cylindre imperméable à la chaleur et où la vapeur soumise à l'examen serait à la tension de $3^{atm.}$.

$1^{kil.}$ de vapeur à $3^{atm.}$ occupe, d'après les tables, un volume de $0^{m3}617$ et contient, d'après M. Regnault, 647,2 calories.

Son travail absolu à la pression constante de $3^{atm.}$, ou de $31000^{kil.}$ par m^2, sera de $0,617 . 31000 = 19127$ kilogrammètres.

S'il se détend jusqu'au double de son volume primitif et si l'on admet que cette détente s'opère suivant la loi de M. de Pambour, c'est-à-dire si la perte de chaleur se réduit à celle qui laisse à la vapeur ce qu'il lui faut de chaleur pour la maintenir à l'état de saturation, sans condensation pendant la détente, le travail total pourra être déterminé par la formule F, page 102, au moins approximativement.

Dans cette formule que voici :

$$V' (n + P) \left[1 + \log. \frac{V}{V'} 2,3026 \right] - V (n + P');$$
$$P = 31000^{kil.}; \ P' = 0; \ n = 1300; \ V' = 0^{m3}617;$$
$$V = 2 . 0^{m3}617 = 1^{m3}234.$$

En appliquant les valeurs numériques, on trouve que le travail à pression pleine et à détente de ce kil. de vapeur, serait de $32100^{km.}$.

Soit, pour le travail à détente seulement : $32100 - 19127 = 12973^{km.}$.

La chaleur abandonnée par la vapeur et qui aurait complétement disparu, serait de $\dfrac{12973^{km.}}{172^{km.}} = 75,42$ calories.

D'autre part, le kil. de vapeur occupe, après la détente, un volume de $1^{m3}234$ et, d'après les tables, doit présenter une tension de $1^{atm.}415$, une température de $110°$, et contenir 640 calories pour subsister, tout entier, à l'état de vapeur.

Mais la loi de M. de Pambour suppose que la perte de chaleur, pendant cette détente, n'a été que de $647,2 - 640 = 7,2$ calories, tandis que, d'après la théorie de l'équivalent mécanique de la chaleur, cette perte s'est élevée à $75,42$ calories; il ne reste donc plus que $647,2 - 75,42 = 571^{cal.}78$ de disponible, quantité insuffisante pour maintenir à l'état de vapeur la totalité du kil. d'eau soumis à l'opération; donc une partie de la vapeur s'est condensée.

Soient p le poids de la vapeur qui ne s'est point condensée, p' le poids de la partie condensée; on aura évidemment les deux équations :

$$p + p' = 1^{kil.}, \text{ et } p . 640 + p' . 110 = 571^{cal.}78;$$
$$\text{d'où } p' = 0^{kil.}1287 \text{ et } p = 0^{kil.}8713.$$

D'autre part, la tension de $1^{atm.}415$ que nous avons admise, n'existerait que si la totalité de la vapeur échappait à la condensation, et comme il s'en est condensé $0^{kil.}1287$ et qu'il n'en reste par conséquent que $0^{kil.}8713$, la tension qui subsistera dans la capacité de $1^{m3}234$ ne sera, en appliquant la loi de Mariotte, que de $1^{atm.}415 \dfrac{0,8713}{1} = $

$1^{atm}.233$. Et la température de cette vapeur, ainsi que celle de l'eau qu'elle a fournie, sera d'après les tables, de $106°$.

Les calculs que nous venons de faire ne fournissent qu'une série de résultats approximatifs, car les hypothèses admises pour chacun d'eux ne sont point tout à fait exactes. Ainsi, puisqu'il y a une condensation pendant la détente, le travail produit par le doublement du volume de la vapeur, est inférieur à $12973^{kil.}$, parce que la tension baisse plus rapidement que suivant la loi de M. de Pambour, et la perte de chaleur est plus petite que les $75,42$ calories trouvées. La perte de chaleur ayant été exagérée, la condensation l'a été également et la tension finale assignée ne peut être exacte; mais ces erreurs ne sont pas considérables et il est possible de vérifier leur importance.

Si l'on admet une perte de chaleur de $75^{cal}.42$, qui est un peu trop grande, la tension finale de $1^{atm}.233$, la condensation de $0^{kil}.1287$ de vapeur et la température de $106°$ correspondante à cette tension, les $0^{kil}.8713$ de vapeur et les $0^{kil}.1287$ d'eau à $106°$ devront contenir, *approximativement*, les $571^{cal}.78$ qui restent après le travail, si l'erreur commise n'est pas considérable.

La chaleur totale de $1^{kil.}$ de vapeur à $1^{atm}.233$, étant de $638^{cal}.8$, la chaleur contenue dans les $0^{kil}.8713$ sera de $638,8 . 0, 8713 = 556^{cal}.58$.

La chaleur contenue dans les $0^{kil}.1287$ d'eau sera de
$106 . 0,1287 = 13^{cal}.64$.

Total : $570,22$ calories.

Ce résultat ne diffère du résultat effectif que de $1^{cal}.56$; il est donc très-approximatif, mais il suppose un travail de $12973^{km.}$ et une perte de chaleur de $75^{cal}.42$, tandis qu'en réalité ils ont été moindres par le fait de la condensation.

Comme il ne peut être question ici que d'approximations, nous admettrons la tension de $1^{atm}.233$ après le doublement du volume de la vapeur, quoiqu'elle doive être un peu supérieure à ce chiffre, et une condensation de $0^{kil}.1287$ quoiqu'elle doive être, en réalité, un peu moindre.

En suivant la même marche pour un second doublement du volume primitif de la vapeur, on trouve :

Travail de la détente, en remplaçant V par $4 . 0^{m3}617 = 2^{m3}468$, dans la formule (F) rappelée ci-dessus : . . . . $25031^{km.}$

Chaleur abandonnée. . . $\dfrac{25031}{172} =$ . . . . $145^{cal.}52$

Tension de la vapeur, lorsque $1^{kil.}$ de cette vapeur occupe un volume de $2^{m3}468$. . . . . $0^{atm.}665$

Température de cette vapeur. . . . . $89°$

Chaleur totale de $1^{kil.}$ de la même vapeur . . . . $633^{cal.}50$

Chaleur qui reste après la détente, $647^{cal.}20 — 145^{cal.}52 =$ $501^{cal.}68$

$p + p' = 1$; $p . 633^{cal.}50 + p' . 89° = 501,68$;

d'où $p =$. . . . . $0^{kil.}7577$

$p' =$ . . . . $0^{kil}2423$

Accroissement de la condensation en passant du volume 2 au volume 4, $0^{kil.}2423 — 0^{kil.}1287 =$ . . . . . $0^{kil.}1136$

Tension finale qui résulte de la condensation,

$0^{atm.}665 \dfrac{0,7577}{1} =$ . . . . $0^{atm.}504$

Température à cette tension finale . . . . $82°$

Chaleur totale de $1^{kil.}$ de vapeur à la même tension . . $631^{cal.}50$

Vérification comme ci-dessus :

$$0^{kil.}7577 . 631^{cal.}50 + 0^{kil.}2423 . 82° = 498^{cal.}35.$$

Ce résultat est encore très-voisin de $501^{cal}68$ qui devaient rester après la détente, mais il est toujours entaché de la même erreur que précédemment; la tension de $0^{atm.}504$ est un peu trop faible et le chiffre de la condensation un peu trop fort.

Supposons encore un troisième doublement de volume, ou une détente jusqu'à huit fois le volume primitif de la vapeur; c'est à peu près la limite de détente que l'on atteint dans la pratique; on trouve par les mêmes procédés que plus haut :

Travail à détente, V étant égal à $4^{m3}936$. . . . . . . $55218^{km.}$

Chaleur abandonnée, $\dfrac{55218}{172} =$ . . . . $204^{cal.}75$

Tension de la vapeur, le volume de $1^{kil.}$ étant de $4^{m3}936$, $0^{atm.}310$

Température de cette vapeur. . . . .   70°50

Chaleur totale de $1^{kil.}$ de la même vapeur. . . . . . . $628^{cal.}$

Chaleur qui reste après la détente, $647,20 - 204,75 =$ $442^{cal.}45$

$p + p' = 1\,;\, p\,.\,628 + p'\,.\,70°50 = 442^{cal.}45\,;$

d'où $p =$ . . . . $0^{kil.}6668$

$p' =$ . . . . $0^{kil.}3352$

Accroissement de la condensation, en passant du volume 4 au volume 8, $0^{kil.}3332 - 0^{kil.}2423 =$ . . . . . $0^{kil.}0909$

Tension finale due à la condensation, $0^{atm.}310\dfrac{0,6668}{1} =$ $0^{atm.}2067$

Température à cette tension finale. . . . .   61°50

Chaleur totale de $1^{kil.}$ de vapeur à la même tension, $625^{cal.}25.$

Vérification :

$$0^{kil.}6668\,.\,625,25 + 0^{kil.}3332\,.\,61°50 = 437^{cal.}40.$$

Mêmes réflexions que ci-dessus au sujet de ces résultats.

En rapprochant les tensions approximatives que l'on obtient pendant la détente, d'après la théorie de l'équivalent mécanique de la chaleur, des tensions correspondantes aux lois de M. de Pambour et de Mariotte, on peut former le tableau suivant :

	TENSIONS D'APRÈS LA LOI de MARIOTTE.	TENSIONS D'APRÈS LA LOI de M. DE PAMBOUR.	TENSIONS D'APRÈS LA LOI de L'ÉQUIVALENT MÉCANIQUE. TROP FAIBLES d'une petite FRACTION D'ATMOSPHÈRE.	Poids de vapeur condensée en passant d'un volume au suivant, par kil. de vapeur entrée dans le cylindre, suivant la loi de l'équivalent mécanique. Chiffres un peu trop forts.
Pour une détente 1.	$3^{atm.}0000$	$3^{atm.}0000$	$3^{atm.}0000$	
Pour une détente 2.	$1^{atm.}5000$	$1^{atm.}4150$	$1^{atm.}2330$	$0^{kil.}1287$
Pour une détente 4.	$0^{atm.}7500$	$0^{atm.}6650$	$0^{atm.}5040$	$0^{kil.}1156$
Pour une détente 8.	$0^{atm.}3750$	$0^{atm.}3100$	$0^{atm.}2067$	$0^{kil.}0909$

Ces résultats expliquent les phénomènes de condensation constatés par M. Hirn, dans les machines à deux cylindres, et montrent combien doit être énergique l'intervention de la masse métallique qui contient la vapeur dans les machines ordinaires, pour relever la tension effective pendant la détente et empêcher la condensation normale, au point de constituer des tensions décroissant suivant la loi de Mariotte et parfois même moins rapidement.

Cette masse joue le même rôle que le volant ; elle absorbe de la chaleur, détruit du travail et condense de la vapeur, pendant que le cylindre est en communication avec la chaudière, et restitue cette chaleur pour augmenter le travail pendant la détente. On comprend aussi que cette intervention doit être plus énergique à la fin de la détente qu'au commencement, parce que la différence de température entre la vapeur et les parois des cylindres est alors plus grande et l'émission de chaleur plus considérable, ce qui explique l'extrême lenteur avec laquelle les tensions décroissent pendant les dernières périodes de la détente dans la plupart des machines.

En admettant, par analogie, que la loi de consommation de la chaleur par le travail à détente, dans les cylindres des machines, s'applique également au travail qui se produit dans les chaudières pour pousser la vapeur à pression pleine dans ces cylindres, on peut se rendre compte assez exactement de la quantité de chaleur qui est effectivement utilisée dans nos appareils les plus perfectionnés.

Supposons qu'une machine à condensation fonctionne avec de la vapeur à 3 atmosphères détendue jusqu'à 8 fois son volume primitif ; que la contre-pression moyenne du piston soit de $0^{atm}1$ et que le poids de vapeur dépensée par coup de piston, soit de 1 kilogramme.

Le kilogramme de vapeur à pression pleine produira $0^{m3}617.31000 = 19127^{km}$.

La consommation de chaleur dans la chaudière, pendant ce travail, sera de $\dfrac{19127^{km.}}{172^{km.}} = 111,2$ calories.

Après cette dépense de chaleur, la vapeur contient encore $647^{cal}20$; de sorte que la chaleur totale dépensée par la chaudière, par kilogramme de vapeur, s'élève à $647,20 + 111,20 = 758^{cal}40$.

Or, d'après la théorie de l'équivalent mécanique, ces $758^{cal}40$ peuvent produire $758,40 . 172 = 130444^{km}$.

D'autre part, une évaluation du travail produit par la détente jusqu'à 8 fois le volume primitif, à l'aide de la formule de M. de Pambour, dont les résultats sont un peu trop forts dans le cas théorique dont il s'agit, a donné 35218^{km} pour valeur de ce travail. Adoptons 33000 pour rectifier, dans une certaine mesure, les erreurs inhérentes à l'emploi de la formule.

Le travail total sur une des faces du piston, sera donc de :

$$19127 + 33000 = 52127 \text{ kilogrammètres.}$$

Le travail résistant de la contre-pression sera de :

$$8 \cdot 0^{m3}617 \cdot 1033^{kil.} = 5093^{km.}$$

Le travail disponible pour surmonter les résistances utiles et les frottements, sera donc de :

$$52127 - 5093 = 47034 \text{ kilogrammètres.}$$

Rapport approximatif du travail effectivement transmis au piston, au travail absolu que la totalité de la chaleur dépensée pourrait produire :

$$\frac{47034}{130444} = 0,36 ; \textit{soit 36 pour cent.}$$

Quoique ce chiffre soit loin de présenter le cachet d'une rigoureuse exactitude, il n'en fournit pas moins, comme nous le verrons plus tard, de précieux renseignements sur l'utilité que l'on peut espérer obtenir un jour de l'application de la chaleur aux travaux de l'industrie.

Si l'on poussait la détente jusqu'à ce que la vapeur et l'eau qui résulte de la condensation progressive, fussent ramenées à la température zéro et à la tension correspondante de $0^{atm}006$, le travail produit serait bien loin d'être égal aux 130444 kilogrammètres qui représentent la totalité du travail que la chaleur contenue dans le kilogramme de vapeur peut théoriquement produire; parce qu'à l'époque où le volume occupé par cette vapeur sera devenu suffisant pour abaisser la température générale jusqu'à cette limite zéro, l'eau résultant de la condensation sera bien dépouillée de toute la chaleur qu'elle a reçue dans la chaudière que nous supposons alimentée avec de l'eau à zéro, mais la vapeur à la température zéro qui continuera à subsister dans la capacité agrandie par la détente, renfermera encore, d'après les tables, $606^{\text{cal}}50$ par kilogramme; de sorte que cette température zéro sera atteinte bien avant la consommation des $647^{\text{cal}}2$ que contenait la vapeur avant la détente, et bien avant la production des 130444 kilogrammètres qui correspondent à la consommation entière de cette chaleur. On pourrait trouver assez facilement, par une série d'opérations semblables à celles que nous avons exécutées ci-dessus, les tensions successives pendant la détente et, approximativement, le travail produit par cette suite de tensions, jusqu'à la limite où le résultat dont nous venons de parler, sera atteint. Du reste, il est aisé de prévoir que cette limite de détente ne serait pas fort reculée.

Une recherche très-curieuse à faire et qui pourrait servir de confirmation, au moins probable, de la théorie de l'équivalent mécanique de la chaleur, serait celle qui consisterait à déterminer les quantités de travail que l'on pourrait tirer de l'application d'une quantité donnée de chaleur à d'autres liquides que l'eau. Il est clair que si l'on trouvait qu'une calorie produit le même travail par l'intermédiaire d'un liquide quelconque que par celui de l'eau, ce serait une probabilité considérable de plus en faveur de la théorie nouvelle. Malheureusement, les bases physiques préliminaires d'une semblable comparaison n'ont point été déterminées avec une rigueur comparable à celle que l'on pense avoir atteinte au sujet de l'eau.

Cependant nous allons la tenter pour l'alcool, l'éther sulfurique et l'essence de térébenthine qui sont les seuls liquides sur lesquels des expériences aient été faites pour déterminer la quantité de chaleur qui les réduit en vapeur sous la tension ordinaire de $0^{\text{m}}76$.

Ces expériences, que nous avons rapportées page 60 de cet ouvrage, sont dues à M. Despretz.

D'après ce physicien, la chaleur totale d'un kilogramme de vapeur, sous la tension $0^{\text{m}}76$, serait :

Pour l'alcool, de $255^{\text{cal}}95$;

Pour l'éther sulfurique, de $109^{\text{cal}}26$;

Pour l'essence de térébenthine, de $149^{\text{cal}}24$;

On sait qu'elle est pour l'eau, de $637^{\text{cal}}00$.

D'autre part, la densité de ces vapeurs, prise relativement à celle de l'air dans les mêmes conditions de tension et de température, est :

Pour l'alcool, de 1,589, d'après M. Reguault;
Pour l'éther, de 2,586 }
Pour l'essence, de 3,013 } Extrait de la physique de Ganot.

La température d'ébullition, sous la tension atmosphérique, est :

Pour l'alcool, de 78°,70;
Pour l'éther, de 37°,00;
Pour l'essence, de 156°,80.

Nous aurons d'abord pour le poids d'un mètre cube d'air, sous la tension de 0^m76 et aux différentes températures indiquées :

$$\text{A la température de 78°70} \ldots 1^{kil}.293187 \frac{1}{1 + 0,00367 \cdot 78,7} = 1^{kil}.0033.$$

$$\text{A la température de 37°00} \ldots 1^{kil}.293187 \frac{1}{1 + 0,00367 \cdot 37} = 1^{kil}.1385.$$

$$\text{A la température de 156°80} \ldots 1^{kil}.293187 \frac{1}{1 + 0,00367 \cdot 156,80} = 0^{kil}.8200.$$

D'où l'on tire :

Poids du m^3 vapeur d'alcool sous 0^m76, $1^{kil}.0033 \cdot 1,589 = 1^{kil}.5943$;
Id.   vapeur d'éther   id. $1^{kil}.1385 \cdot 2,586 = 2^{kil}.9442$;
Id.   vapeur d'essence   id. $0^{kil}.8200 \cdot 3,013 = 2^{kil}.4706$.

Ce qui donne :

$$\text{Volume de 1 kil. de vapeur d'alcool, sous } 0^m76 \ \frac{1}{1,5943} = 0^m36272;$$

$$\text{Id.   vapeur d'éther,   id.} \ \frac{1}{2,9442} = 0^m33396;$$

$$\text{Id.   vapeur d'essence,   id.} \ \frac{1}{2,4706} = 0^m34047.$$

On sait d'ailleurs que le volume de 1^{kil} de vapeur d'eau, sous 0^m76, est de 1^m36961.

Ainsi :

255^{cal}.95 sont contenues dans 0$^{\text{m}3}$6272 de vapeur d'alcool à la tension atmosphérique;
109^{cal}.26   id.   0$^{\text{m}3}$3396 de vapeur d'éther à la même tension;
149^{cal}.24   id.   0$^{\text{m}3}$4047 de vapeur d'essence   id.
637^{cal}.00   id.   1$^{\text{m}3}$6961 de vapeur d'eau   id.

Le travail à pression pleine que ces divers volumes de vapeur pourraient produire, serait donc de :

Pour l'alcool, 0$^{\text{m}3}$6272 . 10333 $=$ 6480 kilogrammètres ;
Pour l'éther,   0$^{\text{m}3}$3396 . 10333 $=$ 3509   id.
Pour l'essence, 0$^{\text{m}3}$4047 . 10333 $=$ 4181   id.
Pour l'eau,   1$^{\text{m}3}$6961 . 10333 $=$ 17525 id.

Si l'on veut bien admettre maintenant que ces différentes vapeurs diminuent de tension suivant la même loi pendant leur accroissement de volume, il est clair que les travaux qu'elles produiront, si on les laisse se détendre jusqu'à la même limite, seront proportionnels aux volumes qu'elles présentent sous la tension de 0^{m}76, qui est le point de départ.

Les travaux à détente, jusqu'à une limite quelconque, seront donc entre eux :

comme 1$^{\text{m}3}$6961 : 0$^{\text{m}3}$6272 : 0$^{\text{m}3}$4047 : 0$^{\text{m}3}$3396 ;
soit comme 1 : 0,369 : 0,238 : 0,200 ;

pour des quantités de chaleur contenues dans ces vapeurs, sous la tension d'une atmosphère, qui sont entre elles :

comme 637,00 : 255,95 : 149,24 : 109,26 ;
soit comme 1 : 0,401 : 0,234 : 0,172.

On voit que les rapports, entre les quantités de travail à détente jusqu'à une limite quelconque, sont très-approximativement les mêmes que ceux qui existent entre les quantités de chaleur qu'il a fallu dépenser pour les obtenir.

Quant à la consommation de chaleur dans les chaudières pour obtenir les travaux à pression pleine que nous avons déterminés ci-dessus, nous avons exposé les raisons pour lesquelles on pouvait regarder comme probable qu'elle était proportionnelle au volume de vapeur produite ou au travail correspondant à ce volume; de sorte que les vapeurs de tous les liquides devraient consommer la même quantité de chaleur pour produire le même travail à pression pleine sous la même tension, quelle que fût, du reste, leur densité.

Les différences que nous avons constatées ci-dessus entre les quantités de travail à détente, fournies par des liquides de constitution si variée, ne sont pas assez considérables pour que l'on ne puisse les attribuer à un défaut d'exactitude dans la détermination des bases physiques du calcul, et loin de considérer ces résultats comme un motif plausible pour rejeter la théorie de l'équivalent mécanique de la chaleur, nous pensons, au contraire, qu'ils doivent être considérés comme apportant, à cette théorie, l'appui d'une remarquable confirmation.

Les considérations que avons présentées sur la consommation très-probable de chaleur, dans les chaudières, pendant le travail de la vapeur à pression pleine, conduisent à une conséquence assez singulière et que la pratique a souvent semblé contredire, au sujet des dimensions des entrées de vapeur dans les cylindres.

Lorsque les lumières d'introduction sont larges, ainsi que les tuyaux qui établissent la communication entre la chaudière et le cylindre, la différence de tension qui s'établit entre les deux capacités, est faible, et la vitesse d'entrée de la vapeur dans le cylindre l'est également. La consommation de chaleur correspondante à la production du travail à pression pleine, se fait dans la chaudière où se développe la force motrice qui agit sur le piston par l'intermédiaire de la vapeur formée, et il ne se condense dans le cylindre que la quantité de vapeur nécessaire pour opérer le réchauffement de ses parois, quantité qui, du reste, peut être considérable dans certains cas sur lesquels nous avons suffisamment appelé l'attention. Lorsque les lumières d'entrée sont étroites, la vapeur est obligée de prendre une grande vitesse en les traversant; il s'établit une différence de tension considérable entre la chaudière et le cylindre, et voici ce qu'il doit en résulter : Une partie du travail moteur qui se produit dans la chaudière est employée à pousser le piston, et l'autre partie à augmenter la vitesse de la vapeur lorsqu'elle traverse la lumière; cette dernière partie, ainsi transformée en force vive, est ensuite absorbée par les frottements et les chocs des éléments matériels qui constituent la vapeur, jusqu'au moment où leur vitesse est anéantie par ces résistances; mais cette dernière consommation de travail dans le cylindre même, reproduit la chaleur qui a donné naissance à ce travail, et la température de la vapeur a une tendance à s'élever au-dessus du degré qui correspond à la saturation. Si cette surchauffe de la vapeur ne se produit pas, cela vient de ce qu'elle est combattue par l'abaissement normal de température des parois du cylindre, qu'il faut réchauffer, mais il en doit évidemment résulter une notable diminution dans la condensation de vapeur pendant le travail à pression pleine. Il est vrai que, pour diminuer ainsi la perte de chaleur dans le cylindre, il faut l'augmenter dans la chaudière de toute la quantité qui est nécessaire pour la production du travail qui se transforme en force vive, mais cette dernière quantité est moindre que la première, parce que l'eau condensée à haute température dans le cylindre, emporte avec elle, sans utilité, la chaleur qui lui reste, tandis que, dans la chaudière, la consommation de chaleur est strictement réduite à la quantité qui correspond au travail successivement transformé en force vive, puis en chaleur entièrement employée à réchauffer les parois du cylindre.

Les lumières à petite section, d'après la théorie de l'équivalent mécanique de la chaleur, valent donc mieux que les lumières à grande section; elles diminuent la condensation de vapeur dans les cylindres pendant le travail à pression pleine; mais il faut observer qu'il ne s'agit que des lumières d'entrée, les lumières de sortie doivent toujours être les plus larges possibles pour faciliter le dégagement de la vapeur et diminuer le plus possible la contre-pression du piston. Cela conduit à deux systèmes d'ouvertures sur les cylindres à vapeur, les unes pour l'entrée et les autres pour la sortie, et nous avions recommandé cette disposition pour d'autres motifs, dans le chapitre de la surchauffe de la vapeur.

Quand on a amélioré les conditions de marche des machines en agrandissant les lumières, le bénéfice obtenu tenait vraisemblablement aux deux causes suivantes : 1° les mêmes lumières servant à l'entrée et à la sortie de la vapeur, on facilitait la sortie en même temps que l'entrée, et la diminution de la contre-pression du piston, augmentait le travail transmis à ce piston, dans une proportion plus grande que l'accroissement de condensation dans le cylindre, pendant le travail à pression pleine, ne pouvait le diminuer ; 2° l'élargissement des ouvertures d'entrée permettait à la vapeur, pour une même tension dans la chaudière, d'agir à plus haute pression dans le cylindre, et les conditions d'effet utile de la machine, pour une consommation donnée de combustible, s'en trouvaient améliorées, ou, en d'autres termes, le travail utile croissait plus rapidement que la consommation de vapeur, par suite de son entrée à plus haute pression dans le cylindre, et par conséquent plus rapidement que la consommation de combustible pour subvenir à cet accroissement dans la consommation de vapeur, la vitesse de la machine demeurant constante.

Le principe concernant les entrées de vapeur ne signifie rien autre chose que ceci : Étant donnée une tension maxima sous laquelle la vapeur doit agir sur un piston, il vaut mieux que cette tension ne soit obtenue dans le cylindre qu'à l'aide d'une tension bien supérieure dans la chaudière, en diminuant la section de la lumière d'entrée, qu'à l'aide d'une tension presque égale dans la chaudière et d'une très-large section de lumière. Il est bien entendu qu'en même temps les lumières de sortie ne peuvent jamais être trop grandes et que les conduits de vapeur, depuis la chaudière jusqu'aux lumières d'entrée, doivent être de grande section, car le travail qui serait absorbé par le frottement correspondant à une grande vitesse de la vapeur dans ces conduits, servirait à élever leur température et à augmenter les pertes de chaleur à travers leurs parois, en même temps qu'à réchauffer la vapeur en mouvement.

Comme il y aurait inconvénient, dans la pratique, à augmenter outre mesure la tension dans les chaudières, pour obtenir une tension déterminée dans les cylindres, nous pensons qu'il ne faudrait pas diminuer la section des ouvertures d'entrée au delà de la limite à laquelle la différence de tension entre la chaudière et le cylindre dépasserait une atmosphère, excepté dans le cas où une machine à basse pression serait munie de chaudières assez solidement constituées pour supporter sans inconvénient une tension élevée.

MACHINES A VAPEURS COMBINÉES.

La théorie de l'équivalent mécanique de la chaleur peut encore éclairer, sur la véritable valeur de leurs travaux et sur l'importance industrielle des succès qu'elles peuvent obtenir, les personnes qui, comme M. du Tremblay, ont tenté de remplacer la machine à vapeur d'eau par la machine à vapeurs combinées; c'est-à-dire fonctionnant par l'action simultanée des vapeurs de deux liquides qui entrent en ébullition, sous la pression atmosphérique ordinaire, à des températures très-différentes.

Les liquides employés ou proposés sont l'eau, avec un des liquides suivants : l'éther sulfurique, le chloroforme, le chlorure de carbone, le sulfure de carbone, etc., qui fournissent des vapeurs à haute pression lorsqu'on les porte à une température à laquelle l'eau ne fournit que de la vapeur à basse pression.

Les vapeurs de l'eau et de l'un ou de l'autre de ces liquides, agissent dans deux cylindres différents, transmettent leur travail au même arbre tournant et ne se mêlent jamais; il résulte de ce mode d'emploi des vapeurs, que la machine à vapeurs combinées se compose de deux machines pouvant fonctionner, chacune, d'une manière parfaitement distincte, mais que l'on rend solidaires à l'aide d'une communication de mouvement quelconque, absolument comme dans les machines à vapeur d'eau à deux cylindres.

Dans ces machines, la vapeur d'eau, après avoir produit son travail de la façon ordinaire, sur un piston, passe dans un condenseur qui ne reçoit point d'eau froide et qui consiste tout simplement en une grande caisse hermétiquement fermée, contenant un appareil appelé *vaporisateur*. Celui-ci se compose d'un grand nombre de petits tubes métalliques remplis d'un liquide facilement vaporisable, comme l'un de ceux que nous avons désignés ci-dessus, et n'est évidemment qu'une chaudière plongée dans une vapeur à haute température, au moins relativement, et présentant une grande surface à l'action de cette vapeur. La facilité avec laquelle ce deuxième liquide absorbe la chaleur constitutive de la vapeur d'eau environnante, lui fait jouer, à l'égard de celle-ci, le rôle de l'eau froide dans un condenseur ordinaire ; il la réduit en eau à une température plus ou moins élevée, ne laissant subsister que la tension correspondante à cette température et passe lui-même, à l'aide de cette absorption de chaleur, à l'état de vapeur à une tension dépendante de la température à laquelle il est maintenu pendant l'opération. La vapeur d'eau, ainsi condensée, est retirée au moyen d'une pompe à air et renvoyée à la chaudière en totalité. La pompe à air, dans ce cas, mérite à peine ce nom, car la vapeur ainsi condensée ne contient qu'une quantité très-faible d'air, dont on pourrait encore se débarrasser en alimentant la chaudière, lors de la mise en train, avec de l'eau qui aurait été préalablement portée à 100° et qui servirait ensuite indéfiniment, la dépense continue d'eau, pour le service de la machine, se réduisant à ce qui est nécessaire pour remplacer la vapeur perdue par les fuites à travers les joints mal faits de l'appareil. Quant à la vapeur du liquide auxiliaire, elle produit son travail dans le deuxième cylindre et passe de là dans un condenseur hermétiquement fermé comme le premier, mais entouré d'eau froide constamment renouvelée, qui la condense sans se mettre en contact avec elle ; puis une pompe la reprend dans ce condenseur pour la renvoyer au vaporisateur, d'où elle sortira pour produire un nouveau travail, et ainsi de suite indéfiniment.

L'avantage de cette disposition est évidemment celui-ci :

La vapeur du deuxième liquide étant produite par la chaleur que la vapeur d'eau avait conservée après avoir produit son travail et qui devait se perdre dans l'atmosphère, tout le travail que l'on retire de la seconde machine est obtenu sans dépense spéciale de combustible.

On avait ainsi espéré faire produire à la chaleur transmise à la vapeur d'eau, un travail pour ainsi dire indéfini, en la faisant passer par une série de liquides successifs, dont la température d'ébullition et la chaleur constitutive iraient en décroissant ; mais nous allons montrer que ce n'est, très-probablement, qu'une pure illusion.

L'emploi d'une seconde vapeur, après celui de la vapeur d'eau, doit être évidemment d'autant plus profitable que le liquide qui la fournit n'exige qu'une moindre température pour porter cette vapeur à une tension déterminée, puisqu'il dépouillera ainsi la vapeur d'eau d'une plus grande partie de sa chaleur constitutive en la liquifiant à plus

basse température. Or l'éther sulfurique est, de tous les liquides que
l'on peut employer à un semblable usage, celui qui fournit la vapeur
à plus haute tension pour une température déterminée, et il n'y a
d'autre obstacle à son emploi que son prix élevé et les inconvénients
pratiques inséparables de l'usage d'une substance aussi inflammable,
dont on ne peut jamais empêcher une petite partie de s'échapper par
les joints des appareils qui la contiennent sous une tension plus ou
moins supérieure à celle de l'air environnant.

Nous choisirons donc la combinaison des vapeurs d'éther sulfurique et d'eau pour la comparer à la vapeur d'eau seule, au point de
vue de l'utilité que l'on peut espérer en tirer dans les applications ; en
admettant la loi de l'équivalent mécanique de la chaleur et, provisoirement, le chiffre moyen de 172 kilogrammètres trouvé par M. Hirn,
pour valeur de l'équivalent d'une calorie.

Rappelons d'abord le calcul que nous avons fait plus haut sur la
quantité de chaleur utilisée dans une machine à détente et condensation ordinaire.

Nous avons trouvé que, dans une semblable machine fonctionnant
sous la tension initiale de 5 atmosphères, la vapeur étant détendue
jusqu'à 8 fois son volume primitif, le vide étant fait dans le condenseur jusqu'à un dixième d'atmosphère, et la perte de chaleur par les
parois du cylindre étant supposée nulle, le travail transmis au piston
et pouvant être appliqué aux résistances utiles et nuisibles, s'élevait
approximativement à 47034 kilogrammètres par kilogramme de vapeur
dépensée, et que le travail absolu correspondant à la totalité de la chaleur que ce kilogramme de vapeur puisait dans la chaudière, était de
130444 kilogrammètres, en supposant la chaudière alimentée avec de
l'eau à 0° ; de sorte que la chaleur effectivement utilisée était de
$\dfrac{47034}{130444} = 0{,}36$, soit 36 p. c. de la quantité de chaleur qui passait
du foyer dans la chaudière.

Si, au lieu d'alimenter la chaudière avec de l'eau à 0°, on se sert,
pour l'alimentation, des eaux du condenseur, à une température d'environ 40°, ce qui est le cas ordinaire de la pratique, l'économie de
40 calories qui en résultera, représentera une diminution de 40 . 172
= 6880 kilogrammètres sur la quantité théorique de travail que la

chaleur dépensée par kilogramme de vapeur pourra produire, et l'on obtiendra le nouveau rapport,

$$\frac{47034}{130444 - 6880} = 0,38,\text{ soit 38 p. c. de la chaleur dépensée.}$$

Nous allons maintenant nous placer dans les conditions les plus favorables possible, à l'emploi combiné des vapeurs d'eau et d'éther.

Nous supposerons que la vapeur d'eau est employée à 6 atmosphères, détendue jusqu'à 4 fois son volume primitif, que la vapeur d'éther est employée à 2 atmosphères, tension qui, d'après M. Regnault, correspond à une température d'environ 60°, et que le vide derrière le piston de la machine à vapeur d'éther est suffisant pour que cette vapeur, comme la vapeur d'eau, soit détendue jusqu'à 4 fois son volume primitif.

Nous admettrons encore que la surface de chauffe du vaporisateur d'éther, est suffisante pour que la température de 60° y soit maintenue par une température moyenne de 100° dans le condenseur de vapeur d'eau, ce qui ne nous semble pas exagéré ; car si la température s'abaissait jusqu'à 60°, dans ce condenseur comme dans le vaporisateur, la transmission de chaleur à travers les parois de celui-ci deviendrait nulle. Il résulte de cette hypothèse, une tension d'une atmosphère dans le condenseur d'eau et nous supposerons qu'elle est la même derrière le piston.

Ces bases de calcul étant posées, on trouve successivement :

Chaleur totale de $1^{kil.}$ de vapeur d'eau à 6 atmosphères. $655^{cal.}$

Volume de ce kilogramme de vapeur. . . . . $0^{m3}33$

Travail à pression pleine de ce kilogramme de vapeur, sur une face du piston, $0^{m3}33 . 10333 . 6 = $ . . . . . . $20459^{km.}$

Chaleur consommée pour le travail à pression pleine $$\frac{20459}{172} = \text{ . . . . } 119^{cal.}$$

Chaleur totale consommée par kil. de vapeur, $655 + 119 =$ $774^{cal.}$

Portion de cette chaleur renvoyée à la chaudière, avec l'eau condensée à 100° . . . . $100^{cal.}$

Dépense effective de chaleur dans la chaudière, $774 - 100 =$ . . . . $674^{cal.}$

Travail de la vapeur à pression pleine et à détente, d'après la formule (F) qui donne des résultats un peu trop forts, comme nous l'avons déjà fait observer :

$$V' \left(n + P\right) \left[1 + log \frac{V}{V'} 2{,}5026\right] - V \left(n + P'\right);$$

$$V' = 0^{m5}35; \; P = 10535.6 = 61998^{kil.}; \; P' = 10555^{kil.}; \; V = 4.0^{m5}55$$
$$= 1^{m5}52; \; n = 5500.$$

On trouve, après substitution des quantités numériques :

35514 kilogrammètres.

Ce résultat étant un peu fort, nous admettrons, pour les motifs exposés précédemment :

51514 kilogrammètres.

Ce travail est celui qui est transmis au piston et qui peut être employé à surmonter les résistances utiles et nuisibles de l'appareil, mais le travail *absolu* de la vapeur, celui qui produit la disparition de la chaleur, est plus considérable; il l'emporte sur celui-ci de toute la quantité correspondante à la contre-pression, et il a, par conséquent, pour valeur :

$31314 + 10334 . 4 . 0^{m5}33 = 44953$ kilogrammètres.

Ce travail occasionnera la disparition de

$$\frac{44953}{172} = 261 \text{ calories.}$$

Donc un travail effectif transmis au piston, de 31314 kilogrammètres, a anéanti 261 calories sur une quantité totale de 774, empruntées à la chaudière, par chaque kilogramme de vapeur dépensée; mais il faut observer que cette chaudière n'en a fourni effectivement que 674, parce qu'elle en a reçu 100 avec l'eau d'alimentation.

Comme ces 674 calories pourraient produire un travail absolu de

$674 . 172 = 115928$ kilogrammètres,

et que, d'autre part, le travail transmis au piston et pouvant servir à surmonter tous les frottements et les résistances utiles de l'appareil, ne s'élève qu'à 31314 kilogrammètres approximativement, le rapport de la quantité de chaleur utilisée, à la quantité dépensée, sera :

$$\frac{31314}{115928} = 0{,}27\;; \text{ soit } 27 \text{ pour cent.}$$

La chaleur consommée par cette production de travail est, comme nous l'avons dit, de 261 calories, sur une quantité totale de 774 calories que la chaudière a fournies, mais dont 100 calories lui avaient été envoyées avec l'eau d'alimentation ; il reste donc dans le mélange de vapeur et d'eau condensée qui passe dans le condenseur :

$$774 - 261 = 513 \text{ calories.}$$

Sur ces 513 calories, 100 demeureront dans l'eau de condensation qui doit être renvoyée à la chaudière et 413 calories pourront être appliquées à la production de la vapeur d'éther dans le vaporisateur.

Pour calculer le travail que l'on pourrait tirer de cette dernière quantité de chaleur, par l'intermédiaire de la vapeur d'éther, il faudrait connaître la chaleur totale de la vapeur d'éther à 2 atmosphères, sa densité et la loi d'abaissement de sa tension pendant sa détente, éléments qui sont tout à fait inconnus ; mais les considérations que nous avons présentées précédemment sur les effets de la chaleur appliquée à diverses vapeurs, prises à la tension de l'atmosphère, permettent de préjuger que, dans le cas dont il s'agit, on tirerait des 413 calories, appliquées à la production de la vapeur d'éther, la même utilité, au moins approximativement, que si on les employait à produire de la vapeur d'eau. Nous pourrons donc admettre, avec grande probabilité de ne commettre qu'une faible erreur, que la vapeur d'éther, détendue jusqu'à quatre fois son volume primitif dans le cylindre de la seconde machine, transmettra au piston, pour surmonter les frottements et les résistances utiles, un travail égal à 27 p. c. de celui qui correspond au travail absolu des 413 calories qui lui sont consacrées.

Soit le travail correspondant à 0,27 . 413 = 111$^{\text{cal.}}$51,

ou 111,51 . 172$^{\text{km.}}$ = 19180$^{\text{km.}}$

Ce qui porte la totalité du travail, transmis par les deux machines, à $19180 + 31314 = 50494^{km}$, pour une consommation effective totale de chaleur, égale à 674 calories, laquelle pourrait produire un travail absolu de 115928 kilogrammètres.

Le rapport de la chaleur utilisée à la chaleur dépensée, serait donc de $\dfrac{50494}{115928} = 0,43$;

soit 43 pour cent.

Si, au lieu d'éther sulfurique, on employait l'un des autres liquides que nous avons désignés, lesquels n'entrent en ébullition qu'à une température bien supérieure à 37°, les résultats que l'on obtiendrait seraient encore moindres, car il faudrait conserver une plus haute température et une plus haute tension dans le condenseur de vapeur d'eau, ce qui augmenterait la contre-pression du piston de la première machine et diminuerait la quantité de chaleur dont on pourrait disposer pour produire la seconde vapeur ; puis cette seconde vapeur conserverait une plus haute tension après sa condensation par l'action de l'eau froide sur les parois du condenseur correspondant, ce qui augmenterait encore la contre-pression derrière le deuxième piston.

Les seuls motifs qui puissent faire préférer, pour de semblables applications, d'autres liquides à l'éther, sont le bas prix de ceux-ci et la diminution ou l'absence complète des dangers d'inflammation.

Quand on ne détend pas la vapeur d'eau dans les machines avec ou sans condensation, l'effet utile que l'on tire d'une quantité donnée de chaleur, est très-faible.

Supposons, par exemple, qu'une semblable machine sans condensation fonctionne avec de la vapeur à 6 atmosphères, avec une contre-pression du piston de $1^{atm}5$, et que la chaudière soit alimentée avec de l'eau à 15°.

Le travail transmis au piston, par kilogramme de vapeur, sera :

$$0^{m3}33 \ (6 \cdot 10333 - 1,5 \cdot 10333) = 15344^{km}.$$

La dépense totale de chaleur, pour produire ce travail, serait :

Dépense dans la chaudière pour le travail à pression pleine. $119^{cal.}$
Chaleur qui reste dans la vapeur qui s'échappe . . . . . . $655^{cal.}$

$$\text{Total.} \quad . \quad . \quad . \quad . \quad 774^{cal.}$$

Chaleur fournie à la chaudière par l'eau d'alimentation. . . 15^{cal}
Chaleur effectivement dépensée et fournie par le foyer. . . $759^{cal.}$
Cette chaleur pourrait produire $759 . 172 = 130348^{km.}$

Rapport de la chaleur utilisée à la chaleur dépensée :

$$\frac{15344}{130348} = 0,117;$$

Soit 11,7 pour cent.

La comparaison que nous venons d'établir entre les effets de la chaleur dans les machines à vapeurs combinées, dans les machines à vapeur d'eau à détente et condensation et dans les machines à vapeur d'eau sans détente ni condensation, à l'aide de l'équivalent mécanique moyen qui résulte des expériences directes de M. Hirn sur les machines à détente, montre que la seconde vapeur, formée par la vapeur d'eau, permet d'utiliser une partie de la chaleur qui est perdue dans les machines ordinaires non perfectionnées; mais lorsqu'une machine à vapeur d'eau est à condensation et à longue détente, lorsque, en un mot, cette machine a reçu tous les perfectionnements connus pour utiliser directement la plus grande partie possible du travail que la chaleur est capable de fournir, l'effet de la seconde est nul et peut devenir nuisible à cause de l'accroissement considérable des résistances passives dues à son emploi.

Si, au lieu d'éther, nous avions supposé que l'on employât un autre liquide entrant en ébullition à une température supérieure, ou fournissant des vapeurs à plus basse tension à la même température, les conséquences auxquelles nous sommes arrivés seraient encore vraies à plus forte raison, et le bénéfice correspondant à l'emploi de la seconde vapeur serait moindre. Enfin, en observant que ces liquides, très-volatils, qui doivent fournir la seconde vapeur, sont ordinairement d'un prix élevé et que les pertes, inséparables de leur application à un semblable usage, peuvent devenir très-onéreuses; que la plupart d'en-

tre eux sont inflammables et que leur vapeur peut donner lieu à des
mélanges explosibles ou nuisibles à la santé, on reconnaîtra qu'il vaut
mieux chercher à perfectionner la machine à vapeur d'eau, en y intro-
duisant la surchauffe et de longues détentes, en évitant les pertes de
chaleur, en condensant cette vapeur dans les conditions du maximum
d'abaissement de la tension derrière le piston moteur et en portant les
appareils au plus haut degré possible de simplicité, afin de transformer directement la plus grande partie possible de la chaleur en travail
utile, que de chercher ces perfectionnements dans l'emploi successif de
plusieurs vapeurs dont chacune est produite par la chaleur que met
en liberté la condensation de celle qui la précède.

L'opinion généralement acceptée jusqu'en ces derniers temps, de la
persistance de la chaleur dans la vapeur, nonobstant la production
du travail, est la cause principale de ces tentatives. Les inventeurs,
persuadés que toute la chaleur fournie à la vapeur d'eau dans la chaudière, se retrouvait dans cette vapeur à sa sortie du cylindre, ont tout
naturellement songé à l'appliquer à la production d'une seconde
vapeur capable de se former à une température inférieure à celle
qu'exige la vapeur d'eau. L'idée théorique qui leur servait de guide,
pouvait même les conduire à des conséquences bien autrement importantes, car l'emploi successif d'un nombre indéfini de liquides, capables de fournir des vapeurs à la même tension pour des températures,
progressivement décroissantes, conduisait tout naturellement à l'emploi d'un nombre indéfini de machines, fonctionnant par l'action de la
chaleur appliquée à la vapeur qui exigeait la plus haute température,
et à la production d'un travail indéfini à l'aide de la même chaleur ;
de telle sorte qu'en reconvertissant, par un moyen quelconque, une
partie de ce travail en chaleur appliquée à la formation de la première
vapeur, on aurait réalisé pratiquement le mouvement perpétuel.

MACHINES A AIR CHAUD.

Il a été beaucoup question, dans ces derniers temps, des machines
à air chaud, à propos de la machine d'Ericsson, et les partisans de ce

moyen, déjà ancien, de recueillir le travail que la chaleur est capable
de produire, le regardaient comme devant remplacer toutes les machines à vapeur connues, avec un énorme bénéfice dans la consommation de combustible. Les plus modérés portaient ce bénéfice à 80 p. c.;
les autres réduisaient hardiment cette consommation à ce qui serait
strictement nécessaire pour compenser les pertes de chaleur par la
surface des appareils contenant le merveilleux véhicule du travail;
pertes qui, par leur nature, sont réductibles sans limite connue.

Tous tombaient dans l'erreur que nous avons déjà signalée ci-dessus; ils considéraient la chaleur comme capable de produire indéfiniment du travail mécanique sans s'amoindrir et sans perdre aucune
parcelle de sa puissance productive d'effets mécaniques.

L'appareil qui a fait naître tant et de si brillantes espérances, est le
régénérateur de la chaleur, ou la réunion de toiles métalliques, à
l'aide desquelles M. Ericsson espérait retenir, à la sortie du cylindre
moteur, toute la chaleur contenue dans l'air qui avait produit son travail et qui allait être abandonné, et restituer cette chaleur à l'air nouveau arrivant dans ce cylindre pour produire du travail à son tour, en
utilisant ainsi indéfiniment la même chaleur et en réduisant la consommation effective aux seules pertes à travers les parois des appareils
employés. Nous devons ajouter que la priorité de cette célèbre invention est réclamée en France, et avec quelqu'apparence de raison, par
MM. Franchot et Lemoine.

Voici ce que c'est :

Soit C, fig. 58, pl. 17, une caisse contenant un grand nombre de
toiles métalliques placées très-près les unes des autres et à la température extérieure.

Si on fait passer à travers ces toiles un courant d'air chaud venant
du cylindre A dont le piston descend, la première dépouillera l'air
d'une petite partie de sa chaleur et s'échauffera; il en sera de même
pour la seconde et ainsi de suite, et il faut concevoir ces toiles en
nombre suffisant pour que, pendant la sortie de l'air chaud à travers
leurs mailles, celui-ci leur ait cédé toute sa chaleur; de sorte que la
dernière sera à une température très-peu supérieure à celle de l'air
refroidi jusqu'à la température extérieure.

Dans cette opération, la première toile, en contact continuel avec

l'air le plus chaud, s'échauffera plus que la seconde, la seconde plus
que la troisième, et ainsi de suite jusqu'à la dernière qui ne se trouve
jamais en contact qu'avec de l'air presque entièrement refroidi. Il en
résulte que ces toiles prendront des températures très-peu différentes,
depuis la première qui sera à une température plus ou moins éloignée
de celle que possédait l'air chaud avant son passage à travers l'appareil, jusqu'à la dernière qui prendra très-approximativement la température à laquelle l'air doit être abandonné.

Si l'on envoie ensuite de l'air froid au cylindre A à travers ces mêmes
toiles, le courant, en sens inverse du premier, rencontrera d'abord la
toile qui est à la température la moins élevée et s'échauffera très-peu
en la refroidissant, puis il rencontrera des toiles de plus en plus chaudes
qui élèveront sa température en lui cédant une partie de la leur, de
manière qu'à sa sortie de ce tamis multiple, il devra avoir acquis une
température très-voisine de celle que possédait la toile la plus chaude ;
dans ce premier retour en sens inverse, l'air n'aura pas repris toute la
chaleur abandonnée pendant le premier passage d'air chaud, parce que
les toiles ne seront pas revenues toutes à leur température initiale que
nous avons supposée égale à la température extérieure ; mais après
quelques opérations semblables, en supposant que l'air chaud sorte
toujours du cylindre A à la même température, les toiles les plus
rapprochées de ce cylindre se seront échauffées jusqu'à ce que la première ait atteint, très-approximativement, la température de l'air chaud,
et les suivantes des températures décroissantes depuis ce *maximum*
jusqu'à la température extérieure, et, à partir de cet instant, chacune
de ces toiles conservera une certaine température moyenne autour de
laquelle elle ne fera plus que de petites oscillations correspondantes à
la petite quantité de chaleur qu'elle recevra du courant d'air chaud ou
qu'elle restituera au courant d'air froid. Il s'établira un état de régime
dans lequel la quantité de chaleur emmagasinée, puis restituée, sera
égale à la totalité de la chaleur que possédait l'air chaud à sa sortie du
cylindre A, pourvu, bien entendu, que les toiles métalliques soient en
nombre suffisant.

Il est bien évident que s'il n'y avait pas destruction de chaleur par
l'action du travail transmis par l'air chaud au piston, un semblable
appareil permettrait d'appliquer indéfiniment la même chaleur à la

production d'opérations mécaniques quelconques et qu'il suffirait d'employer un petit foyer pour restituer à l'air qui arrive dans le cylindre A, le peu de chaleur qui se perd dans la machine et que les toiles métalliques n'ont pu ni emmagasiner ni restituer ; mais il n'est plus permis de douter, aujourd'hui, de la disparition ou de la consommation de chaleur partout où il y a production de travail mécanique, et ces toiles dont aucune machine à air chaud ne semble pouvoir être dépourvue à l'avenir, ne peuvent servir qu'à retenir et à restituer ce qu'il reste de chaleur dans l'air qui s'échappe du cylindre moteur, après la consommation qui s'en est faite pendant le travail.

Avant de présenter quelques considérations sur l'effet utile que l'on peut espérer obtenir de la chaleur employée par l'intermédiaire de l'air, à la production d'un travail mécanique, nous donnerons la description simplement théorique des deux principales machines de ce genre dont il ait été question récemment ; la machine d'Ericsson et celle de M. Lemoine.

Machine d'Ericsson, figure 58, pl. 17.

A est le cylindre moteur d'une machine à simple effet ;

B un foyer placé sous le cylindre ;

C le régénérateur à toiles métalliques ;

D un réservoir d'air comprimé ;

K une pompe à air nommée pompe, ou cylindre, alimentaire ;

y un robinet qui s'ouvre pendant l'injection de l'air dans le cylindre moteur ;

m un robinet qui s'ouvre pendant la sortie de l'air dans l'atmosphère.

Lorsque le réservoir D envoie au cylindre A de l'air froid et comprimé, puisé dans l'atmosphère par l'appareil alimentaire, cet air traverse le régénérateur, s'échauffe pendant le passage et reçoit, par le fond du cylindre, un complément de chaleur qui le dilate et lui fait prendre un notable accroissement de volume sous la même tension.

Le travail moteur produit sous le piston A, par suite de la dilatation de cet air, l'emporte sur le travail résistant du piston alimentaire K qui engendre un moindre volume et qui ne porte l'air puisé dans l'atmosphère que jusqu'à la tension sous laquelle il agit dans le cylindre moteur, et la différence entre ces deux travaux constitue le travail théorique de l'appareil.

Pendant la descente du piston A, le robinet y est fermé, le robinet m ouvert et l'air chaud chassé dans l'atmosphère par le tuyau z, n'y arrive qu'après avoir laissé au régénérateur toute la chaleur qu'il possédait dans le cylindre moteur à la fin de la course du piston. L'équilibre entre les deux faces de ce piston est supposé exister approximativement pendant cette course de haut en bas.

L'emploi du réservoir d'air, lorsqu'il a une grande capacité, rend la tension plus régulière dans le cylindre moteur pendant la période d'admission, et permet de donner au cylindre alimentaire des dimensions quelconques, en réglant le nombre de courses du piston K de manière à maintenir dans le réservoir une tension peu variable, pour que le piston moteur fonctionne toujours dans des conditions à peu près identiques.

La machine marche à haute, à moyenne ou à basse pression, suivant la tension à laquelle l'air est maintenu dans le réservoir par le cylindre alimentaire et, de plus, on peut agir à détente en fermant la communication entre ce réservoir et le cylindre moteur avant la fin de la course du piston A.

En employant un deuxième régénérateur, en communication, d'une part, avec le haut du cylindre qui est alors fermé, et d'autre part, avec le réservoir d'air comprimé, la machine à simple effet peut être transformée en machine à double effet; mais alors le cylindre alimentaire doit fournir plus d'air à ce réservoir, et il faut une disposition particulière pour chauffer l'air qui se rend dans le haut du cylindre après avoir traversé le régénérateur, parce que le foyer B ne peut être reproduit au-dessus de ce cylindre.

Le piston moteur, dans cette machine, est en contact direct avec l'air chaud, qu'elle soit à haute, à moyenne ou à basse pression et qu'elle soit, ou non, à détente, ce qui présente de graves inconvénients pratiques, et toute la capacité comprise entre le piston au bas de sa course et le réservoir d'air, constitue un espace nuisible considérable donnant lieu à une grande perte, parce que cet espace doit s'emplir d'air comprimé aux dépens du réservoir pendant la course de bas en haut du piston, et que la tension s'y abaisse jusqu'à une atmosphère

pendant la course de haut en bas. On manque, jusqu'à présent, de renseignements précis sur le minimum de capacité que l'on peut donner
à cet espace nuisible, ainsi que sur la quantité de chaleur que le fond
du cylindre moteur peut laisser passer pour l'échauffement de l'air;
mais l'insuccès de la machine construite par Ericsson sur un navire de
grande dimension, laquelle n'a pu fournir qu'une faible partie de la
puissance et de la vitesse qu'en attendait l'inventeur, prouve que l'influence fâcheuse des espaces nuisibles est très-considérable et que les
moyens de chauffage de l'air ont été insuffisants par suite de la lenteur avec laquelle ce gaz en contact avec des corps plus chauds que
lui, les dépouille de leur chaleur. Du reste, il s'est encore révélé
dans l'expérience d'autres inconvénients sur lesquels on n'est qu'imparfaitement renseigné.

Machine de M. Lemoine, figure 59, pl. 17.

Le jeu de cet appareil est basé sur un mode d'emploi tout particulier des toiles métalliques.

A est un piston composé de toiles métalliques juxtaposées; en d'autres termes, un régénérateur mobile contenant autant de ces toiles qu'il
en faut pour qu'elles accomplissent la même fonction que dans le
régénérateur fixe. Ce piston ne frotte pas contre les parois du cylindre
et porte le nom de piston refouloir, ou simplement de *refouloir;*

B est le cylindre à feu, chauffé par dessous;

D un réservoir d'air comprimé.

Il faut d'abord supposer le réservoir E enlevé avec ses tuyaux jusqu'en S, et les toiles métalliques du refouloir à des températures décroissantes depuis la température la plus élevée à laquelle l'air doit
être porté, jusqu'à la température extérieure, la toile la plus rapprochée
du fond du cylindre possédant la plus haute température et la plus
éloignée de ce fond, la plus basse.

Enfin, nous supposerons encore que l'air doive être porté de la température zéro extérieure, à une température telle que sa tension sous
volume constant, soit doublée. Cette température sera de :

$$1 + 0,00367 . t = 2; \text{ d'où } t = 272°.$$

Cela posé, représentons-nous le refouloir à la partie inférieure de sa course, le haut du cylindre plein d'air froid à la pression d'une atmosphère et hermétiquement fermé, puis poussons le refouloir de bas en haut.

L'air froid contenu dans le haut du cylindre passera à travers le refouloir comme à travers une éponge, et s'échauffera aux dépens de la chaleur qui se trouvait emmagasinée dans cette éponge. A la fin de la course, tout l'air froid aura traversé le refouloir, et le bas du cylindre se trouvera plein d'air chaud, de sorte que si cet air est à la température de 272°, la tension dans le cylindre à feu se sera élevée jusqu'à 2 atmosphères.

Si on pousse ensuite le refouloir de haut en bas, l'effet inverse se produira ; l'air chaud contenu dans le bas du cylindre, en traversant le refouloir, y laissera la plus grande partie de la chaleur qu'il lui avait empruntée pendant la course précédente, et la tension s'abaissera jusqu'à une atmosphère. On complète le refroidissement, quand il est insuffisant, par des réfrigérents qui agissent sur le pourtour et sur le haut du cylindre à feu. Donc, dans l'hypothèse que nous avons admise, il suffira de pousser le refouloir de haut en bas et de bas en haut pour faire varier la pression de 1 à 2 puis de 2 à 1 atmosphère, sans autre dépense de force motrice que le peu qui sera nécessaire pour vaincre le frottement de la tige du piston dans son stuffen-box et la faible résistance qu'éprouvera l'air à traverser les mailles des toiles métalliques.

Supposons maintenant que le cylindre à feu soit mis en communication avec un grand réservoir D contenant de l'air comprimé entre 1 et 2^{atm}, que la soupape y ne puisse s'ouvrir que du côté du réservoir et la soupape x que de dehors en dedans.

Quand le refouloir sera au bas de sa course, le haut du cylindre sera plein d'air froid à 1^{atm} ; à mesure que le refouloir montera la pression augmentera jusqu'à ce qu'elle devienne égale à celle qui existe dans le réservoir D. A partir de cette limite jusqu'à la fin de la course, la soupape y se soulèvera et laissera passer dans le réservoir D une partie de l'air froid qui restait dans la région supérieure du cylindre à feu.

Quand le refouloir descendra, la tension dans le cylindre baissera, la soupape y se fermera, puis, à l'instant où la tension sera devenue inférieure à la tension atmosphérique, le clapet x s'ouvrira et laissera entrer dans le cylindre une certaine quantité d'air extérieur.

De cette façon, avec une faible dépense de force motrice, on portera dans le réservoir D, de l'air comprimé, jusqu'à $1^{atm.}5$ par exemple, à chaque course que le refouloir fournira de bas en haut. On pourra ensuite se servir de l'air accumulé dans le réservoir pour faire marcher un piston dans un cylindre, comme dans une machine à vapeur sans condensation.

Le foyer C ne sert qu'à restituer à l'air qui a traversé les toiles métalliques pendant leur course de bas en haut, le complément de chaleur qui est nécessaire pour le porter à 272°, ces toiles n'ayant pu emmagasiner rigoureusement la totalité de la chaleur contenue dans l'air qui les traverse pendant la course de haut en bas, puisque l'on complète le refroidissement de cet air par des réfrigérents.

Cette disposition constitue la *machine à air libre* de M. Lemoine et elle présente deux avantages considérables sur celle d'Ericsson. Le premier est de réduire presqu'à zéro les espaces nuisibles; le second de ne faire agir que de l'air froid sur le piston de la machine motrice. Mais, en revanche, elle exige des cylindres d'une énorme dimension pour produire un travail relativement peu considérable, à cause de la faible tension sous laquelle l'air agit sur le piston moteur.

Pour obvier à cet inconvénient, M. Lemoine modifie son appareil de la manière suivante :

Il met le cylindre à feu en communication avec un deuxième réservoir E qui est destiné à recevoir, par le tuyau z, l'air sortant du cylindre moteur sous une tension comprise entre la tension dans le réservoir D et la tension atmosphérique, et il porte à $4^{atm.}$ la tension dans ce réservoir D et à $2^{atm.}75$, par exemple, la tension dans le réservoir E.

Quand le refouloir est au bas de sa course, le haut du cylindre à feu contient de l'air à la tension de $2^{atm.}75$, comme dans le réservoir E; puis, quand le refouloir monte, la température de l'air s'élevant jusqu'à 272°, la tension tend à s'élever jusqu'à $2.\ 2^{atm}75 = 5^{atm.}50$; mais, avant d'arriver à cette limite, la soupape y se soulève et laisse passer dans le réservoir D une certaine portion de l'air contenu dans le cylindre à feu où la tension ne peut plus dépasser $4^{atm.}$.

Pendant la descente du refouloir, l'air, en quantité moindre dans

le cylindre qu'avant la course de bas en haut, se refroidit, baisse de
tension jusqu'à $2^{atm}\cdot75$; puis, au delà de ce point, la soupape x se soulève et laisse entrer dans le cylindre à feu une portion plus ou moins
considérable de l'air contenu dans le réservoir E qui l'a reçu du cylindre moteur.

Dans cette disposition, le piston du cylindre moteur fonctionne sous
une différence de pression de $4^{atm.}$ — $2^{atm}\cdot75$ = $1^{atm}\cdot25$ et peut avoir
de moindres dimensions que dans la précédente. Le réservoir addi-
tionnel E constitue comme une atmosphère artificielle substituée à
l'atmosphère ordinaire, afin de pouvoir porter l'air à une plus haute
tension dans le réservoir alimentaire de la machine motrice, sans renoncer à l'avantage de faire rentrer l'air froid dans le cylindre à feu
sans pompe spéciale.

L'ingénieuse invention du refouloir est due à M. Lemoine, ou à
M. Franchot dont le brevet est de 1836.

Ces appareils à air chaud, ainsi que tous ceux qui ont été proposés
jusqu'à présent, exigent de très-grandes dimensions pour produire un
travail de quelque importance, et une complication de cylindres, de
pistons et de réservoirs qui les laisse bien loin en arrière de la machine
à vapeur ordinaire, au point de vue de la simplicité des organes mécaniques et des résistances passives.

Pour donner une idée approximative de l'utilité que l'on peut tirer
d'une quantité déterminée de chaleur appliquée à chauffer de l'air
dans un semblable appareil, comparativement à l'effet utile que pourrait produire la même quantité de chaleur dans une machine à vapeur
ordinaire, nous allons chercher le travail résultant de l'action d'une
calorie dans une machine à vapeur d'eau à détente et condensation et
dans un appareil d'Ericsson, en plaçant les deux appareils dans des
conditions semblables de détente et de tension initiale, et en raison-
nant d'après les enseignements de la théorie de l'équivalent mécanique
de la chaleur.

Dans l'examen comparatif que nous avons fait des machines à vapeur d'eau ordinaires et des machines à vapeurs combinées, nous
avons admis 172^{km} comme valeur de l'équivalent mécanique d'une calorie, parce que c'était le chiffre moyen résultant des expériences directes de M. Hirn sur des machines puissantes et qu'il nous semblait

naturel de l'employer après avoir cité ces expériences, malgré le peu de précision que comportait la nature des moyens employés pour le déterminer.

Nous ne voulions que faire comprendre la nature des consé-séquences qui dérivent de la nouvelle conception scientifique, sans avoir la prétention de fixer rigoureusement, et définitivement, les bases d'une nouvelle théorie des machines à vapeur. Il semblerait résulter cependant des travaux récents de M. Laboulaye sur cette importante question, que ce chiffre est un peu trop fort; mais comme les considérations à l'aide desquelles il est arrivé à une valeur moindre de l'équivalent mécanique d'une calorie, sont principalement de l'ordre purement théorique et que les bases de ses calculs ont besoin d'une confirmation expérimentale directe, nous continuerons à employer, dans les considérations suivantes, l'équivalent moyen de M. Hirn, en l'appliquant même à la détermination de la chaleur consommée par la détente de l'air chaud que nous assimilerons ainsi à la vapeur, et sans nous dissimuler toutes les incertitudes qui planent encore sur la vraie valeur de cet équivalent, s'il existe réellement dans toute la rigoureuse invariabilité qu'on lui attribue.

Pour comparer la machine à vapeur à la machine à air chaud d'Ericsson, nous supposerons que la vapeur et l'air chaud agissent dans le cylindre moteur à $6^{atm.}$; que, dans les deux machines, la détente est poussée jusqu'à 4 fois le volume primitif des fluides; que la machine à vapeur est à condensation et que la tension derrière son piston, est abaissée jusqu'à 0,1 d'atmosphère; que la détente, dans les deux cas, s'opère suivant la loi de Mariotte, c'est-à-dire que l'air chaud, pendant sa détente, reçoit assez de chaleur pour maintenir sa température invariable, et que la vapeur, pendant la même période de son travail, en reçoit assez, par un moyen quelconque, pour empêcher sa condensation et lui conserver sa température initiale, ce qui la constitue à l'état de vapeur surchauffée à la fin de sa détente; enfin, que les pertes de chaleur et les résistances nuisibles sont nulles dans les deux appareils, suppositions toutes favorables à la machine à air chaud dans laquelle ces causes de réduction de l'effet utile, sont bien plus énergiques et plus multipliées que dans la machine à vapeur; mais nous reviendrons ensuite sur ces hypothèses inexactes pour montrer dans quel sens les éléments négligés influent sur la marche des deux appareils.

Travail d'une calorie dans la machine à vapeur.

Volume de $1^{kil.}$ de vapeur à $6^{atm.}$. . . . . $0^{m3}328$
Chaleur totale de ce kil. de vapeur. . . . . $655^{cal.}1$
Température de la vapeur à $6^{atm.}$. . . . . $159°22$
Volume de la vapeur après sa détente, $4 \cdot 0^{m3}528$. . . $1^{m3}312$
Tension après la détente. . . . . $1^{atm.}50$
Température de la vapeur saturée à $1^{atm.}50$. . . . . . $111°80$
Volume de $1^{kil.}$ de vapeur saturée à $1^{atm.}50$. . . . . . $1^{m3}17$
Chaleur totale de cette vapeur. . . . . $640^{cal}6$.

Le travail que ce kil. de vapeur à $6^{atm.}$, détendu jusqu'à 4 fois son volume primitif, transmettra au piston, sera d'après la formule C, page 102 :

$$1^{m3}312 \left[\frac{61998}{4} (1 + \log. 4 \cdot 2,3026) - 1033 \right] = 47183^{km.}.$$

Le travail absolu de cette vapeur contre la face du piston sur laquelle elle agit, travail auquel la consommation de chaleur est proportionnelle, sera de :

$$47183 + 1033^{kil.} \cdot 1^{m3}312 = 48538^{km.}.$$

La consommation de chaleur correspondante à ce travail, sera de :

$$\frac{48538}{172} = 283 \text{ calories.}$$

D'autre part, la quantité de chaleur dépensée pour produire ce kil. de vapeur et le maintenir à la température de $159°22$ pendant sa détente, en supposant l'eau prise à $0°$, se compose :

$1°$ De la chaleur correspondante à sa formation dans la chaudière sous la tension de 6^{atm} ; soit. $\dfrac{0^{m3}328 \cdot 61998}{172} = 117$ calories.

$2°$ De la chaleur qu'il possède dans le cylindre, après le travail à pression pleine ; soit sa chaleur totale 655 calories.

$3°$ De la chaleur qu'il a reçue à travers les parois du cylindre, pour empêcher sa condensation particlle pendant la détente et pour le maintenir à la température de 159°22.

La chaleur spécifique de la vapeur étant, d'après M. Regnault, de 0,475 de celle de l'eau, la dépense de chaleur correspondante à ce dernier phénomène, pourra se calculer en supposant que la vapeur est prise à l'état de saturation, à la tension de $1^{atm\cdot}50$, à la température et sous le volume qu'elle possède à cette tension, puis chauffée sous tension constante, jusqu'à ce que sa température soit de 159°22 et son volume de $1^{m3}312$; on obtient ainsi l'équation de vérification :

$$1^{m3}17 \frac{1 + 0,00367 \cdot 159°22}{1 + 0,00367 \cdot 111°80} = 1^{m3}312,$$

et une dépense de chaleur pour élever sa température de 111°80 à 159°22, égale à (159°22 — 111°80) 0,475 = 22,46 calories.

Comme, à $1^{atm\cdot}50$, $1^{kil\cdot}$ de vapeur saturée contient $640^{cal\cdot}$, et qu'il en faut ajouter 22,46 pour porter son volume à $1^{m3}312$ et sa température à 159°22, il contiendra, après la détente :

$$640 + 22,46 = 662 \text{ calories, en nombre rond.}$$

Ainsi, avant la détente, ce kil. de vapeur contenait $655^{cal\cdot}$; après cette opération il en possède encore 662 et, pendant cette détente seulement, la consommation de chaleur par le travail a été de :

$$\frac{48538^{km\cdot} - 61998^{kil\cdot} \cdot 0^{m3}312}{172} = 167 \text{ calories.}$$

Donc il a dû recevoir à travers les parois du cylindre :

662 + 167 — 655 = 174 calories, pour que le phénomène s'accomplit comme nous l'avons supposé.

Il résulte de ces données que, pour transmettre au piston un travail de $47183^{km\cdot}$ applicable aux résistances utiles et aux frottements de l'appareil, il a fallu dépenser effectivement 117 + 655 + 174 = 946 calories, en nombre rond, dont 283 ont disparu par l'action du travail, et 662 restent dans la vapeur qui passe au condenseur.

La production de travail applicable aux résistances utiles et passives de la machine, par calorie dépensée, serait donc de :

$$\frac{47183}{946} = 50 \text{ kilogrammètres};$$

soit $\frac{50}{172} = 0,29$; soit 29 p. c. du travail absolu que la vapeur est capable de fournir.

Travail d'une calorie dans la machine à air chaud.

Nous supposerons que l'air est puisé dans l'atmosphère par le cylindre alimentaire, à la température 0, puis porté dans le même cylindre à la tension de 6^{atm}, sous laquelle il pénètre dans le réservoir; puis qu'ensuite il est porté et maintenu dans le cylindre moteur à la température de $272°$ par l'action du régénérateur et du foyer, température déjà fort élevée lorsque le gaz chaud est en contact direct avec le piston moteur, et qui suffit pour doubler son volume sous tension constante. Enfin nous admettrons que la capacité du cylindre moteur soit telle que le travail transmis au piston, à pression pleine et à détente jusqu'à 4 fois le volume primitif, soit de 47183^{km} comme dans le cylindre à vapeur.

Nous aurons d'abord, $V\left[\frac{61998}{4}(1+\log. 4.2,3026)-10333\right]=47183^{km}$;

d'où $V = 1^{m3}7706$, volume qui doit être engendré par le piston moteur.

Le travail absolu de l'air chaud sur la face du piston avec laquelle il est en contact, travail qui détermine la consommation de chaleur, sera de :

$$47183 + 1^{m3}7706 . 10333^{kil.} = 65478^{km}.$$

La consommation de chaleur sera de :

$$\frac{65478}{172} = 381 \text{ calories.}$$

Le volume d'air chaud agissant à pression pleine, sera de :

$$\frac{1,7706}{4} = 0^{m3}44265.$$

Le volume d'air à $6^{atm.}$ que le piston alimentaire devra refouler dans le réservoir, sera de :

$$\frac{0,44265}{2} = 0^{m3}22132;$$

et le volume total qu'il devra engendrer de :

$$0,22132 \cdot 6 = 1^{m3}32825.$$

D'autre part, le travail qu'il faudra transmettre à ce piston pour comprimer l'air et le refouler dans le réservoir, sera le même que celui qu'il produirait en agissant comme puissance sous la tension initiale de $6^{atm.}$, avec détente jusqu'à la pression atmosphérique et contre-pression d'une atmosphère ; car l'opération qu'il doit exécuter est exactement l'inverse de cette dernière. Mais le calcul se complique ici de l'échauffement du gaz pendant sa compression, ce qui doit faire croître sa tension plus rapidement que suivant la loi de Mariotte. Comme il ne peut être question ici que d'évaluations approximatives, nous admettrons cependant la loi de Mariotte qui nous donnera un résultat trop faible dans une proportion inconnue, et l'erreur commise, quelle qu'elle soit, sera toute en faveur de la machine à air chaud dans la comparaison qu'il s'agit d'établir. On aura, en conséquence, pour valeur minima du travail d'alimentation :

$$1^{m3}32825 \left[\frac{61998}{6}(1 + \log. 6 \cdot 2,3026) - 10355 \right] = 24586^{km.};$$

de sorte que le travail effectif qui pourrait être appliqué aux résistances utiles et aux frottements, dans une semblable machine, serait très-certainement inférieur à :

$$47185^{km.} - 24586^{km.} = 22597^{km.},$$

pour une consommation de 381 calories dans le cylindre moteur.

Mais, pendant le travail de compression dans le cylindre alimentaire, il s'est produit une certaine quantité de chaleur qui a porté la température de l'air dans le réservoir à un degré tout à fait inconnu jusqu'à présent, mais dont les expériences de physique, à l'aide de l'instrument que l'on nomme briquet pneumatique, peuvent donner une grossière

sitions toutes favorables à la machine à air et dont plusieurs ne peuvent évidemment se réaliser par les raisons suivantes :

Les surfaces de refroidissement des capacités qui contiennent l'air chaud, sont incomparablement plus grandes, pour un même effet utile, que celle de la capacité qui contient la vapeur et sont portées à une plus haute température.

Lorsque l'air chaud, qui a produit son travail dans le cylindre moteur, passe dans le tuyau d'échappement et traverse le régénérateur, il descend d'une tension supérieure à la tension atmosphérique, à une tension égale à cette dernière, se détend, se refroidit et perd la quantité de chaleur correspondante à cette détente; de sorte que le régénérateur ne peut emmagasiner la totalité de la chaleur qui reste dans cet air après son travail.

La compression de l'air dans le cylindre alimentaire, produit une quantité considérable de chaleur qui augmente sa température et la porte à un degré très-élevé avant qu'il pénètre dans le réservoir; il en résulte que cet air, déjà chaud en traversant le régénérateur, maintient à une haute température les premières toiles qu'il traverse et que, au retour, il ne se refroidit qu'imparfaitement et se dégage encore chaud dans l'atmosphère.

Les espaces nuisibles qui sont bien plus considérables dans la machine à air chaud que dans la machine à vapeur, à cause du régénérateur, s'emplissent, à chaque opération, d'air comprimé qui est ensuite rejeté dans l'atmosphère sans avoir produit de travail à pression pleine.

Enfin, si on porte ses idées sur l'excessif encombrement qui résulte des dimensions de l'appareil à air chaud, même quand il fonctionne à haute pression; sur la lenteur avec laquelle la chaleur du foyer traversera le fond du cylindre moteur pour subvenir à la consommation de chaleur pendant le travail, ce qui ne permettra qu'un nombre très-restreint de coups de pistons dans un temps donné, ou obligera à chercher une autre disposition pour chauffer cet air, afin d'obtenir une surface de chauffe très-considérable; sur le peu d'effet utile que l'on retire du combustible lorsqu'on l'emploie à chauffer de l'air au lieu d'eau, à travers des substances métalliques; sur la perte de tension correspondante à l'écoulement de l'air du cylindre alimentaire dans le réservoir, et surtout du réservoir dans le cylindre moteur, à cause des résistances propres au régénérateur, résistances peu connues jusqu'à présent et qui pourraient bien neutraliser une très-grande partie des bons effets que l'on attribue à cet appareil ; si on veut tenir compte, disons-nous, de tous ces désavantages inhérents à l'emploi de l'air chaud, on reconnaîtra sans peine que, suivant toutes probabilités, la machine à air chaud dont nous venons de nous occuper, resterait, dans l'application, bien loin de la machine à vapeur.

Des considérations analogues pourraient être appliquées à la machine de M. Lemoine qui présente cependant de notables avantages sur celle d'Ericsson, mais ce que nous venons de dire au sujet de cette dernière, mettra le lecteur sur la voie des objections qui peuvent être faites à la première, ainsi qu'à tout les appareils de même nature qui ont été proposés jusqu'à présent, quel que soit le mode particulier d'emploi de l'air chaud.

L'idée qui préside aux recherches de tous les inventeurs, dans cette voie, est l'emploi indéfini de la même chaleur à la production du travail ; mais tout ce que l'on connaît d'expériences physiques sur ce sujet, est en contradiction formelle avec ce principe ; partout on constate la disparition de la chaleur à la suite du travail moteur et son apparition à la suite du travail résistant, et si les quantités de chaleur anéanties, ou produites, ne sont pas tout à fait celles que nous avons admises pour assigner le rôle que le principe nouveau joue dans l'emploi des forces motrices, elles n'en ont pas moins une valeur très-positive. Toutes les tentatives faites dans le but d'utiliser successivement deux ou un plus grand nombre de fois la même chaleur sont, très-probablement, destinées à échouer, car elles conduiraient, comme nous l'avons déjà dit, à la réalisation du mouvement perpétuel.

En effet, si nous supposons qu'il n'y a ni production, ni destruction de chaleur dans la machine à air chaud dont nous nous sommes occupés, et que le régénérateur soit assez bien établi pour reverser, dans l'atmosphère, la totalité de l'air, à la température qu'il possédait en entrant dans le cylindre alimentaire ; toutes les pertes se réduiront à la quantité de chaleur qui passera à travers les parois des cylindres et réservoirs, pertes que l'on pourra rendre très-faibles à l'aide d'un bon système d'enveloppe. Il suffira donc de restituer à l'air, dans le cylindre moteur, la chaleur qui a été ainsi dispersée, et si l'on emploie une partie du travail utile de la machine à produire de la chaleur par frottement dans un appareil semblable à ceux de M. Hirn ou de MM. Beaumont et Mayer, cette chaleur pourra servir à compenser les pertes et dispensera du foyer. On aura donc une machine capable de fonctionner indéfiniment à l'aide des forces qu'elle engendre elle-même et susceptible de surmonter indéfiniment, dans ces conditions, des résistances utiles et nuisibles, c'est-à-dire la chimère si longtemps poursuivie par les chercheurs du mouvement perpétuel. Depuis plusieurs années M. Laboulaye a appelé l'attention des inventeurs sur l'inanité de ce genre de recherches dans le cas des machines à vapeurs combinées et des machines à air chaud, et nous n'hésitons pas à adopter ici son opinion.

Il est donc très-probable que la machine à une seule vapeur, dans sa remarquable simplicité actuelle, n'est pas près d'être détrônée par aucune des inventions modernes proposées pour la remplacer avec bénéfice. Le liquide qui la fournit n'est qu'un gaz dans un état de condensation extrême sans la tension correspondante, ce qui permet de l'introduire dans les appareils soumis à une haute tension, avec une faible dépense de travail; après quoi sa dilatation par la chaleur devient excessive et produit des mouvements directs d'une grande amplitude; sa faculté de retour, presque instantané, à l'état liquide par l'action d'un jet d'eau froide, diminue d'une atmosphère, presque sans frais, la contre-pression des pistons et augmente dans une proportion considérable le travail transmis à ces pistons, tandis que les gaz sont privés de cette faculté si précieuse; le liquide injecté dans les chaudières, les dépouille avec une grande rapidité de la chaleur qu'elles puisent dans le foyer et dispense de l'emploi de surfaces de chauffe excessivement développées, tandis que les gaz n'enlèvent que très-lentement la chaleur aux parois des capacités qui les renferment et que l'on chauffe extérieurement; enfin la vapeur présente encore d'autres avantages qu'il serait trop long d'énumérer et qui mènent directement à cette conclusion : *Qu'au point de vue de l'économie du combustible et de la facilité d'application aux usages industriels, il vaut mieux s'efforcer de perfectionner la machine à vapeur actuelle, en lui faisant produire directement la plus grande partie possible du travail que la chaleur qu'on lui applique, contient virtuellement, que de chercher ces avantages dans l'application de la chaleur à d'autres substances que l'eau.*

Cependant ce n'est pas sans regrets que nous formulons une semblable conclusion, car si la machine à air chaud pouvait seulement être portée à un degré de perfection qui la rendît comparable, pratiquement, à une machine à vapeur de qualité moyenne, elle ne manquerait pas d'être appliquée, en beaucoup de circonstances, avec de très-grands avantages spéciaux. Ainsi, elle pourrait être employée partout où l'on manque d'eau et, substituée à la machine à vapeur dans la navigation, elle mettrait pour toujours les navires à l'abri de ces terribles explosions de chaudières qui entraînent parfois à leur suite des conséquences si désastreuses. Ce perfectionnement, joint au remplacement du bois par le fer dans la construction des vaisseaux, ce qui les met à l'abri des incendies, et au système moderne de partage de la coque des navires en compartiments séparés par des cloisons solides et étanches, ce qui augmente la résistance à la rupture par les efforts transversaux et permet à ces navires de continuer à flotter lorsque l'un des compartiments a été crevé par la rencontre d'un écueil, formerait le magnifique couronnement de cette série d'utiles inventions, à l'aide desquelles on espère réaliser un jour les voyages maritimes, avec un degré de sécurité comparable à celui que l'on trouve dans les moyens de transport à la surface de la partie solide du globe terrestre.

Quant à la question de l'équivalent mécanique de la chaleur, dont nous espérons avoir donné une idée assez nette, malgré l'incertitude qui règne encore sur l'existence et sur la valeur de cet équivalent, il importe, au plus haut degré, de lui chercher une solution définitive, non par une suite de raisonnements plus ou moins logiques basés sur des lois naturelles contestables, mais par des expériences directes sur les quantités de chaleur engendrées et détruites par le travail. Ces expériences peuvent être fort difficiles à organiser de façon à tenir compte de toutes les chances d'erreurs, surtout si le principe de **M. Grove** est vrai, c'est-à-dire si le travail engendre non-seulement de la chaleur, mais encore de l'électricité, des affinités chimiques, etc., et si chacune de ces forces peut, à son tour, engendrer les autres, en même temps que du travail; mais ces difficultés ne doivent pas décourager les physiciens, car elles ne sont probablement pas insurmontables. M. Regnault, dont nous avons déjà cité tant et de si remarquables travaux, a entrepris depuis longtemps une série d'expériences directes en vue de déterminer les rapports qui existent entre le travail et la chaleur appliquée aux gaz et aux vapeurs; les résultats de ces expériences n'ont point encore été publiés, mais le peu que l'on en connaît paraît être entièrement favorable à la théorie que nous avons exposée. Si l'on parvient un jour à prouver, d'une manière incontestable, l'existence de l'équivalent et sa vraie valeur, la théorie de toutes les machines mues par l'action de la chaleur, sera bien près d'être complète, et cet équivalent deviendra l'unité de mesure à l'aide de laquelle on pourra déterminer le mérite absolu et relatif de toutes ces machines. La meilleure sera celle dont le travail, pour une dépense d'une calorie, se rapprochera le plus de la quantité absolue de travail virtuellement contenue dans cette calorie. De plus, la connaissance des meilleures conditions de transformation de la chaleur en travail, et réciproquement, servira de flambeau pour éclairer les inventeurs dans toutes les recherches auxquelles ils voudront se livrer, dans le but de tirer le meilleur parti possible des forces latentes que la nature a mises à notre disposition sous la forme de combustibles.

FIN.

TABLE DES MATIÈRES.